Üben: Der Abschnitt Üben unterstützt nachhaltiges Lernen. Es werden dreifach-differenzierte Aufgaben zur Wiederholung und Anwendung des erworbenen Wissens angeboten. Die Aufgaben können in unterschiedlichen Sozialformen bearbeitet werden und ermöglichen selbstständiges Lernen (z. B. in Lernstudios). Die Lösungen aller Aufgaben der Üben-Seiten werden im Anhang dargestellt.

Vertiefen: Vertiefen bietet herausfordernde, komplexere Aufgaben einerseits zur Vertiefung eines Themas, andererseits zur Beschäftigung mit zusätzlichen Inhalten.

Ausgangstest: Mithilfe der Ausgangstests zu einem Kapitel können die Schülerinnen und Schüler überprüfen, ob sie alle nötigen Kompetenzen erworben haben. Die Lösungen sind zur Selbstkontrolle am Ende des Buches angegeben. Auch in diesem Abschnitt bietet eine Tabelle die Möglichkeit zur Selbsteinschätzung:

Ich kann ...	Aufgabe	Hilfen und Aufgaben	
große Zahlen in eine Stellenwerttafel eintragen.	1	Seite 10	
große Zahlen in Worten schreiben.	2	Seite 11	I
natürliche Zahlen runden.	5, 6b, 8	Seite 15, 16, 17, 18	
natürliche Zahlen anordnen.	4, 6a, 9	Seite 14, 17, 18	
Anzahlen schätzen.	3	Seite 13, 18	II
Überschlagsrechnungen durchführen.	7	Seite 16	
den Stellenwert von Ziffern zur Lösung mathematischer Probleme nutzen.	9	Seite 19	III

Zuordnung der Aufgaben zu den Anforderungsbereichen der Bildungsstandards
I: Reproduzieren
II: Zusammenhänge herstellen
III: Verallgemeinern und Reflektieren

Hinweise auf weiterführende Aufgaben zum Wiederholen und Üben

Wiederholung

Der Wiederholungsteil enthält Grundwissen und Übungsaufgaben zu Inhalten vorhergehender Schuljahre.

Pfeile in der Kopfleiste dienen zur schnellen Orientierung im Kapitel

Addieren und Subtrahieren 61

Kapitel

ÜBEN: In der Zoohandlung

3 Fertigt wie im Beispiel ein Plakat über ein anderes Haustier an. Gebt die Kosten bei der Anschaffung und die wichtigsten Regeln für seine artgerechte Haltung an. Informationen dazu findet ihr in der Tierhandlung, in Büchern und im Internet. Beachtet die Hinweise unten auf der Seite.

Medienbildung
Die Bearbeitung dieser Aufgaben ermöglicht es Schülerinnen und Schülern, Medienkompetenzen zu erwerben.

Der Goldhamster als Haustier

Anschaffungskosten:

Goldhamster	15,00 €
Buch über artgerechte Haltung	9,95 €
Hamsterkäfig	49,90 €
Hamsterkletterburg	12,00 €
Laufrad	15,90 €
Fressnapf	5,29 €
Tränke	3,49 €
Transportbox	7,69 €
Hamsterschmaus (1 kg)	8,80 €
Streu (10 l)	7,39 €
Nagerstein	1,79 €

Monatliche Kosten:

Für Futter und Nistmaterial sollten pro Monat 20 € gerechnet werden.

Artgerechte und abwechslungsreiche Haltung:

Hamster wollen sich putzen, fressen, klettern, laufen und dazwischen immer mal wieder ein Nickerchen einlegen. Sie sollten nicht ununterbrochen herumgetragen und gestreichelt werden.
Unnötiges Wecken während der Schlafzeiten fördert die Aggressivität und verringert die Lebenserwartung.
Hamster sind Einzelgänger.

Tipp:

Hamsterkletterburgen und -häuschen lassen sich auch leicht selber bauen.

Kommunizieren Mit einem Plakat präsentieren

Hinweise für die Erstellung eines Plakates

1. Unterteile das Thema in verschiedene Teilgebiete.
2. Triff eine Auswahl, damit das Plakat nicht überladen wirkt.
3. Wähle eine klare Überschrift und gliedere das Plakat übersichtlich. Verteile Texte und Bilder ansprechend und sinnvoll in Blöcken. Erstelle eine Skizze vom Aufbau.
4. Die Schriftgröße muss groß genug sein, um das Plakat auch aus größerem Abstand lesen zu können (Überschrift mindestens 4 cm hoch, Text mindestens 2 cm).
5. Bei der Schriftfarbe sollte man rot, gelb und orange nur sparsam verwenden.

Kommunizieren Mit einem Plakat präsentieren

Hinweise für die Erstellung eines Plakates

Methodenkästen unterstützen die Lernenden beim Erwerb prozessbezogener Kompetenzen.

Mathematik + 7

Herausgeber:

Uwe Scheele

Autorinnen und Autoren:

Doreen Groth
Jochen Herling
Karl-Heinz Kuhlmann
Christopher Mühlhöfer
Uwe Scheele
Sebastian Wöstefeld

Mathematik 7

Herausgeber:
Uwe Scheele

Autorinnen und Autoren:
Doreen Groth, Jochen Herling, Karl-Heinz Kuhlmann, Christopher Mühlhöfer, Uwe Scheele, Sebastian Wöstefeld

Druck A[2] / Jahr 2023
Alle Drucke der Serie A sind im Unterricht parallel verwendbar.

Redaktion: Ramona Behrens
Grafiken: Technisch-Grafische Abteilung Westermann, Braunschweig
Illustrationen: Andrea Naumann, Aachen; Christine Lösch, Ulm
Umschlaggestaltung: Janssen Kahlert Design & Kommunikation GmbH, Hannover
Layout: Janssen Kahlert Design & Kommunikation GmbH, Hannover
Druck und Bindung: Westermann Druck GmbH, Georg-Westermann-Allee 66, 38104 Braunschweig

ISBN 978-3-14-**124902**-6

INHALT

1 Zuordnungen

2 Brüche multiplizieren und dividieren

3 Prozentrechnung

INHALT

4 Statistische Erhebungen

5 Rationale Zahlen

6 Dreiecke und Winkel

INHALT

7 Variablen und Terme

Projekt Berlin

Wiederholung

Inhaltsbezogene Kompetenzen

Prozessbezogene Kompetenzen

1 Zuordnungen

In der Biologie werden die Wirbeltiere in unterschiedliche Klassen (Großgruppen) eingeteilt. Jedem Wirbeltier wird so eine Klasse zugeordnet.

In diesem Kapitel ...

- *lernst du Zuordnungen und ihre Darstellungen kennen.*
- *unterscheidest du proportionale und antiproportionale Zuordnungen.*
- *löst du Sachaufgaben mithilfe proportionaler und antiproportionaler Zuordnungen.*

Bist du fit für dieses Kapitel? Eingangstest auf Seite 204

Zuordnungen in der Biologie

- Ordne die abgebildeten Wirbeltiere jeweils ihrer Klasse zu. Informiere dich, falls nötig, in deinem Biologiebuch, im Lexikon oder im Internet.

Zuordnungen in der Biologie

1 Tiere, die mit den Menschen zusammen leben, werden in Heimtiere und Nutztiere unterschieden.

Lisa möchte in einem Pfeildiagramm jedem abgebildeten Tier den Begriff „Heimtier“ oder „Nutztier“ zuordnen.

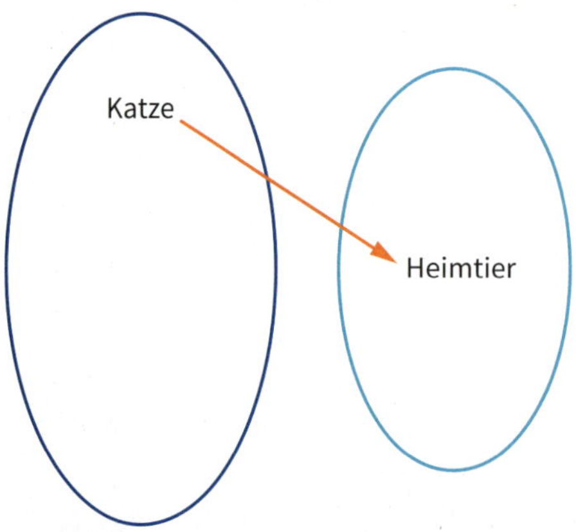

a) Übertrage das Pfeildiagramm in dein Heft und vervollständige es.
b) Suche drei weitere Tiere, die mit dem Menschen zusammen leben, und trage ihre Namen in das Pfeildiagramm ein.

2 In der Biologie werden Tiere auch in Allesfresser, Fleischfresser und Pflanzenfresser eingeteilt.

Dennis möchte den abgebildeten Tieren zuordnen, welche Nahrung sie zu sich nehmen.

Tier	Nahrung
Bär	Allesfresser
Tiger	Fleischfresser
Pandabär	Pflanzenfresser

a) Übertrage die Tabelle in dein Heft und vervollständige sie.
b) Gib drei weitere Tiere an und trage ihre Namen in die Tabelle ein.

3 Stellt in Gruppen weitere Zuordnungen mithilfe von Pfeildiagrammen oder Tabellen dar,
z. B. Nutzpflanzen – Zierpflanzen – Wildpflanzen,
Zugvögel – Standvögel,
Insekten – Spinnen – Würmer.

Füllkurven

1 Anna und Lukas untersuchen bei einem Standzylinder den Zusammenhang zwischen der eingefüllten Wassermenge und dem Wasserstand.

Dazu gießen sie jeweils 0,2 Liter Wasser in den Standzylinder und messen danach den Wasserstand. Die insgesamt eingefüllte Wassermenge und den zugehörigen Wasserstand haben sie dann in eine Tabelle eingetragen.

Wassermenge (*l*)	Wasserstand (cm)
0,0	0
0,2	4
0,4	8
0,6	12
0,8	16
1,0	20
1,2	24
1,4	28
1,6	■
1,8	■
2,0	■

a) Welche Größen werden hier einander zugeordnet?
b) Welche Zusammenhänge zwischen den einzelnen Werten kannst du erkennen?
c) Gib den Wasserstand an, der zu 1,6 *l* (1,8 *l*; 2,0 *l*) Wasser gehört.
d) In den Standzylinder können höchstens 2,5 *l* Wasser eingefüllt werden. Wie hoch ist dann der Wasserstand?

2 Bei einem Aquarium mit rechteckiger Grundfläche ergaben sich für den Zusammenhang zwischen eingefüllter Wassermenge und Wasserstand die in der Tabelle dargestellten Werte.

Wassermenge (*l*)	Wasserstand (cm)
0	0
3	2
6	4
9	6
12	8
15	10
18	12
21	14
24	16
27	18

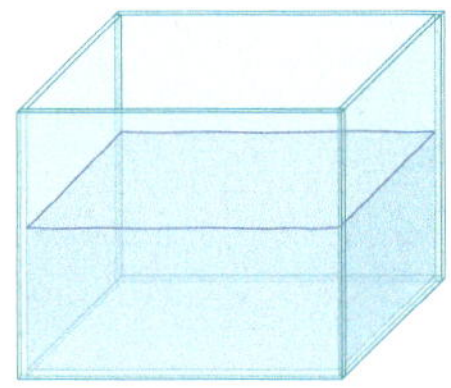

Lukas möchte die Veränderung des Wasserstandes in einem Koordinatensystem darstellen.

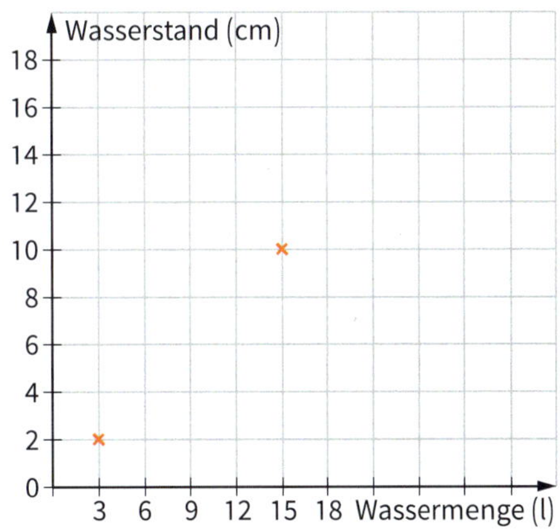

a) Beschreibe, wie Lukas das Koordinatensystem eingeteilt hat. Welche Wassermengen mit den zugehörigen Wasserständen hat er bereits eingezeichnet?
b) Übertrage das Koordinatensystem in dein Heft und trage die fehlenden Werte ein.
c) Verbinde die einzelnen Punkte und beschreibe den Verlauf der Kurve. Warum ist das Verbinden der Punkte sinnvoll?
d) Das Aquarium hat ein Fassungsvermögen von 45 *l*. Kannst du den zugehörigen Wasserstand bestimmen?

Füllkurven

3 Nadine und Marco untersuchen jeweils den Zusammenhang zwischen eingefüllter Wassermenge und Wasserstand bei den abgebildeten Gefäßen.

Sie haben ihre Messergebnisse in die unten abgebildete Tabelle eingetragen.

Wassermenge (*l*)	Wasserstand (cm)	
	Gefäß A	Gefäß B
0	0	0
1	3,5	5,0
2	5,8	9,0
3	7,7	12,6
4	9,4	15,7
5	11,1	18,5
6	12,7	21,1
7	14,3	23,5
8	16,0	25,8
9	17,9	27,9
10	20,1	29,9

a) Zeichne auf Millimeterpapier ein Koordinatensystem (x-Achse: 1 cm ≙ 1 *l*; y-Achse: 1 cm ≙ 2 cm).
Trage die Werte für beide Gefäße in das Koordinatensystem ein. Verbinde jeweils die Punkte, die zum gleichen Gefäß gehören. Du erhältst die Füllkurven beider Gefäße.

b) Beschreibe den Verlauf beider Graphen. Welche Füllkurve gehört zum Eimer, welche zur Kugelvase? Begründe deine Entscheidung.

4 Jede unten abgebildete Füllkurve gehört zu einem der abgebildeten Gefäße. Ordne jeder Füllkurve das zugehörige Gefäß zu. Begründe deine Entscheidung.

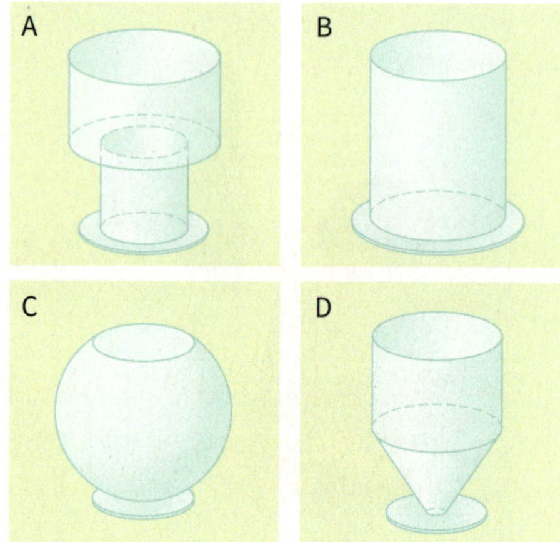

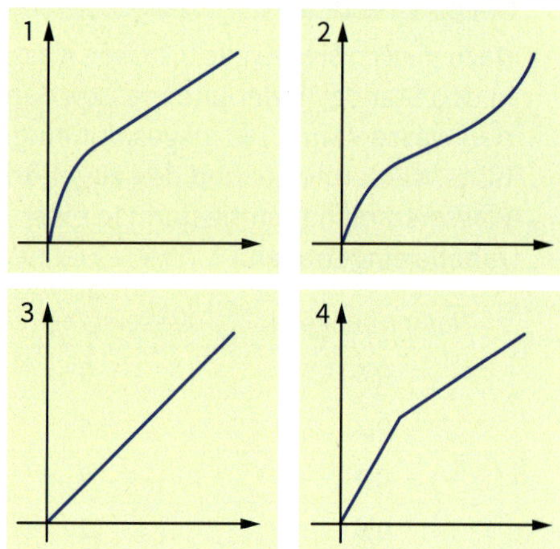

5 Wenn das abgebildete Schwimmbecken mithilfe einer Pumpe gefüllt wird, steigt der Wasserstand nicht gleichmäßig an. Die Füllkurve für das Schwimmbecken ist keine Gerade.
Hast du eine Erklärung dafür?

Proportionale Zuordnungen

1 In einem Elektrofachmarkt werden ältere CDs besonders günstig angeboten.

Anzahl der CDs	Preis (€)
1	1,50
2	3,00
3	4,50
4	6,00
5	7,50
6	9,00
7	■
8	■
9	■
10	■

a) Vergleiche den Preis für zwei CDs mit dem Preis für vier CDs (sechs CDs). Was fällt dir auf?

b) Gib die fehlenden Preise an. Nenne unterschiedliche Möglichkeiten zur Berechnung.

2 In einem Möbelhaus werden sechs Meter Stoff zu 24,00 € angeboten. Wie viel Euro kosten 3 m (2 m; 1,5 m; 0,5 m)? Vervollständige dazu die Tabelle in deinem Heft.

Länge (m)	Preis (€)
6	24,00
3	■
■	■

3 Für sechs Schreibhefte muss Johanna im Schreibwarengeschäft 4,20 € bezahlen.

Daniel möchte drei Hefte kaufen, Julia zwei, Timo vier, André acht und Sarah neun. Lege eine Tabelle an und berechne die fehlenden Preise.

4 Ein Notstromaggregat verbraucht in 12 Stunden 48 Liter Dieselkraftstoff. Wie viel Liter verbraucht es in 6 Stunden (4 Stunden, einem Tag, 2 Wochen)? Lege eine Tabelle an.

5 100 g Salami kosten 2,20 €.

a) Wie viel Euro müssen für 200 g (300 g; 400 g; 500 g; 600 g; 700 g; 800 g; 900 g; 1 000 g; 1 100 g; 1 200 g) bezahlt werden? Lege eine Tabelle an.

b) Was stellst du fest, wenn du den Preis für 500 g Salami verdoppelst (für 300 g Salami verdreifachst)?

c) Halbiere den Preis für 800 g Salami, berechne ein Drittel des Preises für 1 200 g Salami. Was fällt dir auf?

d) Formuliere eine Regel zu den Teilaufgaben b) und c).

Proportionale Zuordnungen

300 g Schinken kosten 5,40 €.

Masse (g)	Preis (€)
300	5,40
600	10,80
900	16,20
300	5,40
150	2,70
100	1,80

(300 ·2 → 600, 300 ·3 → 900; 5,40 ·2 → 10,80, 5,40 ·3 → 16,20; 300 :2 → 150, 300 :3 → 100; 5,40 :2 → 2,70, 5,40 :3 → 1,80)

Masse ⟶ **Preis**

doppelte Masse ⟶ **doppelter** Preis
dreifache Masse ⟶ **dreifacher** Preis

Hälfte der Masse ⟶ **Hälfte** des Preises
Drittel der Masse ⟶ **Drittel** des Preises

Die Zuordnung ist proportional.

6 Die folgenden Zuordnungen sind proportional. Berechne die fehlenden Werte.

a)

Masse (kg)	Preis (€)
3	7,20
6	■
9	■

(3 ·2 → 6, 3 ·3 → 9; 7,20 ·2, ·3)

b)

Masse (g)	Preis (€)
1500	24,00
750	■
500	■

c)

Masse (kg)	Preis (€)
7,50	12,00
2,50	■
1,50	■

d)

Masse (kg)	Preis (€)
1,2	2,40
3,6	■
9,6	■

7 Die folgenden Zuordnungen sind proportional. Berechne die fehlenden Werte.

a)

Anzahl	Preis (€)
2	3,50
6	■

b)

Anzahl	Preis (€)
5	4,50
25	■

c)

Anzahl	Preis (€)
7	1,40
56	■

d)

Anzahl	Preis (€)
21	10,50
7	■

8 Übertrage die Tabellen in dein Heft und berechne die fehlenden Massen.

a)

Preis (€)	Masse (g)
0,90	50
2,70	■
3,60	■
5,40	■
10,80	■

b)

Preis (€)	Masse (g)
4,80	720
0,48	■
0,60	■
0,80	■
1,60	■

9 Herr Göppert möchte Rindfleisch direkt vom Bauernhof kaufen.

a) Er überlegt, wie viel Euro er für 500 g (750 g, 1 250 g, 2 000 g) Fleisch bezahlen muss. Lege eine Tabelle an und berechne die Preise.
b) Wie viel Gramm Fleisch bekommt er für 18,00 € (24,00 €)?

Graphen proportionaler Zuordnungen

1 Für Schnittkäse aus der Käseabteilung des Lebensmittelgeschäftes ist die Zuordnung „Masse → Preis“ proportional.

Masse (g)	Preis (€)
100	1,50
200	3,00
300	
400	6,00
500	
250	

Theresa hat die Zahlenpaare aus der Tabelle als Punkte in ein Koordinatensystem eingetragen.

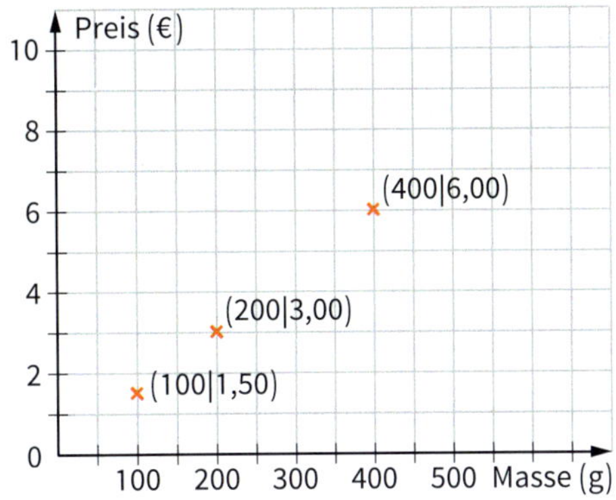

a) Vervollständige das Koordinatensystem in deinem Heft und trage die fehlenden Zahlenpaare als Punkte ein.
b) Bestimme auch zu 300 g (500 g) den zugehörigen Preis und trage das Zahlenpaar in das Koordinatensystem ein. Was fällt dir auf?

2 Übertrage die Tabellen in dein Heft und fülle sie aus. Trage die Zahlenpaare als Punkte in ein Koordinatensystem ein. Was stellst du fest?

a) **Masse ⟶ Preis**

Masse (kg)	Preis (€)
24	12,00
12	
4	
18	
6	
2	

x-Achse: 1 cm ≙ 2 kg
y-Achse: 1 cm ≙ 1 €

b) **Arbeitszeit ⟶ Verdienst**

Zeit (h)	Verdienst (€)
8	112
4	
2	
1	
0,5	
1,5	

x-Achse: 1 cm ≙ 1 h
y-Achse: 1 cm ≙ 10 €

c) **Volumen ⟶ Masse**

Volumen (cm^3)	Masse (g)
24	60,00
12	
8	
6	
4	

x-Achse: 1 cm ≙ 2 cm^3
y-Achse: 1 cm ≙ 5 g

d) **Arbeitszeit ⟶ Verdienst**

Zeit (h)	Verdienst (€)
12	126
4	
3	
2	
1,5	

x-Achse: 1 cm ≙ 1 h
y-Achse: 1 cm ≙ 10 €

3 Mit einer Tankfüllung von 35 Liter Dieselkraftstoff kann Herr Förster 700 km weit fahren. Wie weit kann er mit 5 (10, 15, 20, 40) Liter Dieselkraftstoff fahren?
Lege eine Wertetabelle an und trage die Zahlenpaare in ein Koordinatensystem ein.

Ein Würfel mit einem Volumen von 1,5 cm^3 hat eine Masse von 11,7 g.

Volumen ⟶ Masse

Volumen (cm^3)	Masse (g)
1,5	11,7
0,5	3,9
1,0	7,8
2,0	15,6
2,5	19,5
3,0	23,4

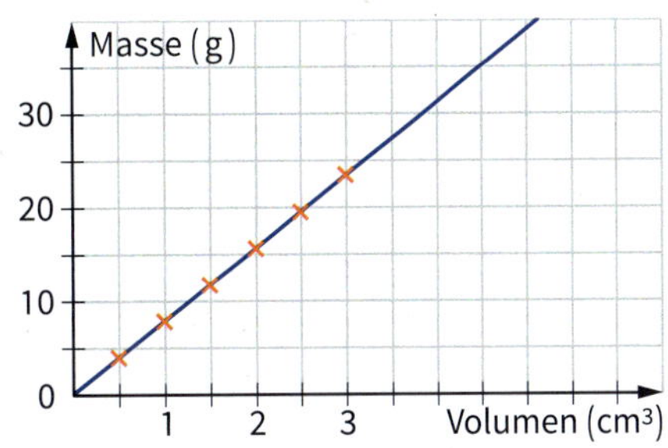

Bei einer proportionalen Zuordnung liegen die Punkte im Koordinatensystem auf einer Geraden durch den Ursprung (0 | 0). Diese Gerade wird Ursprungsgerade genannt.

Der Dreisatz bei proportionalen Zuordnungen

5 Stück: 17,50 €

1 Lea und Alexander haben im Internet fünf Aufbewahrungsboxen bestellt. Lea nimmt davon drei Boxen, Alexander zwei. Wie viel Euro muss jeder bezahlen?

2 10 kg Äpfel kosten 13,40 €. Im Beispiel wird berechnet, wie viel Euro 3 kg Äpfel kosten.

10 kg kosten 13,40 €.
Wie viel Euro kosten 3 kg?

Masse ⟶ Preis

	Masse (kg)	Preis (€)	
	10	13,40	
:10 ↓	1	1,34	↓ :10
·3 ↓	3	4,02	↓ ·3

10 kg kosten 13,40 €.
1 kg kostet 13,40 € : 10 = 1,34 €.
3 kg kosten 1,34 € · 3 = 4,02 €.

3 kg Birnen kosten 5,40 €. Berechne wie im Beispiel, wie viel Euro 5 kg (2 kg, 7 kg, 9 kg) Birnen kosten.

3 Wenn Moritz acht Runden um den Sportplatz läuft, legt er 3 200 m zurück. Wie viel Meter legt Selma zurück, wenn sie fünf Runden läuft?

4 Bei den Bundesjugendspielen läuft Anna 75 m in 12 Sekunden. Wie viel Meter legt sie bei diesem Tempo in zehn Sekunden zurück?

5 Für neun Rollen Tapete bezahlt Frau Wienand 72 €. Während des Tapezierens stellt sie fest, dass sie noch zwei Rollen nachkaufen muss.
Berechne den Preis für zwei Rollen.

6 Eine Zehnerkarte für das Freizeitbad kostet 110,00 €. Auf Johannas Karte sind schon sechs Felder entwertet. Was ist ihre Karte noch wert?

7 Benedikt legt mit seinem Fahrrad eine Strecke von 12 km in 40 Minuten zurück. Wie weit fährt er bei gleichem Tempo in 25 min (35 min; 45 min; 1,5 h; $2\frac{1}{4}$ h)?

Lösungen zu den Aufgaben 3 bis 7:
16 44 7,5 2 000 10,5 62,5 13,5 27 40,5

8 Die in den Tabellen dargestellten Zuordnungen sind proportional.
Denke dir zu jeder Tabelle eine passende Sachaufgabe aus und schreibe sie in dein Heft.
Übertrage die Tabellen in dein Heft und vervollständige sie.

a)

Zeit (h)	Lohn (€)
9	112,50
1	■
38,5	■

b)

Benzin (*l*)	Strecke (km)
30	390
1	■
17	■

Proportionalitätsfaktor k

1 Übertrage die Tabelle in dein Heft und fülle sie aus. Was stellst du fest? Welche Bedeutung hat der Quotient?

a) **Anzahl Müsliriegel ⟶ Preis**

Anzahl	Preis (€)	$\frac{\text{Preis}}{\text{Anzahl}}$ (€)
18	5,40	5,40 : 18 = 0,30
9	■	■
6	■	■
3	■	■

b) **Volumen von Eisen ⟶ Masse**

Vol. (cm^3)	Masse (g)	$\frac{\text{Masse}}{\text{Volumen}}\left(\frac{g}{cm^3}\right)$
90	702	702 : 90 = 7,8
45	■	■
30	■	■
15	■	■

c) **Länge ⟶ Preis**

Länge (m)	Preis (€)	$\frac{\text{Preis}}{\text{Länge}}\left(\frac{€}{m}\right)$
12	119,88	119,88 : 12 = 9,99
6	■	■
4	■	■
3	■	■

Ein Pkw legt in sechs Stunden eine Strecke von 450 km zurück.

Zeit ⟶ Weg

Zeit (h)	Weg (km)	$\frac{\text{Weg}}{\text{Zeit}}\left(\frac{km}{h}\right)$
6	450	450 : 6 = 75
3	225	225 : 3 = 75
2	150	150 : 2 = 75

Die Zahlenpaare (6; 450), (3; 225), (2; 150) heißen **quotientengleich:**

$k = \frac{450}{6} = 75$; $k = \frac{225}{3} = 75$;

$k = \frac{150}{2} = 75$

k gibt hier die Geschwindigkeit an (75 km pro h).

Bei proportionalen Zuordnungen sind die Quotienten zugeordneter Größen gleich. Der Quotient heißt **Proportionalitätsfaktor k.**

2 Der Airbus A 380 verbraucht in drei Flugstunden 42 600 *l* Kerosin. Er bietet 520 Passagieren Platz und legt in dieser Zeit 2 850 km zurück.

a) Berechne den Proportionalitätsfaktor zur Zuordnung „Flugdauer → Verbrauch“. Was gibt der Proportionalitätsfaktor an?

b) Berechne den Proportionalitätsfaktor zur Zuordnung „Zeit → Strecke“. Welche Bedeutung hat der Proportionalitätsfaktor hier?

3 Berechne den Proportionalitätsfaktor k. Was gibt der Proportionalitätsfaktor hier an?

a) **Personenzahl ⟶ Fahrtkosten**

Anzahl	Fahrtkosten (€)
35	1 400
1	■

b) **Arbeitszeit ⟶ Lohn**

Arbeitszeit	Lohn (€)
40	515,20
1	■

c) **Benzinmenge ⟶ Fahrstrecke**

Volumen (*l*)	Strecke (km)
27	600
1	■

d) **Zeit ⟶ Fahrstrecke**

Zeit (h)	Strecke (km)
2,5	150
1,0	■

4 Bei den folgenden Zuordnungen wird dem Volumen eines Körpers seine Masse zugeordnet.
Der Proportionalitätsfaktor k gibt dabei für jedes Material die Masse eines Kubikzentimeters an (Dichte des Materials).
Bestimme für jedes Material die Dichte und vergleiche.

	a)	b)	c)	d)	e)	f)
Material	Silber	Platin	Blei	Wasser	Beton	Gold
Masse (g)	315,3	321	204,12	250	156	772
Volumen (cm^3)	30	15	18	250	60	40
Dichte $\left(\frac{g}{cm^3}\right)$	■	■	■	■	■	■

Proportionalitätsfaktor k

allgemeine Zuordnungsvorschrift:

$x \longrightarrow k \cdot x$

5 Ein Goldbarren hat ein Volumen von 96 cm³ und eine Masse von 1 852,8 g.
Im Beispiel wird gezeigt, wie du mithilfe des Proportionalitätsfaktors k zu jedem beliebigen Volumen x die zugehörige Masse berechnen kannst.

Volumen ⟶ Masse

Volumen (cm³)	Masse (g)
96	1 852,8
(:96) ↓ 1	19,3 ↓ (:96)
(·x) ↓ x	19,3 · x ↓ (·x)

Proportionalitätsfaktor: k = 19,3

Du erhältst zu jedem Volumen x die zugehörige Masse, indem du 19,3 mit x multiplizierst.

Zuordnungsvorschrift: $x \longrightarrow 19{,}3 \cdot x$

a) Ein anderer Goldbarren hat ein Volumen von 110 cm³. Berechne seine Masse.
b) Eine Stahlkugel hat ein Volumen von 6 cm³ und eine Masse von 47,1 g. Gib die Zuordnungsvorschrift an. Bestimme mithilfe der Zuordnungsvorschrift die Masse einer Stahlkugel mit einem Volumen von 40 cm³ (70 cm³).

6 Ein Kupferbarren hat ein Volumen von 120 cm³ und eine Masse von 1 068 g.
a) Berechne k und gib die Zuordnungsvorschrift der Zuordnung „Volumen → Masse" an.
b) Berechne die Masse eines Kupferbarrens mit einem Volumen von 540 cm³ (345 cm³, 95 cm³, 770 cm³).

7 Ein Pkw legt eine Strecke von 180 km in drei Stunden zurück.
a) Berechne k und gib die Zuordnungsvorschrift der Zuordnung „Zeit → zurückgelegte Strecke" an.
b) Welche Strecke wird in zwei (fünf, sechs) Stunden zurückgelegt?

8 In 45 Minuten benötigt ein elektrischer Heizlüfter elektrische Energie für 27 Cent.
a) Berechne k und gib die Zuordnungsvorschrift an.
b) Berechne, welche Energiekosten in 12 min (54 min, 63 min, 75 min, 6 h) entstehen. Runde sinnvoll.

9 a) Berechne den Proportionalitätsfaktor zur Zuordnung „Zeit (s) → Strecke (m)" und gib die Zuordnungsvorschrift an. Runde sinnvoll.
b) Welche Strecke legt ein Läufer in 20 s (70 s, 5 min, 15 min) zurück?

10 Jannicks Mutter tauscht auf der Bank 500 € gegen 680 $ ein.
a) Berechne den Proportionalitätsfaktor und gib die Zuordnungsvorschrift an.
b) Wie viel Dollar bekommt Jannicks Mutter für 150 € (720 €, 1 280 €)?

Lösungen zu den Aufgaben 8 bis 10:
1740,8 0,6 979,2 7,2 204 32,4 1,36 37,8 448,7 45 6,41 5769 128,2 1923 216

Antiproportionale Zuordnungen

1 Im Technikunterricht werden mehrere gleich lange Holzleisten zersägt.

Wird eine Holzleiste in sechs Stücke zersägt, ist jedes 20 cm lang.

a) In wie viele Stücke wird eine Leiste zersägt, wenn jedes Stück 10 cm (5 cm, 30 cm, 40 cm) lang sein soll? Vervollständige dazu die Tabelle in deinem Heft.

Länge eines Stücks (cm)	Anzahl der Stücke
20	6
10	■
5	■
30	■
40	■

b) Vergleiche die Anzahlen bei 20 cm und 40 cm (10 cm und 30 cm) langen Stücken. Was fällt dir auf?

2 In 180 Minuten füllen drei gleich starke Pumpen ein Wasserbecken. Wie viele Pumpen müssen eingesetzt werden, wenn das Becken bereits in 90 Minuten (60 min, 45 min) gefüllt werden soll? Löse mithilfe einer Tabelle.

3 Eine Rolle Klebeband kann in 120 Streifen von je 5 cm Länge zerschnitten werden. Wie viele Streifen erhältst du, wenn jeder Streifen 15 cm (10 cm, 20 cm) lang werden soll?

4 In einem rechteckigen Zimmer passen 36 Fliesen mit einer Kantenlänge von 15 cm in eine Reihe. Wie viele Fliesen der Kantenlänge 30 cm (45 cm) werden für eine Reihe benötigt?

5 Wenn Jessica täglich 2,50 € ausgibt, reicht ihr Urlaubsgeld für 18 Tage.

a) Wie viel darf sie täglich ausgeben, wenn das Geld nur für 6 Tage reichen soll?

b) Wie viele Tage reicht das Geld, wenn sie täglich 5 € ausgibt?

6 Lukas hat mithilfe einer Tabellenkalkulation berechnet, in welcher Zeit eine bestimmte Strecke bei verschiedenen Durchschnittsgeschwindigkeiten zurückgelegt wird.

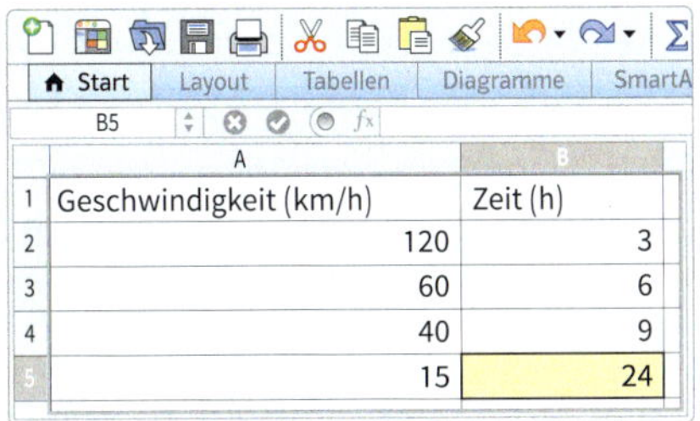

	A	B
1	Geschwindigkeit (km/h)	Zeit (h)
2	120	3
3	60	6
4	40	9
5	15	24

Bestimme auch für andere Durchschnittsgeschwindigkeiten die zugehörigen Zeiten. Ergänze dazu die folgende Tabelle in deinem Heft.

Geschwindigkeit $\left(\frac{km}{h}\right)$	Zeit (h)
30	■
20	■
10	■
45	■

Lösungen zu den Aufgaben 2 bis 6:
40 12 60 30 18 7,50 9 12 6 9 36 8 12 18

7 Für die Aufführung der Theatergruppe wollen sechs Schüler insgesamt 150 Stühle aufstellen, jeder die gleiche Anzahl.

a) Wie viele Stühle muss jeder von ihnen aufstellen?

b) Wie verändert sich die Anzahl der Stühle, die jeder aufstellen muss, wenn die Anzahl der Schüler verdoppelt (verdreifacht, halbiert) wird?

c) Formuliere zu b) eine Regel.

Antiproportionale Zuordnungen

Eine Rolle Schnur lässt sich in sechs jeweils 1,20 m lange Stücke zerschneiden.

	Anzahl der Stücke	Länge (m)	
	6	1,20	
·2	12	0,60	:2
·3	18	0,40	:3
	6	1,20	
:2	3	2,40	·2
:3	2	3,60	·3

Anzahl ⟶ **Länge**

doppelte Anzahl ⟶ **Hälfte** der Länge
dreifache Anzahl ⟶ **Drittel** der Länge

Hälfte der Anzahl ⟶ **doppelte** Länge
Drittel der Anzahl ⟶ **dreifache** Länge

Die Zuordnung ist antiproportional.

8 Die folgenden Zuordnungen sind antiproportional. Übertrage die Tabellen in dein Heft und berechne die fehlenden Werte.

a)

	Anzahl	Zeitdauer (Tage)	
	18	24	
·2	36	■	:2
·3	54	■	:3

b)

	Anzahl	Länge (cm)	
	144	15	
:6	24	■	◯
:8	18	■	◯

c)

Geschwindigkeit $\left(\frac{km}{h}\right)$	Zeit (h)
100	4
50	■
25	■

d)

Länge (m)	Breite (m)
15	90
45	■
75	■

9 Die folgenden Zuordnungen sind antiproportional. Berechne die fehlenden Werte.

a)

Anzahl	Zeit (Tage)
2	15
10	■

b)

Anzahl	Länge (cm)
6	96
48	■

c)

Anzahl	Länge (cm)
42	2,10
6	■

d)

Zeit (min)	Volumen (*l*)
32	117
96	■

10 Ein Reiterhof hat für seine zwölf Pferde eine Fuhre Heu bekommen. Dieser Futtervorrat reicht 60 Tage.
Wie lange reicht der Futtervorrat für 6 (4, 3, 2, 24, 36) Pferde?

11 Mit verschiedenen Fahrzeugen wird jeweils die gleiche Strecke zurückgelegt. Übertrage die Tabelle in dein Heft und berechne jeweils die benötigte Fahrzeit.

a)

Geschw. $\left(\frac{km}{h}\right)$	Zeit (h)
9	40
18	■
36	■
45	■
144	■

b)

Geschw. $\left(\frac{km}{h}\right)$	Zeit (h)
162	2,5
54	■
27	■
18	■
6	■

Der Dreisatz bei antiproportionalen Zuordnungen

1 Um den Kies für eine Großbaustelle anzufahren, benötigen drei Lastwagen insgesamt acht Tage.

Wie viele Lastwagen sind erforderlich, um den Kies in sechs Tagen herbeizuschaffen?

2 Eine Wandergruppe legt täglich 12 km zurück. Sie wandert vier Tage. Im Beispiel wird berechnet, wie viele Kilometer täglich zurückgelegt werden müssen, wenn nur drei Tage zur Verfügung stehen.

Zeit in Tagen ⟶ tägliche Strecke

Zeit (Tage)	Strecke (km)
4	12
(:4) 1	48 (·4)
(·3) 3	16 (:3)

4 Tage entsprechen 12 km täglich.
1 Tag entspricht 12 km · 4 = 48 km täglich.
3 Tage entsprechen 48 km : 3 = 16 km täglich.

Thomas und Matthias planen eine Fahrradtour. Wenn sie jeden Tag 56 km zurücklegen, benötigen sie acht Tage. Berechne, wie viel Kilometer sie täglich zurücklegen müssen, wenn sie schon in sieben Tagen wieder zu Hause sein wollen.

3 Eine Busreise kostet für 40 Personen 56 € pro Person. Fünf Personen fallen am Abreisetag wegen Krankheit aus. Wie viel Euro muss nun jeder Teilnehmer zahlen?

4 Fatma holt von der Bank 30 Münzen zu je 50 Cent. Wie viele 20-Cent-Stücke hätte sie bei dem gleichen Geldbetrag erhalten?

5 a) Bei der Fahrt in den Urlaub legt Familie Schulte täglich 570 km zurück und ist nach drei Tagen am Urlaubsziel angelangt.
Wie viel Kilometer müssen täglich zurückgelegt werden, wenn die Anreise nur zwei Tage dauern soll?

b) Familie Schulte kann in dem 21-tägigen Urlaub pro Tag 64 € ausgeben. Der Urlaub soll um drei Tage verlängert werden.
Wie viel Euro darf Familie Schulte nun täglich ausgeben, wenn sie mit ihrer Urlaubskasse auskommen will?

Lösungen zu den Aufgaben 1 bis 5:
56 855 64 4 64 75

6 Die in den Tabellen dargestellten Zuordnungen sind antiproportional.
Denke dir zu jeder Tabelle eine passende Sachaufgabe aus und schreibe sie in dein Heft.
Übertrage die Tabellen in dein Heft und vervollständige sie.

a)

Anzahl	Zeit (h)
3	20
1	
5	

b)

Anzahl	Länge (km)
4	49
1	
7	

c)

Anzahl	Betrag (€)
7	56
1	
8	

d)

Anzahl	Masse (g)
45	120
1	
30	

Antiproportionalitätskonstante c

1 Übertrage die Tabellen in dein Heft und fülle sie aus. Was stellst du fest? Welche Bedeutung hat hier jeweils das Produkt?

a) Eine Rolle Paketschnur wird in gleich lange Stücke zerschnitten.

Länge eines Stücks ⟶ Anzahl

Länge (m)	Anzahl	Länge · Anzahl (m)
2,50	10	$2{,}50 \cdot 10 = 25$
0,50	■	■
0,25	■	■
1,00	■	■

b) Für ein Päckchen werden Briefmarken als Porto gekauft.

Wert einer Briefmarke ⟶ Anzahl

Wert (€)	Anzahl	Wert · Anzahl (€)
0,80	6	$0{,}80 \cdot 6 = 4{,}80$
2,40	■	■
0,60	■	■
1,20	■	■

Eine Wagenladung Holzkohle wird in 20 Tüten mit einem Gewicht von jeweils 15 kg verpackt.

Packungsgew. ⟶ Tütenanzahl

Anzahl	Masse (kg)	Anzahl · Masse (kg)
20	15	$20 \cdot 15 = 300$
60	5	$60 \cdot 5 = 300$
100	3	$100 \cdot 3 = 300$

Die Zahlenpaare (20; 15), (60; 5), (100; 3) heißen **produktgleich:**

$c = 20 \cdot 15 = 300$; $c = 60 \cdot 5 = 300$;

$c = 100 \cdot 3 = 300$

c gibt hier das Gesamtgewicht der Holzkohle (300 kg) an.

Bei antiproportionalen Zuordnungen sind die Produkte zugeordneter Größen gleich. Das Produkt heißt **Antiproportionalitätskonstante c.**

Umgangssprachlich wird die Masse oft auch als Gewicht bezeichnet.

2 Eine Rolle Klebeband wird in 120 Streifen von je 5 cm Länge zerschnitten. Im Beispiel wird gezeigt, wie du mithilfe der Antiproportionalitätskonstante c zu jeder Länge x eines Streifens die Anzahl aller Streifen berechnen kannst.

Länge ⟶ Anzahl

Länge (cm)	Anzahl Streifen
5	120
1 (:5)	600 (·5)
x (·x)	$\frac{600}{x}$ (:x)

Zuordnungsvorschrift: $x \longrightarrow \frac{600}{x}$

a) Der Heuvorrat reicht für die 12 Pferde des Reitstalls genau 30 Tage.
Gib die Vorschrift für die Zuordnung „Anzahl Pferde → Anzahl Tage“ an.
Was gibt die Antiproportionalitätskonstante c hier an?

b) Mit vier Maschinen kann ein Auftrag in 4 h 30 min erledigt werden.
Gib die Vorschrift für die Zuordnung „Anzahl Maschinen → Zeit“ an.
Was gibt die Antiproportionalitätskonstante c hier an?

3 Jana, Johanna und Judith möchten zusammen in den Urlaub fahren.

Jana kann 60 € Taschengeld mitnehmen, Johanna 90 € und Judith 75 €. Wie viel Euro hat jede pro Urlaubstag zur Verfügung, wenn sie eine bestimmte Anzahl von Tagen verreisen?
Gib für jedes Mädchen die Zuordnungsvorschrift an, die der Anzahl von Urlaubstagen x das tägliche Taschengeld zuordnet.

Graphen antiproportionaler Zuordnungen

1 Zu einem Rechteck der Länge 12 cm und der Breite 2 cm sollen weitere flächengleiche Rechtecke bestimmt werden.

a) Übertrage die Tabelle in dein Heft und fülle sie aus.

Länge (cm)	12	6	2	1	24	8
Breite (cm)	2	▒	▒	▒	▒	▒

b) Sinah hat die Zahlenpaare als Punkte in ein Koordinatensystem eingetragen und dann durch Strecken verbunden. Paul bestimmt zwei weitere Zahlenpaare und trägt die zugehörigen Punkte ein. Was fällt dir auf?

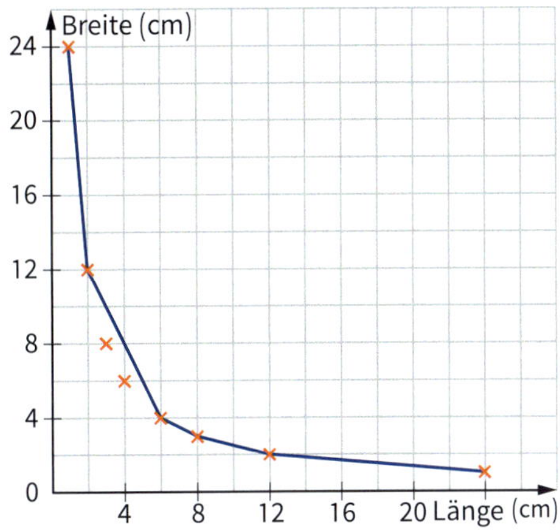

c) Trage alle Zahlenpaare als Punkte in ein Koordinatensystem ein. Wähle als Einheit auf beiden Achsen 0,5 cm. Zeichne durch die Punkte eine Kurve.

2 Die folgende Zuordnung ist antiproportional. Ergänze die Tabelle im Heft. Trage die Zahlenpaare als Punkte in ein Koordinatensystem ein.
Zeichne durch die Punkte eine Kurve.

a)

Anzahl	Länge (cm)
6	60
3	▒
▒	180
▒	30
4	▒
45	▒

x-Achse: 1 cm ≙ 1 Stück
y-Achse: 1 cm ≙ 20 cm

b)

Geschwindigkeit $\left(\frac{km}{h}\right)$	Zeit (h)
90	6
▒	12
30	▒
60	▒
▒	4,5
▒	4

x-Achse: 1 cm ≙ 10 $\frac{km}{h}$
y-Achse: 1 cm ≙ 2 h

3 a) Wie weit können verschiedene Fahrzeuge bei einem durchschnittlichen Benzinverbrauch von 7 *l* (8 *l*, 10 *l*, 12 *l*, 14 *l*, 15 *l*, 20 *l*) pro 100 km fahren, wenn sie jeweils 42 *l* Kraftstoff getankt haben? Lege eine Tabelle an.

b) Trage die Zahlenpaare als Punkte in ein Koordinatensystem ein und zeichne durch die eingezeichneten Punkte eine Kurve (x-Achse: 1 cm ≙ 2 *l*, y-Achse: 1 cm ≙ 50 km).

c) Wie weit kann ein Fahrzeug mit einem Verbrauch von 5 *l* pro 100 km fahren? Liegt der zugehörige Punkt auf dem Graphen?

Zu einem Rechteck von 8 cm Länge und 12 cm Breite sollen weitere flächengleiche Rechtecke bestimmt werden.

Rechtecklänge ⟶ Rechteckbreite

Länge (cm)	Breite (cm)
8	12
4	24
16	6
24	4
32	3

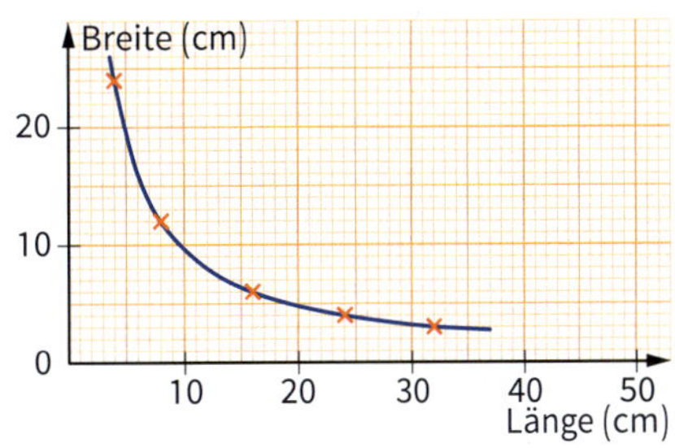

Bei einer antiproportionalen Zuordnung dürfen benachbarte Punkte im Koordinatensystem nicht durch Strecken verbunden werden. Die Punkte im Koordinatensystem liegen alle auf einer Kurve (**Hyperbel**).

Proportionale und antiproportionale Zuordnungen

Mathematisch modellieren

Sachaufgaben mit dem Dreisatz lösen

Sachaufgaben zum Dreisatz

Sieben Tuben Abtönfarbe kosten im Baumarkt 33,25 €. Wie viel Euro kosten neun Tuben?

Für die Malerarbeiten in einem Neubau brauchen vier Arbeitskräfte sechs Arbeitstage. Wie lange brauchen drei Arbeitskräfte?

So kannst du bei Dreisatzaufgaben vorgehen:

1. Überlege zunächst, ob zwischen den Größen die Beziehung „je mehr – desto mehr“ oder „je mehr – desto weniger“ vorliegt.

Je **mehr** Tuben gekauft werden, **desto mehr** muss bezahlt werden.

Je mehr Maler im Neubau beschäftigt sind, **desto weniger** Tage werden benötigt.

2. Überlege dann, ob dem Doppelten das Doppelte, dem Dreifachen das Dreifache, … oder dem Doppelten die Hälfte, dem Dreifachen ein Drittel, … zugeordnet wird.

Wird die **Anzahl** der Tuben **verdoppelt, verdoppelt** sich auch der **Preis.**
Die Zuordnung ist proportional.

Wird die **Anzahl** der Maler **verdoppelt, halbiert** sich die **Anzahl der Tage.**
Die Zuordnung ist antiproportional.

3. Ist die Zuordnung proportional (antiproportional), lege eine Tabelle an. Trage das gegebene Größenpaar ein und berechne die gesuchte Größe.

Anzahl	Preis (€)
7	33,25
1	4,75
9	42,75

Anzahl an Arbeitskräften	Zeit (d)
4	6
1	24
3	8

4. Formuliere eine Antwort.

Neun Tuben Abtönfarbe kosten 42,75 €.

Drei Arbeitskräfte benötigen acht Arbeitstage.

1 Die Klasse 7 a plant ihre Klassenfahrt. Auf der Landkarte beträgt die Entfernung von der Schule zum Schullandheim (Luftlinie) etwa 48 cm. Eine Strecke von 100 km Länge ist auf der Karte 20 cm lang. Berechne, wie weit die Schule vom Schullandheim entfernt ist.

2 Bei der Planung der Fahrt werden für die Jungen sechs Vierbettzimmer vorgesehen. Nach der Ankunft stellt sich heraus, dass nur Dreibettzimmer zur Verfügung stehen. Wie viele Zimmer werden jetzt von den Jungen belegt?

Proportionale und antiproportionale Zuordnungen

3 Vor dem Frühstück deckt jeweils eine Gruppe von Schülerinnen und Schülern die Tische. Paul verteilt die Brötchen auf 14 Brötchenkörbe. In jeden Korb kommen acht Brötchen.
Am nächsten Morgen nimmt Amelie 16 Brötchenkörbe.

4 Zum Mittagessen gibt es Linseneintopf mit Würstchen. Der Koch rechnet für vier Personen eine Terrine mit 1,6 Liter Inhalt und ein Würstchen pro Person.
a) Wie viel Liter Linseneintopf muss er für 150 Personen kochen?
b) Wie viele Terrinen müssen mindestens gefüllt werden?

c) In einer Dose befinden sich sechs (zehn) Würstchen. Wie viele Dosen müssen insgesamt geöffnet werden?

5 Die Klassen 7 a und 7 b besuchen das Freibad. Für 24 Schülerinnen und Schüler der 7 a bezahlt die Lehrerin 33,60 € Eintritt. Wie hoch ist der Eintritt für die 27 Schülerinnen und Schüler der 7 b?

6 Max und Jan haben für das Abtrocknen des Geschirrs eine halbe Stunde gebraucht. Am nächsten Abend trocknen drei Schüler ab.

7 Kevin möchte vom Rest seines Taschengeldes Ansichtskarten kaufen. Er kauft vier große Karten zum Preis von 1,80 € das Stück. Wie viele Ansichtskarten zum Stückpreis von 0,80 € hätte er dafür erhalten?

8 Eine Gruppe von 24 Personen möchte für einen Tag Fahrräder ausleihen. Eine Gruppe von 21 Personen musste dafür zuvor 105 € bezahlen.

9 Lisa, Marie und Felix helfen bei der Vorbereitung des Abendessens. Sie wissen, dass am Tag zuvor vier 1 500-g-Brote aufgeschnitten wurden. Der Bäcker hat aber nur 1 000-g-Brote geliefert.

10 Leon hat für seine LED-Taschenlampe drei Packungen mit jeweils zwei 1,5-Volt-Batterien mitgenommen. Mit drei Batterien hat die Lampe eine Brenndauer von 30 Stunden.
Wie viele Stunden könnte Leon mit seiner Taschenlampe leuchten?

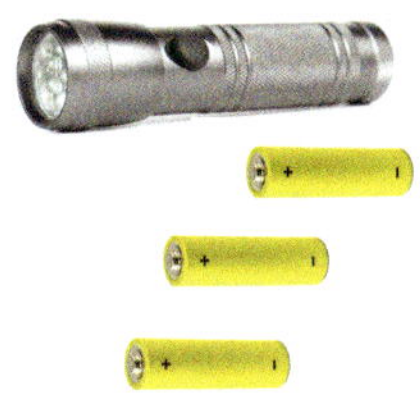

11 Auf einer Wanderkarte ist die Strecke vom Schullandheim bis zum Aussichtsturm 25,6 cm lang. Eine Strecke von 5 km Länge ist auf der Wanderkarte genau 20 cm lang.

12 Die Kosten für die elektrische Energie im Schullandheim betragen für vier Tage im Durchschnitt 13,20 €.
Die Energiekosten während des ganzen Schullandheimaufenthalts betragen rund 29,70 €.

Lösungen zu den Aufgaben 3 bis 12:
37,8 120 6 15 9 25 6,4 38 20 9 60 7 60

Stimmen hier die Proportionen?

Manche Zuordnungen sind nur scheinbar (anti-) proportional.

1 Vier Musiker spielen ein Musikstück in 4 min 40 s.
Benötigen drei Musiker für das Musikstück mehr Zeit?

2 Ein einjähriges Kind hat eine Körpergröße von 75 cm.
Kannst du berechnen, wie groß das Kind mit zwei Jahren (vier Jahren, 10 Jahren) sein wird?

3 In Lauras Klasse sind im 7. Jahrgang insgesamt 14 Mädchen. Kannst du berechnen, wie viele Mädchen die Klasse im 8. Jahrgang haben wird?

4 Lara hat beim Weitsprung mit einem 10 m langen Anlauf eine Sprungweite von 3,60 m erzielt. Beim nächsten Sprung läuft sie 15 m bis zur Sprunggrube. Kannst du ihre Sprungweite berechnen?

5 Amelie hat für ihre letzte Mathematikarbeit vier Stunden geübt. In der Arbeit erhielt sie die Note 2. Für die nächste Mathematikarbeit will sie acht Stunden üben.

6 Ein Ei wird hartgekocht, wenn es zehn Minuten in kochendem Wasser liegt.
Wie lange muss Finn fünfzehn Eier in kochendem Wasser lassen, damit sie hart gekocht werden?

7 Eine Orientierungswanderung geht über eine Strecke von 9,6 km. Es werden dazu Gruppen von jeweils acht Schülern gebildet. Bei der vorherigen Wanderung benötigten Gruppen von jeweils sechs Schülern etwa 100 Minuten für die Strecke. In welcher Zeit schaffen die neuen Gruppen die Strecke?

Proportionalität in Grenzen

1 Bei einem eintägigen Ausflug mit dem Bus betragen die Fahrtkosten pro Person 18 € bei insgesamt 40 Teilnehmern.

a) Wie hoch sind die Fahrtkosten pro Person, wenn 32 (48) Personen an der Fahrt teilnehmen?

b) Begründe, warum du mit einer Dreisatzrechnung nicht auch die Fahrtkosten bei 180 Teilnehmern berechnen kannst.

2 Beim Obsthändler bezahlt Sarah für 2 kg Äpfel 1,60 €.

a) Wie viel Euro muss Kevin für 3 kg (1,5 kg; 2,5 kg; 3,5 kg; 5 kg) Äpfel der gleichen Sorte bezahlen?

b) Frau Kaup möchte für ihr Lebensmittelgeschäft 200 kg Äpfel der gleichen Sorte kaufen.
Begründe, warum sie dafür nicht 160 € bezahlen muss.

3 Vier Arbeiter eines Gartenbaubetriebes pflastern eine Hoffläche in 48 Stunden.

a) Wie viele Stunden benötigen drei (sechs, acht) Arbeiter?

b) Begründe, warum 1 152 Arbeiter die gleiche Fläche nicht in zehn Minuten pflastern können.

4 Ein Airbus A 300 benötigt für eine 3 200 km lange Flugstrecke eine Flugzeit von 4 Stunden.

a) Wie lange benötigt er für eine Flugstrecke von 5 600 km (6 000 km, 7 000 km) Länge?

b) Kannst du mit einer Dreisatzrechnung auch die Flugzeit bei einer Flugstrecke von 30 000 km berechnen?

Manche Zuordnungen sind nur in bestimmten Bereichen proportional (antiproportional).

5 Im Physikunterricht wird der Zusammenhang zwischen der Verlängerung s einer Schraubenfeder und der auf sie wirkenden Gewichtskraft F untersucht.

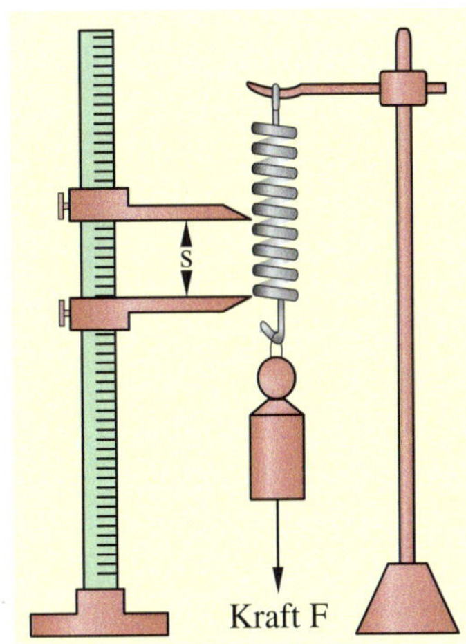

Kraft F (N)	Verlängerung s (cm)
0,5	1,0
1,0	2,0
1,5	3,0
2,0	4,0
2,5	5,0
4,0	7,2
5,0	8,6
6,0	9,4

a) Vergleiche bei Kräften zwischen 0,5 N und 2,5 N die zugehörigen Verlängerungen. Welchen Zusammenhang erkennst du?

b) Vergleiche die Verlängerungen bei 2,0 N und 4,0 N (2,5 N und 5,0 N) miteinander. Besteht auch hier ein Zusammenhang?

WISSEN KOMPAKT

Zuordnungen können in Pfeildiagrammen, Tabellen und im Koordinatensystem dargestellt werden.

0 *l* ⟶ 0 cm
0,5 *l* ⟶ 4 cm
1,0 *l* ⟶ 8 cm
1,5 *l* ⟶ 12 cm
2,0 *l* ⟶ 16 cm
2,5 *l* ⟶ 20 cm

Wassermenge ⟶ Wasserstand

Wassermenge (*l*)	Wasserstand (cm)
0	0
0,5	4
1,0	8
1,5	12
2,0	16
2,5	20

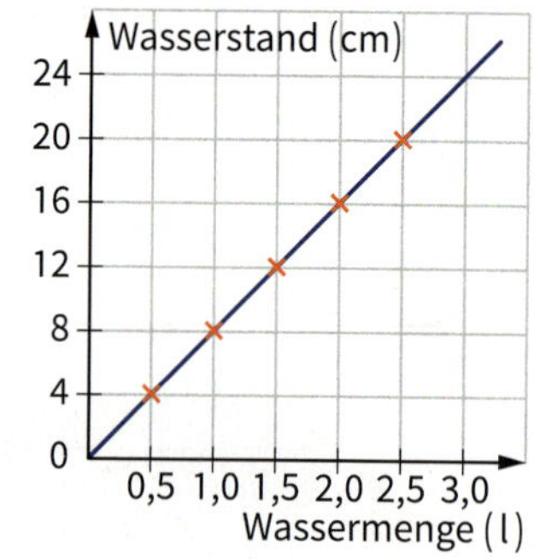

Proportionale Zuordnungen

Das Doppelte wird dem Doppelten,
das Dreifache dem Dreifachen, …,
die Hälfte der Hälfte,
das Drittel dem Drittel zugeordnet.

Drei Kilogramm Äpfel kosten 6,00 €.

Masse ⟶ Preis

Masse (kg)	Preis (€)
3,0	**6,00**
6,0	12,00
9,0	18,00
1,5	3,00
1,0	2,00

Antiproportionale Zuordnungen

Das Doppelte wird der Hälfte,
das Dreifache dem Drittel, …,
die Hälfte dem Doppelten,
das Drittel dem Dreifachen zugeordnet.

6 Arbeiter verrichten eine Arbeit in 12 Tagen.

Anzahl der Arbeiter ⟶ Zeitdauer

Anzahl	Zeitdauer (Tage)
6	**12**
12	6
18	4
3	24
2	36

Dreisatz

3 kg Äpfel kosten 6,00 €.
Wie viel Euro kosten 7 kg?

Masse (kg)	Preis (€)
3	6,00
↓ :3 1	2,00 ↓ :3
↓ ·7 7	14,00 ↓ ·7

3 kg kosten 6 €.
1 kg kostet 6 € : 3 = 2 €.
7 kg kosten 2 € · 7 = 14,00 €.

7 kg Äpfel kosten 14,00 €.

6 Arbeiter verrichten eine Arbeit in 12 Tagen.
Wie lange brauchen 8 Arbeiter?

Anzahl	Zeitdauer (Tage)
6	12
↓ :6 1	72 ↓ ·6
↓ ·8 8	9 ↓ :8

6 Arbeiter brauchen 12 Tage.
1 Arbeiter braucht 12 Tage · 6 = 72 Tage.
8 Arbeiter brauchen 72 Tage : 8 = 9 Tage.

8 Arbeiter brauchen 9 Tage.

WISSEN KOMPAKT

Graphen proportionaler und antiproportionaler Zuordnungen

Proportionale Zuordnungen

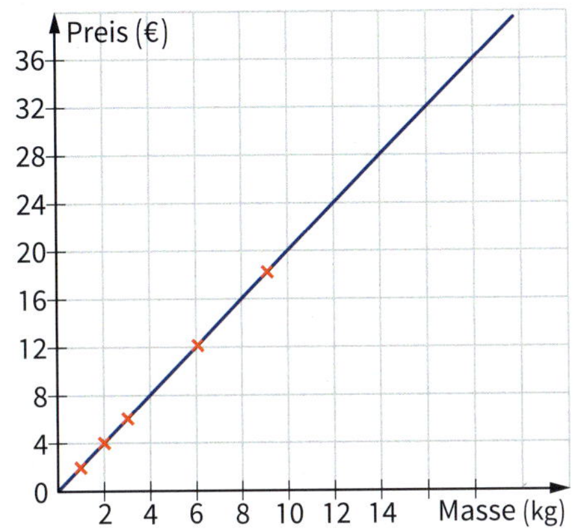

Die Zahlenpaare liegen als Punkte im Koordinatensystem auf einer Geraden durch den Ursprung.

Antiproportionale Zuordnungen

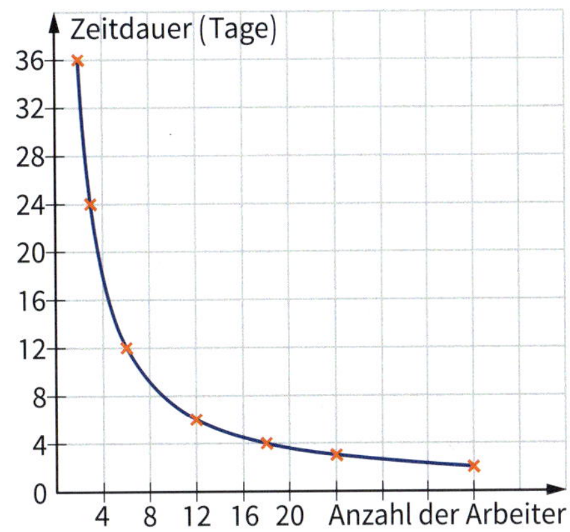

Die Zahlenpaare liegen als Punkte im Koordinatensystem auf einer Kurve (Hyperbel).

Proportionalitätsfaktor und Antiproportionalitätskonstante

Proportionale Zuordnungen

Drei Kilogramm Äpfel kosten 6,00 €.

Masse ⟶ Preis

Masse (kg)	Preis (€)	$\frac{\text{Preis}}{\text{Masse}}\left(\frac{€}{\text{kg}}\right)$
3,00	**6,00**	6,00 : 3,00 = 2
6,00	12,00	12,00 : 6,00 = 2
9,00	18,00	18,00 : 9,00 = 2
1,50	3,00	3,00 : 1,50 = 2

Die Zahlenpaare sind quotientengleich.
Der Quotient heißt **Proportionalitätsfaktor k.**

k = 2

Antiproportionale Zuordnungen

6 Arbeiter verrichten eine bestimmte Arbeit in 12 Tagen.

Anzahl der Arbeiter ⟶ Zeitdauer

Anzahl	Zeitdauer (d)	Anzahl · Zeitdauer (d)
6	**12**	6 · 12 = 72
12	6	12 · 6 = 72
18	4	18 · 4 = 72
3	24	3 · 24 = 72

Die Zahlenpaare sind produktgleich.
Das Produkt heißt **Antiproportionalitätskonstante c.**

c = 72

Allgemeine Zuordnungsvorschrift

Proportionale Zuordnungen

Du erhältst zu jeder Masse x den zugehörigen Preis, indem du 2 mit x multiplizierst:

Zuordnungsvorschrift: $x \longrightarrow 2 \cdot x$

Antiproportionale Zuordnungen

Du erhältst zu jeder Anzahl x von Arbeitern die zugehörige Zeitdauer, indem du 72 durch x dividierst:

Zuordnungsvorschrift: $x \longrightarrow \frac{72}{x}$

ÜBEN

1 Ein undichter Wasserhahn verliert in 12 Stunden drei Liter Wasser.
Wie viel Liter Wasser verliert er in sechs Stunden (vier Stunden, drei Stunden, einem Tag, zwei Wochen)?

2 Für vier Kugeln Eis muss Amelie 2,00 € bezahlen. Noah kauft sechs Kugeln.
Wie viel Euro muss er bezahlen?

3 Ein Freibad verfügt über vier gleich starke Pumpen, die zum Leeren des Schwimmbeckens eingesetzt werden können.

Drei Pumpen leeren das Becken in 200 Minuten. In wie vielen Minuten wird das Becken von vier Pumpen geleert?

Die Aufgaben auf den Seiten 28 bis 31 kannst du allein oder mit einem Partner in einer Arbeitsstunde bearbeiten. Wähle zunächst vier Aufgaben von den Seiten 28 bis 30 aus. Wenn du diese erfolgreich bearbeitet hast, wähle zwei Aufgaben von Seite 31.

4 In einer Konditorei werden die hergestellten Pralinen in Portionen zu je 200 g abgepackt. Der Konditor erhält 45 Portionen.
Wie viele 125-g-Portionen hätte er erhalten?

5 500 g Rindfleisch kosten in der Frischfleischabteilung 8,50 €. Alinas Mutter kauft 800 g.

6 Fünf Maschinen verpacken die Tagesproduktion einer Molkerei in sechs Stunden. Zu Beginn der Arbeitszeit fallen zwei Maschinen aus.
In welcher Zeit wird die Arbeit von den restlichen Maschinen ausgeführt?

7 Überprüfe, ob hier eine proportionale Zuordnung vorliegen kann.

a)

Anzahl	Preis (€)
2	3,60
6	10,80

b)

Anzahl	Preis (€)
15	22,50
5	7,50

c)

Anzahl	Preis (€)
2	4,50
50	90,00

d)

Anzahl	Preis (€)
32	6,40
8	1,80

8 Überprüfe, ob hier eine antiproportionale Zuordnung vorliegen kann.

a)

Anzahl	Zeit (d)
2	15
6	5

b)

Länge (m)	Breite (m)
15	42
45	14

c)

Anzahl	Zeit (d)
12	7
3	28

d)

Länge (m)	Breite (m)
4,80	2,50
1,60	7,50

9 Auf dem Schulfest verkauft Maximilian Saft. Für 40 Liter Saft sind 200 Becher erforderlich.
Maximilian hat berechnet, wie viele Becher er für die verkauften 30 Liter bereits verbraucht hat.

Saft (l)	Anzahl der Becher
40	200
10	50
30	150

a) Warum ist Maximilians Rechenweg vorteilhaft? Begründe.
b) Berechne, wie viele Becher für 15 (16, 75, 125) Liter Saft benötigt werden.
c) Der Erlös bei 20 verkauften Bechern beträgt 4 €.
Berechne vorteilhaft den Erlös bei 30 (15, 24, 50) verkauften Bechern.

ÜBEN

10 Das Kabel auf einer Kabelrolle kann in 50 Stücke von je 6 m Länge zerschnitten werden.

Wie viele Stücke von 3 m (2 m, 12 m, 4 m, 20 m) Länge erhält man?

11 Lukas braucht mit seinem Fahrrad bei einer Durchschnittsgeschwindigkeit von 15 km pro Stunde für den Weg zur Schule 35 Minuten. Seine Schwester Mia erreicht mit ihrem Mofa eine Durchschnittsgeschwindigkeit von 25 $\frac{km}{h}$.

12 Das Containerschiff verbraucht bei voller Fahrt 72 500 Liter Treibstoff in fünf Stunden.

Wie viel Liter Treibstoff verbraucht es in 8 Stunden (an einem Tag)?

13 Ein Dorfplatz kann von neun Straßenbauarbeitern in 16 Arbeitstagen gepflastert werden.

a) Wie viele Tage benötigen 12 Arbeiter?

b) Nach acht Arbeitstagen fällt ein Arbeiter aus. Wie viele Arbeitstage werden nun insgesamt für den Dorfplatz benötigt?

14 Bei seiner Modelleisenbahn kann Niklas sechs Güterwagen von jeweils 125 mm Länge auf ein Abstellgleis schieben.

Er hat berechnet, wie viele Güterwagen von jeweils 150 mm Länge auf dem Gleis abgestellt werden können.

Länge (mm)	Anzahl der Waggons
125	6
25	30
150	5

a) Warum ist der Rechenweg von Niklas vorteilhaft? Begründe.

b) Auf einem weiteren Abstellgleis können 14 Güterwagen von jeweils 150 mm Länge abgestellt werden. Berechne vorteilhaft, wie viele Waggons von jeweils 100 mm (175 mm, 210 mm) Länge auf dem Gleis abgestellt werden können.

15 Die hier dargestellten Zuordnungen sind proportional. Denke dir eine passende Sachaufgabe aus und schreibe sie in dein Heft. Vervollständige die Tabellen in deinem Heft.

a)

Anzahl	Preis (€)
7	17,50
1	■
9	■

b)

Zeit (h)	Volumen (*l*)
5	120
1	■
11	■

16 Die hier dargestellten Zuordnungen sind antiproportional. Denke dir zu jeder Tabelle eine passende Sachaufgabe aus und schreibe sie in dein Heft. Vervollständige die Tabellen in deinem Heft.

a)

Masse (g)	Anzahl
50	125
1	■
80	■

b)

Anzahl	Preis (€)
45	154
1	■
42	■

ÜBEN

17 Der abgebildete Schaufelbagger wird zu Erdarbeiten auf einer Großbaustelle eingesetzt.

Er kann in fünf Stunden 600 m³ Erde umschaufeln.

a) Wie viel Kubikmeter Erde kann er in drei (sieben) Stunden umschaufeln?

b) Um 600 m³ Erde abzutransportieren, sind 30 Fahrten mit dem abgebildeten Muldenkipper notwendig.
Wie viele Fahrten werden für 1 000 m³ Erde benötigt?

c) Der Muldenkipper kann 20 m³ Erde auf einmal transportieren. Das entspricht fünf vollen Baggerschaufeln.
Wie viele Schaufeln müssen dann für 600 m³ Erde gefüllt werden?

18 Malermeister Neumann hat einem Kunden für sieben Arbeitsstunden 278,60 € berechnet.

a) Wie viel Euro muss ein zweiter Kunde für sechs Arbeitsstunden bezahlen?

b) Einem dritten Kunden werden für die Arbeitszeit 437,80 € berechnet.
Wie viele Stunden wurden hier gearbeitet?

19 Im Straßenbau werden für eine 180 m lange Wohnstraße 225 m³ Schotter benötigt.

a) Wie viel Kubikmeter werden für eine 510 m (348 m, 624 m) lange Straße benötigt?

b) Wie lang kann die Straße werden, wenn 158 m³ (236 m³, 748 m³) Schotter zur Verfügung stehen?

c) Ein Lkw kann mit einer Fuhre 20 m³ Schotter transportieren.
Wie viele Lkw-Fuhren sind notwendig?

20 Drei Abfüllmaschinen können von einer Mineralquelle in acht Stunden 120 000 Flaschen Mineralwasser abfüllen. Eine Maschine fällt aus.

a) Wie lange müssen die übrigen Maschinen in Betrieb bleiben, um die gleiche Anzahl Flaschen zu füllen?

b) Wie viele Flaschen können von fünf Maschinen in sechs Stunden gefüllt werden?

21 Zum Einebnen eines Geländes benötigen zwei Planierraupen 21 Arbeitsstunden. In wie viel Arbeitsstunden ebnen drei Planierraupen das Gelände ein?

22 Mit dem abgebildeten Pflug lässt sich bei einer Arbeitsbreite von 2,0 m ein 3,6 ha großes Feld in drei Stunden umpflügen.

a) Wie viel Hektar kann der Pflug bei gleicher Arbeitsbreite in fünf Stunden bearbeiten?

b) Wie viele Stunden werden für ein 3 ha großes Feld benötigt?

c) Die Arbeitsbreite wird auf 1,5 m eingestellt. Was ändert sich?

23 Ein Rohbau kann von fünf Maurern in 60 Arbeitstagen erstellt werden.

a) Wie viele Arbeitstage benötigen sechs Maurer?

b) Nach 40 Arbeitstagen wird von fünf Maurern einer krank.

ÜBEN

24 Einer der schnellsten Jäger unter Wasser ist der Blauhai.

Blauhai 65 $\frac{km}{h}$

Delfin 60 $\frac{km}{h}$

Blauwal 48 $\frac{km}{h}$

Barrakuda 50 $\frac{km}{h}$

Berechne wie im Beispiel, wie viel Zeit die anderen abgebildeten Tiere jeweils für die gleiche Strecke benötigen.

Blauhai:

65 km ⟶ 1 h

65 000 m ⟶ 3600 s

100 m ⟶ $\frac{3600\,s}{650}$

400 m ⟶ $\frac{3600\,s \cdot 4}{650} \approx 22{,}0\,s$

25 Ein Radfahrer legt in drei Stunden eine Strecke von 48 km Länge zurück.

a) Zeichne die zur Zuordnung gehörende Gerade (x-Achse: 1 cm ≙ 0,5 h; y-Achse: 1 cm ≙ 5 km).

b) Ermittle anhand des Graphen, wie viel Kilometer der Radfahrer bei gleicher Durchschnittsgeschwindigkeit in 4 h (1,5 h; 2,5 h) zurücklegt.

c) Wie lange benötigt er für eine Strecke von 32 km (56 km)?

26 Um von Bensersiel nach Harlesiel zu fahren, benötigt ein Radfahrer bei einer mittleren Geschwindigkeit von 15 $\frac{km}{h}$ eine Zeit von 1 h 36 min. Wie lang ist die Strecke, die er zurücklegt?

27 Für die Strecke von Berlin nach München braucht ein Lkw bei einer Durchschnittsgeschwindigkeit von 60 $\frac{km}{h}$ eine Fahrzeit von zehn Stunden. Welche Fahrzeit benötigt ein Pkw mit einer Durchschnittsgeschwindigkeit von 120 $\frac{km}{h}$ (80 $\frac{km}{h}$)?

28 Herr Peters legt mit seinem Auto eine Strecke von 300 km Länge in 2 h 30 min zurück.

a) Wie lange benötigt er bei gleicher Durchschnittsgeschwindigkeit für eine Strecke von 400 km (240 km, 90 km)? Gib die Zeit in Stunden und Minuten an.

b) Warum kann Herr Peters eine 3 000 km lange Strecke nicht in 25 Stunden zurücklegen?

29 Im Koordinatensystem wird der Graph der Zuordnung „Zeit → zurückgelegte Strecke“ dargestellt.

a) Bestimme die Geschwindigkeit.

b) Zeichne den entsprechenden Graphen zu einer Geschwindigkeit von 25 $\frac{km}{h}$ (70 $\frac{km}{h}$; 90 $\frac{km}{h}$).

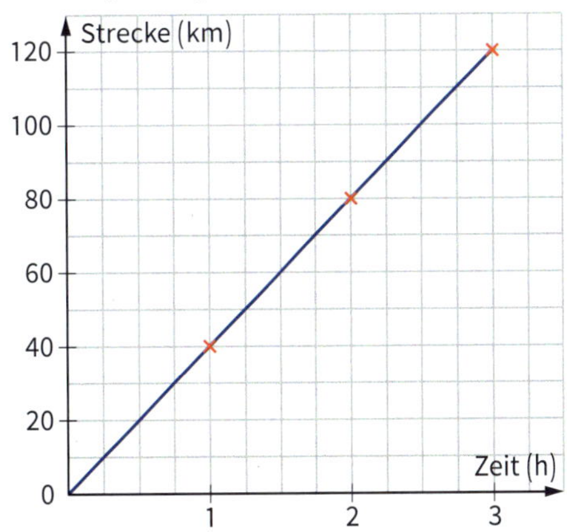

30 Eine Teststrecke wird von einem Fahrzeug mit einer Durchschnittsgeschwindigkeit von 90 $\frac{km}{h}$ in einer Fahrzeit von 6 Stunden zurückgelegt.

a) Welche Fahrzeit braucht ein Fahrzeug mit einer Durchschnittsgeschwindigkeit von 60 $\frac{km}{h}$ (120 $\frac{km}{h}$, 150 $\frac{km}{h}$, 180 $\frac{km}{h}$, 30 $\frac{km}{h}$, 45 $\frac{km}{h}$)?

b) Zeichne den zugehörigen Graphen (x-Achse: 1 cm ≙ 1 h; y-Achse: 1 cm ≙ 10 $\frac{km}{h}$).

ÜBEN: Temperaturveränderungen

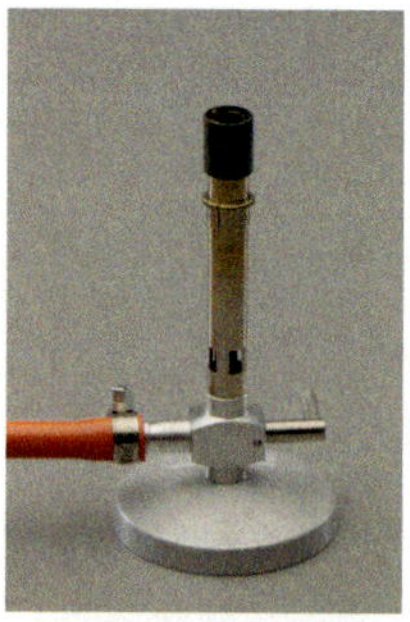

Bunsenbrenner

Becherglas

Dreifuß

1 Im Physikunterricht haben die Schüler und Schülerinnen untersucht, wie heiß Wasser werden kann.
Dazu wurde in Abständen von jeweils einer halben Minute die Temperatur des erhitzten Wassers gemessen und in eine Tabelle eingetragen.

Zeit (min)	0	0,5	1,0	1,5	2,0	2,5	3,0
Temp. (°C)	18	27	36	45	55	64	73

Zeit (min)	3,5	4,0	4,5	5,0	5,5	6,0	6,5
Temp. (°C)	82	90	96	98	99	100	100

a) Welche Größen werden hier einander zugeordnet?

b) Stelle den Temperaturverlauf grafisch dar. Überlege zunächst, welche Größe auf der x-Achse und welche auf der y-Achse dargestellt wird. Wie lang müssen x-Achse und y-Achse sein, damit alle Wertepaare dargestellt werden können?

c) Verbinde die einzelnen Punkte und beschreibe den Verlauf der Kurve.

d) Im Koordinatensystem siehst du einen Ausschnitt aus der Temperaturkurve. Die eingetragenen Punkte liegen auf einer Geraden.

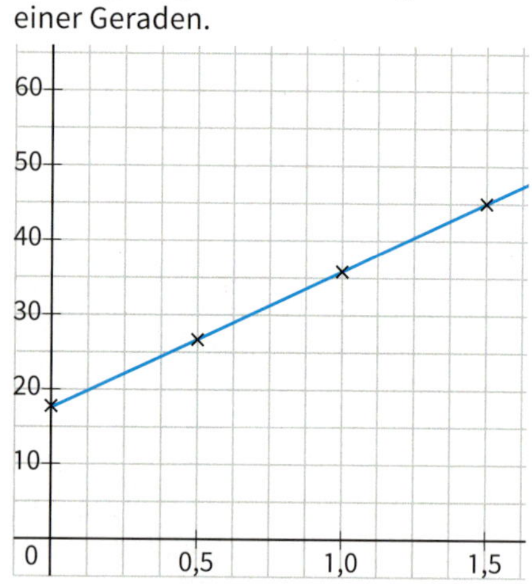

Ist die Zuordnung in diesem Bereich proportional? Begründe deine Antwort.

ÜBEN: Temperaturveränderungen

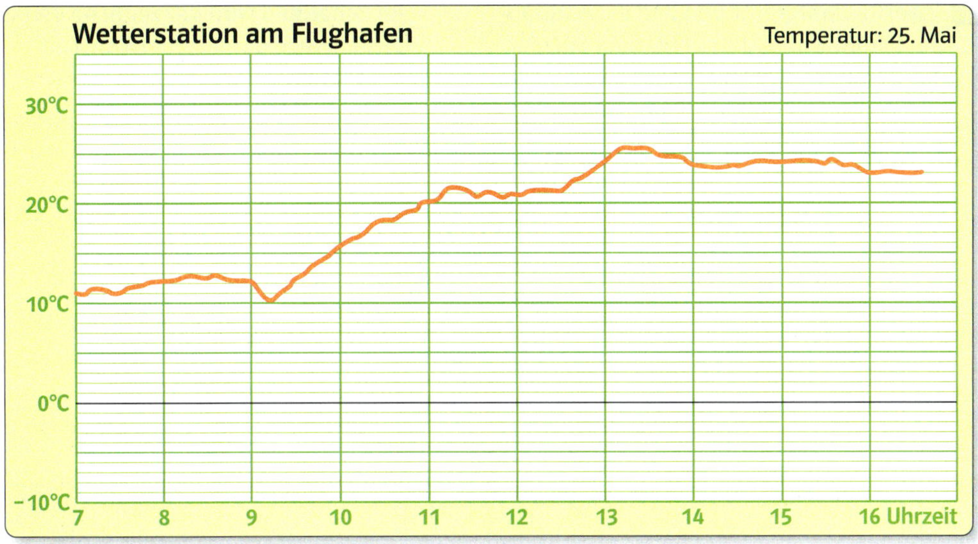

2 In der Abbildung siehst du die Temperaturkurve, die der Temperaturschreiber einer Wetterstation an einem Frühlingstag aufgezeichnet hat.

a) Übertrage die Tabelle in dein Heft und fülle sie aus. Lies dazu die fehlenden Werte aus der Temperaturkurve ab.

Uhrzeit	7	8	9	10	11
Temperatur (°C)	▨	▨	▨	▨	▨

Uhrzeit	12	13	14	15	16
Temperatur (°C)	▨	▨	▨	▨	▨

b) Lies ab, wann die Temperatur 16 °C (20 °C, 24 °C, 11 °C, 10 °C, 23 °C) betrug.

c) In welchen Zeiträumen stieg (fiel) die Temperatur?

3 Jana und Sven haben ab 8.00 Uhr morgens in Abständen von einer Stunde jeweils die Temperatur gemessen und in eine Tabelle eingetragen.

Uhrzeit	8	9	10	11	12	13	14
Temperatur (°C)	13	15	17	19	21	22	22

Uhrzeit	15	16	17	18	19	20
Temperatur (°C)	22	21	19	17	15	13

a) Zeichne ein Koordinatensystem und trage die Zeiten mit den zugehörigen Temperaturen als Punkte ein. Überlege zunächst, wie du die Achsen einteilen musst.

b) Zeichne durch die eingezeichneten Punkte eine Temperaturkurve.

c) Ermittle anhand der Temperaturkurve, die dein Partner oder deine Partnerin gezeichnet hat, die Temperatur um 9.30 Uhr (11.30 Uhr). Vergleiche dein Ergebnis mit den Ergebnissen deines Partners oder deiner Partnerin.
Was stellt ihr fest?

d) Ermittle anhand der Temperaturkurve, die dein Partner oder deine Partnerin gezeichnet hat, wann die Temperatur 14 °C (16 °C, 18 °C) betrug.
Vergleiche wieder deine Ergebnisse mit denen deines Partners oder deiner Partnerin.

VERTIEFEN: Veränderungen bei Weg und Zeit

1 Zwei Radfahrergruppen und ein Autofahrer fahren vom Bahnhof bis zum Seeufer. Sie benutzen denselben Weg.

Im Schaubild wird der zeitliche Verlauf dieser Wege dargestellt (**Weg-Zeit-Diagramm**).

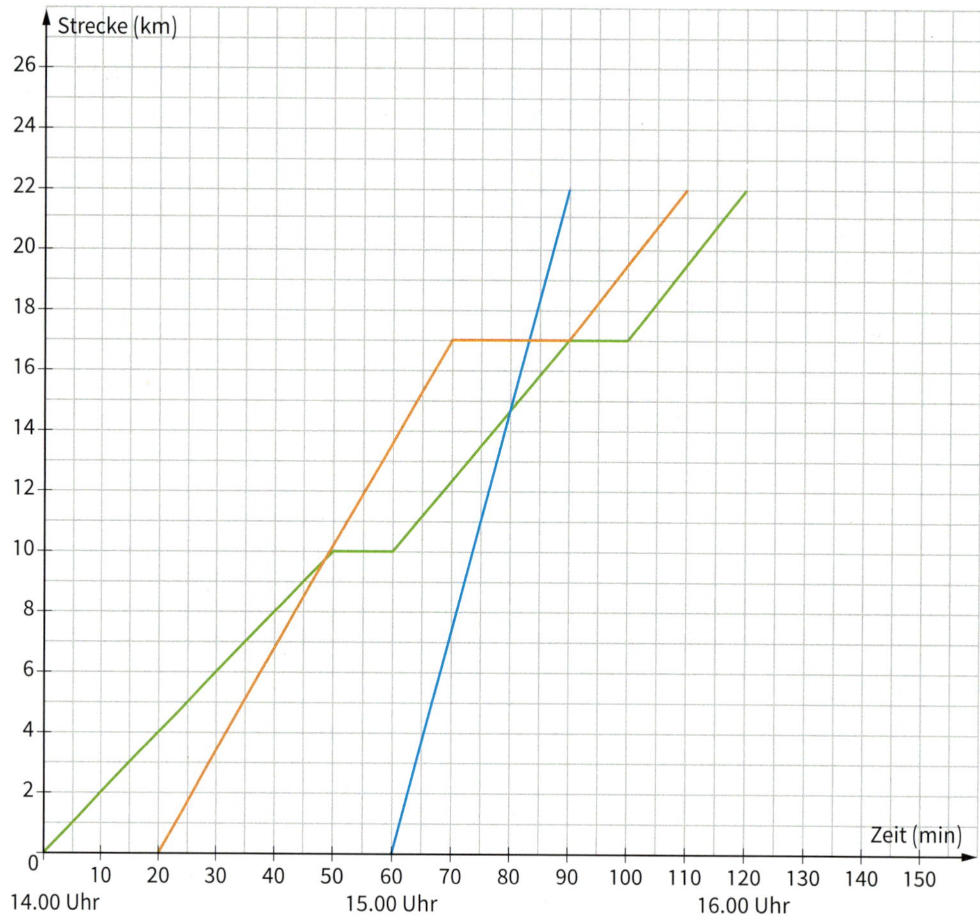

a) Die erste Radfahrergruppe startet am Bahnhof um 14.00 Uhr. Wann erreicht die erste Gruppe den Aussichtsturm? Wie lange macht die Gruppe dort Pause? Wann erreicht sie den Rastplatz und wie lange hält sie sich dort auf? Wann kommt die erste Gruppe schließlich an ihrem Ziel, dem Seeufer, an?

b) Beschreibe anhand des Diagramms die Fahrt der zweiten Gruppe und die Fahrt des Autofahrers.

c) Wann und wo treffen sich die beiden Radfahrergruppen? Wann überholt der Autofahrer die erste Gruppe, wann die zweite Gruppe?

d) Wie kannst du im Weg-Zeit-Diagramm erkennen, welche Radfahrergruppe schneller fährt?

2 Schreibe eine Geschichte auf, die dein Partner oder deine Partnerin in einem Weg-Zeit-Diagramm darstellen kann. Zeichne selbst ein Weg-Zeit-Diagramm zu der Geschichte, die du von deinem Partner erhältst.

VERTIEFEN: Veränderungen bei Weg und Zeit

3 Ein neues Elektrofahrzeug wird vor der Zulassung in vielen Verkehrssituationen getestet. Dazu gehören auch Messungen des zurückgelegten Weges in Abhängigkeit von der benötigten Zeit. Das unten abgebildete Weg-Zeit-Diagramm stellt eine solche Messung dar.

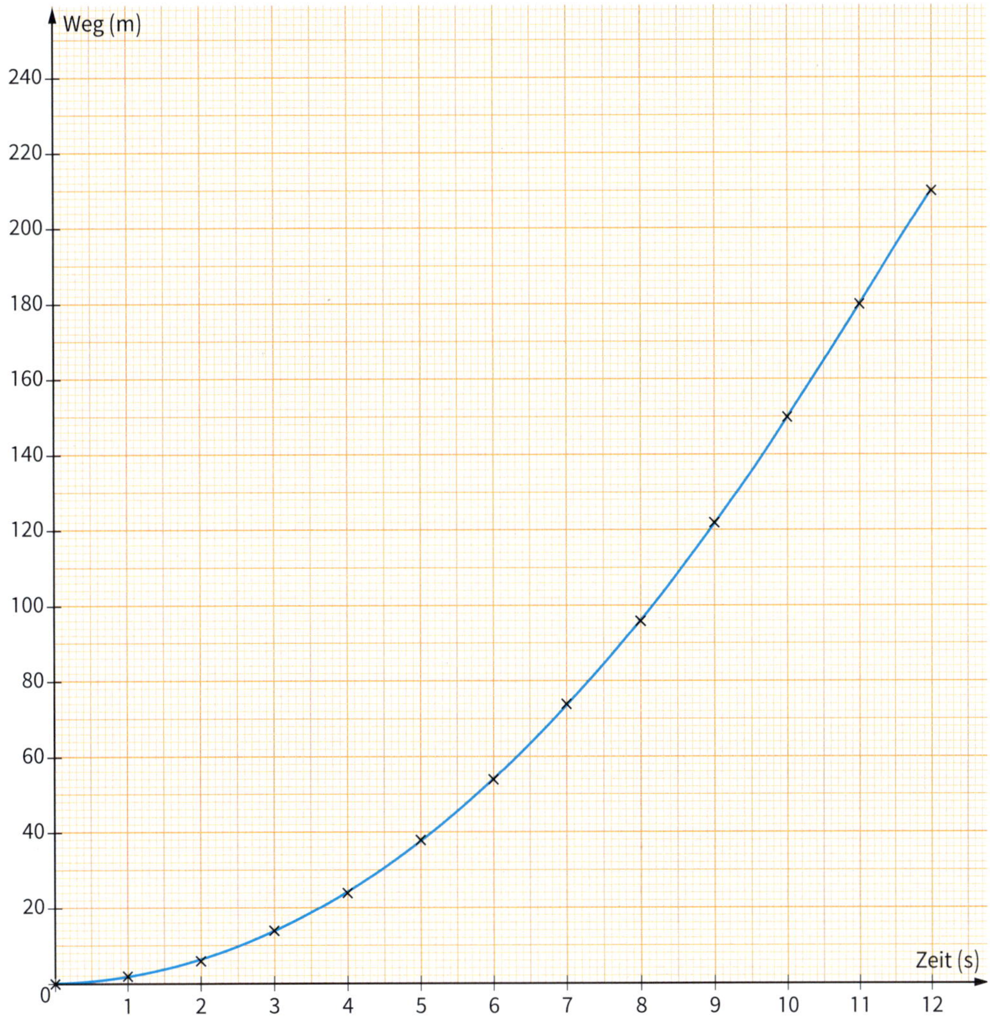

a) Beschreibe den im Diagramm dargestellten Verlauf der Fahrt.

b) Übertrage die Tabelle in dein Heft und fülle sie aus. Lies die fehlenden Werte dazu aus dem Diagramm ab.

Zeit (s)	0	2	4	6	8	10	12
Weg (m)							

c) Vergleiche den Weg, der in den ersten zwei Sekunden zurückgelegt wurde mit dem Weg, der von der 2-ten Sekunde bis zur 4-ten Sekunde (von der 4-ten bis zur 6-ten, von der 6-ten bis zur 8-ten, von der 8-ten bis zur 10-ten Sekunde) zurückgelegt wurde. Was fällt dir auf?

d) Vergleiche den Weg, der von der 10-ten bis zur 11-ten Sekunde zurückgelegt wurde mit dem Weg, der von der 11-ten bis zur 12-ten Sekunde zurückgelegt wurde. Was stellst du fest?

AUSGANGSTEST 1

1 Acht Schülerinnen und Schüler der 7 a haben besondere Hobbys: Isabel spielt Gitarre und singt im Chor, Nadine spielt Klavier, Nico malt, Helen spielt Gitarre und malt, Arne spielt Fußball, Thilo spielt Handball und sammelt Briefmarken, Marco spielt Schach, Tobias spielt Schach und sammelt Briefmarken. Stelle die Zuordnung in einer Tabelle (einem Pfeildiagramm) dar.

2 An einem Februartag wurde in Abständen von zwei Stunden die Temperatur gemessen und in eine Tabelle eingetragen.

Uhrzeit	0.00	2.00	4.00	6.00	8.00	10.00
Temperatur (°C)	3,4	2,6	3,7	3,9	4,3	5,8

Uhrzeit	12.00	14.00	16.00	18.00	20.00	22.00
Temperatur (°C)	6,6	8,1	7,5	6,7	6,0	5,4

a) Trage die Zahlenpaare in ein Koordinatensystem ein (x-Achse: 1 cm ≙ 2 h; y-Achse: 1 cm ≙ 1 °C). Zeichne durch die Punkte eine Kurve.
b) Wann betrug nach deiner Temperaturkurve die Temperatur 7 °C?

3 Ein Gemüsehändler verkauft 300 kg Kartoffeln und verdient daran 120 €. Am nächsten Tag verkauft er 430 kg Kartoffeln. Wie hoch ist dann sein Verdienst?

4 Die folgenden Zuordnungen sind proportional. Vervollständige die Tabellen in deinem Heft.

a)

Masse (kg)	Preis (€)
3	2,40
15	■
5	■
1,5	■

b)

Zeit (min)	Strecke (km)
30	45
90	■
15	■
5	■

5 Die folgenden Zuordnungen sind antiproportional. Vervollständige die Tabellen in deinem Heft.

a)

Breite (m)	Länge (m)
12	12
48	■
16	■
64	■

b)

Anzahl	Länge (m)
30	0,45
90	■
15	■
5	■

6 Eine Klasse will mit 28 Personen einen Ausflug mit dem Bus machen. Für die Fahrt muss jeder 12 € bezahlen. Wie teuer wird die Fahrt für jeden Teilnehmer, wenn nur 24 Personen mitfahren?

7 Sechs Mitarbeiter eines Gartenbaubetriebes können einen Dorfplatz in zehn Arbeitstagen pflastern. Nach fünf Arbeitstagen wird ein Mitarbeiter krank. Wie viele Tage werden jetzt insgesamt benötigt?

Ich kann …

Ich kann …	Aufgabe	Hilfen und Aufgaben	
den Zusammenhang zwischen zwei Größen als Zuordnung beschreiben.	1	Seite 8	I
zwischen den Darstellungsformen „Beschreibung", „Tabelle" und „Graph" wechseln.	2	Seite 9, 10, 32, 33	
proportionale und antiproportionale Zuordnungen in der Umwelt und innermathematisch identifizieren.	3, 6, 7	Seite 11, 12, 17, 18, 23, 28 – 30	
Sachsituationen mit proportionalen und antiproportionalen Zuordnungen modellieren.	3, 6, 7	Seite 11, 12, 17, 18, 22, 23, 28 – 30	II
den Dreisatz zur Lösung von Sachaufgaben anwenden.	3 – 7	Seite 14, 19, 22, 23, 28 – 30	

AUSGANGSTEST 2

1 200 g Salami kosten 3,00 €. Diese Zuordnung ist proportional.
a) Zeichne den Graphen der Zuordnung (x-Achse: 1 cm ≙ 100 g; y-Achse: 1 cm ≙ 2,00 €).
b) Ermittle anhand des Graphen, wie viel Euro 300 g (500 g, 900 g) Salami kosten.

2 Auf einer Karte im Atlas beträgt die Entfernung von Rostock nach Stettin (Luftlinie) 9 cm. Wie groß ist die Entfernung in Wirklichkeit, wenn einer Strecke von 5 cm auf der Karte 100 km in Wirklichkeit entsprechen?

3 Das Kabel auf einer Kabelrolle kann in zehn jeweils 6 m lange Kabelstücke zerlegt werden.
a) Wie viele Kabelstücke von 2 m (4 m, 10 m, 12 m, 15 m, 20 m) Länge erhältst du? Lege eine Tabelle an.
b) Zeichne den Graphen der Zuordnung (x-Achse: 1 cm ≙ 4 m; y-Achse: 1 cm ≙ 1 Stück).

4 In 30 Minuten benötigt ein elektrischer Heizlüfter für 0,18 € elektrische Energie. Berechne, welche Energiekosten in 40 min (45 min, 2 h) entstehen.

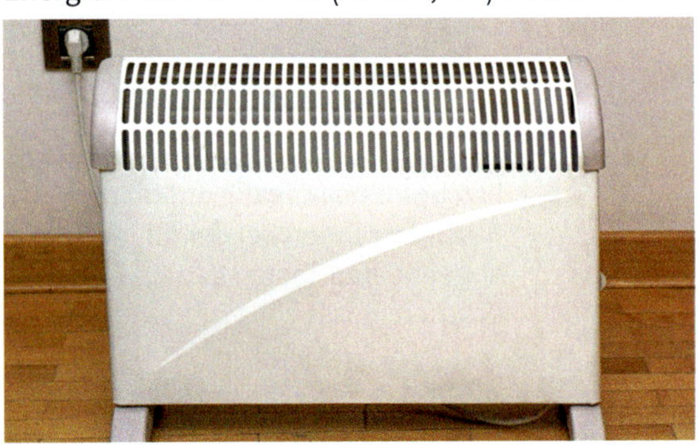

5 Frau Peters braucht für eine Strecke von Stralsund nach Berlin bei einer Durchschnittsgeschwindigkeit von 100 $\frac{km}{h}$ eine Zeit von 2 h 30 min.
a) Wie viel Zeit benötigt sie bei einer Durchschnittsgeschwindigkeit von 75 $\frac{km}{h}$?
b) Wie lange braucht ein Auto, das mit einer Richtgeschwindigkeit von 130 $\frac{km}{h}$ fährt? Runde sinnvoll.

6 Ein Silberbarren hat ein Volumen von 150 cm^3 und eine Masse von 1 575 g.
a) Welche Masse hat ein Silberbarren mit einem Volumen von 180 cm^3 (95 cm^3)?
b) Bestimme den Proportionalitätsfaktor k. Was gibt k hier an?
c) Gib die Zuordnungsvorschrift mithilfe eines Terms an.

7 Die in der Tabelle a) dargestellte Zuordnung ist proportional, die in b) antiproportional. Denke dir zu jeder Tabelle eine passende Sachaufgabe aus und schreibe sie in dein Heft. Vervollständige die Tabellen dann in deinem Heft.

a)

Volumen (cm^3)	Masse (g)
30	339
150	■
250	■

b)

Anzahl	Zeit (d)
12	6
9	■
8	■

Ich kann ...

	Aufgabe	Hilfen und Aufgaben	
zwischen den Darstellungsformen „Beschreibung, Tabelle und Graph" wechseln.	1, 3	Seite 9, 10, 32, 33	I
proportionale und antiproportionale Zuordnungen in der Umwelt und innermathematisch identifizieren.	2 – 6	Seite 11, 12, 17, 18, 23, 28 – 30	
Sachsituationen mit proportionalen und antiproportionalen Zuordnungen modellieren.	2 – 6	Seite 11, 12, 15 – 18, 23, 28 – 30	II
den Dreisatz zur Lösung von Sachaufgaben anwenden.	2 – 6	Seite 14, 19, 22, 23, 28 – 30	
proportionale und antiproportionale Zuordnungen in Graphen darstellen.	1, 3	Seite 13, 21, 31	
einer Tabelle zu proportionalen oder antiproportionalen Zuordnungen eine Anwendungssituation zuordnen.	7	Seite 14, 19, 29	III

Den Taschenrechner kennenlernen

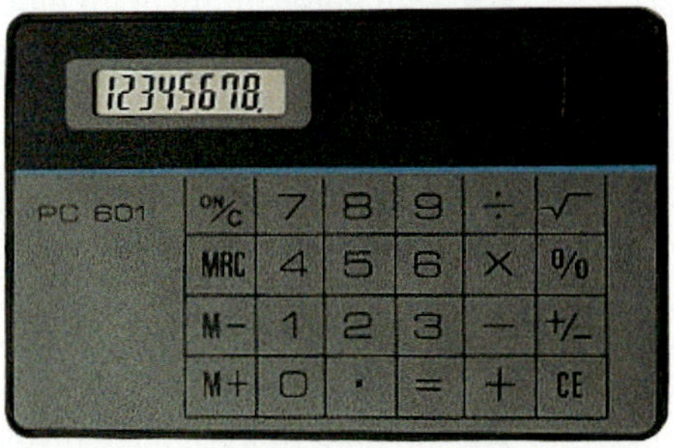

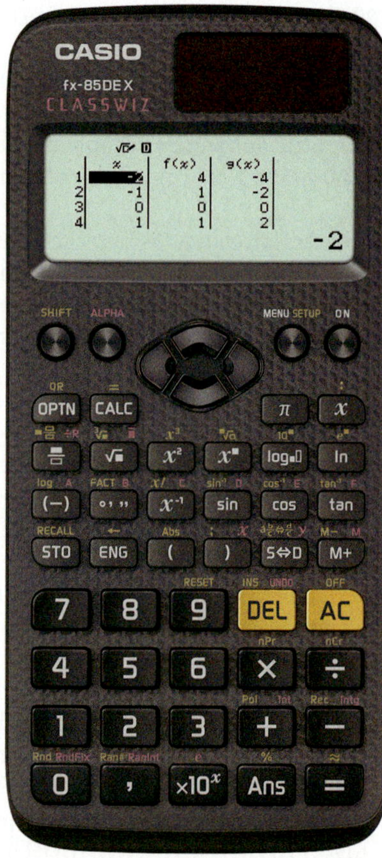

1 Maik und Kira vergleichen ihre Taschenrechner. Bei der folgenden Aufgabe stellen sie einen Unterschied im Ergebnis fest:

[3] [+] [4] [x] [5] [=]

Ergebnis von Maiks Rechner: **35**
Ergebnis von Kiras Rechner: **23**

Erkläre den Unterschied. Für welchen Taschenrechner würdest du dich entscheiden?

2 Übertrage das Kreuzzahlrätsel in dein Heft und löse es mithilfe des Taschenrechners. Trage die Lösungszahlen ein.

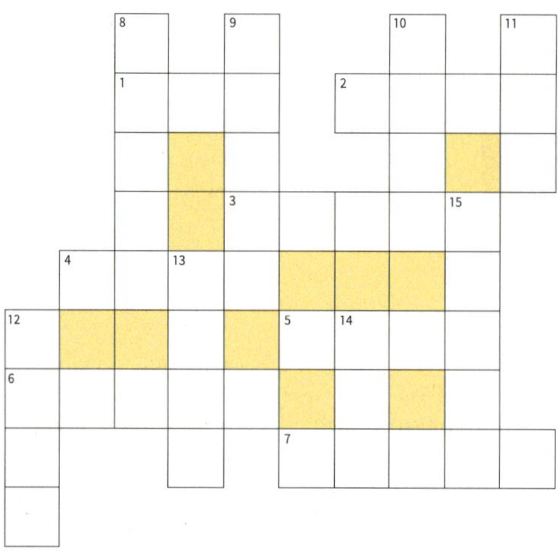

Waagerecht
1) $(8{,}5 + 3{,}5) \cdot 25 + 605$
2) $3\,000 - 690 + 521 \cdot 3$
3) $10 + 13\,046 \cdot 3 - 9$
4) $(1\,000 - 33{,}25) \cdot 8$
5) $2 + 5 \cdot 2 + 5 \cdot 2 + 8\,293$
6) $456 \cdot 85 + 35\,042$
7) $131 + 14\,760 \cdot 5$

Senkrecht
8) $4\,369 \cdot 9 - 4$
9) $60\,351 - 23 - 1\,298{,}5 \cdot 4$
10) $1\,400 + 120 : 0{,}05 + 83$
11) $9{,}125 \cdot (35 + 45)$
12) $(0{,}5 \cdot 0{,}5 + 0{,}75) \cdot 7\,702$
13) $1{,}5 \cdot 900 + 2\,355$
14) $0{,}5 \cdot 500 + 93$
15) $15\,625 + 18\,982 : \frac{1}{4}$

3 Erzeuge eine Aufgabe mit deinem Taschenrechner, bei der du jede der abgebildeten Tasten **genau einmal** drücken musst.

Schreibe die Aufgabe wie im Beispiel auf.

$456 \cdot 789 : 2 - 1 + 30 = 179\,921$

a) Das Ergebnis soll möglichst groß sein.
b) Das Ergebnis soll möglichst klein, aber größer als Null sein.
c) Das Ergebnis soll möglichst nahe am Wert 100 000 liegen.

Den Taschenrechner kennenlernen

Die Tastenbezeichnungen für die Grundfunktionen sind bei vielen Taschenrechnern ähnlich.

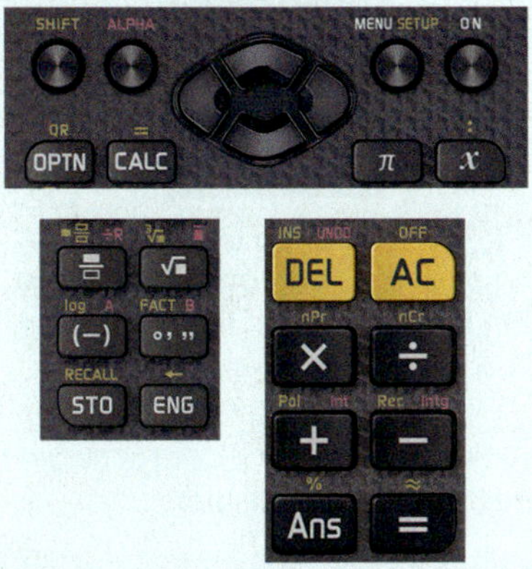

SHIFT	Zweite Tastenbelegung wählen
AC	Display löschen
DEL	Letzte Eingabe löschen
Pfeiltasten	Eingabe verändern

4 Die meisten Taschenrechner arbeiten mit der „mathematischen Eingabelogik". Mithilfe der Bruchtaste ⊟ kannst du Brüche so eingeben, wie du sie schreibst.

$\frac{3}{4}+\frac{1}{8}=$ ■

Tastenfolge:

⊟ 3 ▼ 4 ▶ + ⊟ 1 ▼ 8 =

Anzeige: $\frac{7}{8}$

$2\frac{1}{2}-\frac{1}{3}=$ ■

Tastenfolge:

SHIFT ⊟ 2 ▶ 1 ▼ 2 ▶ − ⊟ 1 ▼ 3 =

Anzeige: $\frac{13}{6}$

a) $\frac{5}{7}-\frac{3}{14}$

b) $\frac{5}{6}-\frac{5}{12}+\frac{1}{2}$

c) $\frac{5}{8}+\frac{3}{7}$

d) $\frac{11}{80}+\frac{13}{20}-\frac{3}{10}$

e) $\frac{7}{20}+\frac{2}{25}$

f) $\frac{7}{12}+\frac{5}{18}-\frac{1}{3}$

g) $3\frac{2}{5}-\frac{1}{2}$

h) $4\frac{5}{6}-\frac{7}{12}+\frac{1}{3}$

i) $5\frac{1}{20}+\frac{3}{10}$

k) $\frac{1}{8}+5\frac{13}{20}-\frac{1}{10}$

l) $6\frac{8}{25}-\frac{3}{20}$

m) $8\frac{5}{12}+\frac{5}{6}-1\frac{2}{3}$

5 Finn und Lea haben dieselben Aufgaben gerechnet, nur das Ergebnis wurde unterschiedlich ausgegeben.

Finn	Lea
1,1−0,6 → $\frac{1}{2}$	1,1−0,6 → 0,5
$\frac{1}{2}+\frac{1}{3}$ → $\frac{5}{6}$	$\frac{1}{2}+\frac{1}{3}$ → 0,83333333
4÷5 → $\frac{4}{5}$	4÷5 → 0,8

Finn hat bei seinem Rechner die sogenannte „Mathematische" Ausgabeform gewählt und Lea hat als Ausgabeform „Dezimal" eingestellt. Beschreibe die Unterschiede bei der Ausgabe des Ergebnisses. Welche Ausgabe ist jeweils sinnvoll?

Mit der S⇔D -Taste kannst du zwischen den Ausgabeformen **„Mathematisch"** und **„Dezimal"** wechseln.

6 Berechne. Wähle eine sinnvolle Ausgabeform.

a) 125,3 − 3,2
$5\frac{1}{3}-4\frac{1}{2}$
2,01 + 33,4
12,56 : 16

b) $\frac{5}{12}\cdot\frac{3}{10}$
1 : 3
$0{,}4\cdot\frac{1}{5}$
1 : 7

Grundeinstellung der Ein- und Ausgabeform:

Mit der abgebildeten Tastenfolge kannst du die Ein- und Ausgabe dauerhaft einstellen.

Eingabe		Ausgabe
1: Math	⟶	Math
2: Math	⟶	Dezim.
3: Lin.	⟶	Linear
4: Lin.	⟶	Dezim.

Den Taschenrechner kennenlernen

7 Wähle die Ausgabeform „Math“. Berechne die Aufgaben nacheinander und notiere jeweils das Ergebnis.
Was stellst du fest?
$1{,}2 + 3$
$1{,}22 + 3$
$1{,}222 + 3$
$1{,}2222 + 3$
$1{,}22222 + 3$

> Bei der Ausgabeform „Mathematisch“ wird das Ergebnis vorzugsweise als Bruch dargestellt. Wenn das Ergebnis zu viele Nachkommastellen hat, ist nur noch die Darstellung als Dezimalzahl möglich.

8 Berechne. Welche Ergebnisse lassen sich nur als Dezimalzahl darstellen?

a) $2{,}3 + 1{,}2$
$1{,}2 \cdot 6{,}3$
$4 : 5$
$1 : 20$

b) $1 : 3$
$6{,}3333 \cdot 2$
$4{,}5411 - 3$
$10 : 6$

c) $\frac{1}{4} + 2{,}1$
$3{,}21 - \frac{1}{5}$
$\frac{3}{10} + 23{,}012$

d) $\frac{3}{4} + 3\frac{2}{5} - 1{,}4$
$15{,}8 - \frac{2}{5} + 3\frac{1}{4}$
$60 - \left(9\frac{7}{20} - 1\frac{17}{50}\right)$

> Die ANS-Taste hat ihren Namen vom englischen Wort „answer“ (Antwort).
>
> 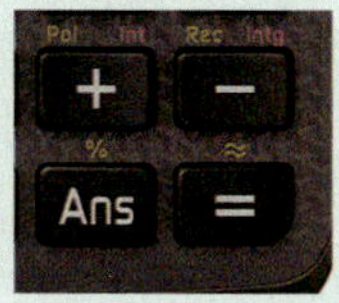
>
>
> Wenn du die ANS-Taste drückst, holst du das Ergebnis der letzten Rechnung, die du durch Drücken von [=] beendet hast, zurück.

9 Berechne wie im Beispiel.

> Addiere 0,8 und 4,5.
> Subtrahiere das Ergebnis von 9,2.
>
> Eingabe:
> 0,8 [+] 4,5 [=]
>
> 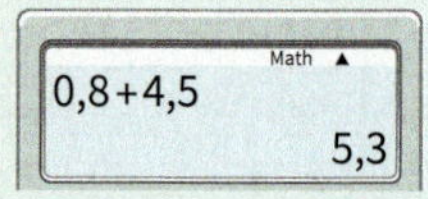
>
>
> 9,2 [−] [ANS] [=]
>
> 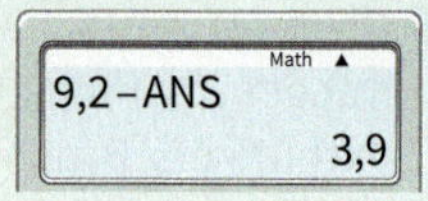
>

a) Addiere 8,3 und 1,2. Subtrahiere das Ergebnis von 11,6.
b) Multipliziere die Summe aus $\frac{4}{5}$ und 2,5 mit 1,3.
c) Addiere die Zahlen von 1 bis 10. Dividiere 495 durch das Ergebnis deiner Rechnung.

10 Berechne mithilfe der ANS-Taste.
a) Luis kauft ein: Ein Heft für 0,89 €, zwei Stifte für je 1,39 € und ein Radiergummi für 0,65 €. Er bezahlt mit einem Fünf-Euro-Schein.
b) Bei einer Kursfahrt fahren 14 Jungen aus der 7 a, 13 Mädchen aus der 7 b und 8 Jungen aus der 7 c mit. Der Bus kostet 157,50 €. Wie viel Euro muss jeder Teilnehmer der Fahrt bezahlen?
c) Mia backt einen Kuchen. Sie braucht $\frac{3}{8}$ kg Mehl für den Teig und 50 g Mehl zum Ausrollen. Insgesamt sind 1 000 g Mehl in der Tüte.
Wie viel Mehl bleibt übrig?

Den Taschenrechner kennenlernen

Ein Taschenrechner verfügt über einen oder mehrere Speicherplätze (A, B, C, x, y, …).
Benutze die Taste .

STO	Wert speichern
RECALL	Speicherinhalt zurückholen

Im Beispiel wird gezeigt, wie du den Wert 2,3 in Speicher A abspeichern, das Display löschen und den Speicherinhalt von A wieder zurückholen kannst.

Aufgabe	Tastenkom-bination	Beschreibung
Wert 2,3 abspeichern	2.3 STO A	2,3 wird in Speicher A gespeichert
Display löschen	AC	Display wird gelöscht (Null erscheint)
Inhalt von Speicher A zurückholen	(SHIFT) RECALL A	Im Display erscheint 2.3 (Der Inhalt von Speicher A)

11 Speichere den Wert 4,5 in Speicher B ab und lösche das Display.
Führe anschließend die angegebene Rechenoperation mit den Speicherinhalten wie im Beispiel durch.

B+3

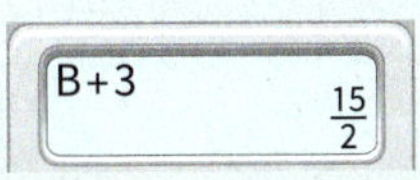

Eingabe:
(SHIFT)
RECALL B + 3 =

a) Speicherinhalt von B – 4
b) Speicherinhalt von B · 8
c) Speicherinhalt von B + 10,5 · 8
d) 90 : Speicherinhalt von B

12 Speichere den Wert 10 in Speicher A, den Wert 0,5 in Speicher B und lösche anschließend das Display.
Führe dann die angegebene Rechenoperation mit den Speicherinhalten wie im Beispiel durch.

A+B

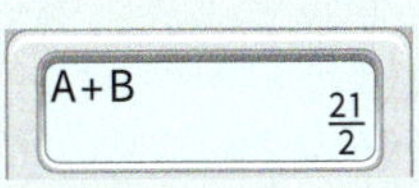

Eingabe:
(SHIFT) (SHIFT)
RECALL A + RECALL B =

a) A : B
b) 500 : A · B
c) A · B
d) 80 · (A + B)

Du kannst mit den Speicherplätzen (A, B, C, x, y, …) auch rechnen, ohne die Speicherinhalte jeweils mithilfe der RECALL-Taste zurückzuholen. Dazu musst du jeweils vorher die Drittbelegungstaste  drücken.

Mit der Tastenfolge SHIFT RECALL werden dir alle Speicherinhalte angezeigt.

13 Speichere den Wert 110 in Speicher A, den Wert 56 in Speicher B und den Wert 217 in Speicher C.
Führe anschließend die angegebenen Rechenoperationen wie im Beispiel durch.

A+B+C

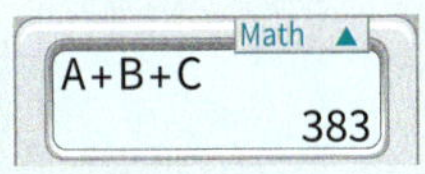

Eingabe:
(ALPHA) A + (ALPHA) B + (ALPHA) C =

a) C – A – B
b) 500 : A + B + C
c) A · B – C
d) C – (A + B)

14 Kryptogramme sind mathematische Rätsel, in denen Ziffern fehlen.
Für die fehlenden Ziffern stehen Buchstaben.
Dabei bedeuten gleiche Buchstaben gleiche Ziffern.

P P P · P P P = A L P H A

Lösung: 222 · 222 = 49 284

Löse das Kryptogramm wie im Beispiel.
Benutze den Taschenrechner.

a) L L L · L L L = V E R L A G

b) M · M M · M M M = M A T H E

15 Dieses Kryptogramm hat sechs Lösungen.

E I N S + N E U N = Z E H N

2 Brüche multiplizieren und dividieren

Für Timos Geburtstag hat seine Mutter für alle Pizza bestellt.
Welchen Bruchteil einer ganzen Pizza möchte Timo essen?

Bist du fit für dieses Kapitel? Eingangstest auf Seite 205

In diesem Kapitel ...

- *multiplizierst du Brüche.*
- *dividierst du Brüche.*
- *löst du Sachaufgaben zur Multiplikation und Division von Brüchen.*

Geburtstagsfeier

- Paul möchte die Hälfte der Pizza auf dem Teller essen. Welcher Bruchteil einer ganzen Pizza ist das?

- Jonathan, Charlotte und Yeşim möchten die Pizzen gleichmäßig aufteilen. Welchen Bruchteil einer ganzen Pizza erhält jeder?

- Timo möchte den Rest der Pizzen in Viertelstücke aufteilen. Wie viele Stücke erhält er?

- Versuche zu allen Fragen eine Rechenaufgabe mit Brüchen zu formulieren.

Geburtstagsfeier

1 Timo wünscht sich zu seinem Geburtstag eine Bowle. Seine Mutter hat ihn gebeten auszurechnen, wie viel sie für ihn und seine vier Gäste einkaufen soll.

a) Timo hat folgende Rechnung aufgeschrieben:

Waldmeistersirup:

$\frac{1}{4}\,l + \frac{1}{4}\,l + \frac{1}{4}\,l + \frac{1}{4}\,l + \frac{1}{4}\,l = \frac{5}{4}\,l = 1\frac{1}{4}\,l$

Apfelsaft:

$\frac{1}{2}\,l + \frac{1}{2}\,l + \frac{1}{2}\,l + \frac{1}{2}\,l + \frac{1}{2}\,l = \frac{5}{2}\,l = 2\frac{1}{2}\,l$

Mineralwasser:

$\frac{3}{4}\,l + \frac{3}{4}\,l + \frac{3}{4}\,l + \frac{3}{4}\,l + \frac{3}{4}\,l = \frac{15}{4}\,l = 3\frac{3}{4}\,l$

Timos Schwester Nathalie behauptet: „Das kann ich schneller ausrechnen!“ Wie wird sie wohl vorgehen?

b) Für ihren Geburtstag möchte Nathalie das Rezept auch nutzen. Sie weiß aber noch nicht, wie viele Gäste kommen werden. Vervollständige die Tabelle im Heft.

Anzahl der Personen	5	6	7	8
Waldmeistersirup (l)	$1\frac{1}{4}$			
Apfelsaft (l)	$2\frac{1}{2}$			
Mineralwasser (l)	$3\frac{3}{4}$			
Bowle (l)	$7\frac{1}{2}$			

2 Nathalie hat 6 l Bowle zubereitet.

a) Wie viele Viertelliter-Gläser lassen sich mit der Bowle füllen?

b) Erkläre, wie du vorgegangen bist.

3 Eine Flasche ist mit einem dreiviertel Liter Apfelsaft gefüllt.

a) Der Inhalt soll auf drei (sechs) Personen aufgeteilt werden. Wie viel Liter bekommt jeder?

b) Erkläre, wie du vorgegangen bist.

4 Der Orangensaft soll in Viertelliter-Gläser eingeschenkt werden. Wie viele Gläser lassen sich aus einer Eineinhalbliter-Flasche Orangensaft füllen?

Brüche mit natürlichen Zahlen multiplizieren

1 Welches der beiden Paare macht in der Woche mehr Sport? Begründe deine Antwort.

2 Bestimme die fehlenden Zahlen.

a)
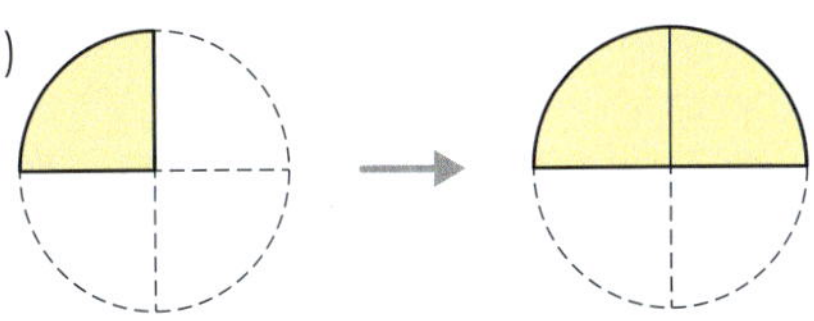

$\frac{1}{4} \cdot 2 = \frac{\square}{4}$

b)
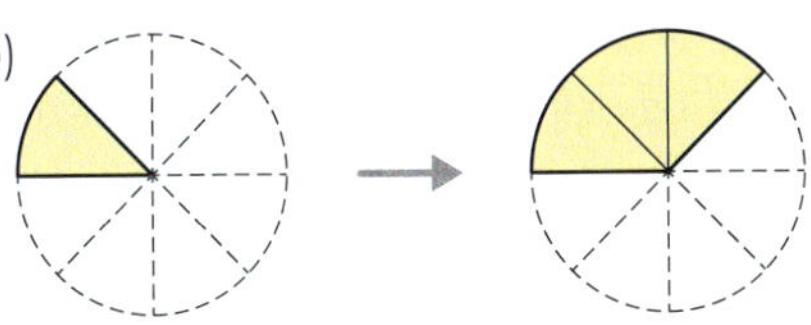

$\frac{1}{8} \cdot 3 = \frac{\square}{8}$

c)
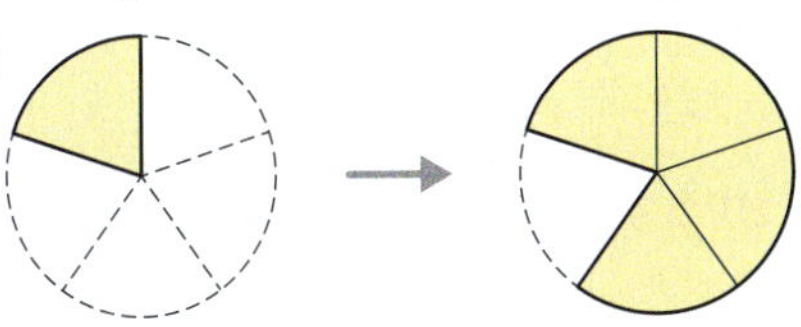

$\frac{1}{5} \cdot 4 = \frac{\square}{\square}$

d)
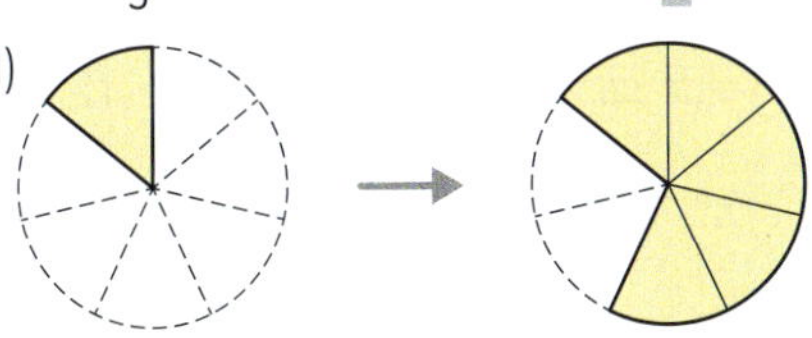

$\frac{1}{7} \cdot \square = \frac{\square}{\square}$

3 Gib die zugehörige Multiplikationsaufgabe an.

a)

b)

c)

d)

e)

> Du multiplizierst einen Bruch mit einer natürlichen Zahl, indem du den Zähler mit der natürlichen Zahl multiplizierst und den Nenner beibehältst.
>
> $\frac{2}{7} \cdot 3 = \frac{2 \cdot 3}{7} = \frac{6}{7}$

4 Berechne.

a) $\frac{1}{9} \cdot 4$ b) $\frac{3}{11} \cdot 5$ c) $\frac{1}{7} \cdot 6$

d) $\frac{2}{13} \cdot 6$ e) $\frac{3}{17} \cdot 3$ f) $\frac{5}{19} \cdot 4$

5 Bestimme die fehlenden Zahlen.

a) $\frac{2}{11} \cdot \square = \frac{10}{11}$ b) $\frac{2}{15} \cdot \square = \frac{14}{15}$

c) $\frac{2}{\square} \cdot \square = \frac{8}{9}$ d) $\frac{\square}{\square} \cdot 3 = \frac{6}{7}$

6 Schreibe als Multiplikationsaufgabe und berechne. Kürze das Ergebnis, falls möglich.

a) das Fünffache von $\frac{1}{3}$

b) das Siebenfache von $\frac{11}{15}$

c) das Zehnfache von $\frac{6}{25}$

d) das Zwanzigfache von $\frac{2}{3}$

e) das Fünfzehnfache von $\frac{7}{45}$

f) das Neunfache von $\frac{14}{34}$

Lösungen zu Aufgabe 6:

$\frac{12}{5}$ $\frac{5}{3}$ $\frac{63}{17}$ $\frac{40}{3}$ $\frac{77}{15}$ $\frac{7}{3}$

Brüche multiplizieren

1 Aus einem quadratischen Bogen Pappe wird eine kleinere Fläche mit den angegebenen Maßen ausgeschnitten.

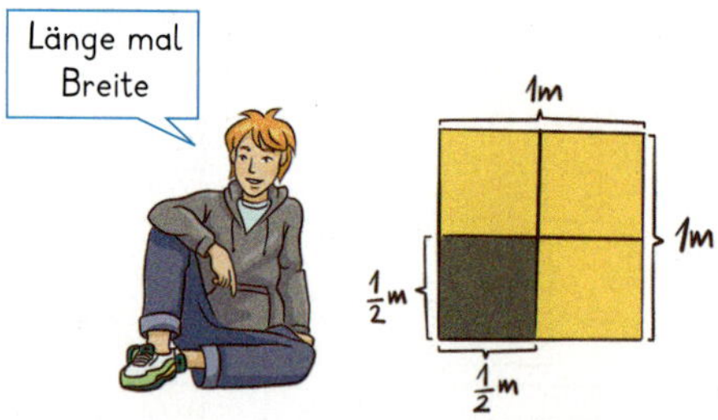

a) Welcher Bruchteil der großen Quadratfläche wird ausgeschnitten?
b) Wie kannst du den Inhalt der ausgeschnittenen Fläche auch mithilfe der angegebenen Seitenlängen bestimmen?

2 Gib die Multiplikationsaufgabe an und bestimme das Ergebnis wie im Beispiel.

$\frac{1}{3} \cdot \frac{1}{4} = \frac{\square}{\square}$

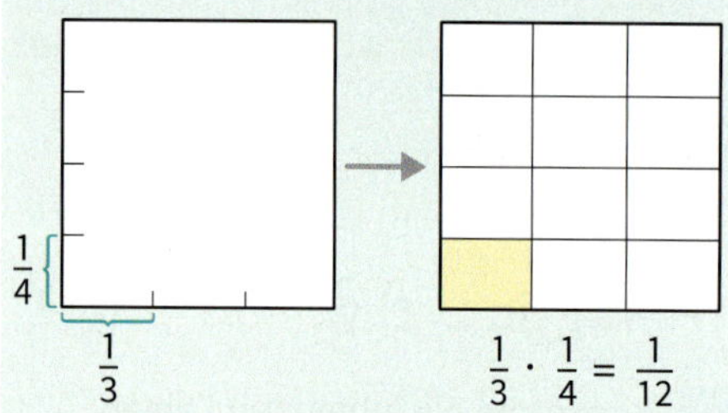

$\frac{1}{3} \cdot \frac{1}{4} = \frac{1}{12}$

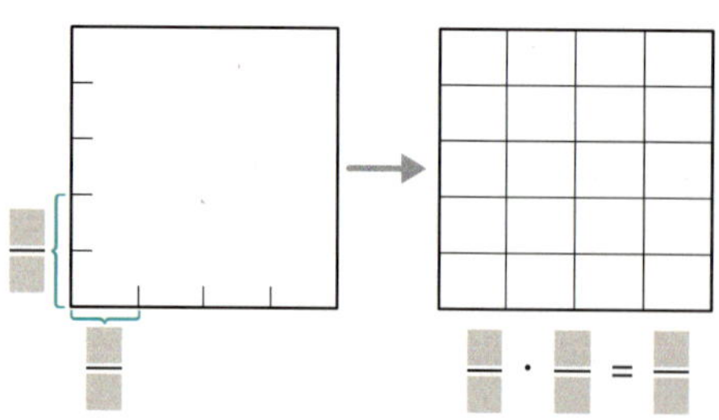

$\frac{\square}{\square} \cdot \frac{\square}{\square} = \frac{\square}{\square}$

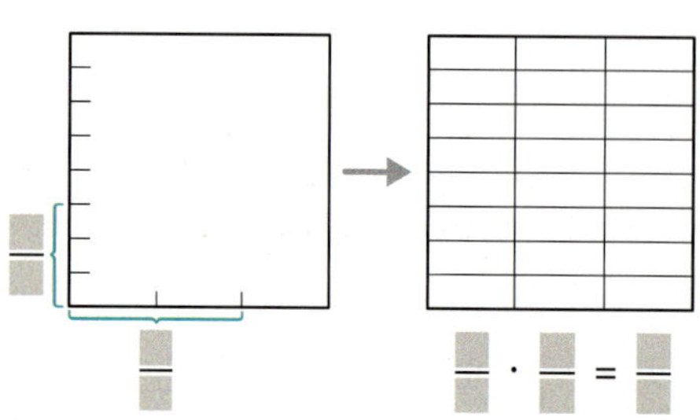

$\frac{\square}{\square} \cdot \frac{\square}{\square} = \frac{\square}{\square}$

3 Gib die zugehörigen Multiplikationsaufgaben mit Ergebnis an.

a)
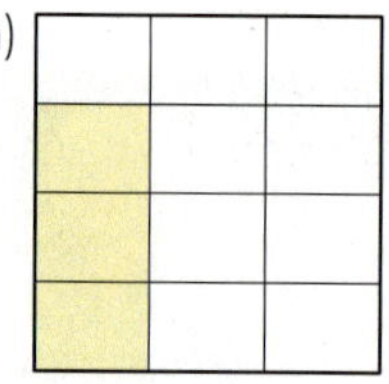

b)
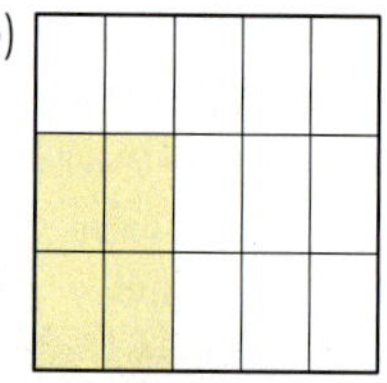

> Du multiplizierst zwei Brüche, indem du Zähler mit Zähler und Nenner mit Nenner multiplizierst.
> $\frac{2}{3} \cdot \frac{4}{5} = \frac{2 \cdot 4}{3 \cdot 5} = \frac{8}{15}$

4 Multipliziere.

a) $\frac{4}{5} \cdot \frac{3}{7}$ $\frac{1}{2} \cdot \frac{5}{9}$
b) $\frac{3}{4} \cdot \frac{3}{5}$ $\frac{2}{7} \cdot \frac{5}{11}$
c) $\frac{7}{12} \cdot \frac{1}{3}$ $\frac{3}{8} \cdot \frac{5}{16}$
d) $\frac{3}{5} \cdot \frac{6}{7}$ $\frac{5}{8} \cdot \frac{3}{7}$
e) $\frac{6}{7} \cdot \frac{4}{13}$ $\frac{11}{13} \cdot \frac{3}{4}$
f) $\frac{4}{9} \cdot \frac{4}{5}$ $\frac{8}{13} \cdot \frac{2}{7}$

Lösungen zu Aufgabe 4:
$\frac{9}{20}$ $\frac{15}{128}$ $\frac{18}{35}$ $\frac{33}{52}$ $\frac{16}{45}$ $\frac{10}{77}$ $\frac{16}{91}$ $\frac{15}{56}$ $\frac{12}{35}$ $\frac{24}{91}$ $\frac{5}{18}$ $\frac{7}{36}$

5 Multipliziere die Brüche und kürze.

$\frac{6}{7} \cdot \frac{3}{4} = \frac{18}{28} = \frac{9}{14}$

a) $\frac{3}{4} \cdot \frac{2}{5}$ $\frac{2}{3} \cdot \frac{5}{8}$ $\frac{2}{11} \cdot \frac{3}{4}$
b) $\frac{7}{8} \cdot \frac{4}{3}$ $\frac{5}{9} \cdot \frac{3}{10}$ $\frac{4}{7} \cdot \frac{3}{8}$
c) $\frac{4}{7} \cdot \frac{3}{4}$ $\frac{5}{11} \cdot \frac{7}{10}$ $\frac{1}{8} \cdot \frac{4}{11}$
d) $\frac{3}{4} \cdot \frac{2}{9}$ $\frac{5}{12} \cdot \frac{8}{9}$ $\frac{11}{13} \cdot \frac{9}{22}$
e) $\frac{4}{7} \cdot \frac{5}{8}$ $\frac{5}{6} \cdot \frac{7}{10}$ $\frac{3}{8} \cdot \frac{5}{6}$
f) $\frac{6}{7} \cdot \frac{21}{22}$ $\frac{7}{10} \cdot \frac{15}{14}$ $\frac{11}{12} \cdot \frac{6}{7}$

Lösungen zu Aufgabe 5:
$\frac{3}{10}$ $\frac{1}{6}$ $\frac{1}{22}$ $\frac{9}{26}$ $\frac{10}{27}$ $\frac{7}{22}$ $\frac{3}{14}$ $\frac{5}{12}$ $\frac{7}{6}$ $\frac{3}{7}$ $\frac{1}{6}$ $\frac{3}{22}$ $\frac{5}{14}$ $\frac{7}{12}$ $\frac{3}{4}$ $\frac{11}{14}$ $\frac{5}{16}$ $\frac{9}{11}$

Brüche multiplizieren

6 Liz hat festgestellt, dass beim Multiplizieren von Brüchen häufig große Zähler und Nenner entstehen, die dann anschließend wieder gekürzt werden können. Deshalb geht sie beim Multiplizieren anders vor.

$$\frac{7}{15}\cdot\frac{9}{14}=\frac{\cancel{7}^{1}\cdot\cancel{9}^{3}}{{}_{5}\cancel{15}\cdot\cancel{14}_{2}}=\frac{3}{10}$$

a) Beschreibe, wie Liz vorgeht.
b) Begründe, warum der Rechenweg von Liz vorteilhaft ist.

7 Multipliziere. Kürze zuerst.

a) $\frac{9}{28}\cdot\frac{7}{12}$ b) $\frac{7}{15}\cdot\frac{6}{35}$ c) $\frac{14}{23}\cdot\frac{23}{42}$

$\frac{22}{25}\cdot\frac{5}{33}$ $\frac{13}{25}\cdot\frac{15}{39}$ $\frac{17}{60}\cdot\frac{15}{68}$

$\frac{7}{18}\cdot\frac{9}{49}$ $\frac{14}{19}\cdot\frac{38}{49}$ $\frac{9}{52}\cdot\frac{26}{27}$

d) $\frac{5}{17}\cdot\frac{34}{45}$ e) $\frac{11}{20}\cdot\frac{4}{33}$ f) $\frac{17}{49}\cdot\frac{21}{34}$

$\frac{25}{48}\cdot\frac{16}{75}$ $\frac{24}{25}\cdot\frac{15}{16}$ $\frac{13}{63}\cdot\frac{18}{39}$

$\frac{35}{81}\cdot\frac{45}{49}$ $\frac{27}{28}\cdot\frac{7}{36}$ $\frac{27}{38}\cdot\frac{19}{72}$

Lösungen zu Aufgabe 7:

$\frac{1}{14}$ $\frac{4}{7}$ $\frac{1}{6}$ $\frac{25}{63}$ $\frac{3}{16}$ $\frac{9}{10}$ $\frac{1}{16}$ $\frac{1}{9}$ $\frac{1}{5}$ $\frac{2}{15}$
$\frac{3}{16}$ $\frac{2}{25}$ $\frac{1}{3}$ $\frac{2}{9}$ $\frac{1}{15}$ $\frac{3}{16}$ $\frac{2}{21}$ $\frac{3}{14}$

8 Multipliziere $\frac{1}{4}$ jeweils mit 8, 4, 2, 1, $\frac{1}{2}$, $\frac{1}{4}$, $\frac{1}{5}$. Vergleiche das Ergebnis jeweils mit dem Ausgangswert $\frac{1}{4}$.
Was stellst du fest?

9 Hier musst du multiplizieren.

a)

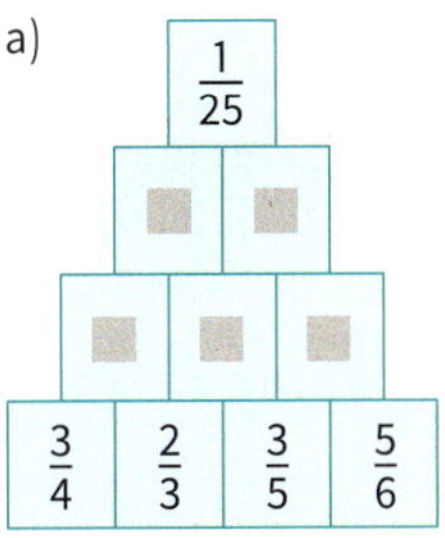

b)

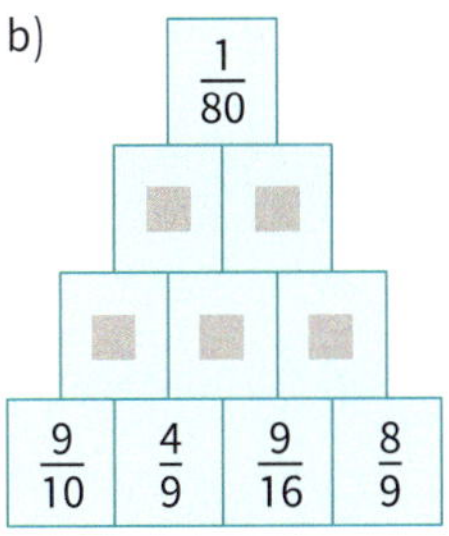

10 Bestimme die fehlenden Zahlen.

a) $\frac{4}{15}\cdot\frac{\square}{\square}=\frac{28}{45}$ b) $\frac{7}{9}\cdot\frac{\square}{\square}=\frac{14}{45}$

c) $\frac{5}{6}\cdot\frac{\square}{\square}=\frac{30}{30}$ d) $\frac{\square}{\square}\cdot\frac{2}{3}=\frac{8}{9}$

e) $\frac{5}{\square}\cdot\frac{\square}{8}=\frac{45}{56}$ f) $\frac{\square}{\square}\cdot\frac{1}{6}=1$

11 Kürze vor dem Ausrechnen.

$$\frac{2}{15}\cdot\frac{1}{6}\cdot\frac{5}{7}=\frac{\cancel{2}^{1}\cdot 1\cdot\cancel{5}^{1}}{{}_{3}\cancel{15}\cdot\cancel{6}_{3}\cdot 7}=\frac{1\cdot1\cdot1}{3\cdot3\cdot7}=\frac{1}{63}$$

a) $\frac{4}{5}\cdot\frac{2}{3}\cdot\frac{5}{6}$ b) $\frac{9}{10}\cdot\frac{5}{6}\cdot\frac{2}{3}$

$\frac{7}{9}\cdot\frac{3}{4}\cdot\frac{4}{5}$ $\frac{6}{7}\cdot\frac{2}{9}\cdot\frac{7}{8}$

$\frac{3}{4}\cdot\frac{8}{9}\cdot\frac{1}{5}$ $\frac{11}{14}\cdot\frac{7}{8}\cdot\frac{12}{33}$

c) $\frac{8}{11}\cdot\frac{5}{12}\cdot\frac{3}{4}$ d) $\frac{16}{27}\cdot\frac{12}{25}\cdot\frac{15}{32}$

$\frac{4}{15}\cdot\frac{5}{14}\cdot\frac{7}{16}$ $\frac{30}{49}\cdot\frac{21}{25}\cdot\frac{5}{12}$

$\frac{6}{17}\cdot\frac{5}{24}\cdot\frac{34}{35}$ $\frac{13}{14}\cdot\frac{3}{5}\cdot\frac{35}{39}$

Lösungen zu Aufgabe 11:

$\frac{1}{24}$ $\frac{1}{2}$ $\frac{5}{22}$ $\frac{1}{6}$ $\frac{2}{15}$ $\frac{4}{9}$ $\frac{7}{15}$ $\frac{3}{14}$ $\frac{2}{15}$ $\frac{1}{4}$
$\frac{1}{14}$ $\frac{1}{2}$

12 Wandle die gemischte Zahl zuerst in einen Bruch um. Multipliziere dann.

$$2\frac{1}{3}\cdot\frac{1}{4}=\frac{7}{3}\cdot\frac{1}{4}=\frac{7}{12}$$

a) $1\frac{1}{5}\cdot\frac{1}{7}$ b) $4\frac{1}{2}\cdot\frac{1}{11}$ c) $2\frac{2}{3}\cdot\frac{3}{4}$

$2\frac{3}{16}\cdot\frac{4}{7}$ $\frac{19}{21}\cdot1\frac{4}{38}$ $1\frac{8}{69}\cdot\frac{23}{77}$

$1\frac{13}{27}\cdot\frac{3}{5}$ $\frac{16}{17}\cdot1\frac{2}{32}$ $2\frac{8}{58}\cdot\frac{29}{31}$

$6\frac{6}{7}\cdot\frac{21}{24}$ $\frac{3}{7}\cdot9\frac{4}{5}$ $18\frac{2}{3}\cdot\frac{5}{14}$

Lösungen zu Aufgabe 12:

$4\frac{1}{5}$ 2 6 $\frac{1}{3}$ 1 $\frac{8}{9}$ $1\frac{1}{4}$ 2 1 $6\frac{2}{3}$ $\frac{6}{35}$ $\frac{9}{22}$

13 Zeichne zu jeder Multiplikationsaufgabe ein Quadrat mit der Seitenlänge 4 cm und teile es richtig ein.

a) $\frac{1}{2}\cdot\frac{1}{4}$ b) $\frac{1}{4}\cdot\frac{3}{4}$ c) $\frac{1}{2}\cdot\frac{7}{8}$ d) $\frac{5}{8}\cdot\frac{3}{4}$

Ich kann eine Zahl im Zähler und eine Zahl im Nenner durch dieselbe Zahl dividieren.

Bruchteile berechnen

1 Welchen Bruchteil der ganzen Tafel Schokolade erhält Lisa?

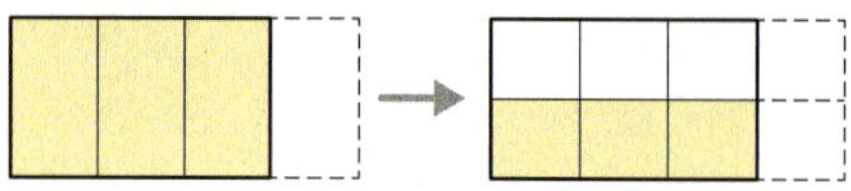

$\frac{3}{4}$ $\qquad$ $\frac{1}{2}$ von $\frac{3}{4}$ ist $\frac{\square}{\square}$.

2 Bestimme mithilfe der Abbildungen die fehlenden Zahlen. Was stellst du fest? Wie kannst du den gesuchten Bruchteil berechnen?

a) 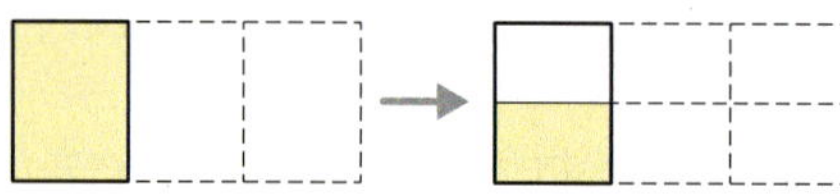

$\frac{1}{3}$ $\qquad$ $\frac{1}{2}$ von $\frac{1}{3}$ ist $\frac{\square}{\square}$.

b) 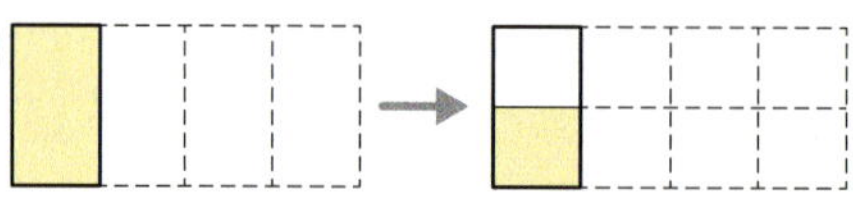

$\frac{1}{4}$ $\qquad$ $\frac{1}{2}$ von $\frac{1}{4}$ ist $\frac{\square}{\square}$.

c) 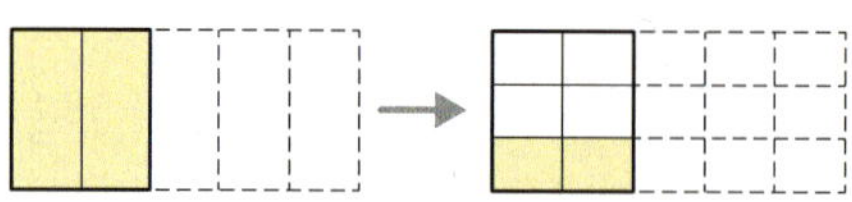

$\frac{2}{5}$ $\qquad$ $\frac{1}{3}$ von $\frac{2}{5}$ sind $\frac{\square}{\square}$.

d) 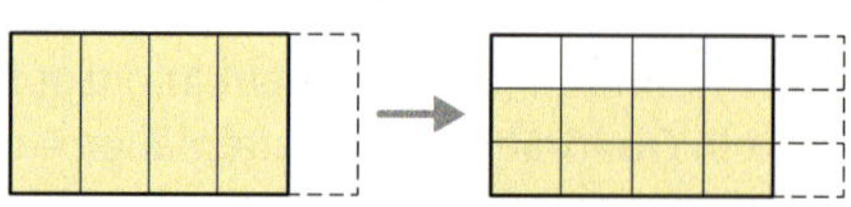

$\frac{4}{5}$ $\qquad$ $\frac{2}{3}$ von $\frac{4}{5}$ sind $\frac{\square}{\square}$.

3 Schreibe als Multiplikationsaufgabe und berechne.

$\frac{2}{3}$ von $\frac{4}{5}$ sind $\square$.

$\frac{2}{3} \cdot \frac{4}{5} = \frac{2 \cdot 4}{3 \cdot 5} = \frac{8}{15}$

$\frac{2}{3}$ von $\frac{4}{5}$ sind $\frac{8}{15}$.

a) $\frac{1}{3}$ von $\frac{5}{8}$ $\quad$ $\frac{2}{3}$ von $\frac{3}{9}$

b) $\frac{1}{5}$ von $\frac{3}{4}$ $\quad$ $\frac{1}{8}$ von $\frac{3}{5}$

c) $\frac{3}{8}$ von $\frac{7}{10}$ $\quad$ $\frac{4}{5}$ von $\frac{3}{20}$

d) $\frac{1}{2}$ von $\frac{5}{9}$ $\quad$ $\frac{3}{4}$ von $\frac{1}{7}$

e) $\frac{2}{3}$ von $\frac{9}{8}$ $\quad$ $\frac{5}{7}$ von $\frac{14}{15}$

4 Berechne.

a) $\frac{3}{4}$ von $\frac{5}{11}$ l $\quad$ $\frac{2}{9}$ von $\frac{3}{5}$ m

b) $\frac{3}{8}$ von $\frac{5}{7}$ m $\quad$ $\frac{4}{7}$ von $\frac{3}{8}$ m

c) $\frac{1}{4}$ von 5 m $\quad$ $\frac{1}{3}$ von 11 m

d) $\frac{4}{15}$ von 20 kg $\quad$ $\frac{3}{4}$ von 22 kg

e) $\frac{5}{12}$ von 30 l $\quad$ $\frac{2}{15}$ von 36 l

f) $\frac{2}{3}$ von 102 m $\quad$ $\frac{5}{6}$ von 150 m

5 Die Gesamtfläche des abgebildeten Rechtecks beträgt 120 cm^2. Die Hälfte des Rechtecks ist gefärbt. Zwei Drittel der gefärbten Fläche sind kariert.

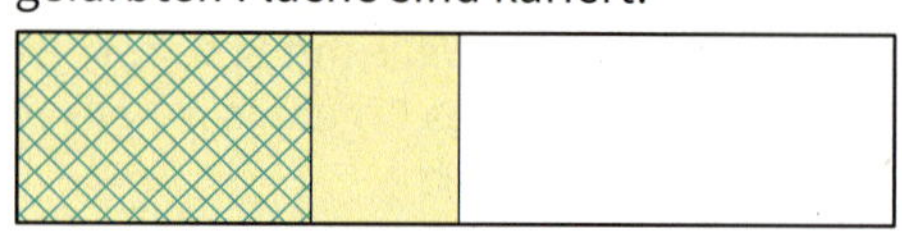

a) Welchen Bruchteil der gesamten Fläche stellt die karierte Fläche dar?
b) Gib den Inhalt der karierten Fläche in Quadratzentimetern an.

6 Berechne. Gib dein Ergebnis jeweils als Bruch und in der nächstkleineren Einheit an.

a) $\frac{2}{5}$ von $\frac{3}{5}$ kg $\quad$ b) $\frac{1}{5}$ von $\frac{1}{2}$ km

c) $\frac{3}{4}$ von $\frac{1}{5}$ l $\quad$ d) $\frac{1}{2}$ von $\frac{1}{2}$ m^2

e) $\frac{1}{2}$ von $\frac{3}{4}$ t $\quad$ f) $\frac{3}{10}$ von $\frac{1}{4}$ km

Brüche durch natürliche Zahlen dividieren

1 a) Lina, David und Tim teilen sich drei Viertel einer Pizza. Welchen Bruchteil der ganzen Pizza erhält jeder?
b) Mia, Lara und Noah wollen sich zwei Drittel einer Pizza teilen. Kannst du ihnen helfen?

2 Erläutere die Abbildung.

a) 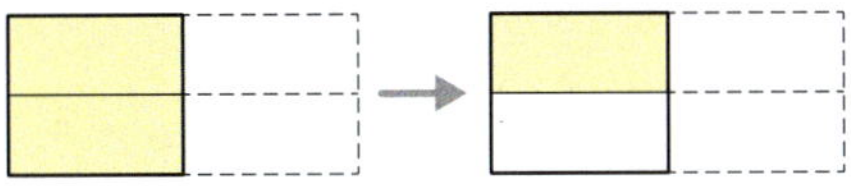

$\frac{2}{4} : 2 = \frac{1}{4}$

b) 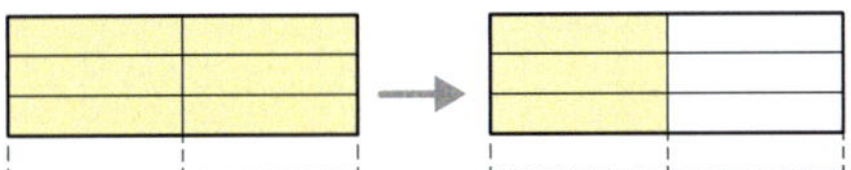

$\frac{6}{8} : 2 = \frac{3}{8}$

c) 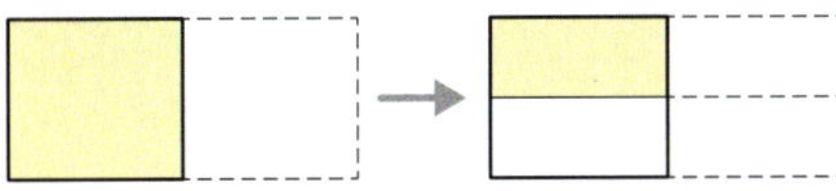

$\frac{1}{2} : 2 = \frac{1}{4}$

d) 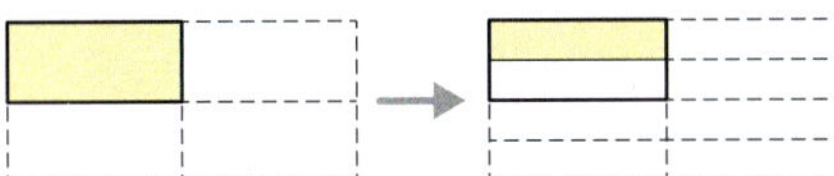

$\frac{1}{4} : 2 = \frac{1}{8}$

3 Bestimme die fehlenden Zahlen.

a) 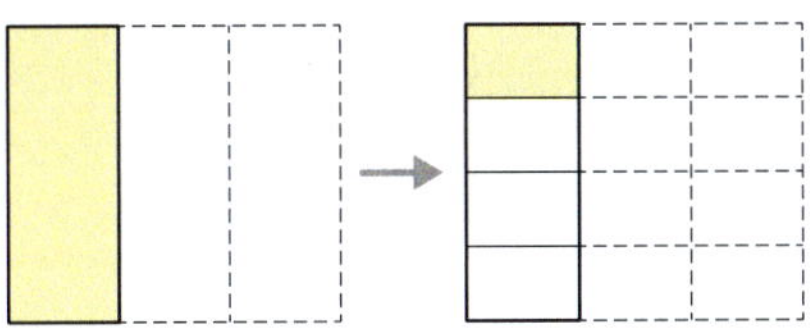

$\frac{1}{3} : 4 = \frac{\square}{\square}$

b) 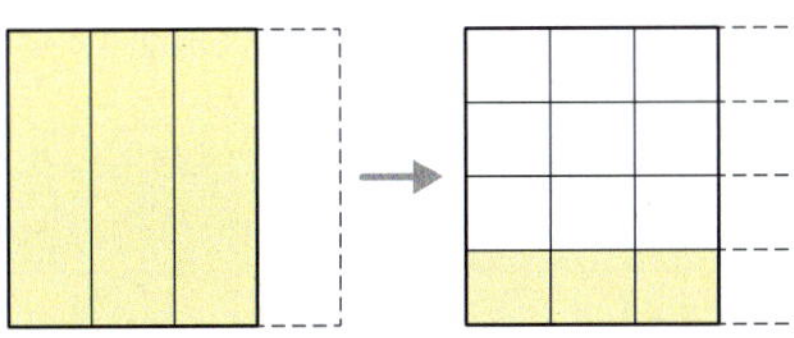

$\frac{3}{4} : \square = \frac{\square}{\square}$

c) 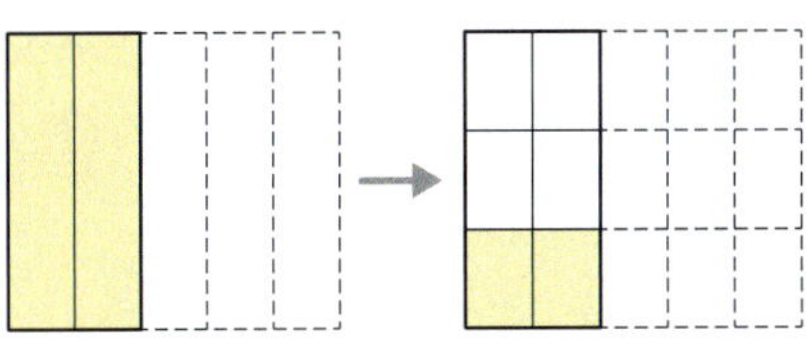

$\frac{2}{5} : \square = \frac{\square}{\square}$

4 Gib die zugehörige Divisionsaufgabe an.

a) 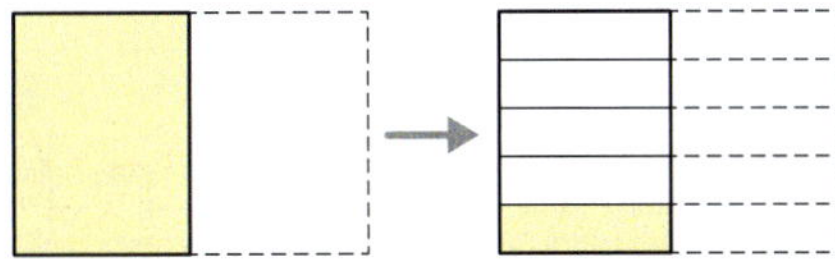

b) 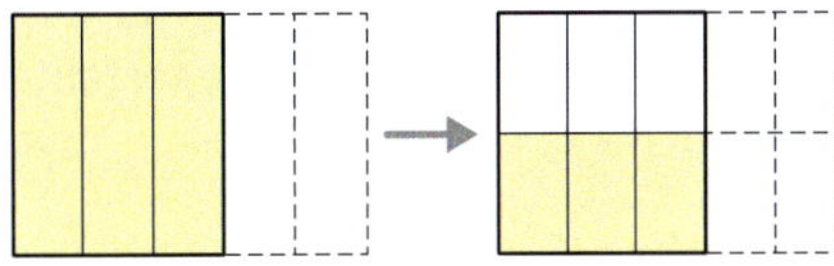

c) 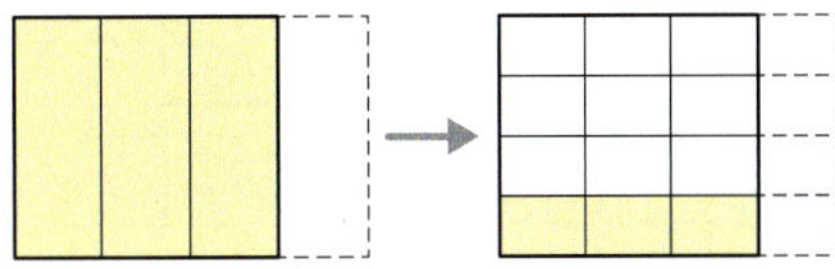

d) 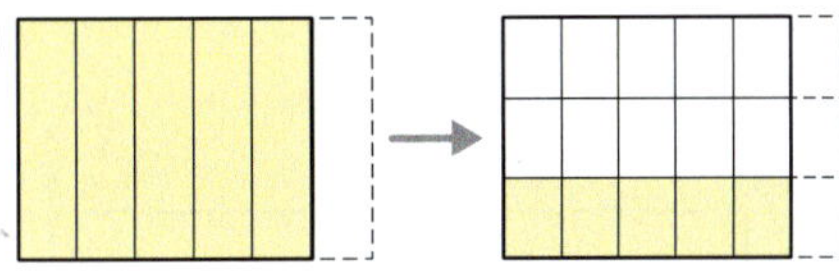

Du dividierst einen Bruch durch eine natürliche Zahl, indem du den Nenner mit der natürlichen Zahl multiplizierst und den Zähler unverändert lässt.

$$\frac{3}{4} : 2 = \frac{3}{4 \cdot 2} = \frac{3}{8}$$

5 Berechne.

a) $\frac{3}{4} : 2$	b) $\frac{4}{5} : 5$	c) $\frac{11}{12} : 2$
$\frac{2}{5} : 3$	$\frac{1}{3} : 2$	$\frac{7}{9} : 3$
$\frac{4}{7} : 5$	$\frac{3}{7} : 4$	$\frac{4}{7} : 5$

6 Schreibe als Divisionsaufgabe und berechne.
a) Du halbierst (drittelst, viertelst) ein Drittel einer Pizza.
b) Du halbierst (drittelst, viertelst) sieben Achtel einer Pizza.

7 Liz hat $\frac{6}{7}$ durch 3 dividiert, indem sie 6 durch 3 dividiert hat: $\frac{6}{7} : 3 = \frac{2}{7}$.
Mats hat die Regel angewendet, den Nenner mit 3 multipliziert und den Zähler unverändert gelassen: $\frac{6}{7} : 3 = \frac{6}{21}$.
Vergleiche die Ergebnisse.

Durch Brüche dividieren

1 Wie viele $\frac{1}{8}$-l-Gläser lassen sich aus einer $\frac{3}{4}$-l-Flasche füllen?

2 Bestimme mithilfe der dargestellten Bruchteile den Platzhalter.

a)

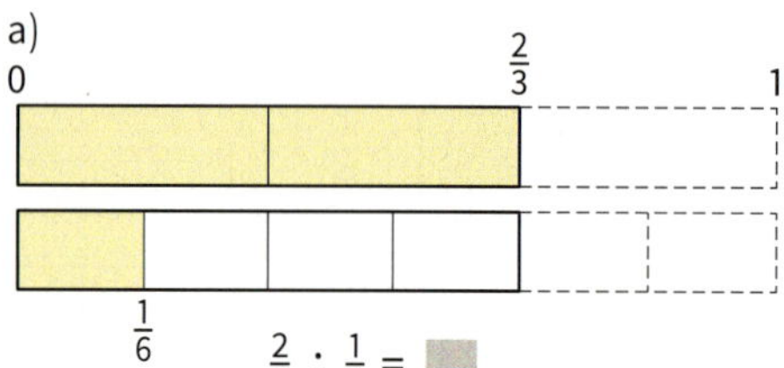

$\frac{2}{3} : \frac{1}{6} = ■$

b)

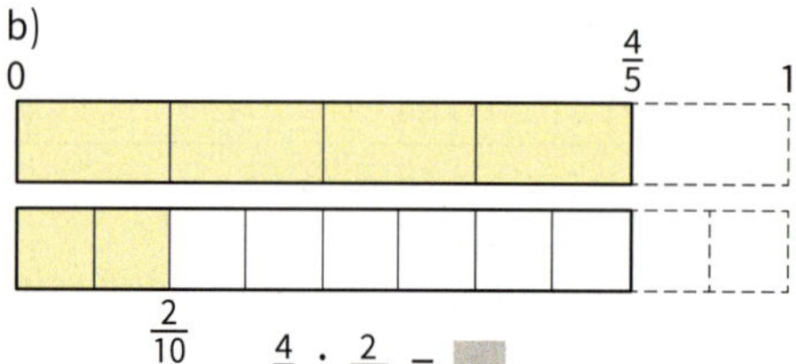

$\frac{4}{5} : \frac{2}{10} = ■$

3 In dem Beispiel wird eine Divisionsaufgabe in die entsprechende Multiplikationsaufgabe umgewandelt. Anschließend wird der Platzhalter in der Multiplikationsaufgabe durch Rückwärtsrechnen bestimmt.

Divisionsaufgabe: $\frac{2}{5} : \frac{3}{4} = ■$

Entsprechende Multiplikationsaufgabe: $■ \cdot \frac{3}{4} = \frac{2}{5}$

$■ \xrightarrow{:4} ■ \xrightarrow{\cdot 3} \frac{2}{5}$

$■ \xleftarrow{\cdot 4} ■ \xleftarrow{:3} \frac{2}{5}$

$\frac{2 \cdot 4}{5 \cdot 3} \xleftarrow{\cdot 4} \frac{2}{5 \cdot 3} \xleftarrow{:3} \frac{2}{5}$

$\frac{2}{5} : \frac{3}{4} = \frac{2 \cdot 4}{5 \cdot 3} = \frac{8}{15}$

Löse die Aufgabe $\frac{1}{5} : \frac{3}{4}$ $\left(\frac{3}{7} : \frac{5}{9}\right)$ ebenso.

Wie kannst du das Ergebnis einfacher bestimmen?

Du dividierst durch einen Bruch, indem du mit seinem Kehrwert multiplizierst.

$\frac{1}{5} : \frac{2}{3} = \frac{1}{5} \cdot \frac{3}{2} = \frac{1 \cdot 3}{5 \cdot 2} = \frac{3}{10}$

Der Kehrwert von $\frac{2}{3}$ ist $\frac{3}{2}$.

$\frac{3}{7} : \frac{2}{5} = \frac{3}{7} \cdot \frac{5}{2} = \frac{3 \cdot 5}{7 \cdot 2} = \frac{15}{14} = 1\frac{1}{14}$

Der Kehrwert von $\frac{2}{5}$ ist $\frac{5}{2}$.

4 Nutze zur Berechnung den Kehrwert.

a) $\frac{3}{7} : \frac{1}{2}$ b) $\frac{1}{6} : \frac{5}{7}$ c) $\frac{2}{9} : \frac{13}{15}$

$\frac{5}{8} : \frac{7}{9}$ $\frac{3}{8} : \frac{2}{5}$ $\frac{9}{17} : \frac{4}{7}$

$\frac{1}{7} : \frac{5}{9}$ $\frac{2}{7} : \frac{5}{11}$ $\frac{2}{21} : \frac{3}{13}$

Lösungen zu Aufgabe 4:

$\frac{63}{68}$ $\frac{9}{35}$ $\frac{45}{56}$ $\frac{10}{39}$ $\frac{7}{30}$ $\frac{15}{16}$ $\frac{6}{7}$ $\frac{22}{35}$ $\frac{26}{63}$

5 Dividiere die Brüche und kürze.

$\frac{3}{4} : \frac{9}{10} = \frac{3}{4} \cdot \frac{10}{9} = \frac{30}{36} = \frac{5}{6}$

a) $\frac{2}{9} : \frac{4}{15}$ b) $\frac{9}{16} : \frac{3}{4}$ c) $\frac{4}{9} : \frac{5}{6}$

$\frac{5}{9} : \frac{10}{11}$ $\frac{7}{11} : \frac{7}{10}$ $\frac{3}{8} : \frac{9}{16}$

Lösungen zu Aufgabe 5:

$\frac{8}{15}$ $\frac{11}{18}$ $\frac{2}{3}$ $\frac{3}{4}$ $\frac{5}{6}$ $\frac{10}{11}$

6 Kürze wie in den Beispielen.

$\frac{3}{10} : \frac{2}{5} = \frac{3}{10} \cdot \frac{5}{2} = \frac{3 \cdot \cancel{5}^{1}}{{}_{2}\cancel{10} \cdot 2} = \frac{3}{4}$

$\frac{12}{25} : \frac{9}{10} = \frac{12}{25} \cdot \frac{10}{9} = \frac{{}^{4}\cancel{12} \cdot \cancel{10}^{2}}{{}_{5}\cancel{25} \cdot \cancel{9}_{3}} = \frac{8}{15}$

a) $\frac{1}{8} : \frac{7}{8}$ b) $\frac{5}{9} : \frac{2}{3}$ c) $\frac{9}{25} : \frac{3}{5}$

$\frac{1}{9} : \frac{4}{9}$ $\frac{3}{8} : \frac{9}{16}$ $\frac{5}{12} : \frac{9}{20}$

$\frac{3}{10} : \frac{4}{5}$ $\frac{7}{10} : \frac{14}{15}$ $\frac{20}{33} : \frac{15}{22}$

Lösungen zu Aufgabe 6:

$\frac{1}{7}$ $\frac{1}{4}$ $\frac{3}{8}$ $\frac{3}{5}$ $\frac{2}{3}$ $\frac{3}{4}$ $\frac{5}{6}$ $\frac{8}{9}$ $\frac{25}{27}$

Durch Brüche dividieren

7 Dividiere die Brüche und schreibe das Ergebnis als gemischte Zahl.

$$\frac{14}{15} : \frac{7}{10} = \frac{14}{15} \cdot \frac{10}{7} = \frac{{}^{2}\cancel{14} \cdot \cancel{10}^{2}}{{}_{3}\cancel{15} \cdot \cancel{7}_{1}} = \frac{4}{3} = 1\frac{1}{3}$$

a) $\frac{8}{9} : \frac{2}{3}$ b) $\frac{15}{17} : \frac{9}{34}$ c) $\frac{13}{15} : \frac{26}{45}$

$\frac{14}{15} : \frac{4}{5}$ $\frac{4}{5} : \frac{11}{15}$ $\frac{3}{8} : \frac{5}{16}$

$\frac{4}{5} : \frac{8}{25}$ $\frac{6}{7} : \frac{9}{28}$ $\frac{6}{11} : \frac{21}{44}$

Lösungen zu Aufgabe 7:

$1\frac{1}{11}$ $1\frac{1}{7}$ $1\frac{1}{6}$ $1\frac{1}{5}$ $1\frac{1}{3}$ $1\frac{1}{2}$ $2\frac{1}{2}$ $2\frac{2}{3}$ $3\frac{1}{3}$

8 Schreibe zunächst die natürliche Zahl als Bruch. Berechne dann wie im Beispiel.

$$8 : \frac{2}{3} = \frac{8}{1} \cdot \frac{3}{2} = \frac{{}^{4}\cancel{8} \cdot 3}{1 \cdot \cancel{2}_{1}} = \frac{12}{1} = 12$$

a) $8 : \frac{4}{5}$ b) $32 : \frac{8}{9}$ c) $18 : \frac{6}{11}$ d) $6 : \frac{12}{25}$

$15 : \frac{5}{7}$ $36 : \frac{4}{9}$ $25 : \frac{5}{9}$ $7 : \frac{14}{15}$

Lösungen zu Aufgabe 8:

$7\frac{1}{2}$ 10 45 $12\frac{1}{2}$ 21 33 36 81

9 Berechne und vergleiche. Formuliere eine Regel.

a) $6 : \frac{1}{3}$ und $6 \cdot 3$ b) $\frac{1}{2} : \frac{1}{3}$ und $\frac{1}{2} \cdot 3$

$9 : \frac{1}{4}$ und $9 \cdot 4$ $\frac{2}{3} : \frac{1}{4}$ und $\frac{2}{3} \cdot 4$

$11 : \frac{1}{8}$ und $11 \cdot 8$ $\frac{3}{4} : \frac{1}{5}$ und $\frac{3}{4} \cdot 5$

10 Schreibe alle Zahlen als Bruch und berechne das Ergebnis.

$$3\frac{1}{2} : 1\frac{2}{3} = \frac{7}{2} : \frac{5}{3} = \frac{7}{2} \cdot \frac{3}{5} = \frac{21}{10} = 2\frac{1}{10}$$

a) $\frac{5}{8} : 2\frac{1}{2}$ b) $\frac{1}{2} : 4\frac{2}{3}$ c) $2\frac{3}{5} : 2\frac{1}{6}$

$\frac{5}{6} : 6\frac{3}{7}$ $6 : 2\frac{1}{4}$ $4\frac{1}{2} : 3\frac{3}{8}$

$\frac{11}{12} : 8\frac{1}{4}$ $5 : 6\frac{2}{3}$ $6\frac{6}{7} : 5\frac{1}{3}$

Lösungen zu Aufgabe 10:

$\frac{3}{4}$ $1\frac{1}{5}$ $\frac{3}{28}$ $\frac{1}{4}$ $\frac{1}{9}$ $1\frac{1}{3}$ $2\frac{2}{3}$ $\frac{7}{54}$ $1\frac{2}{7}$

11 Bestimme die Platzhalter wie im Beispiel.

$\frac{1}{3}$ von ▒ ist $\frac{4}{15}$.

Multiplikationsaufgabe: $\frac{1}{3} \cdot$ ▒ $= \frac{4}{15}$

Entsprechende Divisionsaufgabe: $\frac{4}{15} : \frac{1}{3} =$ ▒

$$\frac{4}{15} : \frac{1}{3} = \frac{4}{15} \cdot \frac{3}{1} = \frac{4 \cdot \cancel{3}^{1}}{{}_{5}\cancel{15} \cdot 1} = \frac{4 \cdot 1}{5 \cdot 1} = \frac{4}{5}$$

$\frac{1}{3}$ von $\frac{4}{5}$ ist $\frac{4}{15}$.

a) $\frac{1}{4}$ von ▒ ist $\frac{5}{24}$. b) $\frac{3}{4}$ von ▒ sind $\frac{3}{8}$.

$\frac{1}{5}$ von ▒ ist $\frac{3}{20}$. $\frac{4}{5}$ von ▒ sind $\frac{3}{10}$.

$\frac{1}{3}$ von ▒ ist $\frac{4}{27}$. $\frac{5}{6}$ von ▒ sind $\frac{3}{4}$.

12 $\frac{3}{4}$ der Fläche des Rechtecks sind gefärbt. $\frac{4}{5}$ der gefärbten Fläche sind schraffiert. Der Flächeninhalt der schraffierten Fläche beträgt 24 cm².

Berechne den Flächeninhalt des gesamten Rechtecks.

13 Bestimme den Platzhalter.

a) ▒ $: \frac{1}{2} = \frac{4}{9}$ b) $\frac{4}{5} :$ ▒ $= \frac{8}{9}$ c) ▒ $: \frac{2}{3} = \frac{9}{10}$

14 Berechne jeweils den Doppelbruch.

$$\frac{\frac{2}{3}}{\frac{5}{7}} = \frac{2}{3} : \frac{5}{7} = \frac{2}{3} \cdot \frac{7}{5} = \frac{14}{15}$$

a) $\frac{\frac{2}{7}}{\frac{4}{5}}$ b) $\frac{\frac{9}{20}}{\frac{3}{5}}$ c) $\frac{\frac{2}{9}}{\frac{8}{15}}$ d) $\frac{\frac{3}{7}}{\frac{9}{10}}$ e) $\frac{\frac{2}{17}}{\frac{9}{34}}$

$\frac{\frac{4}{9}}{\frac{8}{9}}$ $\frac{\frac{7}{12}}{\frac{2}{3}}$ $\frac{\frac{8}{21}}{\frac{4}{7}}$ $\frac{\frac{4}{5}}{\frac{14}{15}}$ $\frac{\frac{4}{9}}{\frac{22}{45}}$

Lösungen zu Aufgabe 14:

$\frac{5}{14}$ $\frac{5}{12}$ $\frac{4}{9}$ $\frac{1}{2}$ $\frac{10}{21}$ $\frac{2}{3}$ $\frac{3}{4}$ $\frac{6}{7}$ $\frac{7}{8}$ $\frac{10}{11}$

Sachaufgaben zur Multiplikation und Division

1 Eine Schule hat 1200 Schülerinnen und Schüler. Davon kommen $\frac{1}{4}$ zu Fuß, $\frac{1}{3}$ mit dem Bus, $\frac{2}{5}$ mit dem Fahrrad und der Rest mit dem Pkw.

Bestimme die Anzahl der Schülerinnen und Schüler, die zu Fuß (mit dem Bus, mit dem Fahrrad, mit dem Pkw) kommen.

2 In die Klasse 6 a gehen 28 Schülerinnen und Schüler. Davon sind $\frac{9}{14}$ Jungen. Von den 30 Schülerinnen und Schülern der Klasse 6 b sind $\frac{3}{5}$ Jungen. In welcher Klasse sind mehr Mädchen?

3 Bei der Wahl zur Schülervertretung erhielt Larissa $\frac{2}{3}$ aller Stimmen, davon $\frac{3}{5}$ von Mädchen.
a) Bestimme den Anteil der Stimmen, den sie von Mädchen erhielt.
b) 480 Stimmen wurden insgesamt abgegeben. Wie viele Stimmen (Stimmen von Mädchen) erhielt Larissa?

4 Von einem Automodell wurden im letzten Jahr 120 000 Stück produziert.

$\frac{1}{3}$ davon wurde als Hybridfahrzeug hergestellt, $\frac{3}{8}$ der Hybridfahrzeuge wurden weiß lackiert.
a) Bestimme den Anteil der weiß lackierten Hybridfahrzeuge an der Jahresproduktion.
b) Wie viele weiß lackierte Hybridfahrzeuge wurden produziert?

5 Ein Krug ist mit $\frac{8}{10}$ Liter Apfelschorle gefüllt. Der Inhalt soll gleichmäßig auf vier Gläser verteilt werden. Wie viel Liter Apfelschorle enthält dann jedes Glas?

6 Eine Regentonne fasst 136 l Wasser.

a) Wie viele Eimer mit einem Fassungsvermögen von $8\frac{1}{2}$ l lassen sich füllen?
b) Die Tonne ist nur zu drei Viertel gefüllt. Wie viele Eimer lassen sich dann füllen?

7 Ein Fahrrad bewegt sich bei einer vollen Umdrehung des Hinterrades $2\frac{1}{9}$ m weiter. Wie viele Umdrehungen des Hinterrades sind notwendig, um eine Strecke von 3800 m zurückzulegen?

8 Ein Gastwirt kauft 36 Flaschen Apfelschorle. Jede Flasche enthält $\frac{3}{4}$ l und kostet 0,55 €. Der Gastwirt verkauft ein Glas mit $\frac{1}{5}$ l Inhalt für 1,30 €.
a) Berechne die Anzahl der Gläser, die er ausschenken kann.
b) Was verdient er insgesamt?

9 Lena hat zum Geburtstag ein quaderförmiges Aquarium geschenkt bekommen. Es ist $\frac{4}{5}$ m lang, $\frac{2}{5}$ m breit und $\frac{3}{4}$ m hoch.
a) Berechne das Volumen des Aquariums in Kubikmeter.
b) Wie viele 10-l-Eimer sind zum Füllen des Aquariums notwendig?

Lösungen zu den Aufgaben 5 bis 9:

24 $\frac{2}{10}$ 16 1800 155,70 $\frac{6}{25}$ 135 12

Anteile und Verhältnisse

1 Jonas und Maxim haben ihr Taschengeld zusammengelegt und eine Packung mit 15 Schokoriegeln gekauft. Da Jonas doppelt so viel Euro wie Maxim dazugegeben hat, sollen die Schokoriegel im Verhältnis 2 : 1 aufgeteilt werden.
a) Was bedeutet das Verhältnis 2 : 1? Diskutiere mit einem Partner.
b) Wie viele Schokoriegel bekommt jeder?

2 Im Beispiel wird ein Rechteck so gefärbt, dass ein Anteil grün und ein Anteil blau gefärbt ist. Das Verhältnis des grünen Anteils zum blauen Anteil beträgt 5 : 2.

5 : 2 bedeutet, dass 5 Teile grün und 2 Teile blau gefärbt werden müssen. Das Rechteck wird in 5 + 2 = 7 gleich große Teile unterteilt.

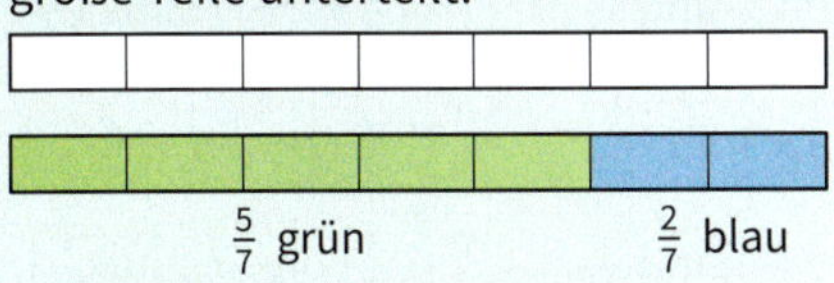

Zeichne ein Rechteck mit den Seitenlängen a = 1 cm und b = 8 cm. Färbe es so, dass das Verhältnis des gelben Anteils zum roten Anteil 9 : 7 beträgt. Überlege zunächst, in wie viele gleich große Teile das Ganze eingeteilt werden muss.

3 In der Klasse 7 b sind 28 Schülerinnen und Schüler. Das Verhältnis Jungen zu Mädchen beträgt 3 : 4.
Im Beispiel siehst du, wie du mithilfe des Verhältnisses die Anzahl der Mädchen und Jungen berechnen kannst.

Verhältnis	3	: 4
Anteil der	Jungen: $\frac{3}{7}$	Mädchen: $\frac{4}{7}$
Anzahl der	Jungen: $\frac{3}{7}$ von 28 $\frac{3}{7} \cdot 28 = 12$	Mädchen: $\frac{4}{7}$ von 28 $\frac{4}{7} \cdot 28 = 16$

In der Klasse 7 b sind 12 Jungen und 16 Mädchen.

In der Klasse 7 a sind 32 Schülerinnen und Schüler. Das Verhältnis Jungen zu Mädchen beträgt 3 : 5.
Berechne den Anteil und die Anzahl an Jungen und Mädchen wie im Beispiel.

4 Timo möchte für seinen Geburtstag aus Sirup Limonade herstellen.
Wie viel Milliliter Sirup (Mineralwasser) benötigt Timo, wenn er 1 Liter Limonade herstellen möchte? (1 000 ml = 1 l)

5 Frau Brückner hat Geld geerbt. Sie erhält $\frac{6}{11}$ von der Gesamtsumme, ihr Bruder den Rest.
a) In welchem Verhältnis wurde das Geld aufgeteilt?
b) Es wurden 40 370 € vererbt. Wie viel Geld erhält der Bruder von Frau Brückner?

6 In der Küche wird zur Herstellung von Konfitüre Gelierzucker verwendet. Das Verhältnis 2 : 1 auf der Packung bedeutet, dass 2 Teile Früchte und ein Teil Gelierzucker benötigt werden.

a) Wie viel Kilogramm Früchte braucht man jeweils für die beiden Päckchen Gelierzucker?
b) Welche Marmelade ist gesünder? Begründe deine Antwort.
c) Warum ist es sinnvoll, auf der Verpackung das Verhältnis von Früchten zu Gelierzucker anzugeben?

7 Philipp und Karina wollen Sirup mit Mineralwasser im Verhältnis 1 : 4 mischen. Es soll 1 l des Getränks hergestellt werden. Philipp sagt: „Beim Verhältnis 1 : 4 benötigen wir $\frac{1}{4}$ l Sirup, das sind 250 ml!" Karina entgegnet: „Das stimmt nicht. Für das Verhältnis 1 : 4 benötigen wir 200 ml Sirup!"
Beurteile die beiden Aussagen und erkläre, welcher Fehler gemacht wurde.

8 Frau Lenz bekommt einen Sparvertrag ausgezahlt und möchte das Geld an ihre Kinder in einem bestimmten Verhältnis aufteilen. Ihr Sohn erhält 3 248 Euro, ihre Tochter erhält 4 872 Euro.
In welchem Verhältnis hat Frau Lenz das Geld aufgeteilt?

WISSEN KOMPAKT

Brüche mit natürlichen Zahlen multiplizieren

Du multiplizierst einen Bruch mit einer natürlichen Zahl, indem du den Zähler des Bruches mit der natürlichen Zahl multiplizierst und den Nenner unverändert lässt.

$\frac{3}{7}\cdot 2=\frac{3\cdot 2}{7}=\frac{6}{7}$

$14\cdot\frac{3}{7}=\frac{{}^{2}\cancel{14}\cdot 3}{\cancel{7}_{1}}=\frac{6}{1}=6$

$8\cdot\frac{7}{9}=\frac{8\cdot 7}{9}=\frac{56}{9}=6\,\frac{2}{9}$

Brüche multiplizieren

Du multiplizierst zwei Brüche, indem du Zähler mit Zähler und Nenner mit Nenner multiplizierst.

$\frac{1}{3}\cdot\frac{5}{6}=\frac{1\cdot 5}{3\cdot 6}=\frac{5}{18}$

$\frac{4}{9}\cdot\frac{6}{11}=\frac{4\cdot\cancel{6}^{2}}{{}_{3}\cancel{9}\cdot 11}=\frac{8}{33}$

$\frac{4}{7}\cdot 3=\frac{4}{7}\cdot\frac{3}{1}=\frac{4\cdot 3}{7\cdot 1}=\frac{12}{7}=1\,\frac{5}{7}$

Bruchteile berechnen

Du berechnest den Bruchteil einer Größe, indem du die Größe mit dem Bruch multiplizierst.

$\frac{2}{7}$ von $\frac{3}{5}$ sind ■.

$\frac{2}{7}\cdot\frac{3}{5}=\frac{2\cdot 3}{7\cdot 5}=\frac{6}{35}$

$\frac{2}{7}$ von $\frac{3}{5}$ sind $\frac{6}{35}$.

$\frac{3}{4}$ von $\frac{1}{5}$ l sind ■.

$\frac{3}{4}\cdot\frac{1}{5}=\frac{3\cdot 1}{4\cdot 5}=\frac{3}{20}$

$\frac{3}{4}$ von $\frac{1}{5}$ l sind $\frac{3}{20}$ l.

Brüche durch natürliche Zahlen dividieren

Du dividierst einen Bruch durch eine natürliche Zahl, indem du den Nenner des Bruches mit der natürlichen Zahl multiplizierst und den Zähler unverändert lässt.

$\frac{5}{6}:2=\frac{5}{6\cdot 2}=\frac{5}{12}$

Durch Brüche dividieren

Du dividierst durch einen Bruch, indem du mit seinem Kehrwert multiplizierst.

$\frac{4}{15}:\frac{8}{21}=$ ■ — Der Kehrwert von $\frac{8}{21}$ ist $\frac{21}{8}$, also ist $\frac{4}{15}:\frac{8}{21}=\frac{4}{15}\cdot\frac{21}{8}=\frac{{}^{1}\cancel{4}\cdot\cancel{21}^{7}}{{}_{5}\cancel{15}\cdot\cancel{8}_{2}}=\frac{7}{10}$.

$12:\frac{3}{4}=$ ■ — Der Kehrwert von $\frac{3}{4}$ ist $\frac{4}{3}$, also ist $12:\frac{3}{4}=\frac{12}{1}\cdot\frac{4}{3}=\frac{{}^{4}\cancel{12}\cdot 4}{1\cdot\cancel{3}_{1}}=\frac{16}{1}=16$.

Anteile und Verhältnisse

Das Rechteck soll so gefärbt werden, dass das Verhältnis des roten Anteils zum blauen Anteil 2 : 3 beträgt.

Das Rechteck wird in 2 + 3 = 5 gleich große Teile aufgeteilt.

2 Teile werden rot und 3 Teile werden blau gefärbt.

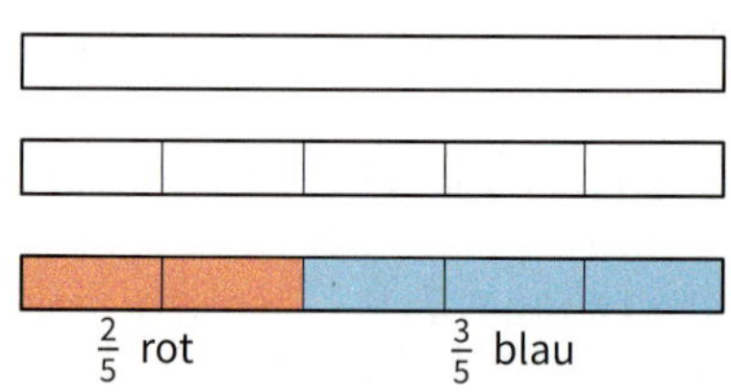

ÜBEN: Multiplikation und Division

1 Multipliziere. Kürze vor dem Ausrechnen, falls möglich.

a) $3 \cdot \frac{4}{13}$ b) $40 \cdot \frac{3}{5}$ c) $\frac{7}{9} \cdot 4$

$\frac{3}{8} \cdot 12$ $\frac{3}{10} \cdot 5$ $\frac{7}{12} \cdot 4$

$9 \cdot \frac{4}{27}$ $14 \cdot \frac{4}{21}$ $\frac{21}{36} \cdot 8$

$\frac{8}{21} \cdot 14$ $18 \cdot \frac{5}{27}$ $\frac{5}{26} \cdot 13$

2 Multipliziere. Kürze vor dem Ausrechnen, falls möglich.

a) $\frac{3}{25} \cdot \frac{5}{7}$ b) $\frac{5}{6} \cdot \frac{4}{7}$ c) $\frac{5}{12} \cdot \frac{7}{10}$

$\frac{8}{9} \cdot \frac{3}{4}$ $\frac{8}{15} \cdot \frac{9}{16}$ $\frac{8}{15} \cdot \frac{10}{13}$

$\frac{7}{8} \cdot \frac{4}{7}$ $\frac{16}{25} \cdot \frac{5}{12}$ $\frac{22}{27} \cdot \frac{9}{11}$

$\frac{11}{12} \cdot \frac{9}{22}$ $\frac{8}{27} \cdot \frac{9}{10}$ $\frac{7}{26} \cdot \frac{13}{14}$

3 Dividiere. Kürze, falls möglich.

a) $\frac{8}{15} : 4$ b) $\frac{20}{21} : 10$ c) $\frac{5}{14} : 3$

$\frac{9}{11} : 27$ $\frac{12}{13} : 8$ $\frac{7}{15} : 10$

$\frac{13}{20} : 26$ $\frac{8}{9} : 12$ $\frac{6}{9} : 18$

$\frac{14}{15} : 28$ $\frac{18}{29} : 9$ $\frac{15}{19} : 10$

4 Dividiere. Kürze, falls möglich.

a) $\frac{5}{8} : \frac{5}{9}$ b) $\frac{5}{8} : \frac{3}{14}$ c) $8 : \frac{5}{6}$

$\frac{5}{7} : \frac{11}{14}$ $\frac{7}{12} : \frac{7}{5}$ $4 : \frac{1}{3}$

$\frac{7}{9} : \frac{7}{4}$ $\frac{3}{7} : \frac{12}{21}$ $\frac{3}{4} : \frac{9}{16}$

$\frac{13}{16} : \frac{13}{24}$ $\frac{7}{8} : \frac{21}{32}$ $12 : \frac{6}{7}$

5 Berechne. Achte jeweils auf das Rechenzeichen.

a) $\frac{6}{7} \cdot \frac{3}{8}$ b) $\frac{8}{15} : \frac{7}{3}$ c) $\frac{4}{15} : \frac{2}{25}$

$\frac{5}{9} : \frac{3}{4}$ $\frac{16}{11} \cdot \frac{2}{5}$ $\frac{7}{18} : \frac{2}{9}$

$\frac{9}{14} \cdot \frac{7}{5}$ $\frac{4}{9} : \frac{7}{12}$ $\frac{15}{19} \cdot \frac{19}{10}$

$\frac{6}{25} : \frac{3}{20}$ $\frac{11}{12} \cdot \frac{6}{7}$ $\frac{15}{17} : \frac{5}{34}$

6 Schreibe als Multiplikationsaufgabe und berechne.

a) $\frac{2}{3}$ von 21 b) $\frac{5}{21}$ von 28 c) $\frac{5}{12}$ von $\frac{9}{10}$

$\frac{3}{7}$ von 56 $\frac{8}{45}$ von 60 $\frac{8}{15}$ von $\frac{9}{16}$

7 Berechne. Gib dein Ergebnis jeweils als Bruch und in der nächstkleineren Einheit an.

a) $\frac{1}{5}$ von 3 km b) $\frac{7}{10}$ von $\frac{1}{2}$ m

c) $\frac{3}{4}$ von 7 m^2 d) $\frac{1}{2}$ von $\frac{1}{4}$ l

8 Bestimme den Platzhalter.

a) $\frac{4}{15} \cdot ■ = \frac{28}{45}$ b) $\frac{5}{6} : ■ = \frac{35}{36}$

c) $\frac{7}{8} : ■ = \frac{7}{24}$ d) $3 \cdot ■ = \frac{1}{2}$

e) $\frac{9}{13} \cdot ■ = \frac{45}{78}$ f) $\frac{4}{9} : ■ = \frac{8}{27}$

9 Kürze erst, berechne dann.

$\frac{25}{28} \cdot \frac{16}{33} \cdot \frac{21}{100}$

$= \frac{{}^{1}\cancel{25} \cdot {}^{\cancel{4}1}\cancel{16} \cdot {}^{\cancel{3}1}\cancel{21}}{{}_{1\cancel{4}}\cancel{28} \cdot \cancel{33}_{11} \cdot \cancel{100}_{\cancel{4}1}}$

$= \frac{1}{11}$

a) $\frac{18}{57} \cdot \frac{7}{5} \cdot \frac{19}{126}$

b) $\frac{17}{19} \cdot \frac{75}{51} \cdot \frac{76}{50}$

c) $\frac{9}{14} \cdot \frac{36}{15} \cdot \frac{35}{45} \cdot \frac{7}{6}$

10

11 Wandle jeweils die gemischte Zahl in einen Bruch um. Berechne.

a) $2\frac{1}{8} \cdot 20$ b) $1\frac{3}{4} : 7$ c) $\frac{3}{7} \cdot 9\frac{4}{5}$

$6\frac{2}{7} \cdot \frac{7}{8}$ $1\frac{1}{6} : \frac{2}{3}$ $2\frac{5}{8} : 3$

$\frac{2}{5} \cdot 3\frac{3}{4}$ $\frac{8}{9} : 1\frac{5}{9}$ $2\frac{1}{2} : 5$

$2\frac{3}{16} \cdot \frac{4}{7}$ $4\frac{4}{5} : \frac{6}{7}$ $18\frac{2}{3} \cdot \frac{5}{14}$

ÜBEN: Sachaufgaben

1 Wie viel Kilometer müssen Sophie und Felix noch zurücklegen?

2 Julia hat noch neun Tage Zeit, um für eine Englischarbeit zu üben. Dafür lernt sie jeden Tag $\frac{5}{12}$ Stunden.

a) Wie viele Minuten sind das pro Tag?
b) Wie viele Stunden sind das bis zur Englischarbeit?

3 Auf eine Kabeltrommel sind 150 m Stahldraht gewickelt.

Der Draht soll in $3\frac{3}{4}$ m lange Stücke zerschnitten werden. Berechne die Anzahl der Stücke.

4 Ein Bagger belädt einen Lkw mit Sand. Der Lkw kann $13\frac{1}{2}$ t Sand laden, eine Baggerschaufel fasst $\frac{3}{4}$ t Sand. Wie viele Baggerschaufeln Sand sind notwendig, um den Lkw zu beladen?

5 Lena und Marie haben ihr Taschengeld zusammengelegt und auf dem Tierheimfest gemeinsam ein Los für 10 Euro gekauft. Da Lena 4 Euro und Marie 6 Euro bezahlt hat, soll der Gewinn im Verhältnis 4 : 6 gerecht aufgeteilt werden.
Die beiden gewinnen einen 50 Euro Gutschein. Wie viel Euro stehen Lena und Marie jeweils zu?

6 Herr Walter nimmt an einem 20-km-Lauf teil. Er läuft durchschnittlich in einer Stunde $9\frac{3}{5}$ km. Wie viel Kilometer ist er nach $1\frac{2}{3}$ Stunden vom Ziel entfernt?

7 Messing ist eine Mischung (Legierung) aus den Metallen Kupfer und Zink. Diese Legierung kann unterschiedliche Anteile von Kuper und Zink enthalten.

a) Tafelmessing ist eine Legierung von Kupfer und Zink im Verhältnis 7 : 3. Wie viel Gramm Kupfer (Zink) ist in 1,2 kg Tafelmessing enthalten?
b) In einem Kilogramm Goldmessing sind 850 g Kupfer enthalten. Wie lautet das Verhältnis von Kupfer und Zink für diese Legierung?

8 Herr Müller benötigt für seinen benzinbetriebenen Rasenmäher ein Zweitaktgemisch. Die Öl-Benzin-Mischung muss im Verhältnis 1 : 50 hergestellt werden. Er gießt 60 ml Öl in einen Kanister.

a) Wie viel Liter Benzin muss er für die richtige Öl-Benzin-Mischung hinzugeben?
b) Wie viel Liter Gemisch erhält er?

VERTIEFEN: Verbindung der Grundrechenarten

1 Berechne zuerst die Klammern.

$$\left(\frac{1}{7}+\frac{3}{7}\right):4=\frac{4}{7}:4=\frac{\overset{1}{\cancel{4}}\cdot 1}{7\cdot \cancel{4}_{1}}=\frac{1}{7}$$

a) $\left(\frac{2}{3}+\frac{5}{6}\right):3$ b) $\left(\frac{6}{7}-\frac{3}{14}\right)\cdot 7$

$\left(\frac{3}{8}+\frac{1}{4}\right)\cdot 4$ $\left(\frac{4}{5}-\frac{7}{10}\right):4$

$\left(\frac{1}{3}+\frac{1}{9}\right):8$ $\left(\frac{1}{6}+\frac{2}{3}\right):10$

2 Berechne.

a) $\left(\frac{5}{6}+\frac{2}{9}\right)\cdot\frac{3}{5}$ b) $\left(\frac{9}{10}-\frac{2}{5}\right)\cdot\frac{2}{3}$

$\left(\frac{4}{5}+\frac{2}{3}\right):\frac{11}{10}$ $\left(\frac{7}{8}-\frac{1}{2}\right):\frac{2}{9}$

$\left(\frac{3}{4}-\frac{7}{10}\right):\frac{1}{2}$ $\left(\frac{2}{5}+\frac{3}{10}\right)\cdot\frac{5}{14}$

3 In dem Beispiel sind zwei verschiedene Rechenwege dargestellt, um die Aufgabe $4\frac{1}{5}\cdot 3$ zu lösen.

$4\frac{1}{5}\cdot 3$	$4\frac{1}{5}\cdot 3$
$=\frac{21}{5}\cdot 3$	$=\left(4+\frac{1}{5}\right)\cdot 3$
$=\frac{21\cdot 3}{5}$	$=4\cdot 3+\frac{1}{5}\cdot 3$
$=\frac{63}{5}$	$=12+\frac{3}{5}$
$=12\frac{3}{5}$	$=12\frac{3}{5}$

Löse die Aufgabe. Entscheide dich für einen Rechenweg.

a) $1\frac{2}{9}\cdot 4$ b) $2\frac{3}{8}\cdot 3$ c) $3\frac{2}{7}\cdot 4\frac{1}{2}$

4 Beachte die Regel „Punktrechnung vor Strichrechnung".

$$\frac{3}{4}-\frac{1}{2}\cdot\frac{1}{3}=\frac{3}{4}-\frac{1}{6}=\frac{9}{12}-\frac{2}{12}=\frac{7}{12}$$

a) $\frac{5}{8}-\frac{3}{4}:2$ b) $\frac{2}{3}+3\cdot\frac{1}{6}$

$\frac{7}{10}+\frac{3}{5}:6$ $\frac{4}{5}-\frac{3}{10}:6$

$\frac{8}{9}-\frac{2}{3}:6$ $\frac{2}{7}+\frac{5}{21}\cdot 3$

5 Berechne. Achte auf die Reihenfolge der Rechenoperationen.

a) $\frac{2}{5}\cdot\frac{4}{5}+\frac{3}{5}$ b) $\frac{1}{3}+\frac{3}{8}\cdot\frac{4}{9}$

c) $\frac{3}{8}+\frac{2}{3}-\frac{1}{8}$ d) $\frac{5}{18}-\frac{7}{15}\cdot\frac{5}{21}$

e) $\frac{3}{4}\cdot 6+5\frac{1}{2}$ f) $1\frac{1}{3}+\frac{5}{9}\cdot\frac{21}{10}$

g) $\frac{1}{3}+\frac{7}{9}:\frac{14}{15}$ h) $2\frac{1}{2}-2\frac{1}{2}:3\frac{3}{4}$

6 Berechne.

a) $\frac{2}{3}\cdot\frac{1}{4}+\frac{1}{2}\cdot\frac{5}{6}$ b) $\frac{3}{4}\cdot\frac{3}{5}-\frac{3}{2}\cdot\frac{1}{10}$

$\frac{1}{8}\cdot\frac{4}{3}+\frac{5}{6}\cdot\frac{1}{4}$ $\frac{3}{2}\cdot\frac{4}{9}-\frac{2}{3}\cdot\frac{1}{6}$

$\frac{1}{2}:\frac{5}{3}+\frac{2}{5}:\frac{1}{3}$ $\frac{5}{2}\cdot\frac{1}{3}+\frac{2}{3}\cdot\frac{7}{5}$

$\frac{4}{5}:\frac{1}{3}-\frac{2}{3}:\frac{5}{8}$ $\frac{3}{4}:\frac{5}{3}-\frac{1}{5}:\frac{6}{7}$

7 Berechne.

a) $\left(\frac{1}{3}+\frac{1}{6}\right)\cdot\left(\frac{3}{5}+\frac{1}{10}\right)$ b) $\left(\frac{1}{2}+\frac{1}{4}\right)\cdot\left(\frac{1}{3}+\frac{1}{5}\right)$

$\left(\frac{2}{3}-\frac{1}{6}\right)\cdot\left(\frac{1}{2}-\frac{4}{9}\right)$ $\left(\frac{2}{5}+\frac{1}{2}\right)\cdot\left(\frac{1}{2}\cdot\frac{5}{6}\right)$

$\left(\frac{5}{7}-\frac{1}{14}\right)\cdot\left(\frac{2}{9}+\frac{1}{6}\right)$ $\left(\frac{1}{4}+\frac{3}{8}\right)\cdot\left(\frac{2}{3}+\frac{2}{15}\right)$

c) $\left(\frac{1}{2}+\frac{1}{8}\right):\left(\frac{1}{2}+\frac{1}{3}\right)$ d) $\left(\frac{1}{2}-\frac{2}{9}\right):\left(\frac{1}{3}+\frac{1}{2}\right)$

$\left(\frac{2}{5}-\frac{1}{10}\right):\left(\frac{1}{5}+\frac{1}{20}\right)$ $\left(\frac{1}{2}-\frac{3}{20}\right):\left(\frac{1}{3}+\frac{3}{5}\right)$

$\left(\frac{5}{6}-\frac{1}{4}\right):\left(\frac{1}{8}+\frac{3}{4}\right)$ $\left(\frac{1}{12}+\frac{1}{4}\right):\left(\frac{1}{2}-\frac{1}{3}\right)$

8 Notiere den Rechenweg und bestimme die Lösung.

a) Multipliziere die Summe aus $\frac{3}{4}$ und $\frac{1}{8}$ mit $\frac{4}{9}$.
b) Multipliziere die Differenz aus $\frac{3}{5}$ und $\frac{3}{10}$ mit $\frac{5}{6}$.
c) Dividiere $\frac{5}{8}$ durch die Summe aus $\frac{1}{4}$ und $\frac{1}{2}$.
d) Addiere zum Produkt aus $\frac{1}{2}$ und $\frac{4}{9}$ den Quotienten aus $\frac{10}{11}$ und $\frac{11}{18}$.
e) Subtrahiere vom Quotienten aus $\frac{1}{3}$ und $\frac{1}{6}$ das Produkt aus $\frac{7}{10}$ und $\frac{5}{14}$.

AUSGANGSTEST 1

1 Schreibe als Multiplikationsaufgabe und berechne.

a) das Vierfache von $\frac{3}{13}$

b) das Neunfache von $\frac{3}{5}$

c) das Dreifache von $\frac{4}{7}$

d) das Zehnfache von $\frac{2}{3}$

2 Multipliziere und kürze, wenn möglich.

a) $3 \cdot \frac{2}{7}$ b) $\frac{2}{9} \cdot 6$ c) $\frac{5}{7} \cdot \frac{3}{8}$ d) $\frac{8}{11} \cdot \frac{33}{56}$

3 Schreibe als Multiplikationsaufgabe und berechne.

a) $\frac{3}{5}$ von 18 m

b) $\frac{7}{12}$ von 60 kg

c) $\frac{5}{16}$ von 20 €

4 Dividiere und kürze, wenn möglich.

a) $\frac{2}{3} : 5$ b) $\frac{15}{16} : 10$ c) $\frac{5}{8} : \frac{7}{9}$ d) $\frac{12}{19} : \frac{15}{38}$

5 Multipliziere und kürze, wenn möglich.

a) $2\frac{1}{2} \cdot \frac{3}{11}$ b) $1\frac{3}{4} \cdot \frac{8}{21}$ c) $3\frac{1}{5} \cdot \frac{5}{12}$

6 Berechne und kürze, wenn möglich.

a) $\frac{2}{5} \cdot \frac{3}{8} \cdot \frac{5}{12}$ b) $\frac{10}{11} \cdot \frac{13}{20} \cdot \frac{22}{39}$ c) $\frac{8}{7} \cdot \frac{11}{12} \cdot \frac{14}{33}$

7 Für das Klassenfest der 7 b hat Lara 9 l Fruchtsaft eingekauft. Das Getränk wird in Gläser gefüllt. Jedes Glas fasst $\frac{3}{10}$ l. Wie viele Gläser kann Lara mit Saft füllen?

8 Von den 168 Schülerinnen und Schülern eines Jahrgangs fahren $\frac{1}{4}$ mit dem Bus, $\frac{3}{7}$ mit dem Fahrrad zur Schule, die übrigen gehen zu Fuß.
Wie viele Schülerinnen und Schüler kommen mit dem Bus (dem Fahrrad, zu Fuß)?

9 Eine Flasche enthält $1\frac{1}{2}$ l Wasser. Paul trinkt $\frac{1}{4}$ des Inhalts. Wie viel Liter Wasser hat er getrunken?

10 In einer Klasse sind 30 Schülerinnen und Schüler. Das Verhältnis von Mädchen zu Jungen beträgt 3 : 2. Wie viele Jungen und Mädchen sind in der Klasse?

Ich kann ...

Ich kann ...	Aufgabe	Hilfen und Aufgaben	
Brüche mit natürlichen Zahlen multiplizieren.	1, 2 a, b	Seite 45, 55	I
Brüche miteinander multiplizieren.	2 c, d, 6	Seite 46, 47, 55	I
Bruchteile berechnen.	3	Seite 48, 55	I
Brüche durch natürliche Zahlen dividieren.	4 a, b	Seite 49, 55	I
Brüche durch Brüche dividieren.	4 c, d	Seite 50, 51, 55	I
Brüche mit gemischten Zahlen multiplizieren.	5	Seite 47, 55	I
Sachaufgaben zur Multiplikation und Division von Brüchen lösen.	7, 8, 9	Seite 52	II
mit Verhältnissen rechnen.	10	Seite 53	II

AUSGANGSTEST 2

1 Berechne und kürze, wenn möglich.

a) $18 \cdot \frac{5}{9}$ b) $\frac{3}{28} \cdot \frac{7}{12}$ c) $\frac{2}{7} \cdot 16$

d) $34 \cdot \frac{11}{17}$ e) $\frac{27}{54} \cdot \frac{12}{18}$ f) $\frac{6}{13} \cdot 4$

2 Berechne und kürze, wenn möglich.

a) $\frac{1}{3} : 3$ b) $17 : \frac{2}{6}$ c) $\frac{14}{25} : 2$

3 Berechne und kürze, wenn möglich. Achte auf das Rechenzeichen.

a) $\frac{11}{12} : \frac{55}{48}$ b) $\frac{5}{7} \cdot \frac{21}{20}$ c) $\frac{17}{25} : \frac{34}{45}$

4 Berechne und kürze, wenn möglich.

a) $\frac{3}{4} \cdot \frac{7}{8} \cdot \frac{4}{9} \cdot \frac{3}{7}$ b) $\frac{12}{13} \cdot \frac{5}{8} \cdot \frac{2}{3} \cdot \frac{26}{25}$

5 Berechne und kürze, wenn möglich.

a) $10 \cdot 1\frac{4}{5}$ b) $\frac{8}{9} \cdot 1\frac{5}{6}$ c) $1\frac{1}{5} : \frac{7}{10}$

6 Bestimme die fehlenden Zahlen.

a) $\square : 3\frac{1}{2} = \frac{5}{9}$ b) $\frac{4}{9} \cdot \square = \frac{1}{6}$ c) $4\frac{2}{3} : \square = 6$

7 Berechne und beachte die Rechenregeln. Kürze die Ergebnisse, wenn möglich.

a) $\left(\frac{9}{16} + \frac{5}{8}\right) \cdot \frac{8}{19}$ b) $\frac{5}{14} \cdot \frac{21}{25} + \frac{2}{15}$

8 Berechne den Doppelbruch.

a) $\frac{\frac{4}{7}}{\frac{20}{21}}$ b) $\frac{\frac{18}{81}}{\frac{36}{45}}$

9 Für das Verpacken eines Kartons werden $2\frac{1}{2}$ m Klebeband benötigt. Auf der Rolle sind 33 m. Wie viele gleiche Kartons lassen sich damit verpacken?

10 Ein Erbe von 44 100 Euro soll im Verhältnis 3 : 4 unter zwei Erben aufgeteilt werden. Wie viel Euro erhält jeder?

11 Max trainiert für das Sportabzeichen. Auf dem Sportplatz benötigt er für 18 Runden $1\frac{1}{5}$ Stunden. Wie viele Sekunden braucht er im Durchschnitt für eine Runde?

12 $\frac{9}{20}$ eines Schuljahrgangs sind Mädchen. $\frac{2}{3}$ der Mädchen und $\frac{4}{7}$ der Jungen haben freiwillig eine Arbeitsgemeinschaft gewählt.
Nehmen an der Arbeitsgemeinschaft mehr Mädchen oder mehr Jungen teil?

Ich kann …	Aufgabe	Hilfen und Aufgaben	
Brüche multiplizieren.	1, 3, 4	Seite 45 – 47, 55	I
Brüche dividieren.	2, 3	Seite 49 – 51, 55	
Brüche mit gemischten Zahlen multiplizieren und gemischte Zahlen durch Brüche dividieren.	5	Seite 47, 51, 55	
Sachaufgaben zur Multiplikation und Division von Brüchen lösen.	9, 11, 12	Seite 52	II
mit Verhältnissen rechnen.	10	Seite 53	
Platzhalteraufgaben mithilfe von Umkehraufgaben lösen.	6	Seite 50, 51, 55	
Grundrechenarten bei der Bruchrechnung miteinander verbinden.	7	Seite 57	
komplexere Sachaufgaben lösen.	12	Seite 56	III
mit Doppelbrüchen rechnen.	8	Seite 51	

3 Prozentrechnung

Warum müssen die Menschen sich heute anders ernähren als früher?

Bist du fit für dieses Kapitel? Eingangstest auf *Seite 205*

In diesem Kapitel ...

- *lernst du die Grundbegriffe der Prozentrechnung kennen.*
- *löst du die Grundaufgaben der Prozentrechnung.*
- *bearbeitest du Sachaufgaben zu prozentualen Veränderungen.*

Bestandteile in Lebensmitteln

Der Ernährungskreis zeigt, wie du einen gesunden Speiseplan zusammenstellen kannst.

Begründe die folgenden Aussagen mithilfe des Ernährungskreises.

- Mehr als die Hälfte der Nahrung sollte aus Getreideprodukten, Kartoffeln, Gemüse und Salaten bestehen.
- Die Nahrung sollte mehr Obst als Fisch, Fleisch, Wurst und Eier enthalten.
- Obst, Gemüse und Salate sollten mehr als ein Drittel der Nahrung ausmachen.

Bestandteile in Lebensmitteln

Kohlenhydrate, Eiweiß und Fett sind die Grundbestandteile unserer Nahrung.
Kohlenhydrate sind vor allem in pflanzlichen Nahrungsmitteln enthalten.
Aus Eiweiß gewinnt der Körper die lebenswichtigen Aminosäuren. Aminosäuren sind für den Aufbau der Muskeln, aber auch für den Transport von Stoffen zwischen den einzelnen Organen des Körpers wichtig.
Fett gilt als Dickmacher, trotzdem ist es für den Menschen unentbehrlich, vor allem weil im Fett zahlreiche Vitamine gelöst sind.
Außerdem enthalten Lebensmittel weitere Stoffe, wie Ballaststoffe, Mineralien und Wasser.

So sollte ein Erwachsener seinen täglichen Energiebedarf decken.

Ein Prozent ist ein Hundertstel einer Gesamtgröße:

$$1\,\% = \frac{1}{100}$$

Kohlenhydrate 55 %

Eiweiß 15 %

Fett 30 %

1 Suche auf Verpackungen Angaben zu den Bestandteilen von Lebensmitteln.

2 Ein Hamburger wiegt 100 g. Ein Viertel einer großen Pizza wiegt ebenfalls 100 g.

Hamburger	Pizza
32 g Kohlenhydrate	20 g Kohlenhydrate
13 g Eiweiß	11 g Eiweiß
9 g Fett	9 g Fett

Wie viel Prozent Kohlenhydrate (Eiweiß, Fett) sind im Hamburger (in der Viertelpizza) enthalten?

3 Geröstete Erdnüsse bestehen zur Hälfte aus Fett, zu einem Viertel aus Eiweiß und zu einem Fünftel aus Kohlenhydraten.
a) Wie viel Gramm Fett (Eiweiß, Kohlenhydrate) sind in 100 g Erdnüssen enthalten?
b) Wie viel Gramm der einzelnen Bestandteile sind in 200 g Erdnüssen (500 g Erdnüssen) enthalten?
c) Gib den Anteil der einzelnen Bestandteile in Prozent an.

4 Mandeln bestehen zu 50 % aus Fett, zu 20 % aus Eiweiß und zu 10 % aus Kohlenhydraten.
a) Wie viel Gramm Fett (Eiweiß, Kohlenhydrate) sind in 100 g Mandeln enthalten?
b) Wie viel Gramm der einzelnen Bestandteile sind in 200 g Mandeln (400 g Mandeln) enthalten?

5 a) Zwei Vollkornbrötchen wiegen zusammen 100 g. Sie enthalten 40 % Kohlenhydrate, 2 % Eiweiß und 8 % Fett. Wie viel Gramm sind das jeweils?
b) Wie viel Gramm wiegt ein Vollkornbrötchen? Wie viel Gramm der einzelnen Bestandteile enthält es?

Bestandteile in Lebensmitteln

Jeder isst gerne Süßes. Deshalb wird vielen Lebensmitteln Zucker zugesetzt, obwohl dies oft gar nicht nötig wäre. Wer sich gesund ernähren will, sollte nicht zu viel Zucker essen.

Der Pro-Kopf-Verbrauch von Zucker beträgt in Deutschland mehr als 90 g täglich. Die Weltgesundheitsorganisation empfiehlt, höchstens 50 g Zucker pro Tag zu sich zu nehmen.

6 Der Zuckeranteil der abgebildeten Süßigkeiten ist jeweils angegeben.
Wie viel Gramm Zucker sind in jeder Süßigkeit enthalten?

10 %

75 %

50 %

55 %

7 Der Zuckeranteil von Karamellbonbons beträgt 90 %. Bestimme das Gewicht der abgebildeten Bonbons.

8 a) Ein Stück Würfelzucker wiegt drei Gramm.
Bei jeder abgebildeten Süßigkeit ist angegeben, wie viele Stücke Würfelzucker darin versteckt sind.
Gib den Zuckeranteil in Prozent an.

50 Stück

10 Stück

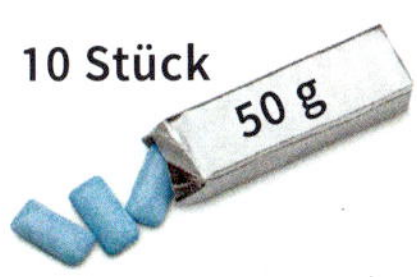

30 Stück

100 g

2 Stück

40 Stück

100 Stück

b) Vergleiche den Zuckeranteil von Lakritz und Kaugummi (von Honig und Konfitüre, von Speiseeis und Schokoküssen).
Wie bist du dabei vorgegangen?

Prozent

1 Vergleiche den Fruchtanteil der beiden Konfitüren. Gib dazu den Fruchtanteil jeweils als Bruch mit dem Nenner 100 an. Erläutere, warum das sinnvoll ist.

Italienisch „per cento“

Cento
cto
cto
%
%

Anteile werden häufig als Hundertstelbruch angegeben, um sie besser vergleichen zu können.
Ein Hundertstel einer Gesamtgröße wird **Prozent** genannt.

$\frac{1}{100} = 1\,\%$ $\frac{25}{100} = 25\,\%$

$\frac{47}{100} = 47\,\%$ $\frac{100}{100} = 100\,\%$

2 Gib den Anteil der roten (gelben, grünen) Felder als Hundertstelbruch und in Prozent an.

a) 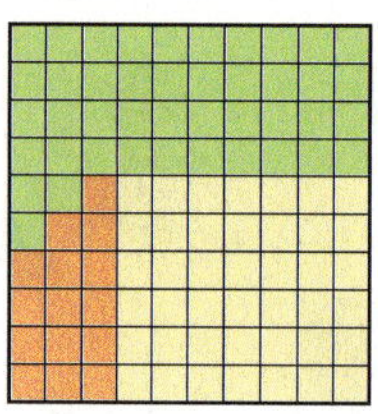 b) 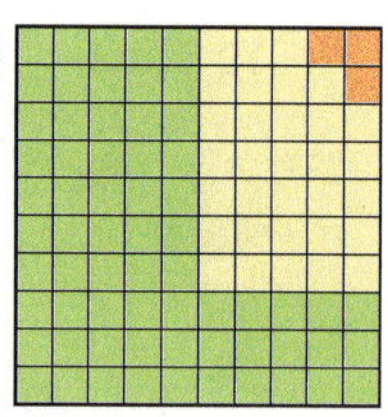

c) 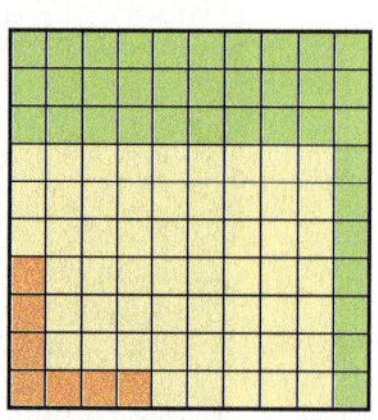 d) 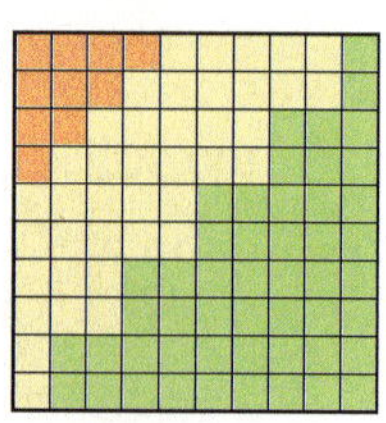

3 Zeichne ein Quadrat mit 100 Rechenkästchen in dein Heft. Färbe den angegebenen Anteil und gib ihn in Prozent an.

a) $\frac{1}{4}$ b) $\frac{1}{5}$ c) $\frac{7}{20}$ d) $\frac{3}{50}$

4 Gib als Hundertstelbruch und als Dezimalzahl an.

$45\,\% = \frac{45}{100} = 0{,}45$

a) 37 %; 24 % b) 88 %; 17 % c) 70 %; 20 % d) 4 %; 9 %

5 Schreibe die Dezimalzahl als Hundertstelbruch und dann in Prozent.

a) 0,52; 0,75 b) 0,37; 0,83 c) 0,07; 0,02 d) 0,4; 0,7

6 Gib den Anteil der roten (gelben, grünen) Fläche als Bruch, als Hundertstelbruch und in Prozent an.

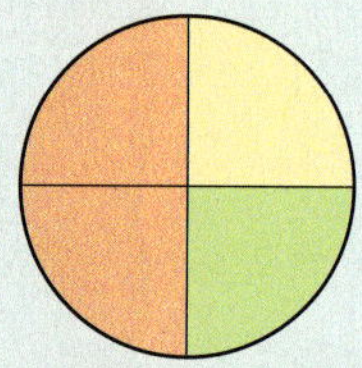

rot: $\frac{1}{2} = \frac{50}{100} = 50\,\%$

gelb: $\frac{1}{4} = \frac{25}{100} = 25\,\%$

grün: $\frac{1}{4} = \frac{25}{100} = 25\,\%$

a) 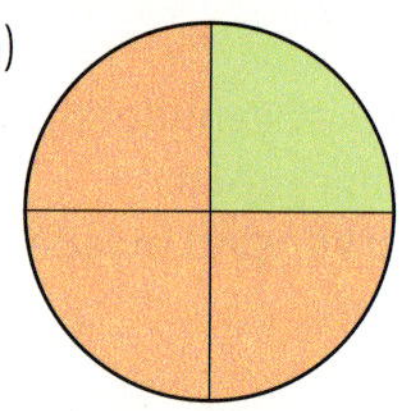 b) 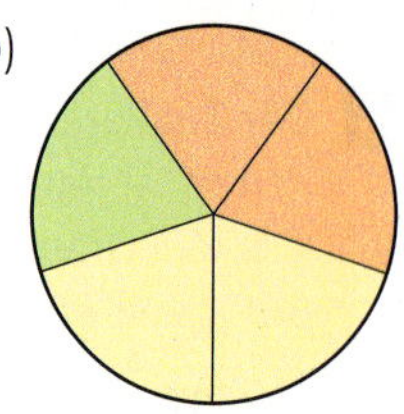

c) 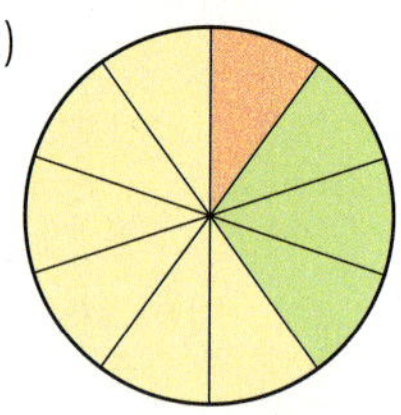 d) 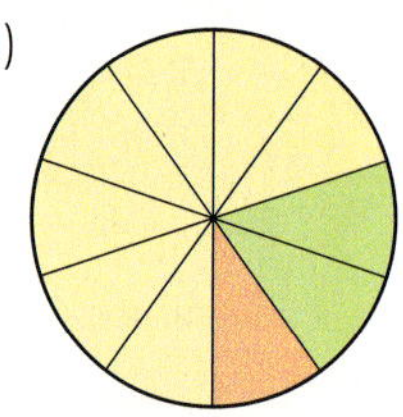

e) 

f)  g) 

h)  i) 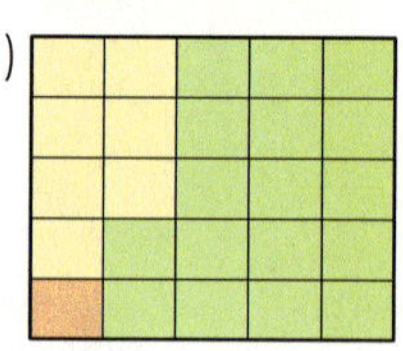

Prozent

Prozente, die häufig vorkommen:

$\frac{1}{2} = 50\,\%$ $\frac{1}{4} = 25\,\%$ $\frac{1}{20} = 5\,\%$

$\frac{1}{10} = 10\,\%$ $\frac{3}{4} = 75\,\%$ $\frac{1}{3} = 33\frac{1}{3}\,\%$

7 Erweitere die Brüche auf den Nenner Hundert und schreibe in Prozent.

$\frac{7}{20} = \frac{35}{100} = 35\,\%$

a) $\frac{3}{4}$ $\frac{9}{10}$ b) $\frac{4}{5}$ $\frac{11}{50}$ c) $\frac{3}{20}$ $\frac{2}{5}$ d) $\frac{3}{10}$ $\frac{19}{20}$ e) $\frac{3}{25}$ $\frac{17}{25}$

8 Kürze die Brüche auf den Nenner Hundert und schreibe in Prozent.

$\frac{26}{200} = \frac{13}{100} = 13\,\%$

a) $\frac{48}{200}$ $\frac{9}{300}$ b) $\frac{52}{400}$ $\frac{115}{500}$ c) $\frac{150}{1000}$ $\frac{80}{2000}$ d) $\frac{147}{700}$ $\frac{369}{900}$

9 Gib den Anteil als Hundertstelbruch und in Prozent an.
a) Bei elf von hundert überprüften Fahrrädern wurden Mängel festgestellt.
b) 78 von 100 befragten Schülern erhalten mehr als 30 € Taschengeld im Monat.
c) 168 von 200 Besuchern hat die Aufführung der Theater-AG sehr gut gefallen.
d) Zwei von 25 Schülerinnen und Schülern der Klasse 7 a nahmen nicht am Schwimmwettkampf teil.
e) Als Torwart der Jugendmannschaft hat Tim in dieser Saison sieben von 20 Elfmetern gehalten.
f) Sechs von 30 Schülerinnen und Schülern der Klasse 7 b waren krank.
g) Von den 400 Schülerinnen der Gesamtschule sind 168 in einem Sportverein.

10 Gib den Fettanteil der einzelnen Lebensmittel als Hundertstelbruch und in Prozent an. Ordne die Lebensmittel nach ihrem Fettanteil.

	essbare Menge (g)	davon Fett (g)
Hähnchenbrustfilet	300	18
4 Schweineschnitzel	400	32
1 Ei	50	3
Emmentaler Käse	300	90
2 Scheiben Salami	20	10
Joghurt	125	5
5 Fischstäbchen	150	6

11 Gib die angegebenen Anteile in Prozent an. Welcher Anteil ist größer?
a) 17 kg von 100 kg oder 8 kg von 50 kg
b) 61 m von 100 m oder 6 m von 10 m
c) 3 € von 10 € oder 7 € von 25 €
d) 3 m^2 von 20 m^2 oder 4 m^2 von 25 m^2

12 Wie viel Prozent sind das?
a) Die Hälfte aller Schülerinnen und Schüler kommt mit dem Rad zur Schule.
b) Weil der Bus Verspätung hatte, kam ein Viertel der Klasse zu spät zum Unterricht.
c) Drei Viertel ihres Taschengeldes hat Anna schon ausgegeben.
d) Jeder dritte Schüler der Klasse ist Mitglied in einem Sportverein.
e) Jeder vierte Autofahrer fuhr zu schnell.
f) Jeder fünfte Jugendliche hat Übergewicht.
g) Jeder zehnte Apfel ist faul.
h) Jeder zwanzigste Besucher der Ausstellung erhält ein kleines Geschenk.
i) Denise und Carolin haben schon zwei Drittel des Wanderweges zurückgelegt.

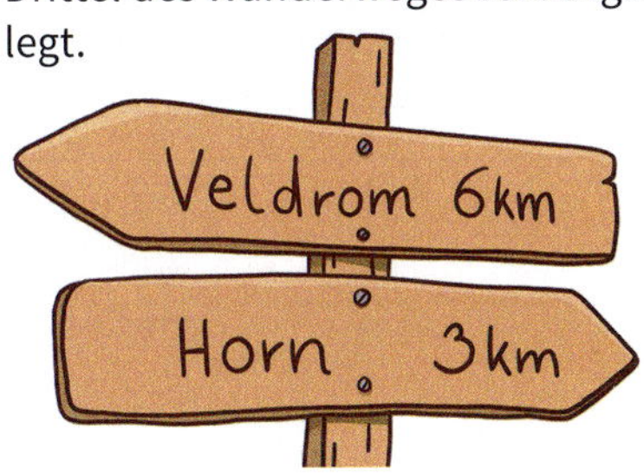

Grundbegriffe der Prozentrechnung

1 a) Paul und Felix unternehmen eine zweitägige Radtour. Dabei legen sie am ersten Tag eine Entfernung von 60 km zurück.
Mithilfe der Abbildung kannst du feststellen, wie viel Kilometer der halben Strecke (einem Viertel der Strecke, drei Vierteln der Strecke) entsprechen. Dabei werden auf der ersten Skala die Anteile der Strecke dargestellt und auf der zweiten Skala die Bruchteile in Prozent.
Bestimme die Platzhalter.

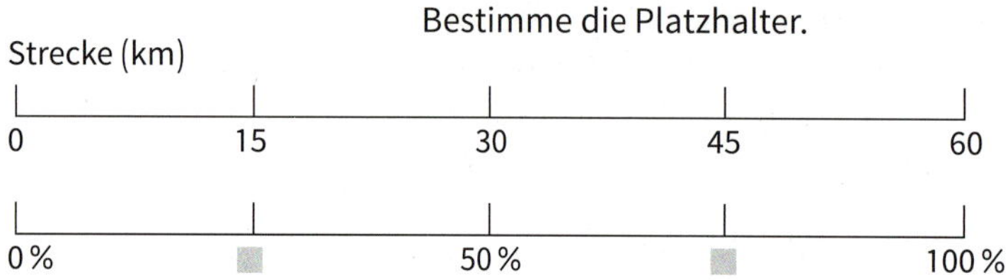

b) Am zweiten Tag legen Paul und Felix eine 50 km lange Strecke zurück. Bestimme die Platzhalter in der Abbildung.

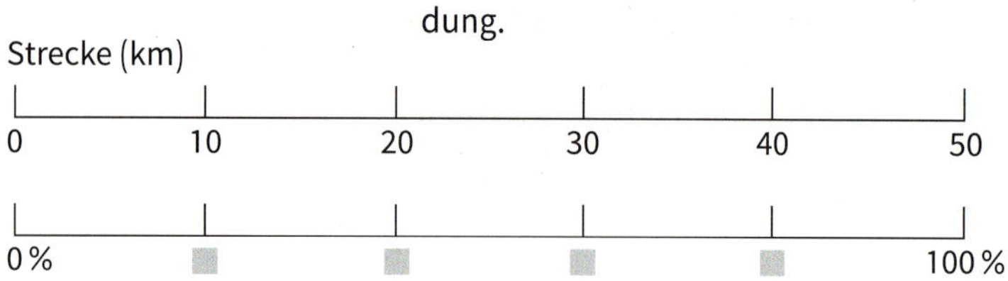

2 a) Der Tank eines Autos fasst 60 *l* Benzin. Er enthält 50 *l* (40 *l*, 20 *l*, 5 *l*) Benzin. Schätze, zu wie viel Prozent er gefüllt ist.

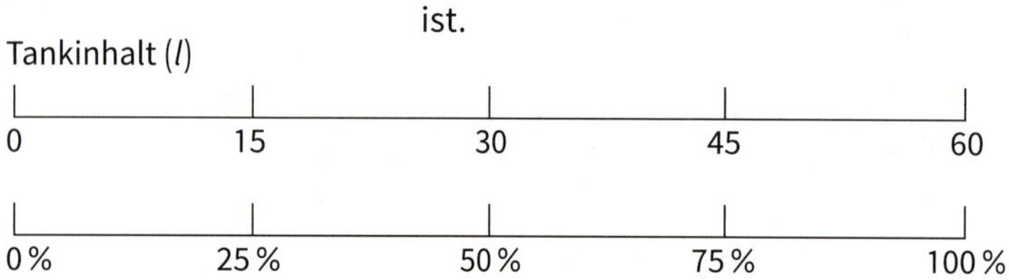

b) Ein Kinosaal hat 250 Plätze. 30 % (10 %, ca. 45 %, ca. 95 %) aller Plätze sind besetzt. Schätze, wie viele Besucher im Kino sind.

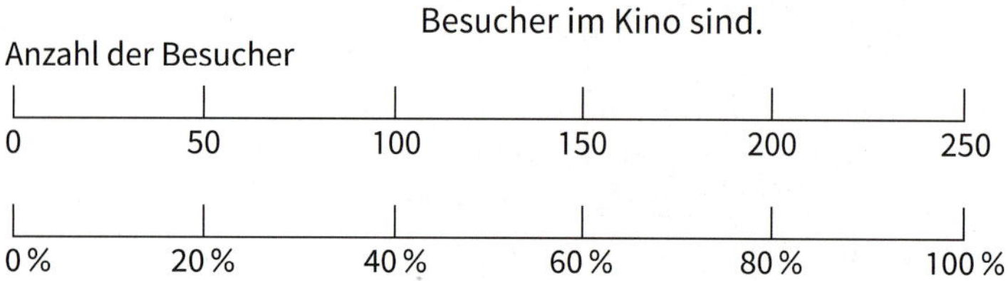

3 a) Notiere zu jedem Anteil der Größe die zugehörende Prozentangabe. Vervollständige dazu jeweils die Tabelle.

Masse (g)	%
0	
12	
24	
36	
48	100

Strecke (m)	%
0	
20	
100	
150	
200	100

Volumen (*l*)	%
0	
2	
4	
6	
8	
10	100

Preis (€)	%
0	
40	
120	
200	
240	
400	100

b) Begründe mithilfe von Beispielen, was Emma und Lilly behaupten.

In der Prozentrechnung werden die Begriffe **Grundwert, Prozentwert und Prozentsatz** verwendet.

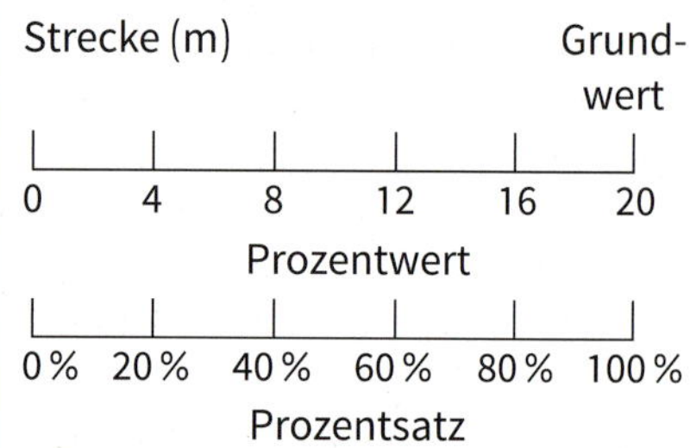

Der Grundwert entspricht immer 100 %.

Der Prozentsatz entspricht dem Prozentwert.

20 % ⟶ 4 m 40 % ⟶ 8 m

60 % ⟶ 12 m 80 % ⟶ 16 m

Grundbegriffe der Prozentrechnung

Grundwert, Prozentwert und Prozentsatz bei Sachaufgaben

300 g Emmentaler Käse enthalten 90 g Fett. Das ist ein Anteil von 30 %.

↓	↓	↓
Ganzes Grundwert (G)	Teil vom Ganzen Prozentwert (W)	Anteil in % Prozentsatz (p %)

Der Grundwert G entspricht 100 %. Der Prozentwert W entspricht dem Prozentsatz p %.

4 Trage die Angaben wie in den Beispielen in eine Tabelle ein, ohne zu rechnen.

A Mia erhält im Monat 40 € Taschengeld. Sie hat eine CD für 12 € gekauft. Das sind 30 % ihres Taschengeldes.

B Butter enthält 84 % Fett. Bei einer 250-Gramm-Packung sind das 210 g.

C Auf seiner Fahrradtour hat Tim bereits 11 km zurückgelegt. Das sind 25 % der gesamten Strecke von 44 km.

	Grundwert G	Prozentsatz p %	Prozentwert W
A	40 €	30 %	12 €
B	250 g	84 %	210 g
C	44 km	25 %	11 km

a) Ben gibt monatlich 8 € für Getränke aus, das sind 40 % seines Taschengeldes. Er erhält 20 € im Monat.
b) Jans Schulweg ist 4 500 m lang. 900 m legt er zu Fuß zurück. Das sind 20 %.
c) Ein Weißbrot enthält 360 g Kohlenhydrate, das sind 48 %. Das Weißbrot wiegt 750 g.
d) Von den 30 Schülerinnen und Schülern der Klasse 7 c müssen 15 ihre Hefte von ihrem Taschengeld kaufen. Das sind 50 %.
e) Die Klasse 7 a hat 16 Mädchen. 25 % von ihnen spielen ein Instrument. Das sind vier Schülerinnen.
f) 45 % der Oberfläche eines Teiches sind von Algen bedeckt. Das sind 1350 m^2 von insgesamt 3 000 m^2.
g) 72 Seiten eines Buches mit 180 Seiten hat Lucie bereits gelesen. Das sind 40 %.

5 Grundwert, Prozentwert, Prozentsatz: Welche Werte sind gegeben, welcher Wert ist gesucht?
a) Im Schülercafé wurden heute von 70 belegten Brötchen 90 % verkauft.
b) Von 50 Bechern Joghurt blieben vier Becher übrig.
c) In der vergangenen Woche wurden 72 Äpfel verkauft. Das waren 60 % des gesamten Vorrats.
d) In einem Beutel mit 12 Mandarinen waren drei Stück faul.
e) Von den 180 Schülerinnen und Schülern des 7. Jahrgangs kaufen 45 % regelmäßig ihr Pausenfrühstück im Schülercafé.
f) Vom preisgünstigen Orangensaft wurden heute 30 Flaschen verkauft. Das waren 20 % aller vorhandenen Flaschen.
g) Neun Schülerinnen und Schüler arbeiten im Schülercafé mit. Das sind 5 % des 7. Jahrgangs.

6 Formuliere selbst Aufgaben, bei denen der Prozentwert (der Prozentsatz, der Grundwert) gesucht wird. Lass deinen Partner überlegen, welche Werte gegeben und welche Werte gesucht sind.

Prozentwert berechnen

1 Zwei verschiedene Händler bieten dasselbe Fahrradmodell an. Für welches Angebot soll Thea sich entscheiden?

349 €

~~400 €~~
10 % Rabatt auf alle Fahrräder

Prozentwert berechnen

Die Peter-Ustinov-Gesamtschule hat 1 200 Schülerinnen und Schüler. Davon kommen 35 % mit dem Fahrrad zur Schule.
Wie viele Jugendliche sind das?

Grundwert G: 1 200 Jugendliche
Prozentsatz p %: 35 %
Prozentwert W: ▒

1. Lösungsweg:

	%	Anzahl der Jugendlichen	
: 100	100	1 200	: 100
· 35	1	12	· 35
	35	420	

2. Lösungsweg:

100 % ⟶ 1 200 Jugendliche
1 % ⟶ $\frac{1\,200}{100}$ Jugendliche
35 % ⟶ $\frac{1\,200 \cdot 35}{100}$ Jugendliche
35 % ⟶ 420 Jugendliche

3. Lösungsweg:

$W = \frac{G \cdot p}{100} = \frac{1\,200 \cdot 35}{100} = 420$

420 Schülerinnen und Schüler kommen mit dem Fahrrad zur Schule.

2 Berechne jeweils den Prozentwert.
Wähle verschiedene Lösungswege.

	a)	b)	c)
3 % von	700 €	900 g	500 m
11 % von	300 €	800 g	600 m
14 % von	150 €	350 g	50 m
45 % von	120 €	80 g	360 m

	d)	e)	f)
20 % von	135 kg	95 m²	845 *l*
24 % von	75 kg	225 m²	375 *l*
44 % von	25 kg	250 m²	175 *l*
95 % von	820 kg	3 680 m²	1 560 *l*

3 Mettwurst enthält 35 % Fett.
Wie viel Gramm Fett sind in 220 g Mettwurst enthalten?

4 Marmelade enthält 65 % Kohlenhydrate, 30 % Wasser, 1 % Fruchtsäuren und 0,8 % Mineralstoffe.
Berechne die Gewichtsanteile der einzelnen Stoffe in einem 400-Gramm-Glas (in einer 20-Gramm-Portion).

5 Ein Orangensaft hat einen Fruchtgehalt von 60 %.
Wie viel Kubikzentimeter reiner Fruchtsaft sind in einer 0,75-Liter-Flasche (einem 0,3-Liter-Glas) enthalten? Ein Liter sind 1 000 cm³.

6 Wie viel Gramm Fett enthält eine Ein-Liter-Packung (ein 0,2-Liter-Glas) der einzelnen Milchsorten? Ein Liter Milch wiegt 1 000 g.

Lösungen zu den Aufgaben 3 bis 6:
0,16 0,2 0,2 1 3 3,2 4 6 7 13 15 35 77 120 180 260 450

Grundwert berechnen

1 Familie Kaufmann möchte den Sommerurlaub in einem Ferienhaus verbringen. Bei der Buchung verlangt die Vermieterin eine Anzahlung von 25 % des Gesamtpreises. Deshalb überweist Frau Kaufmann 300 €.
Wie hoch ist die Miete für das Ferienhaus insgesamt?

Grundwert berechnen

In der Jugendherberge Rheindorf übernachten 96 Gäste. Das Haus ist zu 80 % belegt.
Wie viele Gäste kann die Jugendherberge aufnehmen?

Prozentwert W: 96 Gäste
Prozentsatz p %: 80 %
Grundwert G: ▨

1. Lösungsweg:

	%	Anzahl der Gäste	
	80	96	
: 80	1	1,2	: 80
· 100	100	120	· 100

2. Lösungsweg:

80 % ⟶ 96 Gäste

1 % ⟶ $\frac{96}{80}$ Gäste

100 % ⟶ $\frac{96 \cdot 100}{80}$ Gäste

100 % ⟶ 120 Gäste

3. Lösungsweg:

$G = \frac{W \cdot 100}{p} = \frac{96 \cdot 100}{80} = 120$

120 Gäste kann die Jugendherberge aufnehmen.

2 Berechne jeweils den Grundwert.
Wähle verschiedene Lösungswege.

a)

p %	W
1 %	7 €
3 %	12 €
5 %	17 €

b)

p %	W
10 %	23 m
15 %	18 m
60 %	54 m

c)

p %	W
65 %	260 m²
15 %	360 m²
16 %	484 m²

d)

p %	W
2 %	7,2 kg
10 %	5,3 kg
12 %	6,6 kg

3 Die Klasse 7 c plant eine Wanderfahrt in den Harz. Die Kosten für den Reisebus betragen 24 € pro Person.
Das sind 16 % der Gesamtkosten.
Wie viel Euro kostet die Klassenfahrt insgesamt für jeden Teilnehmenden?

4 In einer Tiefgarage sind 289 Autos abgestellt. Damit sind 85 % aller Parkplätze besetzt. Wie viele Fahrzeuge haben in der Tiefgarage Platz?

5 63 Schülerinnen und Schüler des 7. Jahrgangs haben Naturwissenschaften als Wahlpflichtfach gewählt.
Das sind 45 % des Jahrgangs.
Wie viele Schülerinnen und Schüler sind insgesamt im 7. Jahrgang?

6 Die Höhe eines Eisbergs ist ab der Wasseroberfläche vermessen worden. Sie beträgt 66 m. Diese Höhe entspricht aber nur 12 % der gesamten Höhe.
Wie hoch ist der Eisberg?

Lösungen zu den Aufgaben 3 bis 6:
140 150 340 550

Prozentsatz berechnen

1 In der vergangenen Spielzeit hat Elif 13 von 20 Siebenmeterwürfen gehalten. Bei 25 Siebenmetern hat Lea 16-mal ein Tor verhindert.
Welches Mädchen war erfolgreicher?

Prozentsatz berechnen

Die Klasse 7 a hat 25 Schülerinnen und Schüler. Bei der Klassensprecherwahl erhält Marie 16 Stimmen. Wie viel Prozent sind das?

Grundwert G: 25 Stimmen
Prozentwert W: 16 Stimmen
Prozentsatz p %: ▒ %

1. Lösungsweg:

	Anzahl der Stimmen	%	
: 25	25	100	: 25
· 16	1	4	· 16
	16	64	

2. Lösungsweg:

25 Stimmen ⟶ 100 %

1 Stimme ⟶ $\frac{100}{25}$ %

16 Stimmen ⟶ $\frac{16 \cdot 100}{25}$ %

16 Stimmen ⟶ 64 %

3. Lösungsweg:

$p\,\% = \frac{W \cdot 100}{G} = \frac{16 \cdot 100}{25}\,\% = 64\,\%$

Marie erhält 64 % der Stimmen.

2 Berechne jeweils den Prozentsatz. Wähle verschiedene Lösungswege.

a) 8 km von 100 km
12 km von 50 km
68 km von 200 km

b) 12 € von 60 €
17 € von 25 €
72 € von 800 €

c) 96 g von 300 g
18 g von 72 g
52 g von 160 g

d) 5 m von 200 m
1 m von 50 m
12 m von 800 m

3 Berechne jeweils den Prozentsatz.

	a)	b)	c)
50 m von	100 m	200 m	500 m
12 € von	50 €	75 €	200 €
27 g von	60 g	150 g	300 g
24 m^2 von	300 m^2	800 m^2	1 200 m^2

4 In der vergangenen Saison hat Tims Fußballmannschaft von 30 Spielen 12 gewonnen und 9 verloren.
Wie viel Prozent sind das jeweils?

5 Von den 180 Schülerinnen und Schülern des 7. Jahrgangs haben als Wahlpflichtfach 45 Arbeitslehre, 81 Naturwissenschaften und 54 Französisch gewählt.
Berechne jeweils den Prozentsatz.

6 Landwirtin Klinger hat auf einer Fläche von 2 ha Spargelbeete angelegt, 2,5 ha mit Erdbeeren bepflanzt, 18 ha mit verschiedenen Gemüsesorten, 24 ha mit Zuckerrüben und den Rest mit Kartoffeln.
Wie viel Prozent sind das jeweils?

Lösungen zu den Aufgaben 4 bis 6:
4 5 7 25 30 30 36 40 45 48

Prozentsätze von mehr als 100 %

1 In Bremen beträgt die durchschnittliche Niederschlagsmenge im Monat April 50 Liter pro Quadratmeter.
Im April des Jahres 2018 wurden 75 Liter pro Quadratmeter gemessen.

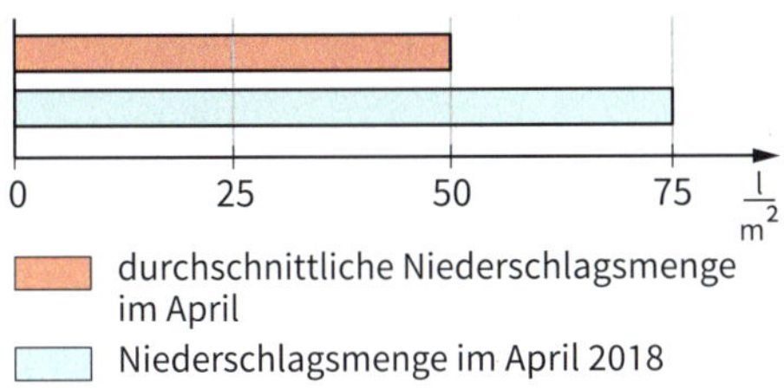

Erläutere Karlas Behauptung.

2 a) Berechne 110 % von 60 kg (90 kg, 170 kg, 10 kg, 5 kg, 1 kg).
b) Berechne 150 % (120 %, 140 %, 180 %, 250 %, 125 %) von 30 m.

3 a) Berechne 200 % von 100 m (50 m, 200 m, 35 m, 150 m). Was stellst du fest?
b) Berechne 300 % von 5 kg (25 kg, 8 kg, 90 kg, 1 kg). Erläutere dein Ergebnis.
c) Berechne 400 % (500 %, 600 %, 700 %, 800 %, 900 %) von 6 m².
d) Wie kannst du die Ergebnisse der Teilaufgaben a), b) und c) ohne Prozentrechnung bestimmen? Formuliere eine Regel.

4 Im Jahr 2018 schien in Deutschland durchschnittlich 1 800 Stunden die Sonne. In einigen Bundesländern war die Anzahl der Sonnenstunden höher.

Anzahl der Sonnenstunden		
Saarland	Bayern	Brandenburg
1 836 h	1 890 h	1 944 h

Wie viel Prozent des Mittelwertes betrug die Anzahl der Sonnenstunden in den einzelnen Bundesländern?

5 In Deutschland werden seit über 200 Jahren regelmäßig Wetterbeobachtungen durchgeführt und aufgezeichnet.
Mithilfe dieser Aufzeichnungen wurde für die Temperatur ein Mittelwert von etwa 8 °C berechnet.

Jahr	2017	2018	2019
durchschnittliche Temperatur	9,6 °C	10,4 °C	10,3 °C

Wie viel Prozent des langjährigen Mittelwerts betrug die durchschnittliche Temperatur jeweils in den Jahren von 2017 bis 2019?

6 Ein 14 Jahre alter Junge ist in Deutschland durchschnittlich 170 cm groß und wiegt im Durchschnitt 55 kg.

	Körpergröße	Körpergewicht
Markus	178,5 cm	60,5 kg
Erkan	161,5 cm	56,1 kg
Thomas	176,8 cm	52,8 kg

Gib für jeden Jungen an, wie viel Prozent des Mittelwertes seine Körpergröße und sein Körpergewicht beträgt.

Lösungen zu den Aufgaben 4 bis 6:
95 96 102 102 104 105 105 108 110
120 128,75 130

Sachaufgaben

Mathematisch modellieren – Sachaufgaben lösen

So kannst du Sachaufgaben zur Prozentrechnung lösen.

Familie Köhnen fährt mit dem Auto zu ihrem Urlaubsort. Sie hat bereits 144 km zurückgelegt. Das sind 15 % der gesamten Strecke.
Wie weit ist der Urlaubsort entfernt?

1. Lies die Aufgabe sorgfältig durch. Notiere, welche beiden Größen (Prozentwert, Grundwert oder Prozentsatz) gegeben sind und welche Größe gesucht ist.

Gegeben: Prozentwert (W) 144 km
Prozentsatz (p %) 15 %

Gesucht: Grundwert (G)

2. Wähle einen Lösungsweg (Tabelle, Pfeildiagramm oder Formel) und berechne die gesuchte Größe.

1. Tabelle

%	Strecke (km)
15	144
1	9,6
100	960

2. Pfeildiagramm

$15\,\% \longrightarrow 144\text{ km}$

$1\,\% \longrightarrow \frac{144}{15}\text{ km}$

$100\,\% \longrightarrow \frac{144 \cdot 100}{15}\text{ km}$

$100\,\% \longrightarrow 960\text{ km}$

3. Formel

$G = \frac{W \cdot 100}{p} = \frac{144 \cdot 100}{15} = 960$

$G = 960\text{ km}$

3. Formuliere eine Antwort.

Der Urlaubsort ist 960 km entfernt.

1 Der Preis eines T-Shirts ist um 40 % reduziert. Sophie spart 10 €. Was kostete das T-Shirt ursprünglich?

2 Auf einer Fläche von 9 000 m² werden Niedrigenergiehäuser gebaut. Dabei wird auch ein 360 m² großer Kinderspielplatz eingerichtet. Wie viel Prozent der gesamten Fläche nimmt der Spielplatz ein?

3 Im 7. Jahrgang der Joseph-Beuys-Schule sind 84 Mädchen. Das sind 56 % aller Schülerinnen und Schüler dieses Jahrgangs. Wie viele Schülerinnen und Schüler umfasst der 7. Jahrgang?

4 Ein Aquarium hat ein Volumen von 220 Litern. Es ist zu 90 % mit Wasser gefüllt. Wie viel Liter Wasser enthält das Aquarium?

5 Bei einem Marathonlauf starteten 1 500 Läuferinnen und Läufer. 1 230 von ihnen kamen ins Ziel. Wie viel Prozent sind das?

Sachaufgaben

6 Bei den Wahlen zum Gemeinderat in Oberdorf waren 214 Jugendliche unter 18 Jahren wahlberechtigt. Das waren 2,5 % aller Wahlberechtigten.
a) Wie viele Bürgerinnen und Bürger sind in Oberdorf wahlberechtigt?
b) Die Wahlbeteiligung betrug 67,5 %. Wie viele Stimmen wurden bei der Wahl abgegeben?

7 Der Reinerlös eines Schulfestes betrug 1 240 €. 35 % des Betrages wird verwendet, um neue Teller und Tassen für das Schülercafé zu kaufen. Das übrige Geld wird für die Gestaltung des Schulhofs ausgegeben.

8 Frau Gelbert fährt mit dem Auto zur Arbeit. Für diese Strecke benötigt sie bei normalen Verkehrsverhältnissen 40 Minuten. Wegen eines Staus dauerte ihre Fahrt heute 18 Minuten länger. Um wie viel Prozent hat sich ihre Fahrzeit verlängert?

9 Messing besteht zu 70 % aus Kupfer und zu 30 % aus Zink.
a) Wie viel Gramm Kupfer (Zink) sind in 250 g Messing enthalten?
b) Ein Messingblech enthält 350 g Kupfer. Wie viel Gramm wiegt das Blech?

10 Die Luft besteht zu 21 % aus Sauerstoff, zu 78 % aus Stickstoff und zu 1 % aus Edelgasen.
a) Wie viel Kubikmeter der einzelnen Gase sind in einem Klassenraum mit einem Rauminhalt von 190 m^3 enthalten?
b) Wie viel Kubikmeter sind es jeweils in deinem Klassenraum?

11 In einem Parkhaus stehen 473 Fahrzeuge. Dadurch sind 55 % aller Plätze besetzt.

12 Die Schülerinnen und Schüler der Klasse 7 a bereiten für das Schulfest eine Tombola vor. 35 % aller Lose sollen Gewinnlose sein.
Wie viele Lose müssen verkauft werden, wenn 63 (98, 112) Preise gestiftet worden sind?

13 In einer Großstadt mit 150 000 Arbeitsplätzen arbeiten 63 000 Pendler, die außerhalb der Stadt wohnen und täglich zur Arbeit in die Stadt fahren.
Bestimme jeweils den Anteil der Pendler und der Beschäftigten, die in der Stadt wohnen.

14 Alex unternimmt mit einer Jugendgruppe eine dreitägige Radtour. Die gesamte Strecke beträgt 180 km. Am ersten Tag schaffen sie 35 % dieser Strecke, am zweiten Tag 45 km.
Wie viel Kilometer müssen sie am dritten Tag noch zurücklegen? Wie viel Prozent der gesamten Strecke sind das?

15 Ein Reisebus fährt von Hannover nach Barcelona. Die Strecke ist 1 680 km lang.
a) Der Tank fasst 450 Liter. Zu Beginn der Reise ist er zu 56 % gefüllt.
b) Der Bus verbraucht 40 *l* Diesel auf 100 km. Wie viel Prozent der Strecke kann er zurücklegen, bevor er tankt?

Lösungen zu den Aufgaben 1 bis 15:
1,9 4 25 37,5 39,9 40 42 45 58 72 75 82 148,2 150 175 180 198 252 280 320 434 500 806 860 5 778 8 560

Prozentuale Abnahme

1 Ayaz möchte ein neues Mountainbike kaufen.

Da das Fahrrad einen Lackschaden hat, verringert der Händler den Preis um 15 %.

a) Berechne zunächst die Preisermäßigung. Wie viel Euro muss Ayaz für das Mountainbike bezahlen?

b) Gib einen anderen Lösungsweg an, um den verringerten Preis des Fahrrads zu berechnen.

≙ bedeutet entspricht.

ursprünglicher Preis ≙ 100 %	
verringerter Preis ≙ ▒ %	Rabatt ≙ 15 %

c) Vergleiche die beiden Lösungswege.

2 Ein Pullover kostet 65 €. Sophia erhält 20 % Rabatt. Das Beispiel zeigt, wie du den ermäßigten Preis berechnen kannst.

1. Lösungsweg
Rabatt: 20 % von 65 € = 13 €
Ermäßigter Preis: 65 € − 13 € = 52 €

2. Lösungsweg
Prozentsatz: 100 % − 20 % = 80 %
Ermäßigter Preis:
80 % von 65 € sind 52 €.

Sophia erhält den Pullover für 52 €.

Berechne den ermäßigten Preis.

	alter Preis	Rabatt		alter Preis	Rabatt
a)	478 €	15 %	b)	1 250 €	6 %
c)	450 €	10 %	d)	955,50 €	12 %
e)	435 €	3 %	f)	224,20 €	20 %
g)	328 €	35 %	h)	445,50 €	2 %

3 Familie Kirchhoff konnte in diesem Jahr ihren Heizölverbrauch um 18 % senken. Im vergangenen Jahr verbrauchte sie 5 350 *l*. Wie viel Liter Heizöl haben sie in diesem Jahr verbraucht?

4 In der vergangenen Woche waren von den 175 Schülerinnen und Schülern des 7. Jahrgangs 24 % erkrankt und fehlten. Wie viele Schülerinnen und Schüler des 7. Jahrgangs besuchten während dieser Zeit die Schule?

5 Durch eine Diät hat Herr Rudolf 8 % seines Körpergewichts verloren. Früher wog er 95 kg.

6 Manche Händler gewähren einen Preisnachlass, wenn die Ware sofort oder innerhalb einer kurzen Frist bar bezahlt wird. Ein solcher Preisnachlass heißt **Skonto.**
Wie viel Euro kosten die abgebildeten Geräte bei Barzahlung?

Lösungen zu den Aufgaben 3 bis 6:
87,4 133 215,6 338,1 563,5 4387

7 Der Preis für eine Jeans wird um ein Viertel (ein Fünftel, ein Zehntel, die Hälfte) reduziert.

a) Um wie viel Prozent wird der Preis gesenkt?

b) Wie viel Prozent des ursprünglichen Preises beträgt der ermäßigte Preis?

Prozentuale Zunahme

1 Annas Vater kann eine Home-Cinema-Anlage im Großhandel einkaufen.

Zu dem dort angegebenen Preis kommen aber noch 19 % Mehrwertsteuer hinzu.

a) Berechne zunächst die Mehrwertsteuer. Wie viel Euro muss Annas Vater insgesamt für die Anlage bezahlen?

b) Gib einen anderen Lösungsweg an, um den Gesamtpreis der Home-Cinema-Anlage zu berechnen.

Preis ohne MwSt. ≙ 100 %	MwSt. ≙ 19 %

Preis einschließlich MwSt. ≙ ▒ %

c) Vergleiche beide Lösungswege.

2 Der Preis einer Ware beträgt 420 €. Er wird um 15 % erhöht.
Das Beispiel zeigt, wie du den erhöhten Preis berechnen kannst.

1. Lösungsweg
Preiserhöhung: 15 % von 420 € = 63 €
Erhöhter Preis: 420 € + 63 € = 483 €

2. Lösungsweg
Prozentsatz: 100 % + 15 % = 115 %
Erhöhter Preis:
115 % von 420 € sind 483 €.

Der erhöhte Preis beträgt 483 €.

Berechne den erhöhten Preis.

	alter Preis	Preiserhöhung		alter Preis	Preiserhöhung
a)	478 €	15 %	b)	1250 €	6 %
c)	450 €	10 %	d)	955,50 €	12 %
e)	435 €	3 %	f)	224,20 €	20 %
g)	328 €	35 %	h)	445,50 €	2 %

3 Ein Automobilhersteller erhöht die Preise für alle Modelle um 5 %. Bisher kostete das Grundmodell 14 800 €, der Kombi 16 400 € und das Cabrio 20 600 €.

4 a) Familie Behrens hat vor einem Jahr ein Grundstück gekauft und dafür 125 € pro Quadratmeter bezahlt. Inzwischen sind die Preise für Bauland um 8 % gestiegen.

b) Die Kosten für das neue Einfamilienhaus wurden mit 160 000 € veranschlagt. Der Kostenvoranschlag wird um 6 % überschritten.

5 Im vergangenen Schuljahr besuchten 960 Schülerinnen und Schüler die Sophie-Scholl-Gesamtschule. In diesem Schuljahr sind es 2,5 % mehr.

6 a) Vor zwei Jahren wurde an einer Kreuzung eine Verkehrszählung durchgeführt. Dabei wurden an einem Werktag 1 423 Autos gezählt.
Seitdem hat sich die Anzahl der Autos um 100 % erhöht.
Wie viele Autos fahren heute an einem Werktag über diese Kreuzung?

b) An einer anderen Kreuzung wurden vor zwei Jahren 964 Autos gezählt. Heute sind es 50 % mehr.

c) Nach der Eröffnung des neuen Supermarkts hat sich die Anzahl der Autos in der Turmstraße um 800 % erhöht. Früher fuhren täglich nur 160 Autos durch diese Straße.

Lösungen zu den Aufgaben 3 bis 6:
135 984 1 440 1 446 2 846 15 540 17 220 21 630 169 600

Prozentuale Veränderungen

1 Bei der Mitgliederversammlung 2021 stellt der Vorsitzende des TuS Baumberg die Entwicklung der Mitgliederzahlen vor.

Abteilung	Anzahl der Mitglieder 2021	Veränderung gegenüber 2020
Fußball	415	+ 25 %
Handball	184	– 20 %
Volleyball	138	+ 15 %
Basketball	162	– 10 %

Fabian überlegt, wie viele Mitglieder die Fußballabteilung 2020 hatte.

Mitgliederzahl 2020 ≙ 100 %	Zunahme seit 2020 ≙ 25 %

Mitgliederzahl 2021 ≙ 125 %

Mitgliederzahl 2021: 415

125 % ⟶ 415 Mitglieder

1 % ⟶ $\frac{415}{125}$ Mitglieder

100 % ⟶ $\frac{415 \cdot 100}{125}$ Mitglieder

100 % ⟶ 332 Mitglieder

Mitgliederzahl 2020: 332

Kim hat eine ähnliche Rechnung für die Handballabteilung durchgeführt.

Mitgliederzahl 2020 ≙ 100 %

Mitgliederzahl 2021 ≙ 80 %	Abnahme seit 2020 ≙ 20 %

Mitgliederzahl 2021: 184

80 % ⟶ 184 Mitglieder

1 % ⟶ $\frac{184}{80}$ Mitglieder

100 % ⟶ $\frac{184 \cdot 100}{80}$ Mitglieder

100 % ⟶ 230 Mitglieder

Mitgliederzahl 2020: 230

Berechne, wie viele Mitglieder die Volleyballabteilung (die Basketballabteilung) 2020 hatte.

2 Berechne den alten Preis.

	neuer Preis	Erhöhung		neuer Preis	Erhöhung
a)	440 €	10 %	b)	65 €	30%
c)	360 €	60 %	d)	196 €	75 %
e)	140 €	12 %	f)	483 €	15 %

	neuer Preis	Verminderung		neuer Preis	Verminderung
g)	450 €	10 %	h)	135 €	50%
i)	240 €	40 %	k)	152 €	5 %
l)	816 €	32 %	m)	770 €	45 %

3 Die Sportgemeinschaft Langenbach hat den Mitgliedsbeitrag um 12,5 % erhöht. Frau Müller bezahlt jetzt 13,50 €, ihre Tochter Fenna 9 €.
Wie hoch waren die Beiträge vor der Erhöhung?

4 Durch intensives Training im Fitnessstudio hat Herr Hens 15 % seines Körpergewichts verloren. Er wiegt jetzt 76,5 kg.

5 a) Ein Fußballverein hat in der neuen Saison die Eintrittspreise für sein Stadion um 24 % erhöht. Ein Stehplatz kostet jetzt 18,60 € und ein Tribünenplatz 31 €. Wie viel Euro beträgt jeweils die Preiserhöhung?
b) Trotz der Preiserhöhung sind die Zuschauerzahlen in der neuen Saison um 5 % auf durchschnittlich 5 712 Besucher je Heimspiel gestiegen.
Wie viele Zuschauer sahen die Spiele durchschnittlich in der vergangenen Saison?

Lösungen zu den Aufgaben 3 bis 5:
8 12 3,60 6,00 90 5 440

Mehrfache prozentuale Veränderungen

1 Der abgebildete Papierstreifen wird um 50 % verlängert. Anschließend wird der verlängerte Papierstreifen um 50 % verkürzt.

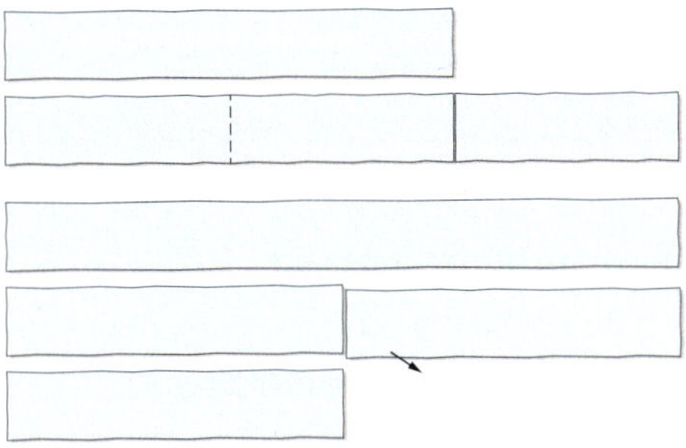

a) Erkläre mithilfe der Abbildungen, wie der Papierstreifen verändert wird.
b) Vergleiche die Länge des letzten Streifens mit der Länge des ersten Streifens.

2 Ein Fernsehgerät kostet 600 €. Der Hersteller erhöht den Preis um 10 %.

Prozentsatz: 100 % + 10 % = 110 %
Erhöhter Preis:
110 % von 600 € = 660 €.

Beim Kauf des Fernsehgeräts erhält Frau Schull 10 % Rabatt.

Prozentsatz: 100 % – 10 % = 90 %
Erhöhter Preis:
90 % von 660 € = 594 €.

a) Erläutere, wie sich der Preis des Fernsehgeräts verändert hat.
b) Erkläre, warum der Preis, den Frau Schull bezahlt, nicht mit dem ursprünglichen Preis übereinstimmt.

3 Für ihre Wohnung bezahlte Familie Müller früher 450 € Miete.
Innerhalb von drei Jahren wurde die Miete zuerst um 5 % und dann noch einmal um 4 % erhöht.
a) Wie viel Euro Miete muss Familie Müller nach den beiden Mieterhöhungen bezahlen?
b) Wie viel Prozent beträgt die Erhöhung insgesamt?

4 Ein Einrichtungshaus räumt seinen Ausstellungsraum. Deshalb wird der Preis für alle Möbelstücke um 20 % verringert.

Stuhl	Schreibtisch
~~160 €~~	~~150 €~~

Am letzten Tag des Räumungsverkaufs werden die verringerten Preise noch einmal um 30 % herabgesetzt.
Lilli kauft am letzten Tag des Räumungsverkaufs einen Schreibtisch und einen Schreibtischstuhl.
a) Wie viel Euro muss Lilli für den Schreibtisch (den Stuhl) bezahlen?
b) Wie viel Euro würden die Möbel kosten, wenn der ursprüngliche Preis um 50 % reduziert worden wäre?

5 Frau Beyer hat einen Neuwagen für 20 000 € gekauft. Der Wert des Autos verringert sich im ersten Jahr nach der Anschaffung um 24 %, im zweiten Jahr um 10 % und in jedem weiteren Jahr jeweils um 5 %. Berechne den Wert des Autos nach fünf Jahren.

6 Frau Bartsch kauft im Großhandel eine Digitalkamera.

250 €
zuzüglich
19 % MwSt.

Auf den angegebenen Preis erhält sie 10 % Rabatt. „Ich erhöhe die 250 Euro einfach um 9 %“, sagt der Verkäufer. Erkläre, warum Frau Bartsch nicht einverstanden ist.

7 Eine Ware kostet 20 €. Der Preis wird zunächst um 100 % erhöht und anschließend um 100 % vermindert. Was kostet dann die Ware?

WISSEN KOMPAKT

Der Anteil an einer Gesamtgröße wird häufig als Hundertstelbruch angegeben.

$\frac{1}{100} = 1\,\%$

Ein Hundertstel einer Gesamtgröße wird **Prozent** genannt. Die Gesamtgröße entspricht 100 %.

$\frac{23}{100} = 23\,\%$

Prozentwert berechnen

Ein Weißbrot wiegt 500 g (Grundwert G). Es enthält 48 % Kohlenhydrate (Prozentsatz p %). Wie viel Gramm sind das (Prozentwert W)?

1. Lösungsweg:

%	Kohlenhydrate (g)
100	500
1	5
48	240

2. Lösungsweg:

$100\,\% \longrightarrow 500\text{ g}$

$1\,\% \longrightarrow \frac{500}{100}\text{ g}$

$48\,\% \longrightarrow \frac{500 \cdot 48}{100}\text{ g}$

$48\,\% \longrightarrow 240\text{ g}$

3. Lösungsweg:

$W = \frac{G \cdot p}{100}$

$W = \frac{500 \cdot 48}{100}$

$W = 240$

$W = 240\text{ g}$

Das Weißbrot enthält 240 g Kohlenhydrate.

Grundwert berechnen

Beim Verkauf ihres Fahrrades erhält Franka 360 € (Prozentwert W). Das sind 60 % des Neupreises (Prozentsatz p %). Wie viel Euro hat Franka für das Fahrrad bezahlt (Grundwert G)?

1. Lösungsweg:

%	Preis (€)
60	360
1	6
100	600

2. Lösungsweg:

$60\,\% \longrightarrow 360\text{ €}$

$1\,\% \longrightarrow \frac{360}{60}\text{ €}$

$100\,\% \longrightarrow \frac{360 \cdot 100}{60}\text{ €}$

$100\,\% \longrightarrow 600\text{ €}$

3. Lösungsweg:

$G = \frac{W \cdot 100}{p}$

$G = \frac{360 \cdot 100}{60}$

$G = 600$

$G = 600\text{ €}$

Franka hat für das Fahrrad 600 € bezahlt.

Prozentsatz berechnen

Familie Nauck hat einen 400 m² großen Garten (Grundwert G). Die Rasenfläche ist 280 m² groß (Prozentwert W). Wie viel Prozent sind das (Prozentsatz p %)?

1. Lösungsweg:

Fläche (m²)	%
400	100
1	0,25
280	70

2. Lösungsweg:

$400\text{ m}^2 \longrightarrow 100\,\%$

$1\text{ m}^2 \longrightarrow \frac{100}{400}\,\%$

$280\text{ m}^2 \longrightarrow \frac{280 \cdot 100}{400}\,\%$

$280\text{ m}^2 \longrightarrow 70\,\%$

3. Lösungsweg:

$p\,\% = \frac{W \cdot 100}{G}$

$p\,\% = \frac{280 \cdot 100}{400}\,\%$

$p\,\% = 70\,\%$

Die Rasenfläche nimmt 70 % des Gartens ein.

ÜBEN

1 Vervollständige die Tabelle in deinem Heft.

	Bruch	Hunderts-telbruch	Dezimal-zahl	Prozent-satz
a)	$\frac{1}{20}$	■	■	■
b)	■	$\frac{8}{100}$	■	■
c)	■	■	0,56	■
d)	■	■	■	24 %
e)	■	$\frac{42}{100}$	■	■
f)	$\frac{7}{25}$	■	■	■
g)	■	■	0,74	■
h)	■	■	■	65 %
i)	■	■	0,55	■
k)	$\frac{18}{30}$	■	■	■

2 Erweitere oder kürze jeden Bruch auf den Nenner 100 und schreibe in Prozent.

a) $\frac{9}{50}$, $\frac{3}{10}$ b) $\frac{13}{20}$, $\frac{9}{25}$ c) $\frac{18}{200}$, $\frac{45}{500}$ d) $\frac{12}{30}$, $\frac{21}{70}$

3 Im Beispiel wird ein Bruch durch Division in eine Prozentzahl umgerechnet.

$\frac{5}{8}$ = ■ %

5 : 8 = 0,625
0
50
48
20
16
40
40
0

$\frac{5}{8} = 0{,}625 = 62{,}5\ \%$

Gib die Brüche in Prozent an.

a) $\frac{3}{8}$, $\frac{17}{80}$ b) $\frac{23}{40}$, $\frac{11}{800}$ c) $\frac{91}{200}$, $\frac{63}{400}$ d) $\frac{33}{250}$, $\frac{15}{16}$

4 Gib die Brüche in Prozent an. Runde auf zwei Stellen nach dem Komma

a) $\frac{1}{6}$, $\frac{7}{30}$ b) $\frac{1}{9}$, $\frac{4}{7}$ c) $\frac{8}{15}$, $\frac{8}{11}$ d) $\frac{4}{9}$, $\frac{7}{12}$

5 Berechne jeweils den Prozentwert.

	a)	b)	c)
10 % von	340 kg	920 m	190 *l*
25 % von	240 kg	124 m	68 *l*
36 % von	125 kg	75 m	150 *l*

6 Berechne jeweils den Grundwert.

a)

p %	W
1 %	9 g
3 %	42 g
8 %	26 g

b)

p %	W
10 %	19 €
40 %	18 €
35 %	77 €

7 Berechne jeweils den Prozentsatz.

a) 16 m^2 von 50 m^2
27 m^2 von 45 m^2
68 m^2 von 170 m^2

b) 4 € von 200 €
23 € von 25 €
12 € von 400 €

8 a) Berechne 2 % von 500 kg (250 kg, 850 kg, 140 kg, 380 kg, 10 kg, 1 kg).

b) Wie viel Prozent sind 48 m von 480 m (240 m, 96 m, 160 m, 120 m, 400 m)?

c) 5 % entsprechen 10 € (30 €, 250 €, 0,20 €, 1,50 €, 3,20 €, 0,55 €). Wie groß ist der Grundwert?

d) Wie viel Prozent sind 40 km (100 km, 20 km, 80 km, 36 km, 8 km) von 400 km?

e) Berechne 50 % (25 %, 20 %, 30 %, 2 %, 4 %, 5 %, 12 %, 200 %) von 150 €.

f) 20 % (25 %, 75 %, 5 %, 4 %, 300 %) entsprechen 36 g. Bestimme den Grundwert.

9 Bestimme den Platzhalter.

	Grundwert G	Prozentsatz p %	Prozentwert W
a)	750 kg	12 %	■
b)	■	15 %	735 km
c)	250 €	■	35 €
d)	380 m	55 %	■
e)	160 g	■	56 g
f)	■	22 %	209 m
g)	120 €	■	54 €
h)	■	16 %	184 m^2
i)	475 ha	64 %	■
k)	260 kg	95 %	■
l)	■	11 %	49,5 *l*

ÜBEN

10 Schätze den Prozentwert mithilfe eines Überschlags.

> 3 % von 498 € sind ungefähr ■ €.
> 3 % von 500 € sind 15 €.
> 3 % von 498 € sind ungefähr 15 €.

> 21 % von 450 € sind ungefähr ■ €.
> 20 % von 450 € sind 90 €.
> 21 % von 450 € sind ungefähr 90 €.

a) 5 % von 998 €
4 % von 407 m^2
15 % von 198 g

b) 31 % von 200 kg
29 % von 150 €
49 % von 340 km

c) 2 % von 149 km
19 % von 250 €
10,5 % von 80 g

d) 10 % von 7,98 m
90 % von 10,3 kg
41 % von 150 *l*

11 Stelle durch einen Überschlag fest, ob die Aussage mit Sicherheit falsch ist.
a) 19 % von 140 € sind 40,60 €.
b) 48 % von 197 € sind 114,26 €.
c) 27 % von 280 kg sind 75,6 kg.
d) 9 % von 1 480 m sind 157,20 m.
e) 32 % von 2 700 km sind 864 km.
f) 1,2 % von 1 640 € sind 15,80 €.
g) 51 % von 1 800 m^2 sind 834 m^2.
h) 12,5 % von 80 t sind 10 t.

12 Welche Aussage ist genau richtig, welche stimmt ungefähr und welche ist völlig falsch?

a) 2 % von 700 m sind 14 m.
b) 6 % von 799 € sind 50 €.
c) 3 % von 67,9 t sind 2 t.
d) 10 % von 599 € sind 60 €.
e) 4 % von 80 kg sind 32 kg.
f) 15 % von 350 g sind 50 g.
g) 11 % von 600 km sind 66 km.
h) 8 % von 250 m^2 sind 10 m^2.
i) 90 % von 499 € sind 350 €.
k) 39 % von 800 m sind 380 m.

13 Berechne den erhöhten Preis.

	a)	b)	c)	d)
alter Preis	296 €	250 €	145 €	640 €
Erhöhung	15 %	3 %	12 %	35 %

14 Berechne den ermäßigten Preis.

	a)	b)	c)	d)
alter Preis	176 €	920 €	450 €	750 €
Rabatt	5 %	4 %	2 %	24 %

15 Berechne, um wie viel Prozent der Preis erhöht wurde.

	a)	b)	c)	d)
alter Preis	475 €	320 €	550 €	880 €
neuer Preis	570 €	336 €	572 €	1 188 €

16 Berechne, um wie viel Prozent der Preis ermäßigt wurde.

	a)	b)	c)	d)
alter Preis	440 €	320 €	420 €	850 €
neuer Preis	396 €	224 €	399 €	833 €

17 Ordne die Aussagen, die dieselbe Bedeutung haben, einander zu.

A Der Preis wird um 100 % erhöht.
B Der Preis wird um 50 % vermindert.
C Der Preis wird um 500 % erhöht.
D Der Preis wird um 25 % vermindert.
E Der Preis wird um 50 % erhöht.
F Der Preis wird um 100 % vermindert.

1 Die Ware ist halb so teuer wie vorher.
2 Die Ware kostet gar nichts mehr.
3 Die Ware ist doppelt so teuer wie vorher.
4 Die Ware kostet die Hälfte mehr.
5 Die Ware kostet dreiviertel so viel wie vorher.
6 Die Ware kostet sechsmal so viel wie vorher.

18 Der Preis einer Ware beträgt 800 € (350 €). Er wird dreimal nacheinander erhöht: zunächst um 5 %, dann um 4 % und schließlich um 10 %. Berechne den Preis nach der dritten Erhöhung.

ÜBEN: Sachaufgaben

1 a) Ein Vollkornbrot wiegt 750 g. Es enthält 300 g Kohlenhydrate, 60 g Eiweiß und 9 g Fett. Gib jeweils den Anteil in Prozent an.
b) Knäckebrot enthält 72 % Kohlenhydrate, 12 % Eiweiß und 2 % Fett. Eine Packung wiegt 250 g. Wie viel Gramm Kohlenhydrate (Eiweiß, Fett) sind das?

2 Niedersachsen hat eine Fläche von 47 600 km². 60 % der Fläche wird landwirtschaftlich genutzt.

3 Wie viel Gramm Abfall entstehen jeweils beim Putzen des Gemüses? Wie viel Gramm bleibt zum Kochen übrig?

Gemüsesorte	eingekaufte Ware	Abfall
Blumenkohl	1 Kopf (750 g)	38 %
Bohnen	220 g	7 %
Möhren	500 g	17 %
Paprika	1 Stück (200 g)	23 %
Zwiebeln	1 Stück (55 g)	8 %

4 Herr Eggenwirth macht seiner Tochter ein Angebot: „Für die Anschaffung eines Smartphones sparst du ein halbes Jahr lang von deinem Taschengeld monatlich 15 €. Dann hast du 60 % des Kaufpreises. Den restlichen Betrag erhältst du von mir."
a) Wie viel Euro kostet das Smartphone?
b) Wie viel Euro gibt Herr Eggenwirth seiner Tochter dazu?

5 Der Schall breitet sich in Luft von 0 °C mit einer Geschwindigkeit von 331,8 $\frac{m}{s}$ aus. Das entspricht 96,5 % der Geschwindigkeit in Luft von 20 °C.
Berechne die Schallgeschwindigkeit in Luft von 20 °C.

6 Der menschliche Körper besteht überwiegend aus Wasser, Eiweiß und Fett.
a) Berechne die Gewichtsanteile für eine Person, die 75 kg wiegt.
b) Berechne die Gewichtsanteile für dein eigenes Körpergewicht.

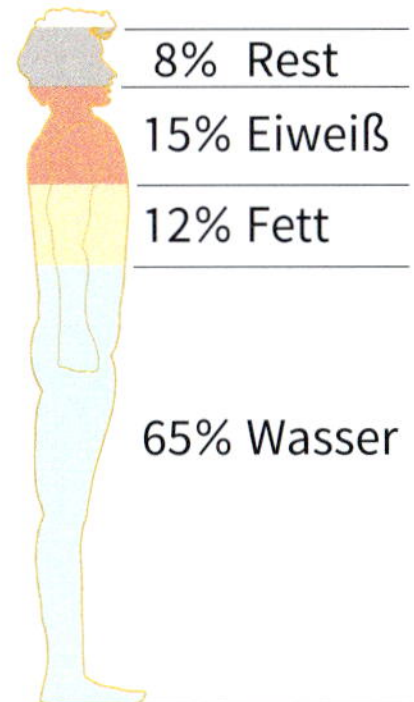

7 Bei einem Spiel der Fußballbundesliga waren 85 % aller Plätze im Stadion besetzt. Es wurden 42 500 Zuschauer gezählt. Wie viele Zuschauer fasst das Stadion?

8 Bei der Wahl des Bürgermeisters der Gemeinde Fischbach waren 9 040 Bürgerinnen und Bürger wahlberechtigt. 6 780 von ihnen gaben ihre Stimme ab. Brigitte Schmidt erhielt 3 729 Stimmen, Renate Scholz 3 051 Stimmen.
a) Wie hoch war die Wahlbeteiligung?
b) Berechne jeweils den Stimmenanteil der beiden Kandidatinnen.

9 Nur 10 % der auf der Erde vorhandenen Süßwasservorräte sind als Trinkwasser zu nutzen. Das sind 3,5 Millionen Kubikkilometer Wasser.
a) Wie groß ist der Süßwasservorrat der Erde?
b) Der Anteil des Süßwassers an der gesamten Wassermenge auf der Erde beträgt 28 %. Wie viel Kubikkilometer Wasser befindet sich insgesamt auf der Erde?

10 Ein Säugling ist bei der Geburt 50 cm groß. Berechne seine Körpergröße am Ende des vierten Lebensjahres.

Größenwachstum bei Kleinkindern
im 1. Jahr: 50 %
im 2. Jahr: 16 %
im 3. Jahr: 16 %
im 4. Jahr: 5 %

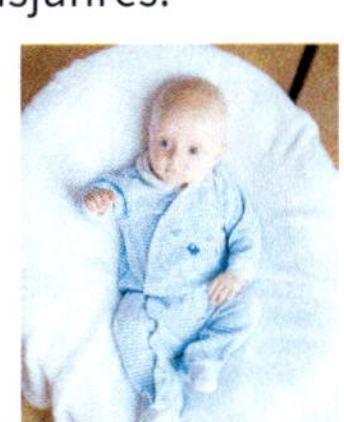

ÜBEN: Sachaufgaben

11 a) Bei der letzten Mathematikarbeit hat Paula 48 Punkte erreicht, das waren 80 % der Gesamtpunktzahl. Bestimme die Gesamtpunktzahl der Klassenarbeit.
b) Paula hat die Note „gut“ erhalten. Wer mindestens 85 % der Gesamtpunktzahl erreichte, erhielt die Note „sehr gut“. Wie viele Punkte hätte Paula zusätzlich erreichen müssen, um „sehr gut“ zu erhalten?

12 Frau Bauer möchte ein neues Fernsehgerät kaufen. Maxitronic und Jupiter bieten dasselbe Modell zu unterschiedlichen Preisen an.

Maxitronic
400 €

Jupiter
500 €

a) Um wie viel Prozent ist das Fernsehgerät bei Jupiter teurer als bei Maxitronic?
b) Wie viel Prozent Rabatt müsste Frau Bauer bei Jupiter erhalten, um für das Fernsehgerät genauso viel wie bei Maxitronic zu bezahlen?

13 Frau Kreß möchte mit dem Auto von Hildesheim nach Braunschweig fahren. Der Routenplaner gibt zwei Möglichkeiten an:

	über A 7/A 39	über B 1
Entfernung	64 km	48 km
Fahrzeit	51 min	60 min

a) Um wie viel Prozent ist die Strecke über die Bundesstraße kürzer als die über die Autobahn?
b) Um wie viel Prozent ist die Fahrzeit über die Bundesstraße länger als die über die Autobahn?

14 Wenn Wasser zu Eis gefriert, ist das Volumen des Eises um 9,2 % größer als das des Wassers.
a) 5 dm^3 Wasser gefrieren. Bestimme das Volumen des Eises.
b) 3 822 dm^3 Eis tauen auf. Bestimme das Volumen des Wassers.

15 Der Blauwal ist das größte Lebewesen der Erde.
Zu Beginn des vergangenen Jahrhunderts lebten 220 000 Blauwale in den Weltmeeren. Durch den Walfang wurde ihre Anzahl auf 1 % des ursprünglichen Bestandes verringert. 1967 wurde die Jagd auf Blauwale verboten. Heute gibt es wieder mindestens 11 000 Blauwale.

a) Wie viele Blauwale lebten 1967?
b) Um wie viel Prozent hat sich der Bestand seitdem vergrößert?

16 Im Jahr 2020 hatte der Modelleisenbahnverein 65 Mitglieder, im Jahr 2021 ist die Mitgliederzahl um 20 % geringer.
Um wie viel Prozent müsste sich die Mitgliederzahl des Vereins im Jahr 2022 erhöhen, damit sie wieder genauso groß wie im Jahr 2020 ist?

17 Eine Gebäckmischung wurde bisher in einer 550-Gramm-Packung für 6,49 € angeboten. Der Hersteller hat das Gewicht der Packung auf 500 g reduziert. Der Preis für die Packung wurde nicht verändert.
Wie viel Prozent beträgt die Preiserhöhung?

ÜBEN: Sonderangebote

1 Welchen Preis muss ein Kunde an der Kasse bezahlen?

Alle Winterartikel um 30 % reduziert
Abzug automatisch an der Kasse

79,90 €

59,90 €

44,90 €

2 Um wie viel Prozent ist der Preis der Schuhe jeweils verringert worden?

~~49,50 €~~
39,60 €

~~59,50 €~~
35,70 €

~~84,50 €~~
67,60 €

~~80 €~~
49,60 €

3 Berechne jeweils den Mengenrabatt.

1 Teil 10 €
3 Teile 24 €

1 Paar 3 €
10 Paare 24,90 €

1 Hemd 29,90 €
2 Hemden 44,85 €

4 Berechne den ursprünglichen Preis der Pullover (Jeans)?

Alle Pullover 40 % billiger

jetzt nur noch 48 €

jetzt nur noch 35,10 €

Alle Jeans 25 % billiger

jetzt nur noch 34,50 €

jetzt nur noch 29,85 €

5 Überprüfe, ob die Werbung des Kaufhauses zutrifft.

Alle Artikel 20 % reduziert

~~49,90 €~~
39,90 €

~~59,90 €~~
48,90 €

~~24,80 €~~
19,90 €

~~34,90 €~~
27,90 €

ÜBEN: Brutto und netto

Auf alle Warenlieferungen und Dienstleistungen wird in Deutschland eine Mehrwertsteuer erhoben. Sie beträgt in der Regel 19 %, für Lebensmittel und Druckerzeugnisse z. B. aber nur 7 %.

1 Frau Kruppa hat in ihrer Wohnung Malerarbeiten durchführen lassen. Sie erhält eine Rechnung.

Malermeister Ulrich Wateler

Malerarbeiten im Wohnzimmer, Esszimmer und Diele (45 Std.)	1 710,00 €
16 Rollen Tapete	264,00 €
Kleber, Lack, Folie, Spachtel	85,00 €
Nettobetrag	2 059,00 €
Mehrwertsteuer (19 %)	391,21 €
Bruttobetrag	2 450,21 €

a) Überprüfe die Rechnung. Erkläre den Unterschied zwischen Nettobetrag und Bruttobetrag.

b) Familie Speckmann hat die Fassade ihres Hauses streichen lassen. Auf der Rechnung des Malermeisters ist ein Nettobetrag von 755 € angegeben. Berechne die Mehrwertsteuer und den Bruttobetrag.

2 Hier ist jeweils der Nettopreis angegeben. Berechne den Bruttopreis. Achte auf den richtigen Mehrwertsteuersatz.

Etui 10,84 €

Rucksack 72,27 €

Stifte 3,32 €

Buch 21,03 €

zwei Äpfel 1,12 €

3 a) Frau Hebel hat ein Mathematikbuch gekauft.

Überprüfe den Kassenzettel der Buchhandlung.

Buchhandlung am Markt

	€
Fachbuch	19,90
Gegeben	20,00
Rückgeld	0,10
Nettopreis	18,60
Mehrwertsteuer (7 %)	1,30

b) Erkläre, wie du den Nettopreis berechnen kannst.

c) Herr Wessel bezahlt für ein Lexikon 29,90 €. Berechne die Mehrwertsteuer und den Nettopreis.

d) Johanna kauft ein Jugendbuch für 17,90 €.

4 Ein Automodell wird in vier verschiedenen Ausführungen angeboten.

	Preise inkl. Mehrwertsteuer
Limousine (1,4-l-Motor)	14 900 €
Limousine (1,6-l-Motor)	15 800 €
Kombi	18 800 €
Cabriolet	19 100 €

Berechne für jede Ausführung den Nettopreis.

5 Familie Pohlen hat ihr Bad renovieren lassen. Sie erhält vom Installateur eine Rechnung über 4 217,36 € und vom Fliesenleger eine Rechnung über 2 554,93 €. Wie viel Euro Mehrwertsteuer sind in den Rechnungsbeträgen jeweils enthalten?

ÜBEN: Prozentangaben in Kreisdiagrammen

1 675 Jugendliche zwischen 12 und 19 Jahren wurden gefragt, wie oft sie ins Kino gehen. Die Ergebnisse sind im abgebildeten Kreisdiagramm dargestellt.

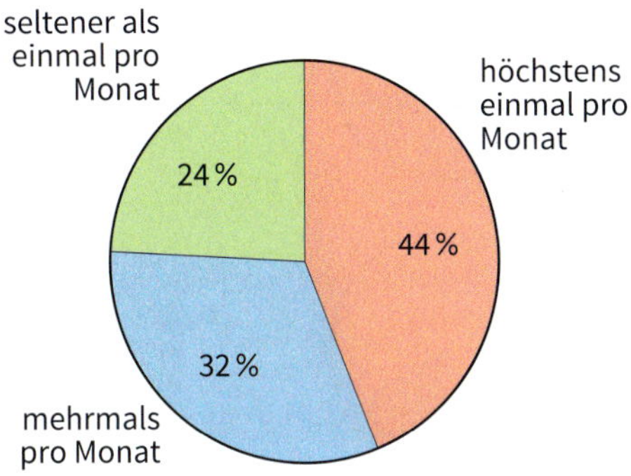

Wie viele der befragten Jugendlichen haben angegeben, dass sie mehrmals pro Monat (höchstens einmal pro Monat, seltener als einmal pro Monat) ins Kino gehen?

2 Im Jahr 2019 hatte Deutschland 83 Millionen Einwohner. Die Anteile der einzelnen Altersgruppen sind im abgebildeten Kreisdiagramm dargestellt.

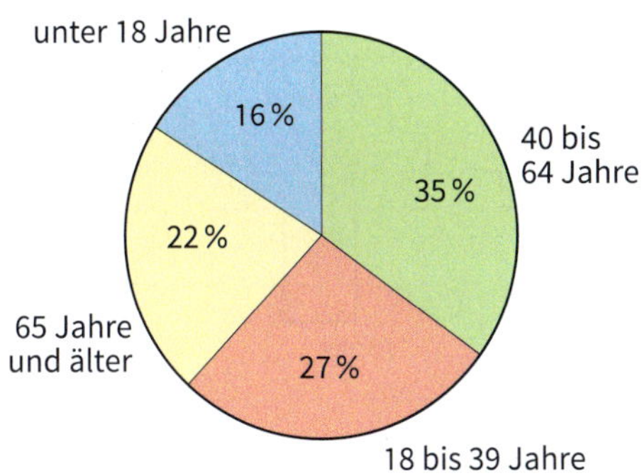

Berechne die Anzahl der Menschen in jeder Altersgruppe.

3 Thea hat Menschen gefragt, wo sie besonders gerne lesen. Die Abbildung zeigt die Ergebnisse ihrer Umfrage.

Wo lesen Sie besonders gerne?

auf dem Sofa 30 %

im Bett 25 %

in Bus und Bahn 5 %

auf dem Balkon, im Garten 25 %

im Schwimmbad, am Strand 10 %

in der Badewanne 5 %

Thea möchte die Ergebnisse der Umfrage in einem Kreisdiagramm darstellen. Zunächst überlegt sie, wie groß der Winkel des Kreisausschnitts ist, der zu dem Ergebnis „auf dem Sofa" gehört.

	%	Größe des Winkels	
	100	360°	
: 100	1	3,6°	: 100
· 30	30	108°	· 30

Dann zeichnet sie in einen Kreis einen Kreisausschnitt mit einem Winkel von 108° ein.

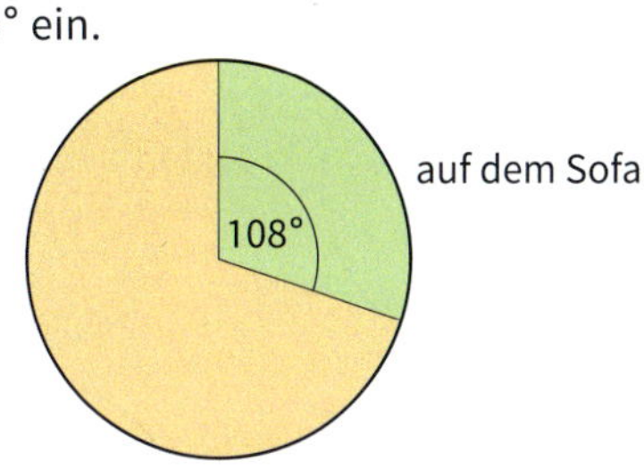

Bestimme für die übrigen Ergebnisse jeweils den Winkel des zugehörenden Kreisausschnitts und vervollständige das Kreisdiagramm in deinem Heft.

ÜBEN: Prozentangaben in Kreisdiagrammen

4 An der Tafel siehst du das Ergebnis einer Mathematikarbeit der Klasse 7 b.

Note	1	2	3	4
Anzahl der Klassenarbeiten	3	9	12	6

Gib den Anteil der Klassenarbeiten für jede Note in Prozent an. Stelle das Ergebnis in einem Kreisdiagramm dar.

5 Die Polizei hat die Fahrräder der Schülerinnen und Schüler des siebten Jahrgangs überprüft.
Für jede einzelne Klasse sind die Ergebnisse in eine Tabelle eingetragen und mithilfe eines Kreisdiagramms dargestellt worden.
Ordne jeder Klasse das passende Kreisdiagramm zu.

Klasse	ohne Mängel	leichte Mängel	erhebliche Mängel
7.1	40 %	40 %	20 %
7.2	50 %	25 %	25 %
7.3	30 %	60 %	10 %
7.4	20 %	70 %	10 %
7.5	60 %	20 %	20 %
7.6	40 %	60 %	0 %

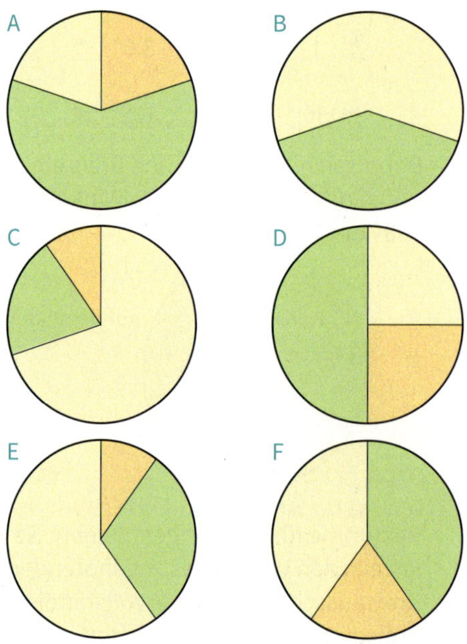

6 Schätze den Anteil der gelben (orangen, grünen) Fläche an der gesamten Kreisfläche. Gib den Anteil in Prozent an.

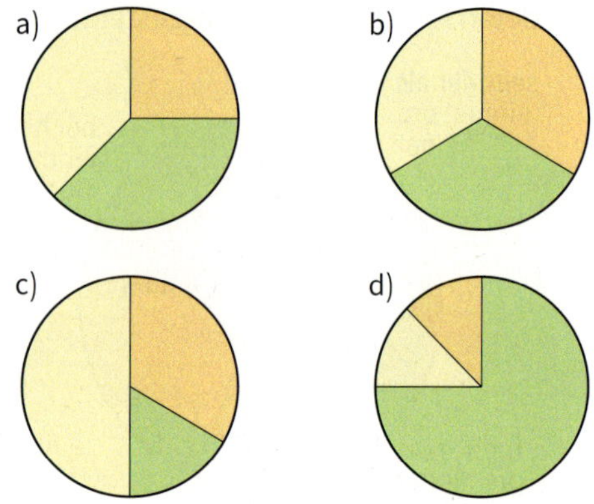

7 In der Tabelle siehst du, wie die Bodenfläche in Deutschland genutzt wird.

Flächennutzung in Deutschland 2019
(in Tausend km²)

Siedlung	33,4	Verkehr	18,1
Landwirtschaft	181,3	Ödland	4,0
Wald/Moor	112,6	Gewässer	8,2

Gib für jede Nutzung die Anteile an der Gesamtfläche Deutschlands in Prozent an. Stelle die Anteile in einem Kreisdiagramm dar. Verwende ein Tabellenkalkulationsprogramm.

8 In dem Schaubild ist die Verteilung der Erdbevölkerung auf die einzelnen Kontinente dargestellt. Ein Rechenkästchen entspricht einem Anteil von 1 %.

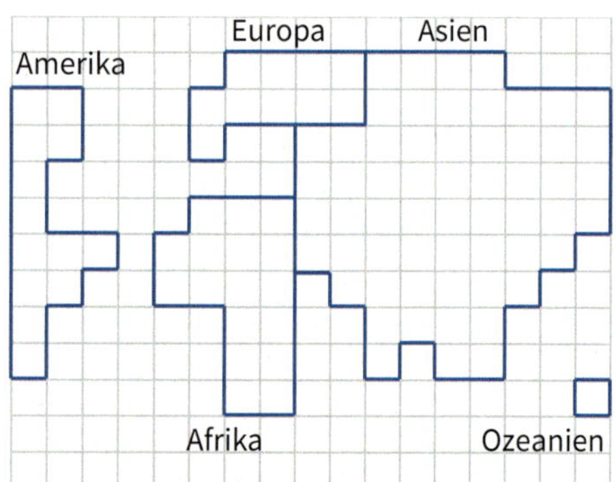

Stelle die Anteile der einzelnen Kontinente an der Erdbevölkerung mithilfe eines Tabellenkalkulationsprogramms in einem Kreisdiagramm dar.

VERTIEFEN: Promille

1 In der Tabelle sind für die einzelnen Lebensmittel die Anteile an Kalium und Kalzium in **Promille** (‰) angegeben. ($1\,‰ = \frac{1}{1\,000}$)

Kalium		Kalzium	
Erdnüsse	7,4 ‰	Hartkäse	10,0 ‰
Spinat	6,6 ‰	Sesamkörner	7,8 ‰
Walnüsse	4,5 ‰	Ölsardinen	3,3 ‰
Bananen	4,2 ‰	Vollmilch	1,2 ‰
Vollkornbrot	4,0 ‰	Vollkornbrot	0,7 ‰
Erbsen	3,7 ‰	Rosinen	8,0 ‰

Im Beispiel wird berechnet, wie viel Gramm Kalium 50 g Erdnüsse enthalten.

$1\,000\,‰ \longrightarrow 50\text{ g}$

$1\,‰ \longrightarrow \frac{50}{1\,000}\text{ g}$

$7{,}4\,‰ \longrightarrow \frac{50 \cdot 7{,}4}{1\,000}\text{ g}$

$7{,}4\,‰ \longrightarrow 0{,}37\text{ g}$

50 g Erdnüsse enthalten 0,37 g Kalium.

Der Tagesbedarf an Kalium beträgt 3 g, an Kalzium 800 mg. Überprüfe, ob Saskia mit ihrem Frühstück den Tagesbedarf decken kann.

Der Anteil an einer Gesamtgröße wird manchmal als Tausendstelbruch angegeben.
Ein Tausendstel einer Gesamtgröße wird **Promille** genannt. Das Wort Promille bedeutet „von Tausend".

$\frac{1}{1\,000} = 1\,‰ = 0{,}1\,\%$

$\frac{10}{1\,000} = 10\,‰ = 1\,\%$

$\frac{37}{1\,000} = 37\,‰ = 3{,}7\,\%$

2 600 g Sonnenblumenkerne enthalten 2,52 g Magnesium. Im Beispiel wird berechnet, wie groß dieser Anteil in Promille ist.

$600\text{ g} \longrightarrow 1\,000\,‰$

$1\text{ g} \longrightarrow \frac{1\,000}{600}\,‰$

$2{,}52\text{ g} \longrightarrow \frac{2{,}52 \cdot 1\,000}{600}\,‰$

$2{,}52\text{ g} \longrightarrow 4{,}2\,‰$

Sonnenblumenkerne enthalten 4,2 ‰ Magnesium.

a) 1 500 g Spinat enthalten 0,9 g Magnesium. Berechne den Anteil in Promille.
b) In 500 g Mais sind 0,6 g Magnesium enthalten.

3 a) Wie viel Milligramm Vitamin C sind in 500 g (400 g, 1 200 g) der einzelnen Früchte enthalten?

b) Wie viel Gramm Kiwi musst du essen, um ein Gramm Vitamin C aufzunehmen?
c) Der Tagesbedarf an Vitamin C beträgt 75 mg. Wie viel Gramm Orangen musst du essen, um diese Menge zu erreichen?

4 Bereits winzige Anteile von Giftstoffen in der Luft können der Gesundheit schaden. Solche geringen Anteile werden in **parts per million** (ppm) angegeben.

$1\text{ ppm} = \frac{1}{1\,000\,000} = 0{,}000001 = 0{,}001\,‰$

Bei der Untersuchung von Zigarettenrauch wurden die Anteile der verschiedenen Schadstoffe gemessen:

Kohlenstoffdioxid	50 000 ppm
Kohlenstoffmonoxid	40 000 ppm
Stickstoffdioxid	600 ppm
Schwefeldioxid	50 ppm

Gib die einzelnen Anteile in Promille an.

VERTIEFEN: Prozentangaben in Zeitungsartikeln

1 In einer Stadt verließen 800 Jungen und 750 Mädchen die Schule.

> **Ohne Abschluss**
>
> **9,1 % erreichen keinen Schulabschluss**
>
> Zu viele Jugendliche verlassen die Schule ohne Abschluss. Das betrifft vor allem die Jungen. Aus gestern veröffentlichten Angaben der Stadt geht hervor, dass im vergangenen Schuljahr 5,5 % aller Jungen, aber nur 3,6 % aller Mädchen nach Ablauf ihrer Schulpflicht ohne Schulabschluss entlassen worden sind.

a) Wie viele Schüler und wie viele Schülerinnen hatten keinen Abschluss? Wie viel Prozent aller Schulabgänger sind das?

b) Der Verfasser des Zeitungsartikels behauptet, dass 9,1 % aller Jugendlichen keinen Schulabschluss erreichen. Wie hat er diesen Prozentsatz berechnet? Nimm dazu Stellung.

2 Eine Zeitung berichtet über Geschwindigkeitskontrollen der Polizei.

> **Zu schnell**
>
> In der vergangenen Woche führte die Polizei wieder Geschwindigkeitsmessungen vor dem Schulzentrum durch. Dabei fuhr jeder vierte Autofahrer schneller als die vorgeschriebenen 30 km/h. Bei Messungen vor einem halben Jahr war noch jeder fünfte Autofahrer zu schnell: Erfreulich, dass Tempo 30 in Schulnähe von den Autofahrern zunehmend akzeptiert wird.

a) Wie viel Prozent der Autofahrer fuhren bei der Messung in der vergangenen Woche (vor einem halben Jahr) zu schnell?

b) Vergleiche die Prozentsätze und beurteile den letzten Satz des Zeitungsartikels.

3 Der Stadtrat hat eine Erhöhung der Eintrittspreise für das Spaßbad beschlossen.

> **Badespaß wird teurer**
>
> **Stadtrat beschließt Preiserhöhung von 7 %**
>
> Die Besucher des Eldorado müssen sich auf eine deutliche Erhöhung der Eintrittspreise einstellen. Auf seiner Sitzung am Montag hat der Stadtrat ohne Gegenstimmen beschlossen, vom 1. Januar 2021 an die Eintrittspreise um durchschnittlich 7 % zu erhöhen. Eine Karte (gültig für drei Stunden) kostet dann für Erwachsene 8,50 € (bisher 8,00 €) und für Jugendliche 4,40 € (bisher 4,00 €). Die Zehnerkarte (bisher 65 €) wird um 5,20 € teurer. Der Preis der Familienkarte (bisher 24 €) steigt auf 24,90 €. „Die Entscheidung ist uns nicht leicht gefallen, aber sie war angesichts der hohen Betriebskosten für das Eldorado unvermeidlich“, sagte der Bürgermeister. Ein Trost für alle Jugendlichen: Für sie fiel die Preiserhöhung am geringsten aus.

a) Berechne, um wie viel Prozent die Preise der einzelnen Eintrittskarten erhöht werden.

b) Kommentiere den letzten Satz des Zeitungsartikels.

c) Der Verfasser des Zeitungsartikels behauptet, dass die Preise um durchschnittlich 7 % erhöht werden. Wie hat er diesen Prozentsatz berechnet?

d) Der Geschäftsführer des Eldorado geht davon aus, dass 1 000 Tageskarten für Erwachsene, 2 500 Tageskarten für Jugendliche, 500 Zehnerkarten und 300 Familienkarten verkauft werden. Wie viel Euro beträgt die Mehreinnahme aufgrund der Preiserhöhung? Gib die Steigerung in Prozent an.

VERTIEFEN: Prozentangaben in Zeitungsartikeln

4 a) Überprüfe die Angaben in den Zeitungsartikeln.
b) Suche in Zeitungen und Zeitschriften nach Artikeln mit Prozentangaben. Überprüfe diese Angaben.

Lise Meitner kaum bekannt

Nur jeder Fünfte kennt Lise Meitner
Jeder Zehnte hat ihren Namen nie gehört

Die Schülerinnen und Schüler der Klasse 7 b der Lise-Meitner-Gesamtschule wollten wissen, wie bekannt die Namensgeberin ihrer Schule in der Bevölkerung ist. Mithilfe ihres Mathematiklehrers führten sie eine Befragung in der Fußgängerzone durch. „Das Ergebnis hat uns alle überrascht“, sagte Saskia Linden, Schülerin der Klasse 7 b. „Schade, dass kaum jemand diese großartige Frau kennt.“ Tatsächlich konnten nur 5 % der Befragten richtig erklären, wer Lise Meitner war. 10 % hatten ihren Namen noch nie gehört, die übrigen gaben falsche Antworten.

Höhere Preise für das Essen

Der Preis für das Mittagessen in der Mensa der Gesamtschule soll schon wieder erhöht werden. Weil die Stadt ihren Zuschuss streichen will, sollen die Schülerinnen und Schüler vom nächsten Schuljahr an 25 % mehr für ihr Mittagessen bezahlen. Erst im vergangenen Jahr war das Mittagessen um 20 % teurer geworden, weil der Zulieferer seine Preise erhöht hatte. Falls die Stadt ihre Pläne umsetzt, würde ein Essen in der Mensa der Gesamtschule im nächsten Schuljahr sechs Euro kosten. Vor zwei Jahren mussten die Schülerinnen und Schüler für dasselbe Essen nur vier Euro bezahlen. „Eine Erhöhung um 45 % innerhalb von zwei Jahren ist für viele Familien kaum zumutbar“, sagte die Schulleiterin.

Bahnfahren wird teurer

Preiserhöhung bei Viererkarte am größten

Die Bewohner von Neustadt müssen sich auf deutlich höhere Preise im öffentlichen Personennahverkehr einstellen. Wie ein Pressesprecher mitteilte, plant der Verkehrsverbund zum 1.1.2022 eine Preisanhebung um durchschnittlich 12 %. Ein Einzelfahrschein kostet dann 2,70 € statt 2,50 €. Der Tarif für die Kurzstrecke soll demnächst 1,20 € (bisher 1,00 €) betragen. Der Preis der Viererkarte steigt von 7,20 € auf 8,10 €. Das Tagesticket wird 0,60 € teurer und kostet dann 8,60 €. Die Tarifanhebung sei angesichts gestiegener Kosten unvermeidlich, betonte der Pressesprecher.

Kommunizieren

Prozentangaben in Zeitungsartikeln

1. Lies den Zeitungsartikel sorgfältig durch.
2. Suche im Text die Zahlen, Größen und Prozentangaben und schreibe sie auf.
3. Überlege, welche Rechnungen der Verfasser durchgeführt hat. Prüfe diese Rechnungen.
4. Stelle fest, ob die Aussagen des Artikels zutreffen.

AUSGANGSTEST 1

1 Vervollständige die Tabelle in deinem Heft.

	gekürzter Bruch	Hunderts-telbruch	Dezimal-zahl	Prozent-satz
a)	$\frac{9}{10}$	■	■	■
b)	■	$\frac{30}{100}$	■	■
c)	■	■	0,7	■
d)	■	■	■	45 %
e)	$\frac{11}{25}$	■	■	■
f)	■	$\frac{32}{100}$	■	■
g)	■	■	0,35	■
h)	■	■	■	24 %

2 a) Gib den Zuckeranteil der einzelnen Lebensmittel in Prozent an.

	Masse (g)	
	insgesamt	davon Zucker
Bonbons	50	35
Nuss-Nougat-Creme	250	120
Schokoküsse	20	9
Schokolade	200	110
Milcheis	120	30

b) Ordne die Lebensmittel nach ihrem Zuckeranteil.

3 a) Berechne 4 % von 300 kg.
b) Wie viel Prozent sind 13 m von 130 m?
c) 20 % entsprechen 7 €. Bestimme den Grundwert.
d) Wie viel Prozent sind 8 m^2 von 32 m^2?
e) 15 % entsprechen 9 g. Bestimme den Grundwert.
f) Berechne 95 % von 60 *l*.

4 Bestimme den Platzhalter.

	Grundwert (G)	Prozentsatz (p %)	Prozentwert (W)
a)	350 kg	22 %	■
b)	60 €	■	42 €
c)	280 m	65 %	■
d)	160 m^2	■	8 m^2
e)	■	12 %	123 g
f)	■	30 %	45 €

5 Eine Erdbeerkonfitüre hat einen Zuckeranteil von 55 %. Wie viel Gramm Zucker sind in einem 400-g-Glas (einem 250-g-Glas, einer 40-g-Portion)?

6 In einem Hotel übernachten 357 Gäste. Dadurch sind 85 % aller Betten belegt. Wie viele Betten hat das Hotel?

7 Eine Schule hat 1 250 Schülerinnen und Schüler, darunter 650 Jungen. Wie viel Prozent sind das?

8 Für seinen Computer möchte Ben einen neuen Monitor kaufen. Auf den Preis von 195 € erhält er 12 % Rabatt. Wie viel Euro muss er bezahlen?

Ich kann ...

	Aufgabe	Hilfen und Aufgaben	
Brüche und Dezimalzahlen in Prozent angeben und umgekehrt.	1, 2	Seite 64, 65, 79	I
Prozentwert, Grundwert und Prozentsatz berechnen.	3, 4	Seite 66 – 70, 79	
bei einer Sachaufgabe Prozentwert, Grundwert und Prozentsatz erkennen und die Lösung bestimmen.	5, 6, 7	Seite 67 – 70, 72, 73, 81	
einfache Sachaufgaben zur prozentualen Zu- und Abnahme lösen.	8	Seite 74, 75, 82	II

AUSGANGSTEST 2

1 Schreibe als Dezimalzahl und in Prozent.
a) $\frac{3}{5}$ b) $\frac{11}{20}$ c) $\frac{4}{25}$ d) $\frac{1}{3}$ e) $\frac{7}{9}$

2 Das Grundstück von Familie Becker ist 750 m^2 groß. 22 % der Grundstücksfläche sind bebaut.

3 Auf ihrer Fahrt in den Urlaub hat Familie Mey bereits 462 km zurückgelegt. Das sind 55 % der gesamten Strecke. Wie weit ist der Urlaubsort entfernt?

4 Von den 175 Schülerinnen und Schülern des 7. Jahrgangs haben 91 bei den Bundesjugendspielen eine Urkunde erhalten. Wie viel Prozent sind das?

5 Gib in Prozent an.
a) Jeder fünfte Autofahrer fuhr zu schnell.
b) Drei Viertel aller Teilnehmer waren jünger als 15 Jahre.
c) Jeder zehnte Baum wurde gefällt.
d) Zwei Drittel aller Schülerinnen der Klasse spielen ein Musikinstrument.

6 Entscheide, ob die Aussage genau richtig ist, ungefähr stimmt oder völlig falsch ist.
a) 2 % von 890 m sind 18 m.
b) 5 % von 1200 € sind 60 €.
c) 49 % von 300 kg sind 150 kg.
d) 1 % von 70 km^2 sind 7 km^2.
e) 90 % von 1 110 € sind 1 000 €.

7 Ein Anorak kostet 79,50 €. Der Preis wird um 20 % reduziert. Berechne den reduzierten Preis.

8 Frau Schmidt verdiente bisher 2 760 €. Ihr Gehalt wird um 2,5 % erhöht.

9 Ein Sportverein hat im vergangenen Jahr 49 neue Mitglieder gewonnen. Dadurch hat sich die Mitgliederzahl um 2 % erhöht.
Wie viele Mitglieder hatte der Verein vor einem Jahr, wie viele hat er heute?

10 Ein Kaufhaus bietet T-Shirts zu 12,50 € je Stück an. Wer drei T-Shirts kauft, bezahlt insgesamt 30 €. Wie viel Prozent beträgt der Mengenrabatt?

11 Ein Fernsehgerät kostete zunächst 550 €. Der Preis wird zunächst um 20 % gesenkt, zwei Wochen später noch einmal um 10 %.
a) Wie viel Euro kostet der Fernseher nach der zweiten Preissenkung?
b) Um wie viel Prozent ist der Preis des Fernsehgeräts insgesamt reduziert worden?

12 Der Preis einer Ware wird um 100 % erhöht. Entscheide, ob die Aussage wahr oder falsch ist. Begründe deine Entscheidung mithilfe eines Beispiels.
a) Der neue Preis entspricht dem Doppelten des alten Preises.
b) Wenn der Preis noch einmal um 100 % erhöht wird, ist die Ware drei Mal so teuer wie zu Beginn.
c) Wenn der erhöhte Preis um 50 % reduziert wird, ist die Ware genauso teuer wie zu Beginn.

Ich kann ...	Aufgabe	Hilfen und Aufgaben	
Brüche und Dezimalzahlen in Prozent angeben.	1	Seite 64, 65, 79	I
bei einer Sachaufgabe Prozentwert, Grundwert und Prozentsatz erkennen und die Lösung berechnen.	2, 3, 4	Seite 67 – 70, 72, 73, 81	I
Angaben zu Anteilen in Texten in Prozent ausdrücken.	5	Seite 65	II
Prozentangaben durch einen Überschlag prüfen.	6	Seite 80	II
Sachaufgaben zur prozentualen Zu- und Abnahme lösen.	7, 8, 9, 10	Seite 74 – 76, 80, 82	II
Sachaufgaben mit mehrfacher prozentualer Veränderung lösen.	11	Seite 77	III
Aussagen mit Prozentangaben beurteilen.	12	Seite 77, 88, 89	III

4 Statistische Erhebungen

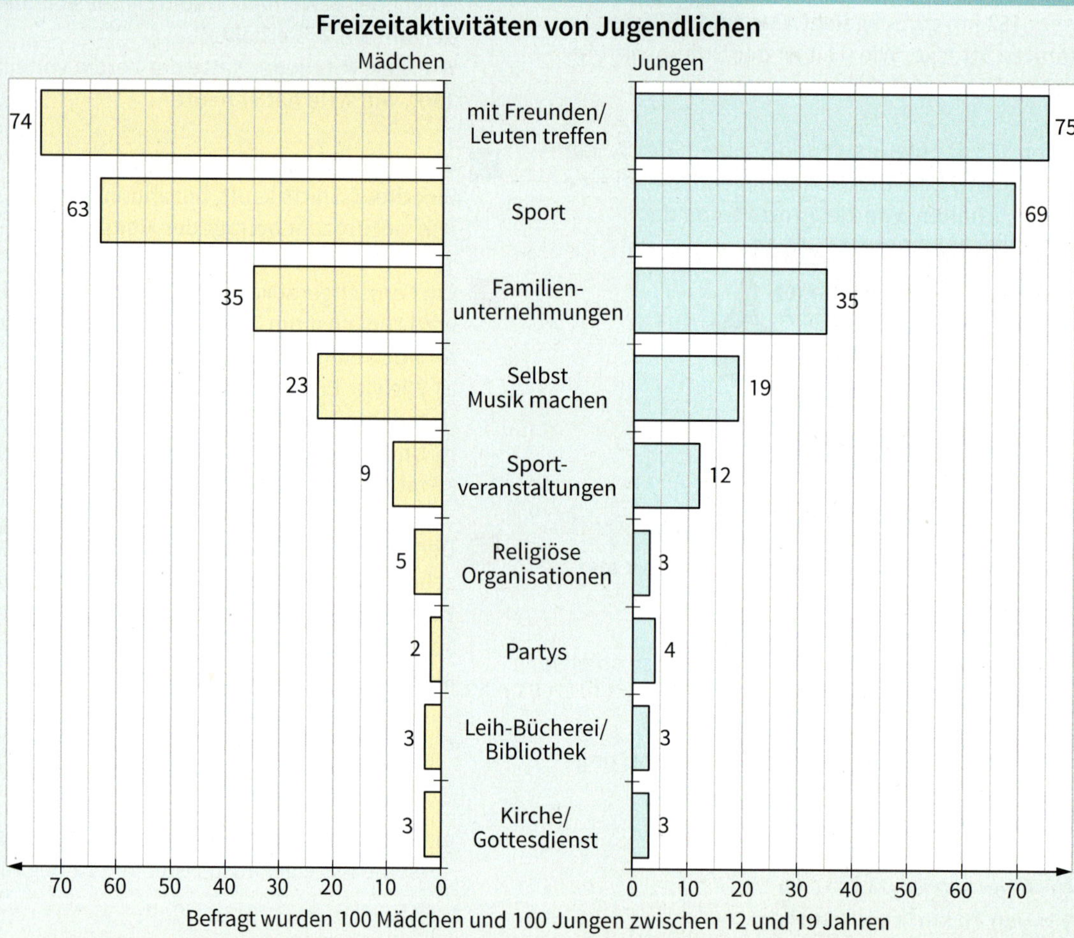

Die Grafiken auf diesen beiden Seiten enthalten Informationen zum Freizeitverhalten von Jungen und Mädchen. Die Ergebnisse der Befragung heißen auch Daten. Entnimm die Daten den Grafiken und vergleiche mit dem Freizeitverhalten in deiner Lerngruppe.

Bist du fit für dieses Kapitel? Eingangstest auf Seite 206

In diesem Kapitel ...

- *planst du Datenerhebungen, führst sie durch und wertest sie aus.*
- *stellst du Daten grafisch dar.*
- *bestimmst du das arithmetische Mittel und weitere Kenngrößen von Daten.*

Freizeitverhalten von Jugendlichen

Mediennutzung in der Freizeit (Angaben in Prozent)

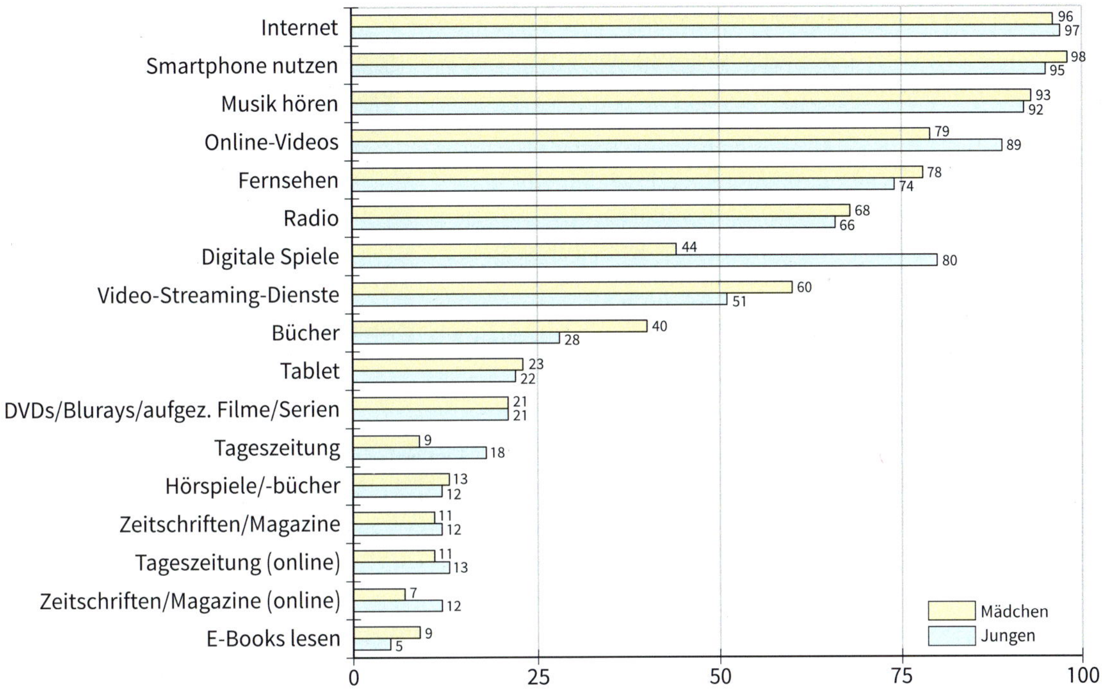

Nutzung verschiedener Medien zum Musikhören (Angaben in Prozent)

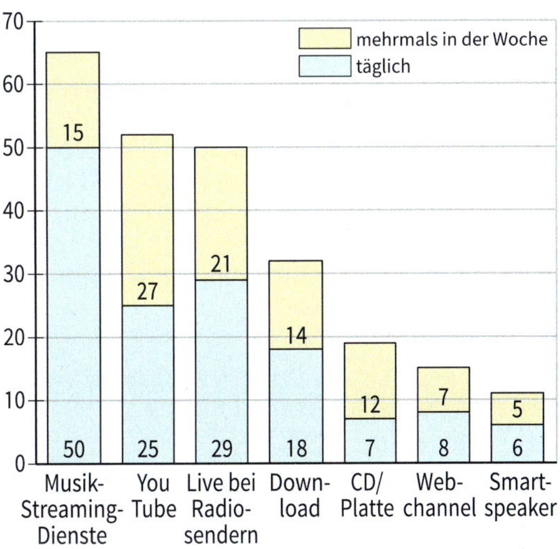

Wir untersuchen unsere Freizeit

Auf den folgenden Seiten werden einige Diagrammformen vorgestellt. Du hast drei Möglichkeiten, diese Seiten zu bearbeiten:

1. Du kannst die vorgegebenen Daten verwenden.
2. Du kannst mithilfe des Fragebogens eine eigene Umfrage durchführen und mit deinen Ergebnissen arbeiten.
3. Du kannst eine eigene Umfrage zu einem anderen Thema durchführen und die Ergebnisse grafisch darstellen. Beachte dazu die Tipps auf den Seiten 110 und 111.

Fragebogen

Wie verbringst du deine Freizeit?

1. Gib dein Geschlecht an. männlich ☐ weiblich ☐ divers ☐
2. Gib dein Alter in Jahren an. ______
3. Wie viele Personen leben in deinem Haushalt? ______
4. Wie viele Handys gibt es in deinem Haushalt? ______
5. Wie viele Fernseher gibt es in deinem Haushalt? ______
6. Wie viele Minuten verbringst du pro Tag an deinem Handy*? ______
7. Wie viele Haustiere habt ihr zu Hause? ______
8. Wie oft liest du in einem Buch?
   ☐ täglich ☐ mehrmals wöchentlich
   ☐ einmal pro Woche ☐ nie
9. Wie viele Stunden schaust du täglich Videos? ______
10. Wie viel Euro hast du im letzten Monat für deine Freizeitgestaltung ausgegeben? ______
11. Wie viele Nachrichten hast du letzten Monat geschrieben**? ______

* Eine Übersicht findest du in deinem Handy unter Einstellungen und dort unter „Digital Balance“ oder „Bildschirmzeit“.

** Eine Übersicht findest du in deinem Instant-Messenger unter Einstellungen und dort unter „Daten- und Speichernutzung“ o. ä.

Säulen- und Balkendiagramm

1 Die Angaben zum Lebensalter (in Jahren) wurden zunächst mithilfe einer Strichliste geordnet.

Strichliste

Lebensalter (Jahre)	
11	𝍸 II
12	𝍸 II
13	𝍸 𝍸 I
14	𝍸 IIII
15	𝍸 𝍸
16	𝍸 I

a) Wie viele Personen wurden insgesamt befragt?

b) Übertrage die Häufigkeitstabelle in dein Heft und trage die absoluten Häufigkeiten der einzelnen Altersangaben ein.

Häufigkeitstabelle

Lebensalter (Jahre)	absolute Häufigkeit	relative Häufigkeit
11	7	$\frac{7}{50} = 0{,}14$
12	▪	▪
13	▪	▪
14	▪	▪
15	▪	▪
16	▪	▪
Summe	▪	▪

Bestimme die zugehörigen relativen Häufigkeiten wie im Beispiel.

Lebensalter:	11 Jahre
absolute Häufigkeit:	7
Anzahl aller Daten:	50
relative Häufigkeit:	$\frac{7}{50} = 0{,}14$

c) Addiere die relativen Häufigkeiten. Was stellst du fest?

2 Die Ergebnisse der Befragung zum Lebensalter wurden in einem **Säulendiagramm** dargestellt.

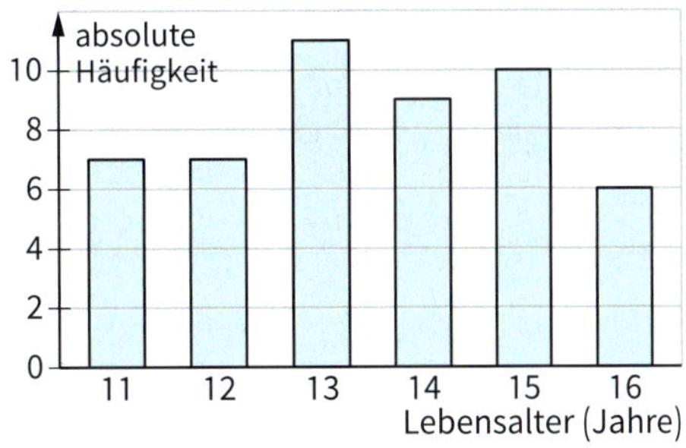

Stelle die Ergebnisse der Befragung auch in einem **Balkendiagramm** dar. Vervollständige dazu das Balkendiagramm in deinem Heft.

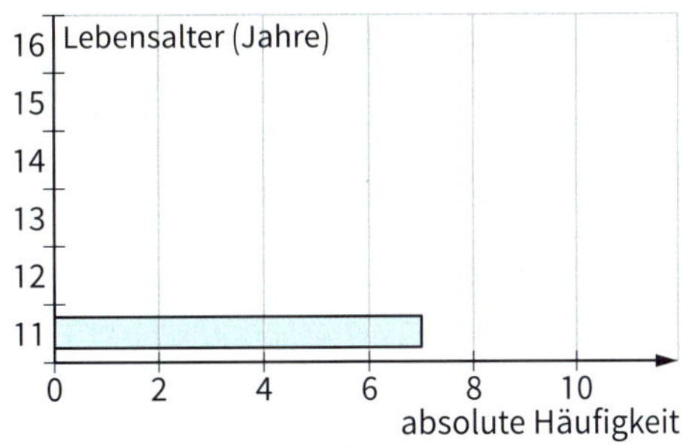

3 a) Ordne die in der **Urliste** gesammelten Daten mithilfe einer Strichliste.

Urliste

Anzahl der Personen in einem Haushalt

4 4 3 5 2 3 4 5 6 5 3 2 4 3 4
3 5 4 4 5 4 3 5 4 3 2 4 4 3 5
4 3 2 6 7 5 4 4 5 6 3 3 5 3 4
3 4 3 5 4

b) Trage die absoluten Häufigkeiten der Anzahlen in eine Häufigkeitstabelle ein.

c) Berechne die relativen Häufigkeiten als Bruch (Dezimalzahl, in Prozent) und trage sie ebenfalls in die Häufigkeitstabelle ein.

d) Stelle die Ergebnisse grafisch dar.

7 Personen im Haushalt:

relative Häufigkeit

als Bruch: $\frac{1}{50} = \frac{2}{100}$

als Dezimalzahl: 0,02

in Prozent: 2 %

Streifendiagramm

1 In der Häufigkeitstabelle wird das Ergebnis der Frage „Wie viele Handys gibt es in deinem Haushalt?“ für die Jungen dargestellt.

Anzahl Handys	absolute Häufigkeit	relative Häufigkeit	relative Häufigkeit (%)
0	2	$\frac{2}{20} = \frac{1}{10} = 0{,}1$	10 %
1	8	■	■
2	6	■	■
3	2	■	■
mehr als 3	2	■	■
Summe	20	■	■

a) Übertrage die Häufigkeitstabelle in dein Heft und vervollständige sie.

b) Das Ergebnis der Umfrage soll in einem **Streifendiagramm** (Blockdiagramm) dargestellt werden. Begründe, warum eine Gesamtlänge von 100 mm sinnvoll ist.
Zeichne das vollständige Streifendiagramm (Gesamtlänge 100 mm) in dein Heft.

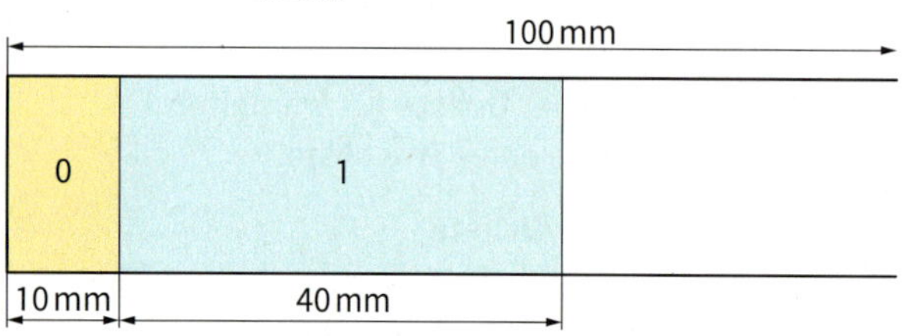

c) Die Mädchen haben die Frage wie folgt beantwortet:

Anzahl Handys	0	1	2	3	mehr als 3
Mädchen	3	9	9	6	3

Erstelle die Häufigkeitstabelle für die Mädchen.

d) Zeichne ein Streifendiagramm (Gesamtlänge 100 mm) für die Mädchen in dein Heft.

e) Vergleiche beide Streifendiagramme miteinander.

2 Die Frage „Wie viele Haustiere habt ihr zu Hause?“ wurde von Jungen und Mädchen wie folgt beantwortet.

Anzahl Tiere	Jungen	Mädchen
0	2	5
1	4	6
2	6	3
3	2	3
4	1	4
5 und mehr	5	4

a) Lege zu den Ergebnissen der Umfrage jeweils eine Häufigkeitstabelle an.
Gib die relativen Häufigkeiten auch als Bruch, Dezimalzahl und in Prozent an.

b) Stelle das Ergebnis in zwei Streifendiagrammen (Gesamtlänge 100 mm) grafisch dar.
Warum ist es sinnvoll, vor dem Zeichnen die relativen Häufigkeiten in Prozent anzugeben?

3 Zu der Frage, mit wem Schülerinnen und Schüler ihre Zeit vor dem Fernseher verbringen, wurden drei Antwortmöglichkeiten vorgegeben. Es durfte nur eine Antwort angekreuzt werden.

Stelle die in der Häufigkeitstabelle zusammengefassten Daten in einem geeigneten Diagramm dar.

Kreisdiagramm

1 80 Schülerinnen und Schüler wurden gefragt, wie oft sie ein Buch lesen. Das Ergebnis der Befragung ist in der abgebildeten Grafik dargestellt.

Wie oft liest du in einem Buch?

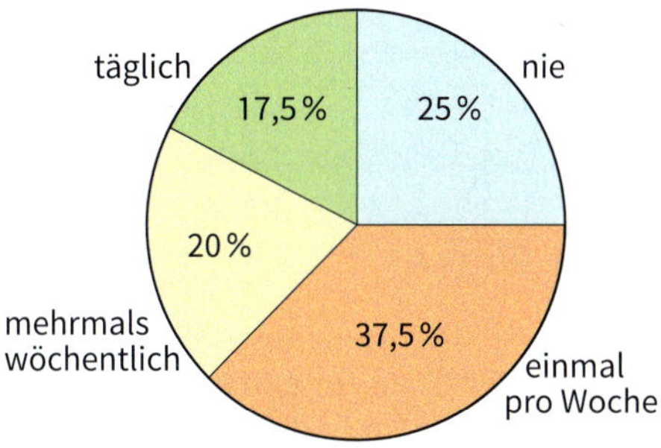

a) Bestimme die absoluten Häufigkeiten.
b) Zeichne ein passendes Streifendiagramm (Gesamtlänge 100 mm).

2 In der abgebildeten Grafik wird das Ergebnis einer Umfrage unter 60 Schülerinnen und Schülern dargestellt.

Sprichst du mit deinen Eltern über Filme?

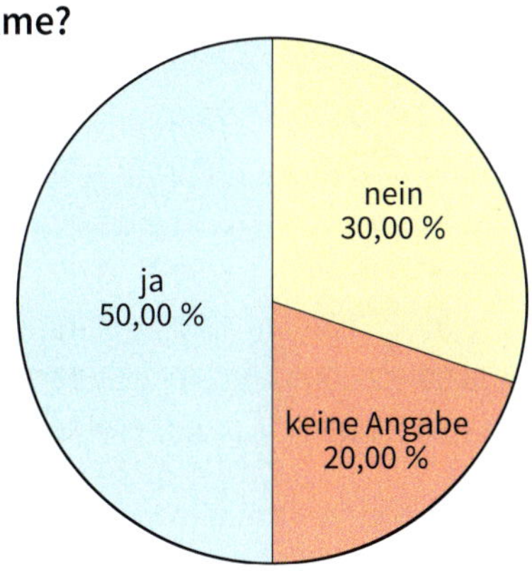

Welche Aussagen kannst du anhand des Kreisdiagramms begründen?

1. 30 Schülerinnen und Schüler reden mit ihren Eltern nicht über Filme.
2. Die Hälfte der Schülerinnen und Schüler spricht mit ihren Eltern über Filme.
3. Fast ein Viertel der Befragten hat keine Antwort gegeben.
4. Mädchen reden häufiger mit ihren Eltern über Filme als Jungen.

3 In dem Fragebogen der Schülerzeitung wird auch nach der Anzahl der Tablets im Haushalt gefragt.
a) Ergänze die abgebildete Häufigkeitstabelle in deinem Heft.

Anzahl der Tablets	absolute Häufigkeit	relative Häufigkeit
0	10	0,25
1	24	■
2	5	■
3 und mehr	1	■
Summe	■	■

b) Stelle die Ergebnisse in einem Kreisdiagramm dar. Berechne zunächst zu jedem Ergebnis den zugehörigen Winkel. Multipliziere dazu die relative Häufigkeit mit 360°. Zeichne den Winkel in einen Kreis ein und beschrifte den zugehörigen Kreissektor (Kreisausschnitt).

relative Häufigkeit der Anzahl 0: 0,25

zugehöriger Winkel:
$360° \cdot 0{,}25 = 90°$

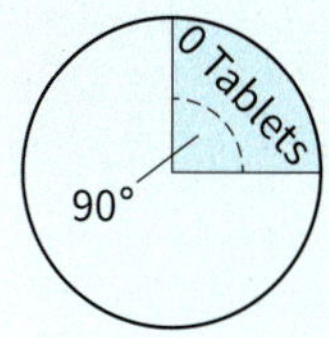

4 Schülerinnen und Schüler beantworteten bei einer Umfrage die Frage „Wie vielen Personen folgst du auf Social-Media?".

Anzahl	bis zu 100	100 bis 500	mehr als 500
Häufigkeit	32	28	20

Zeichne das passende Kreisdiagramm.

5 Bei einer Umfrage wurden 120 Schülerinnen und Schüler befragt, wie oft sie E-Books lesen.

	Häufigkeit
täglich/mehrmals die Woche	12
einmal die Woche	8
einmal im Monat	20
nie	80
Summe	120

Zeichne das passende Kreisdiagramm.

Histogramm

1 45 Schülerinnen und Schüler wurden gefragt, wie viel Zeit sie im Durchschnitt täglich vor dem Fernseher verbringen.

Zeitdauer (in h)								
0,3	0,7	1,0	1,2	1,4	1,4	1,6	1,7	1,8
1,9	2,0	2,0	2,2	2,3	2,3	2,4	2,4	2,5
2,6	2,6	2,7	2,8	2,8	2,8	2,9	3,0	3,0
3,2	3,5	3,6	3,7	3,7	3,8	3,9	3,9	3,9
4,0	4,0	4,0	4,1	4,3	4,8	5,5	5,8	6,3

Um die Antworten gut auswerten zu können, werden Daten zusammengefasst. Diese Zusammenfassung von Daten wird Klasseneinteilung genannt.

Zeit	absolute Häufigkeit
von 0 bis unter 1 h	2
von 1 bis unter 2 h	■
von 2 bis unter 3 h	■
von 3 bis unter 4 h	■
von 4 bis unter 5 h	■
von 5 bis unter 6 h	■
von 6 bis unter 7 h	■

a) Weshalb ist hier eine Klasseneinteilung notwendig? Begründe.
b) Vervollständige die Tabelle in deinem Heft.
c) Im Beispiel wurden auf der x-Achse die Klassen eingetragen. Über den ersten beiden Klassen wurde dann jeweils ein Rechteck gezeichnet. Die Rechteckhöhen entsprechen dabei jeweils den absoluten Häufigkeiten. Das Diagramm wird **Histogramm** genannt.

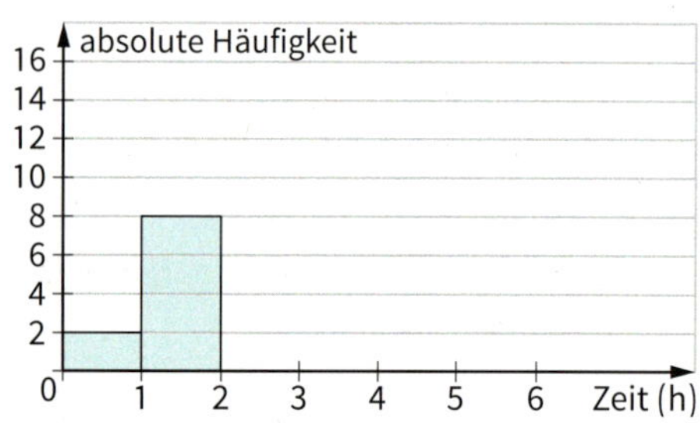

Vervollständige das Histogramm in deinem Heft.
d) Gibt es auch andere sinnvolle Klasseneinteilungen? Begründe deine Antwort.

2 Jungen im Alter von 13 bis 15 Jahren wurden gefragt, wie viele Stunden Sport sie in der Woche treiben. Die Ergebnisse wurden in der Urliste aufgeschrieben.

Zeitdauer (in h)								
9,0	4,6	5,8	9,5	2,7	3,3	4,3	4,8	6,0
7,5	4,5	3,5	2,5	1,0	1,5	2,5	3,5	3,0
4,0	4,3	5,0	5,5	3,8	4,0	5,2	5,8	6,0
4,5	3,7	4,3	5,2	3,8	8,5	7,0	6,2	6,8
1,8	1,5	6,8	7,3	6,5	2,8	4,7	3,5	4,3

Lege zu der Klasseneinteilung „0 bis unter 2 h, 2 bis unter 4 h, …“ eine Häufigkeitstabelle an und zeichne das zugehörige Histogramm.

3 Die Schülerinnen und Schüler wurden auch gefragt, wie viel Euro sie in den letzten zwei Wochen für die Gestaltung ihrer Freizeit ausgegeben haben. Die Daten findest du in der abgebildeten Urliste.

Ausgaben (in €)				
4,50	7,50	12,50	8,00	9,40
18,70	5,40	19,80	6,80	14,20
12,00	28,40	14,50	19,00	3,90
8,20	14,00	16,90	13,00	18,90
25,90	15,40	6,80	13,50	17,20
2,80	3,30	1,90	4,40	5,00
6,90	22,00	16,40	11,90	10,00
13,10	10,70	17,00	9,50	11,50

a) Wähle eine sinnvolle Klasseneinteilung und lege dazu eine Häufigkeitstabelle an.
b) Zeichne das zugehörige Histogramm.

4 Schülerinnen und Schüler haben sich die Anzahl ihrer im letzten Monat verschickten Nachrichten notiert. Zeichne ein passendes Histogramm.

Anzahl der Nachrichten					
42	44	34	44	58	22
36	27	29	46	22	39
51	37	49	37	37	45
21	48	24	29	59	42
56	48	38	46	60	51

Kenngrößen: arithmetisches Mittel, häufigster Wert

1 Die Klassen 7 a und 7 b lassen ihre fünf besten Sportler im Weitsprung gegeneinander antreten.

Sprungweiten der 7 a (in m)				
3,40	3,80	4,00	3,70	3,40

Sprungweiten der 7 b (in m)				
3,20	3,40	4,10	4,00	3,80

Gib an, welche Klasse gewonnen hat, wenn

a) die größte Weite gewertet wird,

b) die durchschnittliche Weite gewertet wird.

Arithmetisches Mittel

Handelt es sich bei Daten um Zahlen, lässt sich das arithmetische Mittel $\overline{x}$ (*lies:* x quer) berechnen.

Anzahl Smartspeaker im Haushalt							
2	0	1	3	1	1	2	2

$$\overline{x} = \frac{2+0+1+3+1+1+2+2}{8} = 1{,}5$$

$$\overline{\mathbf{x}} = \frac{\textbf{Summe aller Daten}}{\textbf{Anzahl der Daten}}$$

Das arithmetische Mittel wird auch arithmetischer Mittelwert oder Durchschnitt genannt.

2 Beim Schlagballweitwurf erzielten die fünf Besten der Klassen 7 c und 7 d die folgenden Weiten.

Weiten der 7 c (in m)				
33,10	31,90	31,60	32,00	31,40

Weiten der 7 d (in m)				
29,8	32,8	32,6	35,2	34,6

Berechne das arithmetische Mittel. Welche Klasse ist besser?

3 Schülerinnen und Schüler der 7 b wurden gefragt, wie viele Spielekonsolen sich in ihrem Haushalt befinden. Im Beispiel siehst du, wie das arithmetische Mittel mithilfe der absoluten Häufigkeiten berechnet werden kann.

Umfrage zur Anzahl der Spielekonsolen

Anzahl der Spielekonsolen	absolute Häufigkeit	Produkt
0	4	$0 \cdot 4 = 0$
1	25	$1 \cdot 25 = 25$
2	15	$2 \cdot 15 = 30$
3	6	$3 \cdot 6 = 18$
Summe	50	73

$$\overline{x} = \frac{0 \cdot 4 + 1 \cdot 25 + 2 \cdot 15 + 3 \cdot 6}{50}$$

$$\overline{x} = \frac{73}{50} = 1{,}46$$

Auch die Schülerinnen und Schüler der Klasse 7 c wurden befragt. Auch sie haben angegeben, wie viele Spielekonsolen sich in ihrem Haushalt befinden. Die Ergebnisse der Befragung wurden in einer Urliste notiert.

Anzahl der Spielekonsolen									
2	1	1	1	1	1	0	1	1	3
1	3	1	0	2	3	0	2	3	0
1	1	1	0	0	3	1	2	2	1

a) Gib den häufigsten Wert (Modalwert) an.

b) Berechne das arithmetische Mittel mithilfe der absoluten Häufigkeiten.

4 In der Urliste stehen die Daten zu einer Befragung nach der Anzahl der Tablets im Haushalt.

Anzahl der Tablets im Haushalt							
0	0	3	1	1	1	2	1
2	3	1	0	1	2	1	1
1	0	1	1	2	2	2	0
1	0	1	4	2	1	2	0

a) Gib den häufigsten Wert an.

b) Berechne das arithmetische Mittel mithilfe der absoluten Häufigkeiten.

Kenngrößen: Zentralwert

1 Bei den Bundesjugendspielen treten Natalia und Ayşe beim Weitwurf an. Hierbei haben sie die folgenden Weiten (in Meter) erreicht.

Wurfweiten von Natalia (in m)				
21,8	23,2	0	0	22,0

Wurfweiten von Ayşe (in m)				
0	19,6	20,4	21,0	4,0

a) Erkläre, weshalb bei Natalia zweimal die Weite 0 m notiert wurde.
b) Berechne jeweils das arithmetische Mittel.
c) Erläutere, weshalb das arithmetische Mittel nicht geeignet ist, um die Leistungen der Mädchen zu vergleichen.
d) Ordne jeweils die Daten der Größe nach. Du erhältst eine Rangliste.
e) Warum ist der mittlere Wert der Rangliste für einen Vergleich besser geeignet?

Insbesondere bei **stark abweichenden Werten (Ausreißern)** ist es sinnvoll, als Mittelwert den **Zentralwert (Median)** zu bestimmen.

Ungerade Anzahl von Daten

Sprungweiten (in cm)				
345	379	0	395	386

Rangliste

Sprungweiten (in cm)				
0	345	379	386	395

In der Rangliste werde alle Werte der Größe nach geordnet notiert. Bei ungerader Anzahl von Daten ist der Zentralwert $\tilde{x}$ (lies: x Schlange) der mittlere Wert in der Rangliste.

Zentralwert: $\tilde{x}$ = 379 cm

2 Bestimme den Zentralwert.

a)

Sprungweiten (in cm)						
366	381	345	0	381	342	356

b)

Sprungweiten (in cm)								
347	339	0	352	0	351	342	332	0

3 Alina hat aufgeschrieben, wie viel Zeit sie an sechs Schultagen für ihre Hausaufgaben benötigt hat.

Dauer der Hausaufgaben (in min)					
38	48	120	46	28	44

a) Berechne das arithmetische Mittel und bestimme den Zentralwert.
b) Ordne die Daten in einer Rangliste. Kannst du einen Wert angeben, der die Arbeitszeit von Alina besser beschreibt als das arithmetische Mittel?

Gerade Anzahl von Daten

Sprungweiten (in cm)					
372	383	0	374	388	0

Rangliste

Sprungweiten (in cm)					
0	0	372	374	383	388

Bei gerader Anzahl von Daten liegt der Zentralwert zwischen den beiden mittleren Werten in der Rangliste.

Zentralwert: $\tilde{x} = \frac{372 + 374}{2} = 373$

$\tilde{x}$ = 373 cm

4 Bestimme den Zentralwert.

Sprungweiten (in cm)							
377	321	0	0	366	375	340	336

5 Die Schülerinnen und Schüler der 7c haben ihre Körpergröße gemessen.

Körpergrößen der Mädchen (in cm)					
165	170	158	159	169	172
183	174	162	158	167	163

Körpergrößen der Jungen (in cm)						
158	170	146	153	162	167	172
175	157	162	156	148	169	155

Berechne jeweils für die Körpergröße für Mädchen und Jungen das arithmetische Mittel und den Zentralwert und vergleiche.

Kenngrößen: Zentralwert

6 Die Klassenlehrerin der 7 c hat die Klasse in zwei Gruppen eingeteilt. Anschließend haben die Gruppen einen Test geschrieben und die angegebenen Punkte erreicht.

Punkte der Gruppe A												
6	12	6	9	6	5	1	9	7	2	7	9	12

Punkte der Gruppe B											
8	6	3	7	9	8	10	7	5	3	10	5

Berechne für jede Gruppe das arithmetische Mittel und bestimme den Zentralwert.
Vergleiche die Werte miteinander. Welcher Wert sagt mehr über die Leistungsstärke der Gruppe aus?

7 Maximilians Eltern finden, dass er zu viel Zeit mit seinem Handy verbringt. Deshalb hat er eine Woche lang die Zeit notiert, die der Handy-Bildschirm aktiv gewesen ist.

Bildschirmzeit (in min)						
174	222	282	270	168	282	228

a) Wie viele Minuten verbringt Maximilian durchschnittlich mit seinem Handy? Berechne das arithmetische Mittel und bestimme den Zentralwert.
b) Eine Übersicht über deine Bildschirmzeit findest du in deinem Handy unter Einstellungen und dort unter „Digital Balance" oder „Bildschirmzeit".
Erstelle eine Übersicht über deine Bildschirmzeit und berechne hierfür das arithmetische Mittel und bestimme den Zentralwert.

8 Farah hat ihre Freundinnen und Freunde befragt, welchen Neuwert ihre Smartphones haben. Die Ergebnisse hat sie in der folgenden Liste festgehalten.

Neuwert (in €)							
250	340	320	1200	450	280	270	380
560	220	410	410	250	1000	410	

Berechne das arithmetische Mittel und bestimme den Zentralwert.

9 Die Klassen 7 c und 7 d haben jeweils untersucht, wie viele Handys die Schülerinnen und Schüler der Klasse bereits besessen haben. Die Ergebnisse haben sie in der folgenden Liste festgehalten.

Anzahl der Handys Klasse 7 c							
2	1	3	0	1	1	1	2
2	0	3	5	2	1	1	4
0	4	2	0	3	3	0	2

Anzahl der Handys Klasse 7 d							
0	1	0	2	3	0	2	1
1	3	0	1	1	2	2	3
2	3	4	4	3	2	2	1

Berechne für jede Klasse das arithmetische Mittel und bestimme den Zentralwert. Vergleiche die Werte miteinander.

10 Jakob spielt gerne das Online-Spiel „Happy Farms". Täglich pflanzt oder erntet er hierbei digitales Gemüse. Damit er nicht zu viel spielt, zeigt ihm das Spiel die Nutzungsdauer der letzten sechs Tage an.

Nutzungsdauer (in min)					
28	0	11	16	35	15

Ist das arithmetische Mittel der Nutzungsdauer für eine ganze Woche größer als 20 Minuten, so darf Jakob eine Woche lang nicht mehr spielen.
Wie viele Minuten darf er heute höchstens spielen, damit er in der nächsten Woche kein Spielverbot erhält?

Kenngrößen: Maximum, Minimum, Spannweite

1 Irem oder Sarah sollen die Schule im Weitsprung vertreten. Vor dem Wettkampf machen beide noch einmal sieben Probesprünge.

Sprungweiten von Irem (in cm)						
489	485	492	497	498	492	505

Sprungweiten von Sarah (in cm)						
470	516	518	474	520	468	492

Wer von beiden soll am Wettkampf teilnehmen? Begründe deine Entscheidung.

2 Beim Rundenlauf müssen die Schülerinnen und Schüler einer Gruppe jeweils eine Runde um den Sportplatz laufen.

Rundenzeiten Gruppe A (in s)					
87	91	94	90	93	97

Rundenzeiten Gruppe B (in s)							
102	96	100	91	87	87	86	81

a) Bestimme für beide Schülergruppen jeweils den größten Wert (das Maximum) und den kleinsten Wert (das Minimum).
b) Vergleiche bei beiden Schülergruppen die Differenz zwischen dem größten und dem kleinsten Wert.
c) Berechne für beide Gruppen den Zentralwert und das arithmetische Mittel.

Beim Auswerten von Daten ist es sinnvoll, das **Maximum** (den größten Wert) und das **Minimum** (den kleinsten Wert) zu bestimmen.

Sprungweiten (in m)					
4,34	4,05	3,21	4,18	4,22	3,69

Maximum: 4,34 m Minimum: 3,21 m

Die **Spannweite** gibt die Differenz zwischen dem Maximum und dem Minimum an.

Spannweite: 4,34 m – 3,21 m = 1,13 m

3 In der Urliste findest du die Weiten, die im Kugelstoßen erzielt worden sind.

Erzielte Weiten von Sascha (in m)				
8,56	8,04	9,12	8,86	9,06
8,65	8,74	8,32	9,28	8,48

Erzielte Weiten von Tobias (in m)				
8,55	7,94	9,12	8,83	8,47
9,11	8,68	8,74	8,32	9,35

a) Bestimme jeweils Maximum und Minimum und berechne die Spannweite.
b) Berechne jeweils den Zentralwert $\tilde{x}$ und das arithmetische Mittel $\bar{x}$ und vergleiche.

4 Zehn Schülerinnen und zehn Schüler der 7 b haben sich wiegen lassen.

Körpergewicht der Mädchen (in kg)									
42	70	56	58	45	49	62	64	50	51

Körpergewicht der Jungen (in kg)									
45	79	63	66	65	58	60	52	81	59

a) Bestimme für das Körpergewicht der Mädchen und Jungen jeweils Maximum und Minimum und berechne die Spannweite. Vergleiche die Werte für Mädchen und Jungen miteinander.
b) Berechne auch jeweils den Zentralwert und das arithmetische Mittel. Vergleiche auch hier die Werte miteinander.

5 Helge und Anna trainieren für den 75-m-Lauf.

Gelaufene Zeiten von Helge (in s)			
12,1	14,3	13,2	12,4

Gelaufene Zeiten von Anna (in s)			
13,7	11,6	13,7	14

a) Bestimme für Helge und Anna jeweils Maximum und Minimum der gelaufenen Zeit. Vergleiche die Werte von Helge und Anna miteinander.
b) Berechne die Spannweite für Helges und Annas Zeiten. Überlege dir Gründe für den Unterschied.

Statistische Darstellungen beurteilen

1 In den Schaubildern werden Informationen über Jugendliche und ihr Freizeitverhalten dargestellt.
a) Welche Informationen kannst du den Schaubildern entnehmen?
b) Werden die Informationen in den Schaubildern übersichtlich dargestellt?
c) Vergleiche die Ergebnisse mit aktuellen Umfrageergebnissen.

A Wofür nutzt du das Internet?
(n=218; Mehrfachnennungen)

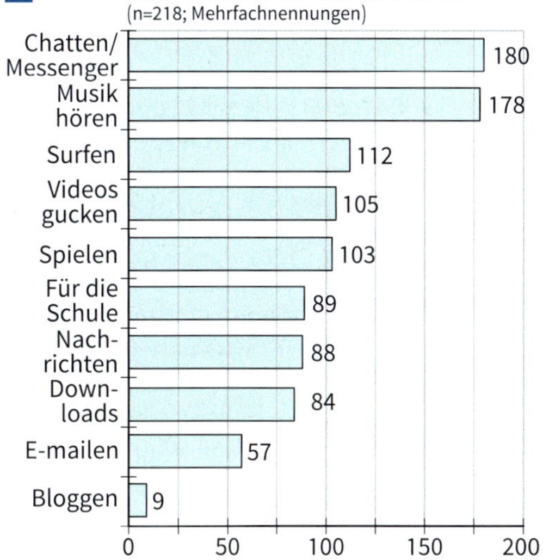

B Durchschnittliche Zeit, die ein Nutzer pro Tag in sozialen Netzwerken verbringt

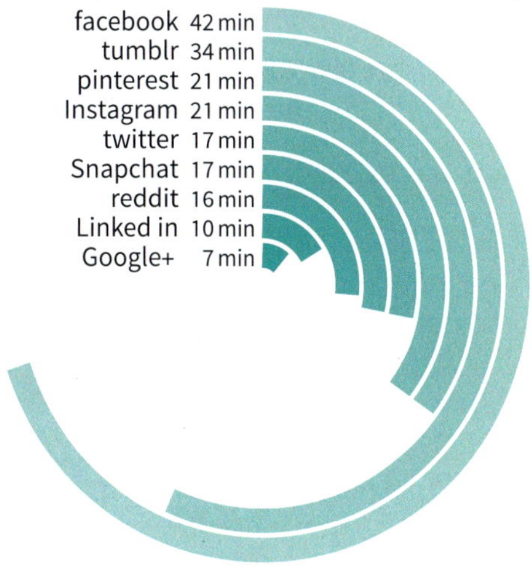

C Welches Gerät nutzt du am häufigsten, wenn du ins Internet gehst?

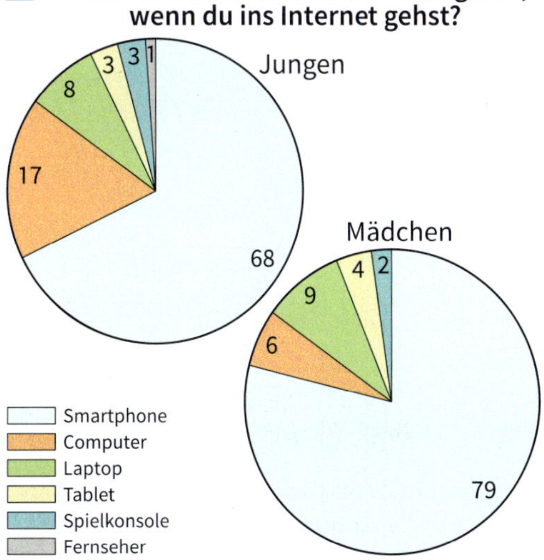

D Wie oft liest du ein Buch?
(Befragung von 12- bis 16-jährigen Mädchen und Jungen, Angaben in Prozent)

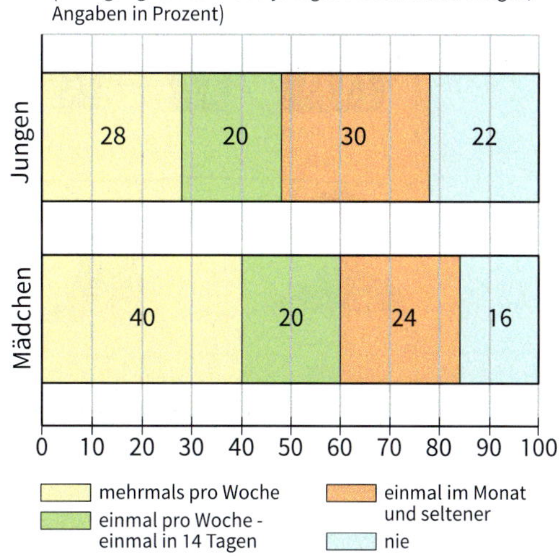

Täuschen mit Statistik

1 Eine neue Jugendzeitschrift lässt in einer Untersuchung erfragen, wie bekannt die Zeitschrift bei den Jugendlichen ist.

Das Ergebnis wird mithilfe von Piktogrammen (Bildsymbolen) dargestellt.

Vergleiche die beiden Darstellungen miteinander.

2 In einer Kleinstadt läuft seit mehreren Jahren die Aktion „Öfter mit dem Fahrrad unterwegs“.
Die Darstellung zeigt, wie viele städtische Angestellte mit dem Fahrrad zur Arbeit kommen.

a) Was fällt dir an der Darstellung auf?
b) Stelle die relativen Häufigkeiten in einem Balkendiagramm dar und vergleiche. Was stellst du fest?

3 In einer Zeitung ist der folgende Artikel abgedruckt.

Zuschauerzahlen dramatisch zurückgegangen!

Wie aus einer heute vom Sender xtv veröffentlichten Statistik hervorgeht, sinkt das Interesse der Zuschauer an der einst so beliebten Serie „Little Sister“ deutlich.

a) Was fällt dir an der Darstellung auf?
b) Stelle die absoluten Häufigkeiten in einem Säulendiagramm dar. Vergleiche mit dem abgebildeten Diagramm. Was stellst du fest?

Arbeiten mit dem Computer: Daten auswerten

1 Anna und Julian haben Schülerinnen und Schüler in einem Fragebogen unter anderem gefragt, wie häufig sie E-Mails austauschen. Sie haben die Fragebögen mithilfe von Strichlisten ausgewertet und die absoluten Häufigkeiten in ein Tabellenkalkulationsprogramm eingegeben.

a) Beschreibe, wie sie mithilfe des Programms die Summe der absoluten Häufigkeiten bestimmt haben.

b) In der Abbildung unten siehst du, wie Anna und Julian die relative Häufigkeit mithilfe einer Formel bestimmt haben. Beschreibe, wie sie vorgegangen sind.

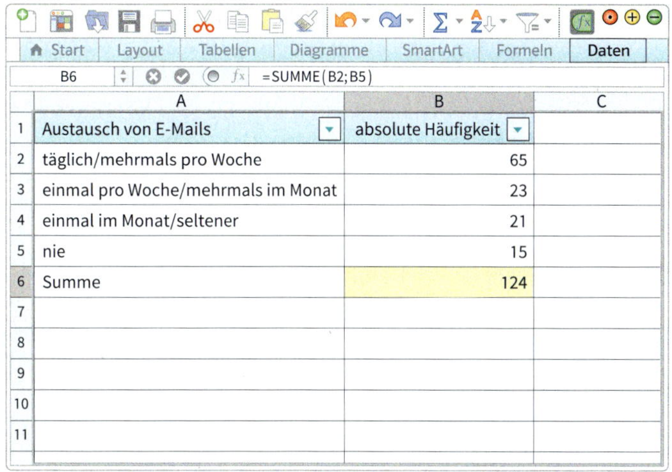

	A	B	C
1	Austausch von E-Mails	absolute Häufigkeit	
2	täglich/mehrmals pro Woche	65	
3	einmal pro Woche/mehrmals im Monat	23	
4	einmal im Monat/seltener	21	
5	nie	15	
6	Summe	124	
7			
8			
9			
10			
11			

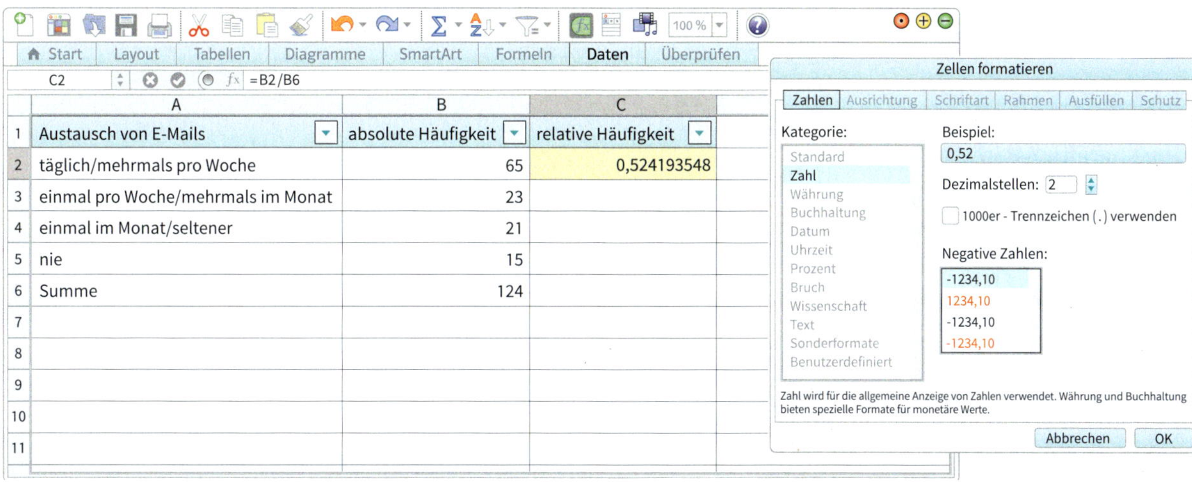

	A	B	C
1	Austausch von E-Mails	absolute Häufigkeit	relative Häufigkeit
2	täglich/mehrmals pro Woche	65	0,524193548
3	einmal pro Woche/mehrmals im Monat	23	
4	einmal im Monat/seltener	21	
5	nie	15	
6	Summe	124	
7			
8			
9			
10			
11			

c) Gib die Daten wie Anna und Julian in das Tabellenkalkulationsprogramm ein. Bestimme die fehlenden relativen Häufigkeiten. Gib die Ergebnisse auf zwei Nachkommastellen gerundet an. Formatiere dazu die zugehörigen Zellen.

d) Bestimme auch die Summe der relativen Häufigkeiten.

e) Markiere die Zellen **A1** bis **A5** und **B1** bis **B5**, wähle in der Menüleiste „Einfügen“ und erstelle ein Säulendiagramm. Gestalte dann mithilfe der Diagrammtools Diagramm- und Achsentitel.

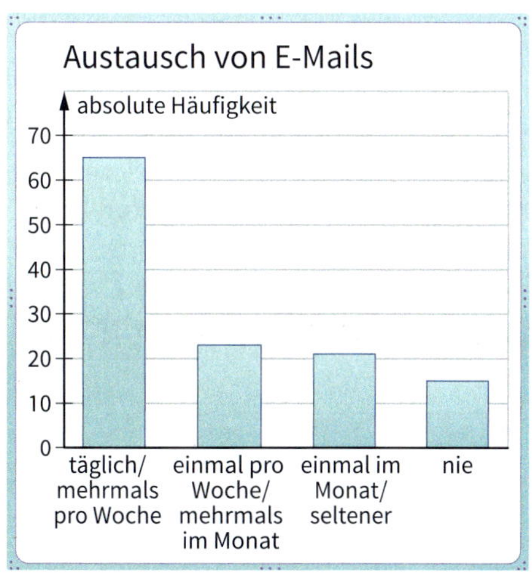

WISSEN KOMPAKT

Bei **statistischen Untersuchungen** werden **Daten** durch Befragung, Beobachtung oder Experiment gesammelt.
Die in einer **Urliste** gesammelten Daten können mithilfe einer **Strichliste** geordnet und dann in einer **Häufigkeitstabelle** dargestellt werden.

Häufigkeitstabelle

Lebensalter (Jahre)	absolute Häufigkeit	relative Häufigkeit	
12	23	0,23	23 %
13	26	0,26	26 %
14	19	0,19	19 %
15	18	0,18	18 %
16	14	0,14	14 %
Summe	100	1,00	100 %

Die **relative Häufigkeit** jedes Ergebnisses gibt den Anteil der Versuche mit diesem Ergebnis an.
Die relative Häufigkeit kann als Bruch, Dezimalzahl oder in Prozent angegeben werden.

relative Häufigkeit $= \frac{\text{absolute Häufigkeit}}{\text{Anzahl der Daten}}$

Die in der Häufigkeitstabelle aufbereiteten Daten können in verschiedenen Diagrammformen grafisch dargestellt werden.

Säulendiagramm

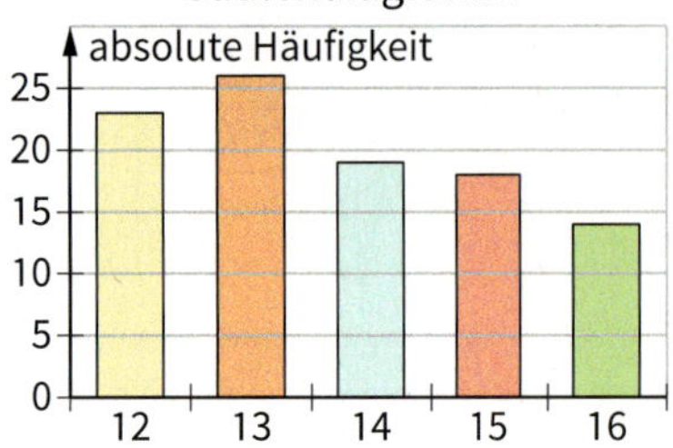

Streifendiagramm

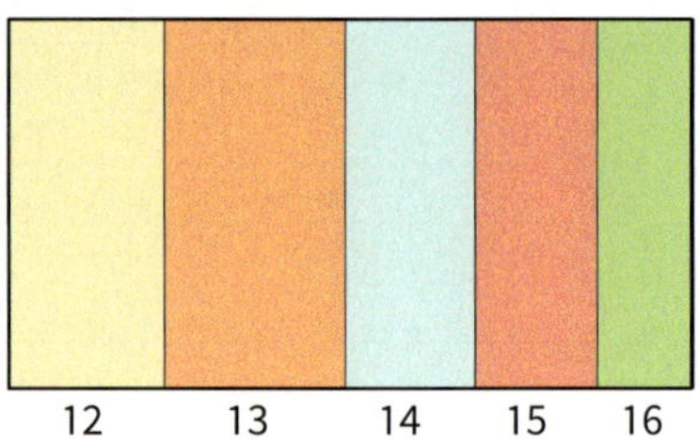

Kreisdiagramm

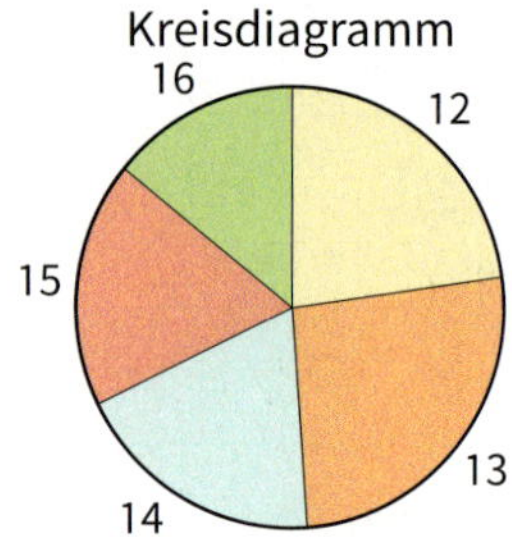

Kenngrößen

Handelt es sich bei den Daten um Zahlen, kannst du sie der Größe nach in einer **Rangliste** sortieren und folgende Kenngrößen bestimmen: **Arithmetisches Mittel, Zentralwert, Spannweite, häufigster Wert, Maximum und Minimum.**

Urliste

100-Meter-Zeiten (in s)				
14,7	13,7	14,8	14,8	14,9
14,0	14,2	14,7	14,5	14,7

Arithmetisches Mittel: $\bar{x} = \frac{\textbf{Summe aller Daten}}{\textbf{Anzahl der Daten}}$

$\bar{x} = \frac{14{,}7 + 13{,}7 + 14{,}8 + 14{,}8 + 14{,}9 + 14{,}0 + 14{,}2 + 14{,}7 + 14{,}5 + 14{,}7}{10} = 14{,}5$ $\quad \bar{x} = 14{,}5$ s

Häufigster Wert: 14,7 s **Minimum:** 13,7 s **Maximum:** 14,9 s

Spannweite: Maximum – Minimum: 14,9 s – 13,7 s = 1,2 s

Rangliste (in s): 13,7 14,0 14,2 14,5 [14,7 14,7] 14,7 14,8 14,8 14,9

Zentralwert: $\tilde{x} = \frac{14{,}7 + 14{,}7}{2} = 14{,}7$ $\quad \tilde{x} = 14{,}7$ s

ÜBEN

1 Eine Zeitungs-AG hat auch eine Untersuchung über die Lesegewohnheiten von Schülerinnen und Schülern durchgeführt. Dabei sollten sich die befragten Schülerinnen und Schüler auf einer Skala von 1 (Ich lese überhaupt nicht.) bis 5 (Ich lese viel.) einordnen.

Liest du in deiner Freizeit?

	Mädchen	Jungen
1 (überhaupt nicht)	10	32
2	26	40
3	46	44
4	58	20
5 (viel)	60	24

Vergleiche die Ergebnisse miteinander. Stelle dazu das Befragungsergebnis jeweils für Jungen und Mädchen in einem Säulendiagramm dar. Überlege zunächst, ob für den Vergleich die absolute oder die relative Häufigkeit sinnvoller ist.

2 Schülerinnen und Schüler wurden gefragt: „Worüber sprichst du mit deinen Freundinnen oder Freunden in deiner Freizeit?“. Bei der Beantwortung der Frage durften mehrere Antworten angekreuzt werden.

Worüber sprichst du mit deinen Freundinnen oder Freunden in deiner Freizeit?

	absolute Häufigkeit	
	Mädchen	Jungen
Musik/Gruppen	180	130
Sport	60	65
Jungen/Mädchen	120	85
Schule	72	45
Fernsehen	78	100
Videos/Kino	48	40
ganz andere Dinge	42	35

a) Stelle das Ergebnis für Jungen und Mädchen jeweils in einem Streifendiagramm dar (Gesamtlänge 10 cm).
b) Vergleiche die Streifendiagramme miteinander. Was fällt dir auf?

3 In der Häufigkeitstabelle siehst du das Ergebnis einer Befragung von 360 Schülerinnen und Schülern.
a) Bestimme die relative Häufigkeit der Schülerinnen und Schüler, die keines der Freizeitangebote nutzen.
b) Stelle die relativen Häufigkeiten der Freizeitmöglichkeiten grafisch dar.

Welche Freizeitangebote werden von dir genutzt?

	absolute Häufigkeit
Sportverein	262
Jugendclub, Jugendgruppe	176
Kino	151
Spielplatz, Fußballplatz	122
Minirampe, Halfpipe	54
Schwimmbad, Eisbahn	91
etwas anderes	74
keine	70

4 Schülerinnen und Schüler wurden gefragt, wie viele Minuten sie täglich chatten. Das Ergebnis wurde in einer Urliste festgehalten.

Zeitdauer (in min)

15	10	18	23	35	10	21	23	15	22
34	43	55	15	16	20	12	24	13	17
15	26	32	21	32	10	41	25	24	38

a) Bestimme den Zentralwert und den häufigsten Wert.
b) Berechne das arithmetische Mittel.
c) Bestimme Maximum und Minimum und berechne die Spannweite.

Du kannst die Aufgaben auf den Seiten 107 bis 109 in Partner- oder Gruppenarbeit bearbeiten und deine Ergebnisse dann vorstellen. Beachte dazu die Hinweise auf den Seiten 226 und 227.

ÜBEN

5 Jungen im Alter von 12 bis 14 Jahren wurden gefragt, ob sie einen Teil ihrer Freizeit mit Computerspielen verbringen. 50 % der Befragten antworteten mit „ja“. In der Urliste sind die von ihnen genannten täglichen Zeiten notiert.

Tägliche Spieldauer (in h)							
1,5	2,5	1,0	0,5	2,5	3,0	4,0	1,5
2,5	1,0	0,5	4,5	2,0	3,5	2,5	3,5
2,5	4,0	3,0	2,0	2,5	2,5	3,5	3,5

a) Wie viele Jungen wurden gefragt?
b) Berechne das arithmetische Mittel und den Zentralwert.
c) Bestimme Maximum und Minimum und berechne die Spannweite.

6 a) 250 Schülerinnen und Schüler wurden gefragt, wer die Kosten für ihr Handy bezahlt. Das Ergebnis wird in dem Streifendiagramm dargestellt. Berechne, wie viele Schülerinnen und Schüler die Kosten für ihr Handy allein bezahlen, wie viele die Kosten zum Teil bezahlen und wie viele sich nicht an den Kosten beteiligen müssen.
b) 20 Schülerinnen und Schüler wurden nach den Gesamtkosten für ihr Handy im letzten Monat gefragt. Berechne das arithmetische Mittel und den Zentralwert.

Monatliche Kosten (in €)									
25	15	39	35	10	12	18	15	32	20
30	18	30	10	12	8	5	28	22	16

c) Bestimme Maximum und Minimum und berechne die Spannweite.

7 Viele Schülerinnen und Schüler haben mehr als eine E-Mail-Adresse. Eine Umfrage führte zu dem in der Urliste notierten Ergebnis.

Anzahl der E-Mail-Adressen												
2	0	1	1	1	2	3	4	3	2	1	1	1
0	1	1	2	3	0	1	2	2	2	1	1	1
1	2	0	1	1	1	2	2	2	3	2	1	

a) Bestimme den häufigsten Wert.
b) Berechne das arithmetische Mittel.
c) Bestimme die relativen Häufigkeiten. Lege dazu eine Tabelle an.
d) Stelle das Ergebnis der Umfrage in einem Streifendiagramm dar (Gesamtlänge 10 cm).

8 540 Jugendliche wurden gefragt, wie häufig sie ohne Mitspieler Computerspiele online spielen. Das Ergebnis der Umfrage wird in dem Säulendiagramm dargestellt.

Computerspiele Online

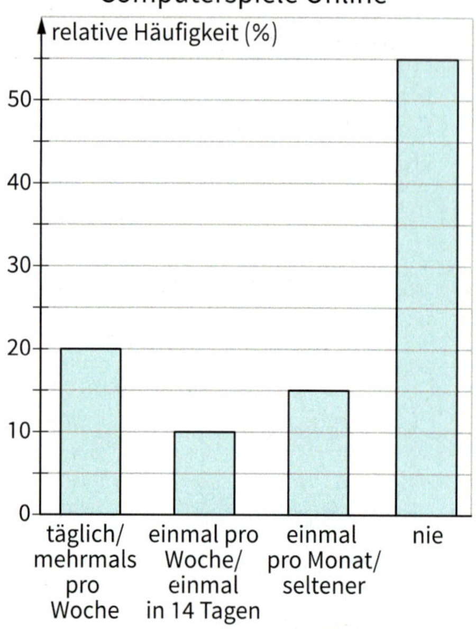

Bestimme die absoluten Häufigkeiten und stelle sie in einem Streifendiagramm dar.

ÜBEN

9 In der Tabelle siehst du, was Schülerinnen und Schüler mit ihren Eltern in ihrer Freizeit unternehmen. Vergleiche die Antworten miteinander. Stelle dazu die relativen Häufigkeiten für Mädchen und Jungen jeweils in einem Kreisdiagramm dar (Radius 5 cm).

	absolute Häufigkeit	
	Mädchen	Jungen
Spiele	50	40
Spaziergänge	65	36
Einkaufsbummel	120	80
Fernsehen	110	102
Videos ansehen	35	32
Computer	25	16
etwas anderes	75	82
gar nichts	20	12

10 Der Leiter eines Freizeitparks möchte den Service verbessern und befragt die Kunden nach ihrer Wartezeit an der Wasserrutsche. Die Ergebnisse wurden in der Urliste festgehalten.

Wartezeit (in min)

3 6 9 5 2 8 1 7 13 11 8 12
6 3 9 4 3 8 7 16 18 2 1 12
5 18 14 11 9 6 8 7 7 9 9 11

a) Berechne das arithmetische Mittel und den Zentralwert.
b) Bestimme Maximum und Minimum und berechne die Spannweite.
c) Erstelle ein Histogramm. Wähle eine Klassenbreite von 2 Minuten.

11 Eine Umfrage unter Jungen und Mädchen, wie viel Bücher sie im letzten Monat gelesen haben, führte zu den in der Urliste aufgeschriebenen Ergebnissen.

Anzahl der gelesenen Bücher

2 6 1 1 2 1 0 0 4 4 0 1 2 3
4 2 6 7 1 1 2 4 0 3 0 3 6 4

a) Berechne das arithmetische Mittel und den Zentralwert.
b) Bestimme Maximum und Minimum und berechne die Spannweite.

12 Mädchen und Jungen wurden gefragt, wie viel Euro sie zu ihrem Geburtstag bekommen haben. Das Ergebnis der Befragung ist in der Urliste notiert.

Geldgeschenke der Mädchen (in €)

75 90 50 80 70 110 45
60 80 120 35 50 100 110
110 115 100 80 85 40

Geldgeschenke der Jungen (in €)

100 70 86 90 100 80 80 90 40
75 50 65 60 75 85 96 120 60

a) Berechne jeweils das arithmetische Mittel und den Zentralwert.
b) Stelle die Ergebnisse der Befragung grafisch dar und vergleiche.

ÜBEN: Eine Umfrage planen

1 Plant in Gruppen eine Umfrage zu einem Thema. Überlegt, wen ihr befragen wollt. Entwerft einen Fragebogen.

Mögliche Themen:
Unser Schulweg
Das monatliche Taschengeld
Wozu benutzen wir unser Smartphone?
Verhalten wir uns umweltbewusst?

Modellieren Eine Umfrage planen

1. Wer soll gefragt werden?

Schülerinnen und Schüler des 7. Jahrgangs

Jugendliche von 10 bis 16 Jahren

Erwachsene

beliebige Personen

2. Wie soll ausgewählt werden?

Alle Schülerinnen und Schüler einer Klasse (eines Jahrgangs) werden gefragt.
Eine zufällige Auswahl von Schülerinnen und Schülern wird gefragt.
Zufällig ausgewählte, beliebige Personen werden gefragt.

3. Worauf ist beim Entwurf des Fragebogens zu achten?

~~Was muss bei dem Freizeitangebot anders werden?~~

~~Haben Schüler an anderen Schulen einen kürzeren Schulweg?~~

Die Antworten müssen sich gut auswerten lassen.
Stellt keine Fragen, die nicht beantwortet werden können.

Was machst du in deiner Freizeit?

Du kannst mehrere Antworten ankreuzen.

☐ Sport
☐ Musik hören
☐ mit Freunden treffen

Wenn mehr als eine Antwort gegeben werden kann, muss das deutlich gemacht werden.

Wie viele Geschwister hast du?

Bitte kreuze die passende Anwort an.

0 ☐ 1 ☐
2 ☐ 3 ☐
4 ☐ 5 ☐
mehr als 5 ☐

Wie lang ist dein Schulweg (in km)?

Bitte kreuze die passende Anwort an.

0 bis 5 km ☐
über 5 bis 10 km ☐
über 10 bis 15 km ☐
über 15 bis 20 km ☐
über 20 km ☐

Bei vorgegebenen Antworten muss es zu jedem möglichen Befragungsergebnis auch eine Ankreuzmöglichkeit geben.

ÜBEN: Eine Umfrage auswerten

1 Führt eine geplante Umfrage durch und wertet sie in Gruppen aus. Stellt die Ergebnisse grafisch dar.

Hinweise zum Präsentieren findet ihr auf der Seite 227.

Modellieren — Eine Umfrage auswerten und die Ergebnisse darstellen

1. Worauf ist bei der Auswertung der Fragebögen zu achten?

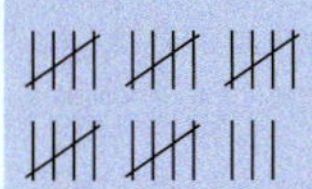

Bei der Auswertung sollte zunächst mit Strichlisten gearbeitet werden.

relative Häufigkeit

Bruch: $\frac{28}{100}$

Dezimalzahl: 0,28

Prozent: 28 %

Müssen auch relative Häufigkeiten berechnet werden? Wie sollen sie angegeben werden?

arithmetisches Mittel $\overline{x}$:

Maximum:

Minimum:

Können das arithmetische Mittel (der Mittelwert) und das Maximum und das Minimum bestimmt werden?

Zeit (s)				
15	16	25	23	17
12	18	45	10	48
67	22	32	19	18
34				

Müssen Daten in Klassen zusammengefasst werden?

2. Kann ein Tabellenkalkulationsprogramm eingesetzt werden?

3. Worauf ist bei der Darstellung der Ergebnisse zu achten?

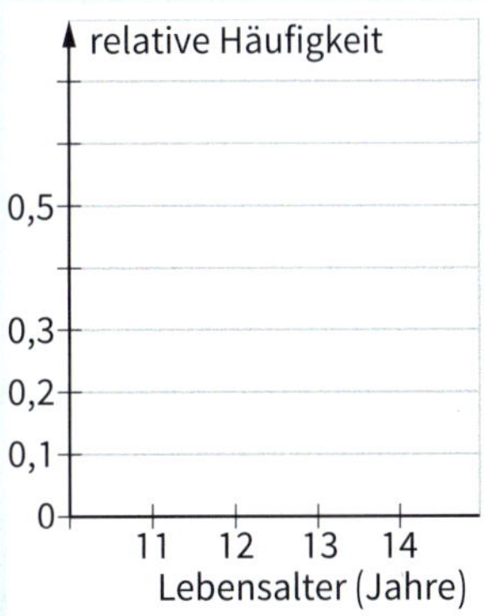

Die Achsen müssen eine Einteilung haben und beschriftet sein.

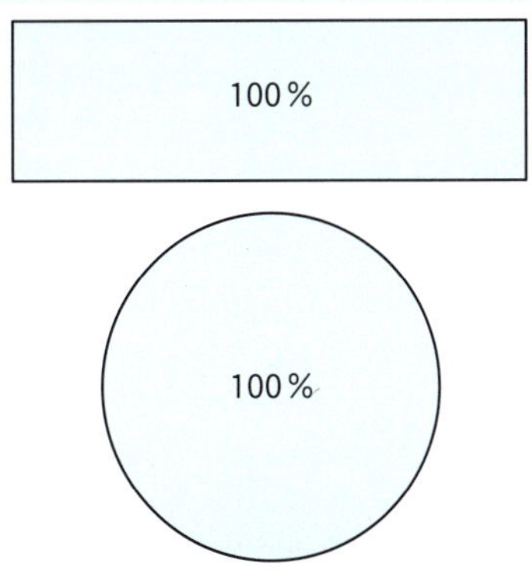

Streifen- und Kreisdiagramm eignen sich nicht bei Mehrfachantworten.

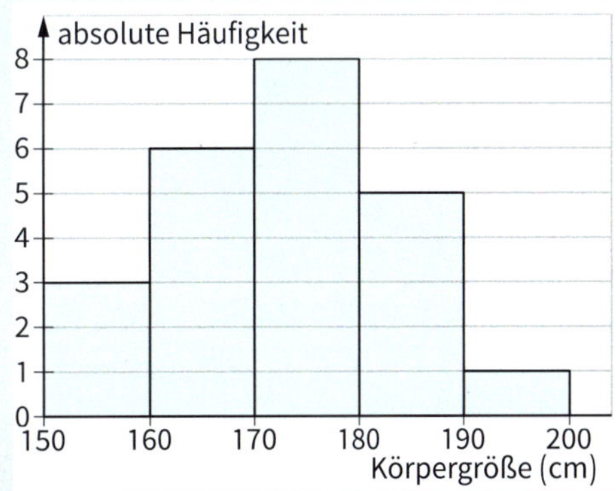

Bei Daten, die in Klassen zusammengefasst werden, ist das Histogramm die richtige Diagrammform.

VERTIEFEN: Boxplots

1 Kirsten und Svenja haben zwölf Schülerinnen ihrer Klasse gefragt, wie viel Zeit sie am letzten Dienstag für die Hausaufgaben benötigt haben.

Dauer der Hausaufgaben (in min)
33 48 32 45 38 68 90 40 25 75 60 46

Das Ergebnis ihrer Befragung wollen sie in einem **Boxplot (Kastenschaubild)** veranschaulichen. Dazu haben sie ihre Daten zunächst geordnet.

Rangliste
25 32 33 38 40 45 46 48 60 68 75 90

Anhand der Rangliste haben sie dann das Minimum, den Zentralwert und das Maximum ermittelt.

Minimum: 25

Zentralwert: $\frac{45+46}{2} = 45{,}5$

Maximum: 90

Danach haben sie den **Wert in der Mitte zwischen Zentralwert und Maximum** bestimmt. Dieser Wert wird das **obere Quartil** genannt. $\frac{60+68}{2} = 64$

Der **Wert in der Mitte zwischen Zentralwert und Minimum** wird das **untere Quartil** genannt. $\frac{33+38}{2} = 35{,}5$

90	Maximum	
75		
68		
	oberes Quartil	$\frac{60+68}{2} = 64$
60		
48		
46		
	Zentralwert	$\frac{45+46}{2} = 45{,}5$
45		
40		
38		
	unteres Quartil	$\frac{33+38}{2} = 35{,}5$
33		
32		
25	Mimimum	

Danach konnte der Boxplot gezeichnet werden. Die Breite des Kastens ist dabei frei wählbar.

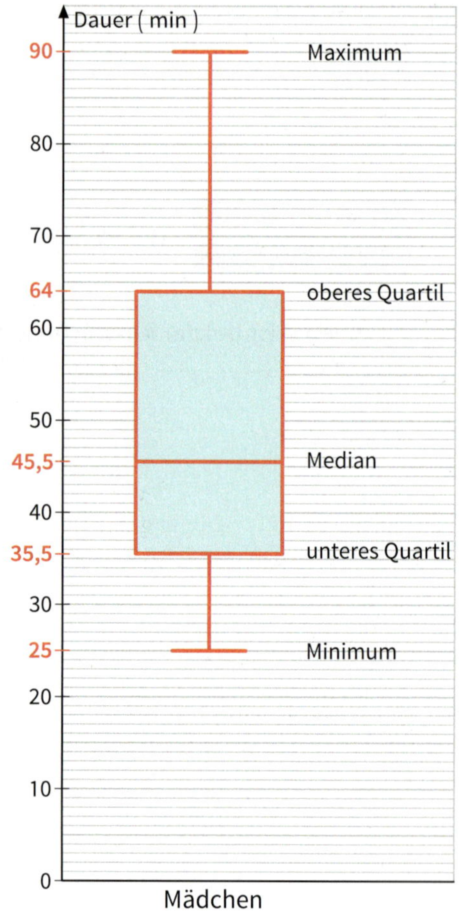

a) Wie viel Prozent der Daten liegen innerhalb des Kastens?

b) Wie viel Prozent der Daten liegen zwischen oberem Quartil und Maximum (unterem Quartil und Minimum)?

c) Wo kannst du im Boxplot die Spannweite ablesen?

d) Übertrage den Boxplot für die Hausaufgabendauer bei den Mädchen in dein Heft.

e) Auch bei den Jungen wurde nach der Dauer der Hausaufgaben am letzten Dienstag gefragt.

Dauer der Hausaufgaben (in min)
43 28 22 35 38 68 85 50 35 78 53 62

Bestimme Minimum, Zentralwert, Maximum, unteres und oberes Quartil und zeichne den Boxplot.

f) Vergleiche die Boxplots miteinander.

VERTIEFEN: Boxplots

2 Eine Befragung von Schülerinnen und Schülern nach der Länge ihres Schulweges führte zu den in der Urliste abgebildeten Ergebnissen.

Schulweglänge (in km)											
3	2	12	13	23	20	17	9	1	3	5	16
11	14	4	5	7	6	10	1	5	6	15	17

a) Lege zunächst eine geordnete Urliste an. Bestimme dann Minimum, Zentralwert, Maximum, unteres und oberes Quartil.
b) Zeichne den zugehörigen Boxplot.

3 Eine Befragung von Schülerinnen und Schülern im 7. Jahrgang und im 8. Jahrgang nach der Dauer der Hausaufgaben ergab die in den Urlisten abgebildeten Ergebnisse.

7. Jahrgang

Dauer der Hausaufgaben (in min)							
44	38	48	56	52	39	63	57
69	35	52	72	59	39	45	43

8. Jahrgang

Dauer der Hausaufgaben (in min)							
35	45	37	82	53	71	29	33
37	85	39	55	46	49	50	45

Zeichne zu jedem Datensatz einen Boxplot und vergleiche die Boxplots miteinander.

4 a) Befragt in Gruppenarbeit die Mädchen und die Jungen einer Klasse in eurem Jahrgang (in einem anderen Jahrgang) nach der Dauer der Hausaufgaben an einem bestimmten Wochentag. Beachtet die Hinweise zur Gruppenarbeit auf Seite 227.
b) Legt jeweils eine geordnete Urliste an und bestimmt Minimum, Zentralwert, Maximum, unteres und oberes Quartil.
c) Zeichnet die zugehörigen Boxplots und vergleicht sie miteinander.

5 Die drei Boxplots zeigen die Ergebnisse einer statistischen Untersuchung zum Thema „Schulweglänge“ an drei verschiedenen Schulen.

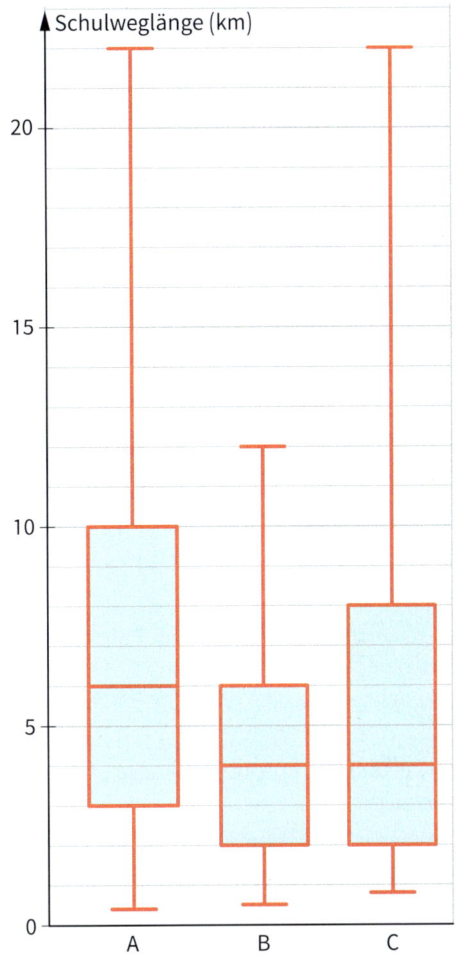

a) Vergleiche die Boxplots miteinander. Betrachte dazu jeweils die Lage von Minimum, Zentralwert, Maximum, unterem und oberem Quartil.
b) Welche Schule liegt deiner Meinung nach im Zentrum einer Stadt (am Stadtrand, in einem ländlichen Einzugsbereich)? Begründe deine Antwort.

AUSGANGSTEST 1

1 Die Klasse 7 d hat einen Test geschrieben und die angegebenen Punkte erreicht.

Punkte der Klasse 7 d											
2	4	3	2	3	5	2	3	1	1	1	5
3	5	2	5	3	1	4	1	6	5	1	4

a) Lege eine Strichliste und eine Häufigkeitstabelle an. Berechne auch die relativen Häufigkeiten als Dezimalzahl und in Prozent.
b) Zeichne dazu ein Säulendiagramm.

2 Mädchen und Jungen wurden in einer Umfrage nach ihrem Lieblingstier befragt. Das Ergebnis wurde in einem Kreisdiagramm dargestellt.

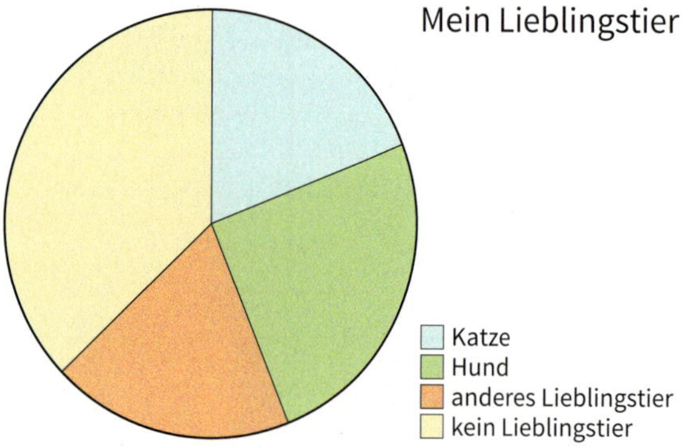

Prüfe anhand des Kreisdiagramms, ob die Aussagen wahr oder falsch sind.

1. Mehr als die Hälfte der Befragten hat kein Lieblingstier.
2. Weniger als ein Viertel der Befragten nennt die Katze als Lieblingstier.
3. Mehr als ein Viertel der Befragten haben Hund oder Katze als Lieblingstier.
4. Mehr als ein Viertel der Befragten nennen den Hund als Lieblingstier.

3 In der Urliste stehen die von Lasse beim Kugelstoßen erzielten Weiten.

Erzielte Weiten (in m)						
8,54	9,10	8,32	4,21	8,90	7,96	9,04

a) Berechne das arithmetische Mittel.
b) Bestimme den Zentralwert.

4 In dem Balkendiagramm wird das Ergebnis einer statistischen Untersuchung zum monatlichen Taschengeld dargestellt.

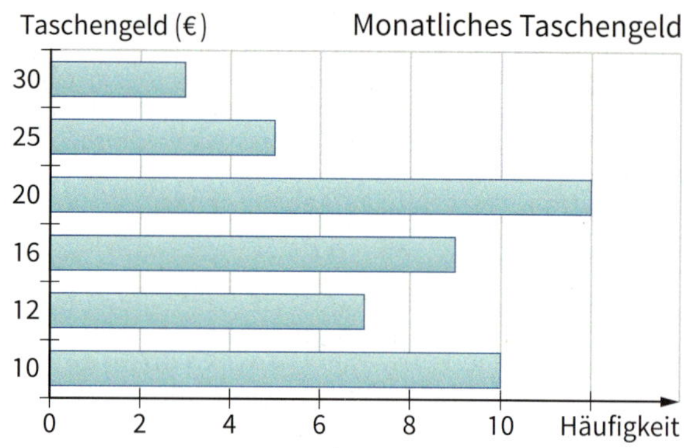

a) Berechne die relativen Häufigkeiten als Dezimalzahl. Runde auf zwei Nachkommastellen.
b) Zeichne ein zugehöriges Streifendiagramm (Gesamtlänge 10 cm).

Ich kann ...

Ich kann ...	Aufgabe	Hilfen und Aufgaben	
Strichlisten und Häufigkeitstabellen erstellen.	1, 4	Seite 95 – 97, 107, 108	I
Säulendiagramme und Streifendiagramme zeichnen.	1, 4	Seite 95, 96, 107, 108	
Informationen aus Grafiken entnehmen.	2	Seite 108	II
das arithmetische Mittel berechnen.	3	Seite 99, 107 – 109	
den Zentralwert berechnen.	3	Seite 100, 101, 107 – 109	

AUSGANGSTEST 2

1 Zwei Gruppen haben einen Test geschrieben und die angegebenen Punkte erreicht.

Punkte der Gruppe A							
3	4	4	3	6	3	4	3
4	4	5	4	6	6	1	4

Punkte der Gruppe B							
5	6	6	2	5	3	2	4
6	2	1	5	6	6	5	2

Berechne für jede Klasse das arithmetische Mittel und bestimme den Zentralwert. Vergleiche die Werte miteinander. Welcher Wert sagt mehr über die Leistungsstärke der Klasse aus?

2 Die Urliste gibt die Weiten an, die von Jungen der Klasse 7 b im Weitsprung erzielt wurden.

Sprungweiten (in m)							
355	328	412	476	408	275	376	384
366	425	456	446	433	390	380	315
425	371	356	380	382	414	298	325

Klasseneinteilung
von 270 cm bis unter 300 cm
von 300 cm bis unter 330 cm
…

a) Erstelle zu der Klasseneinteilung eine Strichliste und eine Häufigkeitstabelle.
b) Stelle die Werte der Häufigkeitstabelle grafisch dar.

3 In der Urliste findest du die Hochsprungergebnisse der 7 b.

Sprunghöhen (in m)						
1,25	1,15	1,30	1,15	1,25	1,30	1,10
1,15	1,25	1,30	1,35	1,40	1,15	1,25
1,35	1,45	1,25	1,20	1,25	1,30	1,25
1,40	1,35	1,25	1,20	1,30	1,15	1,20

a) Lege eine Häufigkeitstabelle an. Berechne die relativen Häufigkeiten auch als Dezimalzahl und in Prozent.
b) Berechne das arithmetische Mittel mithilfe der absoluten Häufigkeiten.

4 Johana und Gülistan trainieren in ihrem Verein regelmäßig für einen 1000-Meter-Lauf und notieren ihre Ergebnisse in der Urliste.

Gelaufene Zeiten von Johana (in min)							
4:01	4:10	4:07	4:15	4:09	4:20	4:07	4:11

Gelaufene Zeiten von Gülistan (in min)							
4:06	4:05	4:00	4:25	4:17	4:09	4:01	4:08

Nur eine der beiden Sportlerinnen soll beim 1000-Meter-Lauf antreten.
a) Bestimme Minimum, Maximum und Spannweite.
b) Berechne das arithmetische Mittel und den Zentralwert.
c) Vergleiche die Ergebnisse der beiden miteinander und begründe, welche Sportlerin antreten sollte.

Ich kann …

Ich kann …	Aufgabe	Hilfen und Aufgaben	
Strichlisten und Häufigkeitstabellen erstellen.	2, 3	Seite 95 – 98, 107 – 109	I
relative Häufigkeiten berechnen.	3	Seite 95 – 97, 107 – 109	
Minimum, Maximum und Spannweite bestimmen.	4	Seite 102, 107 – 109	
das arithmetische Mittel berechnen.	1, 3, 4	Seite 99, 100, 107 – 109	II
den Zentralwert bestimmen.	1	Seite 100, 101, 107 – 109	
Häufigkeitstabellen grafisch darstellen.	2	Seite 95 – 98, 107 – 109	
das arithmetische Mittel und den Zentralwert deuten.	1, 4	Seite 99 – 101	III
Datensätze miteinander vergleichen.	4	Seite 99 – 101, 107, 109	

5 Rationale Zahlen

Größter Temperatursturz weltweit: In der Nacht zum 24.01.1916 fiel das Thermometer in Browning (Montana, USA) von 7 °C auf –49 °C.

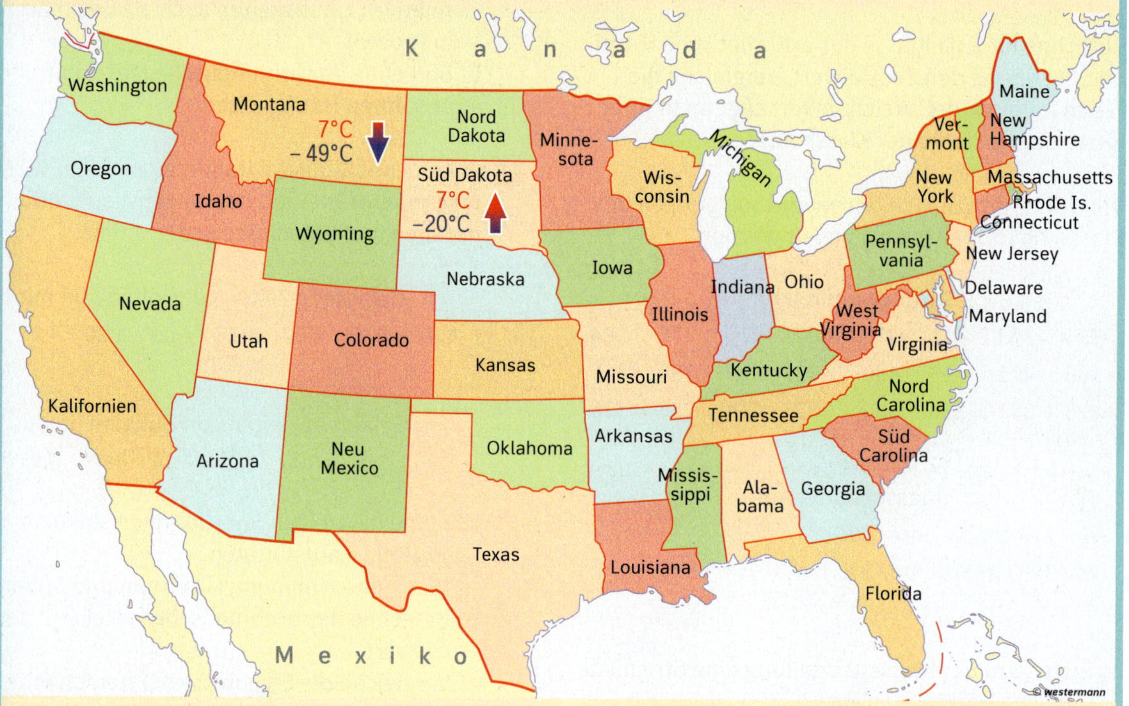

Größter Temperaturanstieg weltweit: Binnen zwei Minuten stieg die Temperatur in Spearfish (South Dakota, USA) von –20 °C auf 7 °C.

- Um wie viel Grad Celsius ist die Temperatur in Spearfish binnen zwei Minuten angestiegen und in Browning innerhalb einer Nacht gesunken?

Bist du fit für dieses Kapitel? Eingangstest auf Seite 206

In diesem Kapitel …

- *lernst du die negativen Zahlen kennen.*
- *vergleichst du rationale Zahlen miteinander.*
- *rechnest du mit rationalen Zahlen.*

Temperaturvergleiche

Höchster gemessener Temperaturwert in Deutschland:
42,6 °C am 25.07.2019 in Lingen (Emsland)

Niedrigster gemessener Temperaturwert in Deutschland:
–45,9 °C am 24.12.2001 am Funtensee in Bayern

Deutschland liegt in einer gemäßigten Klimazone. Trotzdem können sehr hohe und extrem tiefe Temperaturen vorkommen.

- Bestimme den Unterschied zwischen der höchsten jemals gemessenen Temperatur in Deutschland und dem niedrigsten gemessenen Wert.

Temperaturvergleiche

1 Die abgebildeten Thermometer zeigen unterschiedliche Temperaturwerte an.

a) Lies die Temperaturen ab.
b) Gib den Temperaturbereich an, in dem Messungen mit dem jeweiligen Thermometer möglich sind.
c) Vergleiche die Thermometer miteinander. Kannst du etwas über die Funktionsweise aussagen?

2 Bei einem Wetter-Onlinedienst werden die nächtlichen Tiefsttemperaturen eines Monats in einer Grafik dargestellt.

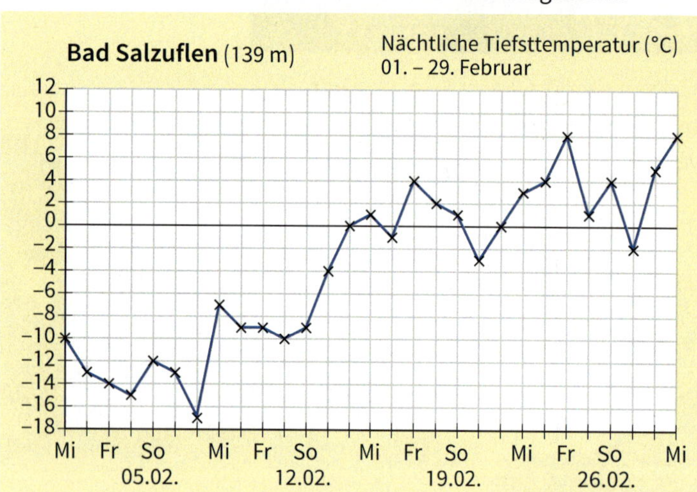

a) Lies jeweils die Temperatur für den 12.02. und den 19.02. ab.
b) An wie vielen Tagen war die Temperatur im Februar 2012 unter dem Gefrierpunkt?
c) Welches war die niedrigste gemessene Temperatur?
d) Um wie viel Grad Celsius hat sich die Tiefsttemperatur vom 1. Februar bis zum 2. Februar verändert?
e) Um wie viel Grad Celsius hat sich die Tiefsttemperatur vom 20.02. bis zum 21.02. verändert?

3 a) Welche unterschiedlichen Temperaturwerte werden im Text genannt?

Wettervorhersage

Meist freundliches Winterwetter zum Wochenanfang

Am Montag gibt es meist freundliches und trockenes Winterwetter. An der Oder kommt die Temperatur nicht über minus 4 Grad hinaus. Am Rhein bleibt es mit 2 Grad noch etwas milder. Der Wind weht schwach bis mäßig aus östlicher Richtung. Am Dienstag ist es verbreitet sonnig. Nur an den Alpen halten sich dichtere Wolken. Dazu minus 5 Grad in der Uckermark und 3 Grad am Kaiserstuhl.

b) Formuliere Aufgaben, die sich auf den Text beziehen.

4 Danny und Elli haben für den Physikunterricht die jeweils niedrigste und höchste Tagestemperatur einer Woche in einer Tabelle erfasst. Für ihre Messungen haben sie besondere Min/Max-Thermometer verwendet.

	niedrigste Temperatur	höchste Temperatur	Temperaturdifferenz
Montag	2 °C	6,3 °C	4,3 °C
Dienstag	0,5 °C	5,4 °C	▒
Mittwoch	0 °C	3,3 °C	▒
Donnerstag	−2 °C	3,1 °C	▒
Freitag	−2,5 °C	2 °C	▒
Samstag	−3,1 °C	0 °C	▒
Sonntag	−4 °C	−1,5 °C	▒

a) Nenne die höchste und die niedrigste in der Woche gemessene Temperatur.
b) Gib jeweils den Unterschied zwischen der höchsten und der niedrigsten Tagestemperatur von Dienstag bis Sonntag in Grad Celsius an.

Rationale Zahlen darstellen, vergleichen und ordnen

1 Welche Temperaturen zeigen die Thermometer jeweils an?

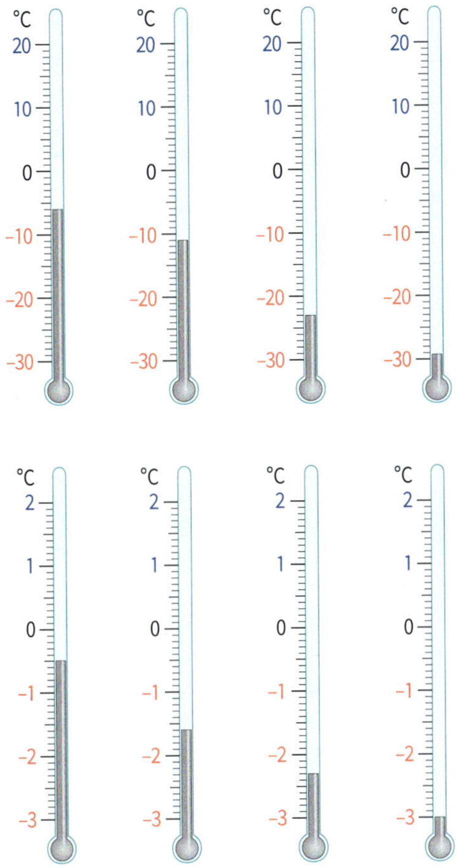

2 Lies die markierten Temperaturen ab und schreibe sie auf.

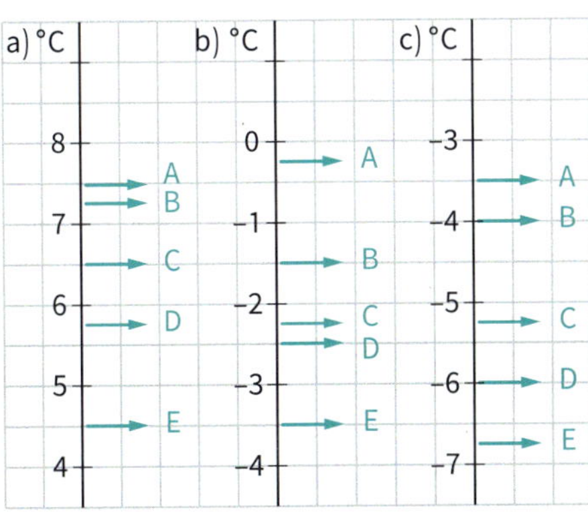

3 Zeichne eine senkrechte Temperaturskala von −5 °C bis +5 °C (1 °C ≙ 1 cm). Markiere die folgenden Temperaturen: −4 °C; −2 °C; 1 °C; 1,5 °C; −2,5 °C; 0 °C; −0,9 °C; −1,4 °C; 3,9 °C

4 Toni hält ein Thermometer waagerecht und vergleicht es mit einem Zahlenstrahl.

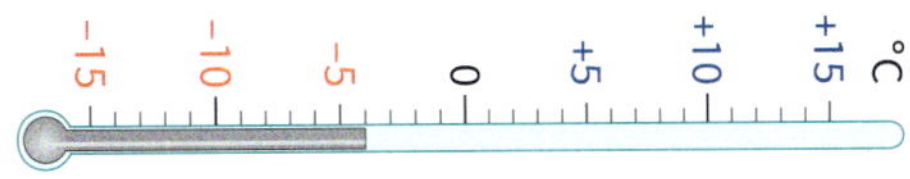

Damit er auch negative Zahlen eintragen kann, muss er den Zahlenstrahl nach links über die Null hinaus verlängern.
Er erhält eine Zahlengerade.
Wodurch unterscheiden sich Zahlengerade und Thermometer?

> Wird ein **Zahlenstrahl** nach links über die Null hinaus verlängert, so erhält man eine **Zahlengerade.**
>
> 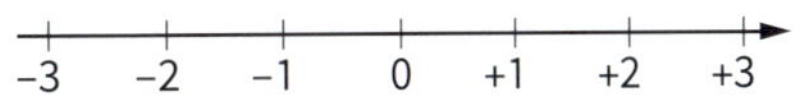
>

5 Lies die markierten Zahlen ab und notiere sie im Heft.

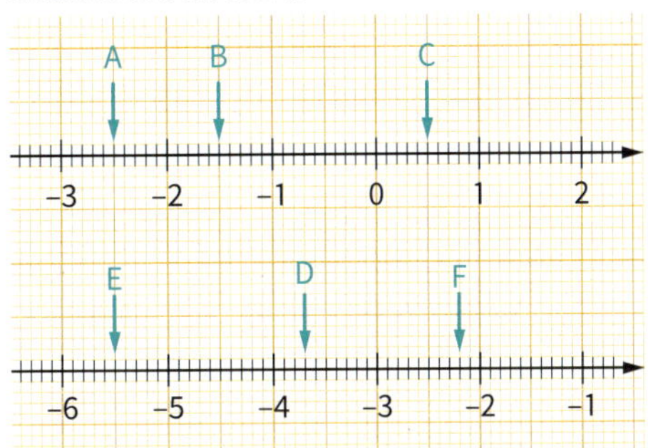

6 Welche markierten Stellen sind falsch beschriftet?

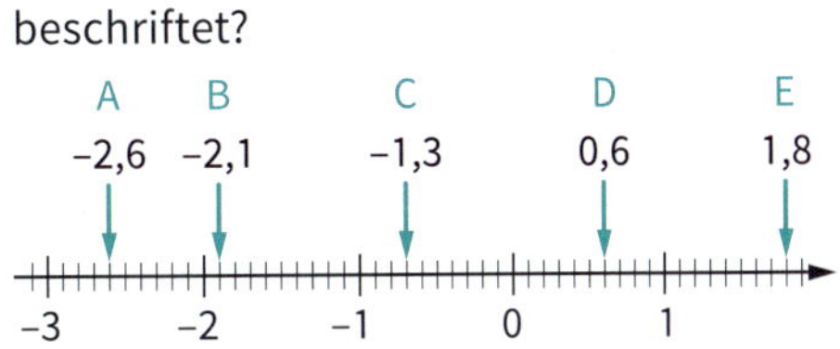

Notiere die richtigen Zahlen.

7 a) Zeichne eine Zahlengerade (Länge: 13 cm) in dein Heft und trage die Werte von −6 bis +6 ein.
b) Ergänze die folgenden Zahlen auf der Zahlengeraden: +3,5; +0,5; −2,5; −5,5; −3,5.

Rationale Zahlen darstellen, vergleichen und ordnen

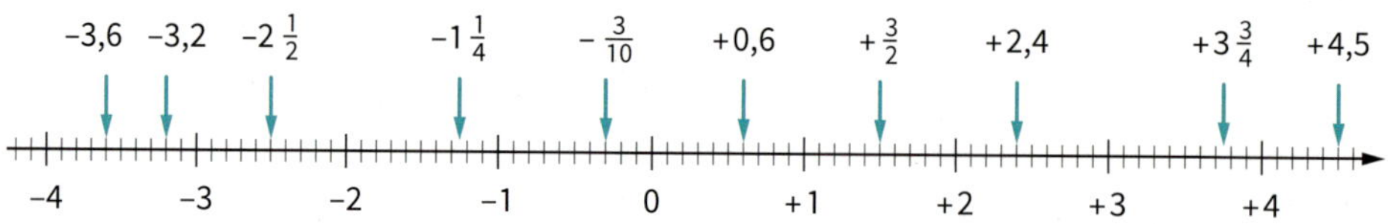

Zahlen wie 0; − 1; + 1; + 3; − 34; − 8,2; − 2,3; + 23,13; $+\frac{1}{2}$; $-\frac{3}{4}$; $-1\frac{2}{3}$ sind **rationale Zahlen.**

Zahlen wie 0; − 1; + 1; + 3; − 34; − 12 heißen **ganze Zahlen.**

Auf der Zahlengeraden lassen sich die rationalen Zahlen darstellen.
Die **natürlichen Zahlen ℕ** sind eine Teilmenge der ganzen Zahlen ℤ.
Die **ganzen Zahlen ℤ** sind eine Teilmenge der rationalen Zahlen ℚ.

8 a) Übertrage das Diagramm in dein Heft.

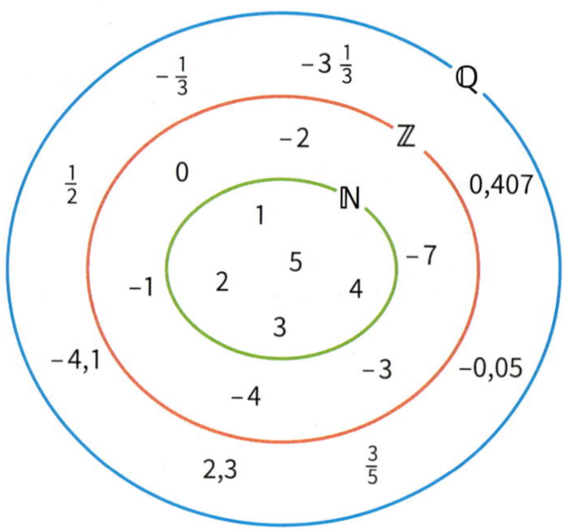

b) Trage die folgenden Zahlen ein:
14; − 27; 8; 0,5; 6,25; − 1,75; $\frac{1}{4}$; $-\frac{3}{8}$; 0,37; − 22,3; 36,48.

9 a) Nenne drei rationale Zahlen, die nicht positiv sind.
b) Nenne fünf negative rationale Zahlen, die auch ganze Zahlen sind.
c) Welche rationale Zahl ist weder positiv, noch negativ?
d) Nenne zwei negative rationale Zahlen, die nicht zu den ganzen Zahlen gehören.
e) Gib drei ganze Zahlen an, die keine natürlichen Zahlen sind.
f) Nenne drei rationale Zahlen, die nicht negativ sind und nicht zu den ganzen Zahlen gehören.

10 Welche Zahlen haben auf der Zahlengeraden den gleichen Abstand zum Nullpunkt?

− 2,5; 1; $\frac{5}{2}$; 3,7; 28; $-\frac{37}{10}$

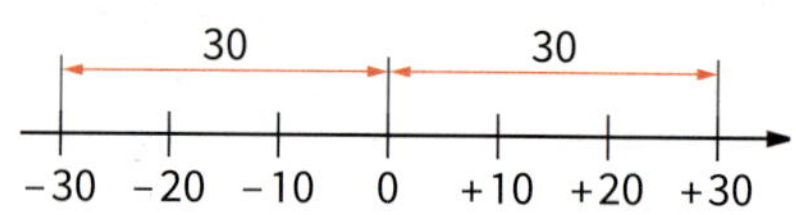

Die rationalen Zahlen + 30 und − 30 haben denselben Abstand vom Nullpunkt.
Sie haben den **Betrag 30,** aber verschiedene Vorzeichen.
+ 30 und − 30 werden **Gegenzahlen** genannt.

− 30

Vorzeichen — Betrag

Der Betrag einer Zahl wird mit Betragsstrichen geschrieben.
$|-6| = 6$ *Lies:* Betrag von − 6 gleich 6
$|+6| = 6$ *Lies:* Betrag von 6 gleich 6

11 Welche Zahlen haben den Betrag 7 (12; 13,5)?

12 Finde je drei positive und drei negative Zahlen, für die gilt:
a) Der Betrag ist kleiner als 4.
b) Der Betrag ist größer als 5.
c) Der Betrag liegt zwischen 2 und 3.
d) Der Betrag liegt zwischen 0,1 und 0,2.

Rationale Zahlen darstellen, vergleichen und ordnen

13 Lies die Temperaturen ab. Welche ist höher?

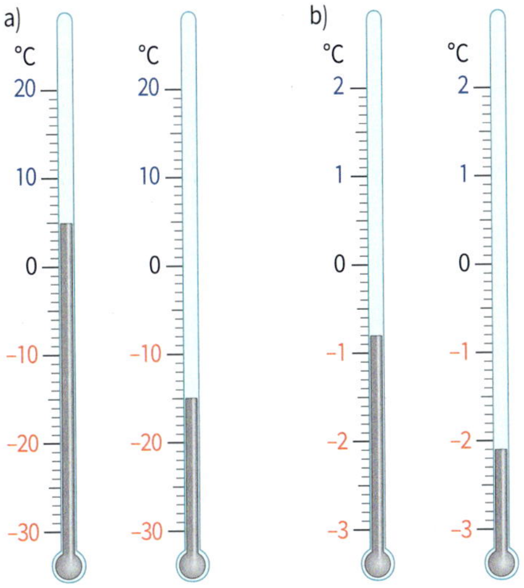

14 Vergleiche die Temperaturen. Setze in deinem Heft < oder > ein.

a) +12 °C ■ +19 °C
+8 °C ■ −5 °C
+17 °C ■ −11 °C
−6 °C ■ +10 °C

b) −3 °C ■ −14 °C
−6 °C ■ −5 °C
−17 °C ■ −18 °C
−6 °C ■ 0 °C

15 a) Vergleiche die markierten Zahlen. Setze < oder > ein.

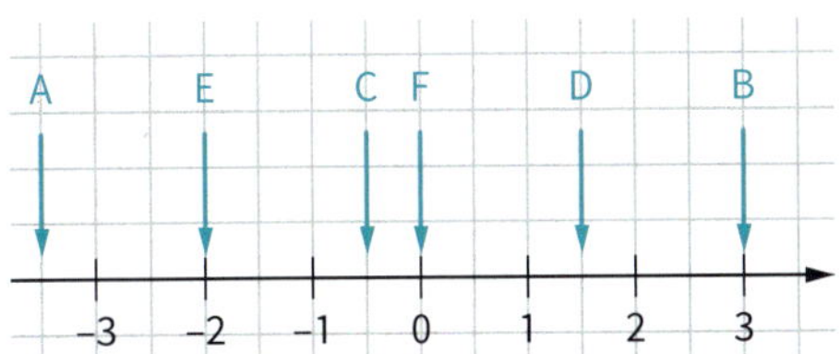

A ■ B   A ■ D   D ■ F
D ■ C   A ■ E   C ■ E
E ■ D   F ■ B   B ■ D

b) Kannst du erkennen, welche Zahl kleiner als eine andere Zahl ist? Formuliere eine Gesetzmäßigkeit.

16 Ordne der Größe nach. Beginne mit der kleinsten Zahl.

a) −1; 1; −2
b) −1,7; −1,8; 3,0
c) 1,5; −2,5; −3
d) 1,2; −3; −5,3
e) −40; −43; −39
f) $-\frac{1}{2}$; 2; −5
g) −100; −1000; 1
h) 17,8; −4,2; 3
i) −325; −258; 259
k) −2,1; 2,7; −2,01
l) −0,01; 0,01; −0,02
m) 0,1; 0; −0,1
n) −2,4; −21; −2,5
o) 3,4; −3,05; −3,5

−1 liegt links von 2
−1 < 2

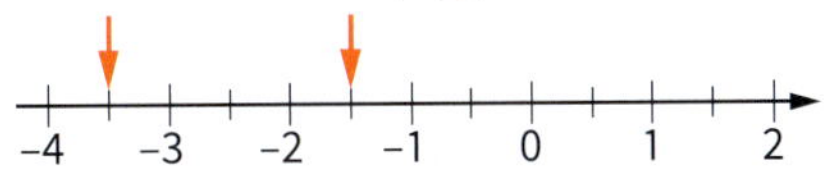

−3,5 liegt links von −1,5
−3,5 < −1,5

Auf der Zahlengeraden liegt von zwei rationalen Zahlen die kleinere Zahl links und die größere Zahl rechts.

17 a) Beurteile Alinas Aussage und ihre Begründung.

b) Korrigiere den Fehler und schreibe eine Begründung für die richtige Lösung.

18 Ordne die Zahlen mithilfe des <-Zeichens.

−5 < −2,4 < −1 < 0 < 6

a) −4,01; −3,9; 0; −4,1
b) $\frac{5}{9}$; $-\frac{4}{9}$; $-\frac{11}{9}$; $-\frac{1}{9}$
c) $\frac{3}{4}$; $-\frac{5}{4}$; $\frac{1}{2}$; $-\frac{3}{4}$; 0
d) $-\frac{1}{2}$; $-\frac{1}{4}$; $-\frac{1}{8}$; −1
e) −0,7; $-\frac{3}{4}$; $\frac{1}{2}$; −0,1; −2
f) $-\frac{3}{4}$; $\frac{3}{5}$; $-\frac{3}{8}$; $-\frac{1}{2}$

19 Setze eines der Zeichen <, > oder = ein, so dass eine wahre Aussage entsteht.

a) −72,2 ■ −91,2
−0,3 ■ $\frac{3}{10}$
−0,6 ■ $-\frac{2}{3}$

b) |−3| ■ 3
−4 ■ |−4|
5 ■ |−5|

20 a) Welche natürliche Zahl ist um eins größer als der Betrag von −9?
b) Nenne eine rationale Zahl, deren Gegenzahl um 2 größer ist als 3.
c) Nenne eine rationale Zahl, deren Gegenzahl um 2 kleiner ist als −5.

Erweiterung des Koordinatensystems

1 Emma hat im Rahmen eines Wetterprojekts stündlich Temperaturen gemessen und die Daten in ein Koordinatensystem eingetragen.

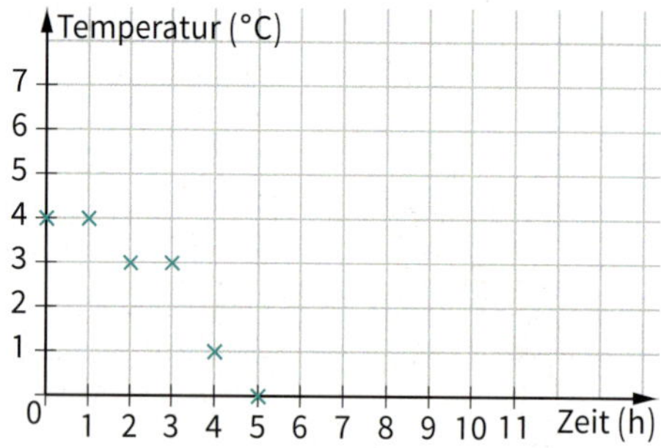

a) Welche Temperatur hat sie zu Beginn ihrer Messung eingetragen? Welche Temperatur hat sie nach einer Stunde (2, 3, 4, 5 Stunden) gemessen?

b) Nach sechs Stunden ist die Temperatur weiter abgefallen. Emma hat die y-Achse über die Null hinaus verlängert, beschriftet und die Temperaturen eingetragen.

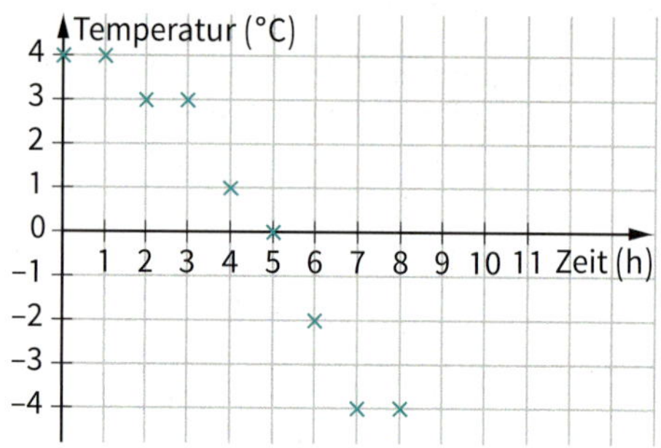

Gib die weiteren Messwerte an.

Das Koordinatensystem

Der Schnittpunkt von x-Achse und y-Achse heißt **Ursprung.** Er wird mit 0 beschriftet.

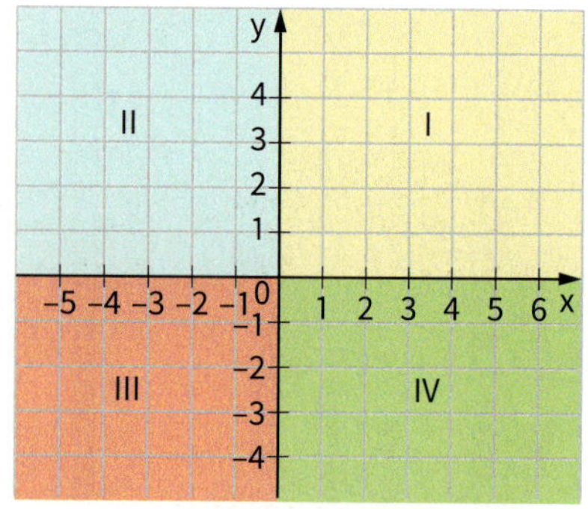

Die beiden Achsen teilen das Koordinatensystem in vier **Quadranten** ein, die gegen den Uhrzeigersinn meistens mit römischen Ziffern bezeichnet werden.

2 Im dargestellten Koordinatensystem wurde die x-Achse nach links und die y-Achse nach unten über die Null hinaus verlängert.

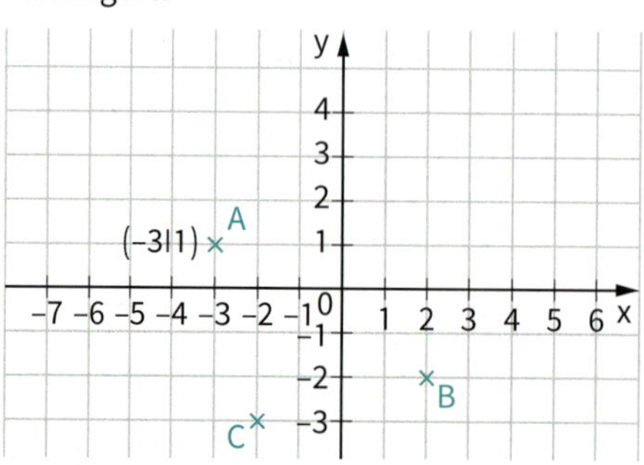

Notiere die Koordinaten der Punkte B und C.

3 Schreibe die Koordinaten der Punkte auf.

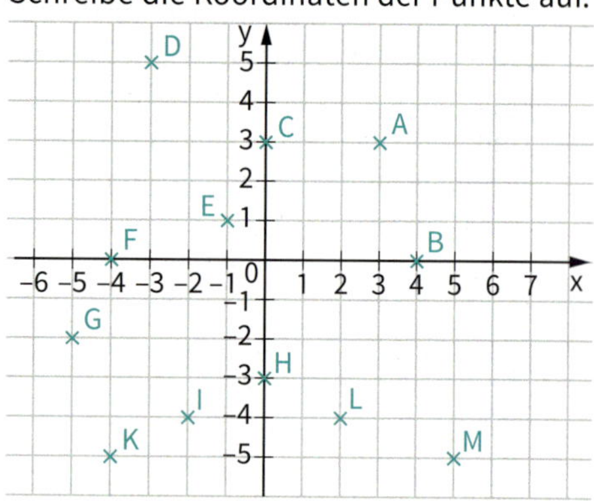

4 Zeichne ein Koordinatensystem in dein Heft. Wähle für beide Achsen den Bereich von −6 bis +6. Trage die Punkte in dein Koordinatensystem ein.

A(1|−5), B(−4|4), C(0|−3), D(−2|−5), E(5|6), F(−5|0), G(2|6), H(−5|−1), I(5|−5)

5 Schreibe zu jedem Punkt wie im Beispiel den zugehörigen Quadranten des Koordinatensystems auf.

A(−2|5) → II

B(−5|1), C(1|−2), D(−7|−2), E(1|6), F(5|−3), G(−2|3), H(−2|−1), I(6|−5)

Schulden und Guthaben

1 Die „negativen Zahlen“ waren im 17. Jahrhundert noch nicht allgemein gebräuchlich. Bis ins 19. Jahrhundert hinein wurden die negativen Zahlen „falsche Zahlen“ oder „eingebildete Zahlen“ genannt, weil sie „weniger als Nichts“ waren.

Blaise Pascal (1623 – 1662)

Was hältst du von der Meinung des berühmten Mathematikers Blaise Pascal?

2 Während die Mathematiker sich über die Bedeutung dieser neuen Zahlen stritten, rechneten die Kaufleute schon mit Schulden.

a) Ein Kaufmann hat ein Barvermögen von 20 Talern. Bei einer Auktion erwirbt er folgende Waren:

1 Sack Kakao	12 Taler
2 Säcke Gewürze für je	7 Taler

Er bezahlt mit seinem Bargeld und stellt über den Rest einen Schuldschein aus. Wie hoch sind seine Schulden?

b) Berechne sein Vermögen, wenn er den Kakaosack für 21 Taler und jeden Gewürzsack für 15 Taler verkauft.

c) Was hat der Kaufmann an dem Geschäft verdient?

3 Heute kann es durch den bargeldlosen Zahlungsverkehr leicht passieren, dass das Konto „überzogen“ wird.

BLZ 480 500 60

Kontostand 01.09.		300,00+
01.09.	Rückerstattung	52,00+
04.09.	Kartenzahlung Boutique Cool & Hot EC 50013544 30.08. / 16.21 Uhr	264,00−
10.09.	Geldautomat GA NR 00000965 10.09. / 9.15 Uhr	200,00−
Kontostand 10.09.		112,00−

Ihr Kredit 1000 €

a) Erkläre die Begriffe „Kontostand“ und „Kredit“ auf dem Kontoauszug.

b) Die Bank versieht die einzelnen Buchungen und die Kontostände mit Plus- und Minuszeichen. Welche Bedeutung haben diese Zeichen auf dem Kontoauszug?

c) Wie wurde der Kontostand am 10.09. berechnet?

4 Mithilfe eines Bankingprogramms können die Kontobewegungen übersichtlich aufgelistet werden.

Datum	Verwendungszweck	Betrag (€)	Kontostand (€)
26.09.	Rückzahlung	100	70
27.09.	Supermarkt	−80	−10
29.09.	Inspektion	−230	−240
30.09.	Gewinn	20	−220
01.10.	Gehalt	2100	1880

a) Wann war der Kontostand am höchsten (am niedrigsten)?

b) Erkläre die Kontostände am 29.09. und 30.09.

c) Wie hoch war der Kontostand vor dem 26.09.?

Rationale Zahlen addieren

1 Sophies Eltern haben zwei Konten. Jeweils zum Monatsende wollen sie beide Kontostände zusammenfassen.

	Konto A	Konto B	Gesamt
Jan	+ 2 0 0	+ 4 5 0	+ 6 5 0
Feb	− 1 8 0	− 6 0	− 2 4 0
Mär	− 1 4 0	+ 1 5 0	▒
Apr	+ 5 0 0	− 4 2 0	▒
Mai	− 2 1 0	+ 1 8 0	▒

Berechne für die Monate März, April und Mai die Summe der Kontostände. Beschreibe, wie du dabei vorgegangen bist.

2 Alexander fasst in seiner Rechnung die Kontostände A und B zusammen.

a) Erläutere seine Rechnung.

Konto A	Kto. B	Rechnung
− 9 0 0	− 8 0	(− 9 0 0) + (− 8 0) = − 9 8 0
+ 1 4 0	− 9 0	(+ 1 4 0) + (− 9 0) = + 5 0
+ 5 0	+ 8 0	(+ 5 0) + (+ 8 0) = + 1 3 0
− 1 1 0	+ 7 0	(− 1 1 0) + (+ 7 0) = − 4 0

b) In seiner Rechnung treten die markierten Zeichen auf.

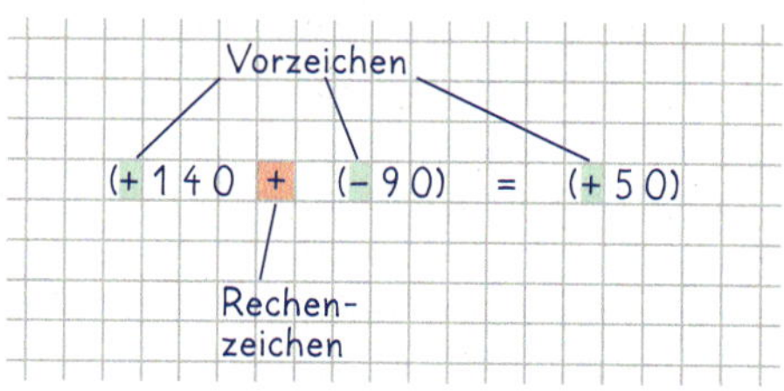

Welche Bedeutung haben sie? Diskutiere deine Meinung mit deinem Sitznachbarn.

3 Berechne.

a) $(+4)+(+3)$
$(+9)+(+7)$
$(+6)+(+8)$
$(+5)+(+9)$

b) $(-5)+(+9)$
$(-11)+(+6)$
$(-13)+(+4)$
$(-9)+(+7)$

c) $(-9)+(-7)$
$(-12)+(-4)$
$(-7)+(-6)$
$(-14)+(-8)$

d) $(+4)+(-9)$
$(+9)+(-11)$
$(+6)+(-7)$
$(+12)+(-3)$

Addition rationaler Zahlen mit gleichen Vorzeichen

$(+13)+(+9) = +22$
$(-13)+(-9) = -22$

$(+0{,}6)+(+1{,}7) = +2{,}3$
$(-0{,}6)+(-1{,}7) = -2{,}3$

Du setzt das gemeinsame Vorzeichen und addierst die Beträge.

Addition rationaler Zahlen mit verschiedenen Vorzeichen

$(-13)+(+9) = -4$
$(+13)+(-9) = +4$

$(-0{,}6)+(+1{,}7) = +1{,}1$
$(+0{,}6)+(-1{,}7) = -1{,}1$

Du setzt das Vorzeichen der Zahl mit dem größeren Betrag und subtrahierst den kleineren vom größeren Betrag.

4 Berechne.

a) $(+4)+(+11)$
$(+18)+(+13)$
$(+31)+(+7)$
$(+27)+(+48)$

b) $(-4)+(-11)$
$(-18)+(-13)$
$(-31)+(-7)$
$(-27)+(-48)$

c) $(-4)+(+11)$
$(-18)+(+13)$
$(-31)+(+7)$
$(-27)+(+48)$

d) $(+4)+(-11)$
$(+18)+(-13)$
$(+31)+(-7)$
$(+27)+(-48)$

e) $(-6)+(+31)$
$(+42)+(-16)$
$(-23)+(+59)$
$(+19)+(+109)$

f) $(+60)+(-51)$
$(-49)+(-36)$
$(+63)+(+29)$
$(-13)+(+29)$

Rationale Zahlen addieren

5 Die Addition von rationalen Zahlen lässt sich auch mit Pfeilen veranschaulichen. Summanden mit positivem Vorzeichen werden mit Pfeilen nach rechts veranschaulicht, Summanden mit negativem Vorzeichen mit Pfeilen nach links. Der Anfang des ersten Pfeiles liegt immer auf dem Nullpunkt der Zahlengeraden. Der zweite Pfeil beginnt an der Spitze des ersten Pfeils. Wenn du von der Spitze des zweiten Pfeils hoch zur Zahlengeraden gehst, kannst du das Ergebnis ablesen.

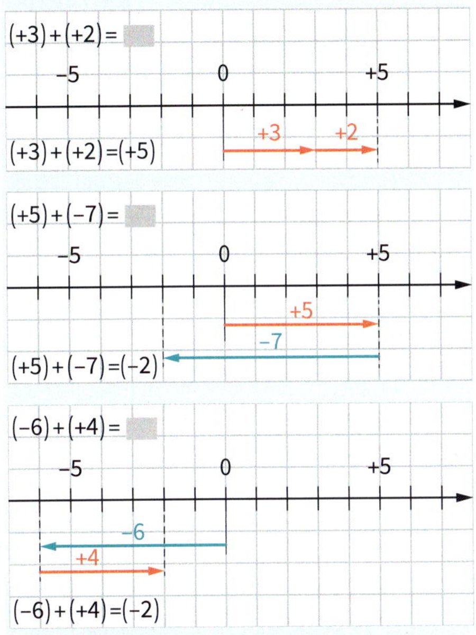

Löse die Aufgaben wie in den Beispielen.

a) (+5) + (+1)
(+2) + (−7)

b) (−5) + (−2)
(−1) + (+8)

6 Welche Addition ist hier mit Pfeilen dargestellt worden? Gib auch die Lösung an.

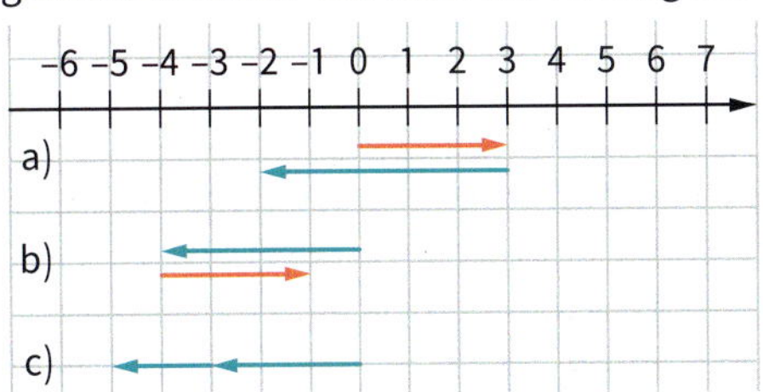

7 Zeichne eine Zahlengerade von −10 bis +10 und stelle die folgenden Additionen mit Pfeilen dar.

a) (+6,5) + (+1,5)
(−1) + (−6,5)

b) (−5,5) + (+2)
(+0,5) + (−6)

8 Berechne.

a) (+2,3) + (+3,7)
(+5,6) + (+3,1)
(−3,1) + (−8,2)
(−9,8) + (−2,5)

b) (+3,3) + (−2,9)
(+3,4) + (−48)
(−2,6) + (−13)
(+1,6) + (−68)

c) (+8,1) + (−8,1)
(−5,1) + (+5,7)
(+2,3) + (−1,7)
(−7,2) + (−6,8)

d) (−21,2) + (+30,7)
(+50,6) + (−39,4)
(−103,2) + (+89,9)
(−98,8) + (+203,5)

9 Übertrage in dein Heft und berechne.

+	−8	−15	+23	−46	+29	−31
−9	■	■	■	■	■	■
+24	■	■	■	■	■	■
−17	■	■	■	■	■	■
+39	■	■	■	■	■	■

10 Berechne.

a) (−12) + (−17) + (−8)
(−15) + (−35) + (+13)
(−47) + (+21) + (+7)
(−36) + (+29) + (+71)
(−11) + (+34) + (−52)
(−16) + (−31) + (−25)

b) (−25) + (−31) + (+19)
(+11) + (−22) + (+13)
(+39) + (−52) + (−21)
(−41) + (+15) + (+33)
(−39) + (−13) + (+62)
(+56) + (−37) + (−43)

11 Bestimme den Platzhalter.

a) (+20) + ■ = (+34)
(+23) + ■ = (+18)
(+12) + ■ = 0
(+2) + ■ = (−3)

b) (−30) + ■ = (−44)
(−21) + ■ = (−88)
(−52) + ■ = (−11)
(−21) + ■ = 0

c) (+3,4) + ■ = (+4,5)
(+2,1) + ■ = (+8,8)
(+5,2) + ■ = (+1,1)
(+2,1) + ■ = (+1,3)

d) (−7,8) + ■ = (+4,5)
(−8,1) + ■ = (+6,8)
(−51,2) + ■ = 0
0 + ■ = (+21,3)

12 Berechne.

a) $\left(-\frac{1}{2}\right) + \left(-\frac{1}{4}\right)$

b) $(+2) + \left(-\frac{2}{3}\right)$

c) $\left(-\frac{5}{8}\right) + \left(+\frac{3}{5}\right)$

d) $(-1{,}5) + \left(-\frac{3}{10}\right)$

Rationale Zahlen subtrahieren

1 Ordne jeder Aussage eine Aufgabe zu und löse sie.

A	$(+5) - (+2) =$ □	B	$(-2) + (-5) =$ □
C	$(+5) + (+2) =$ □	D	$(-5) - (-2) =$ □

2 Formuliere mithilfe von Schulden und Guthaben und vergleiche. Was stellst du fest?

a) $(+3) - (+5) = -2$
$(+3) + (-5) = -2$

b) $(+3) - (-5) = +8$
$(+3) + (+5) = +8$

c) $(-6) - (+4) = -10$
$(-6) + (-4) = -10$

d) $(-6) - (-4) = -2$
$(-6) + (+4) = -2$

3 Paul hat 13,70 € Schulden bei Lukas. Lukas macht Paul einen Vorschlag: „Wenn du mir beim Rasenmähen hilfst, schenke ich dir 4,50 €“.
Paul erwidert: „Dann kannst du mir auch 4,50 € meiner Schulden erlassen“.
Drücke jede Möglichkeit durch eine Rechenaufgabe aus und löse sie.

$(-5) - (-4) = -1$
$(-5) + (+4) = -1$
$(-5) - (+4) = -9$
$(-5) + (-4) = -9$

Du subtrahierst eine rationale Zahl, indem du die Gegenzahl addierst.

4 Löse die folgenden Aufgaben.
Beachte: Schreibe jeweils die zugehörige Additionsaufgabe und berechne.

$(-14) - (+5) = (-14) + (-5) = -19$

a) $(+18) - (+17)$
$(-11) - (+14)$
$(-31) - (+25)$

b) $(+18) - (-17)$
$(+11) - (-14)$
$(+31) - (-25)$

c) $(-18) - (-17)$
$(-11) - (-14)$
$(-16) - (-42)$

d) $(-17) - (+25)$
$(-19) - (+43)$
$(-46) - (+57)$

e) $(+34) - (-19)$
$(+29) - (-16)$
$(+78) - (-18)$

f) $(-37) - (-55)$
$(-21) - (-34)$
$(-54) - (-26)$

5 Berechne.

a) $(-2{,}5) - (-1{,}3)$
$(-3{,}4) - (-1{,}5)$
$(-1{,}2) - (+1{,}2)$
$(-14) - (+0{,}5)$

b) $(+4) - (+0{,}7)$
$(-4{,}9) - (-2{,}5)$
$(+2{,}3) - (+3{,}9)$
$(-1{,}4) - (-10)$

c) $(+13) - (+4) - (+8)$
$(-12) - (-2) - (+4)$
$(-24) - (+5) - (-8)$
$0 - (-1) - (-1) - (-1)$

d) $\left(-\frac{3}{4}\right) - \left(+\frac{1}{2}\right)$
$\left(+\frac{2}{3}\right) + \left(-\frac{5}{6}\right)$

Lösungen zu Aufgabe 5:
$(+3{,}3)$ $(-1{,}6)$ $(-2{,}4)$ $(-1{,}2)$ $(+8{,}6)$ $(-1{,}9)$ $(-2{,}4)$ $(-14{,}5)$ (-14) $\left(-\frac{1}{6}\right)$ $(+3)$ $\left(-\frac{5}{4}\right)$ (-21) $(+1)$

6 Bestimme jeweils den Platzhalter.

a) $(-3{,}7) -$ □ $= (-4{,}2)$
$(+2{,}3) -$ □ $= (-1{,}9)$
$(-1{,}7) -$ □ $= (+2{,}8)$
$(+14) -$ □ $= (+15{,}3)$
$(+2{,}9) -$ □ $= (-0{,}3)$

b) □ $- (-8{,}1) = (+5)$
□ $- (+5) = (-1{,}3)$
□ $- (-7) = (-13{,}2)$
□ $- (+9{,}5) = (+2)$
□ $- (-3) = (-1{,}2)$

Lösungen zu Aufgabe 6:
$(+4{,}2)$ $(+3{,}2)$ $(-3{,}1)$ $(-20{,}2)$ $(-4{,}5)$ $(+3{,}7)$ $(-4{,}2)$ $(-1{,}3)$ $(+0{,}5)$ $(+11{,}5)$

Addition und Subtraktion mit Rechenstreifen

1 Du kannst mit zwei Papier- oder Pappstreifen eine einfache Vorrichtung bauen, mit der du rationale Zahlen addieren oder subtrahieren kannst.
Zeichne zwei Rechtecke mit den Maßen 12 cm x 2 cm wie unten abgebildet auf kariertes Papier. Zeichne auf jedes Rechteck eine Zahlengerade.

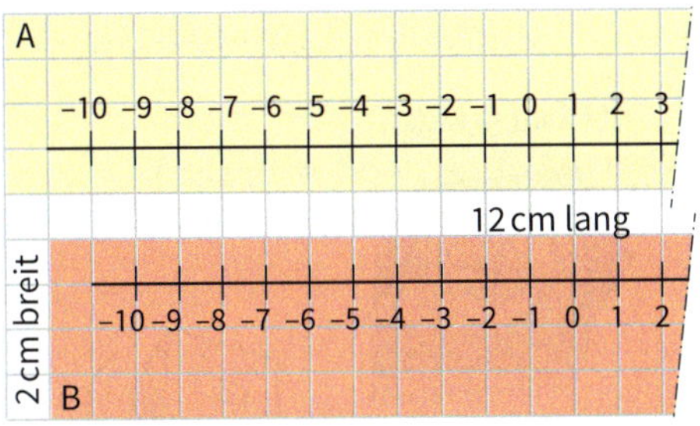

Notiere die Zahlen im oberen Rechteck oberhalb der Zahlengeraden und im unteren Rechteck unterhalb der Zahlengeraden. Schneide die Rechtecke aus, so dass du zwei Streifen erhältst. Beschrifte die beiden Skalen mit A und B.

2 Addiere die rationalen Zahlen mithilfe der Streifen wie im Beispiel.

(+3) + (+7) = ▒

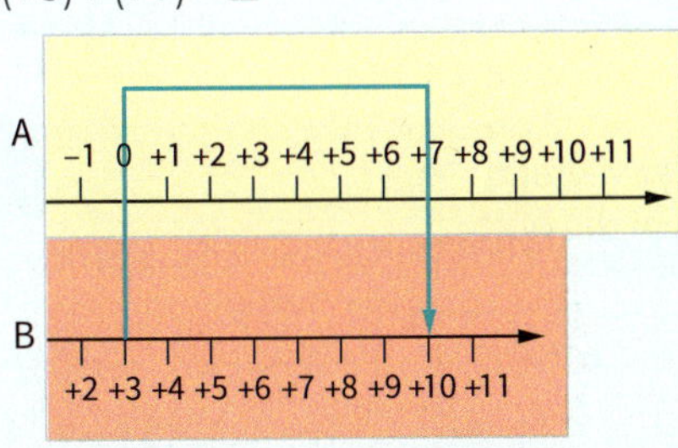

Verschiebe Skala A so, dass die Null über der (+3) auf Skala B steht. Gehe auf Skala A zur (+7) und lies das Ergebnis der Addition auf Skala B ab.
(+3) + (+7) = (+10)

a) (+2) + (+3)
(+1) + (+8)
(+3) + (+8)
(−1) + (+4)
(−5) + (+3)
(−7) + (+9)
(−3) + (+10)
(−8) + (+2)
(−9) + (+11)

b) (+8) + (−3)
(+7) + (−5)
(+2) + (−1)
(+5) + (−7)
(+1) + (−9)
(−2) + (−3)
(−4) + (−5)
0 + (−3)
(−1) + (−8)

3 Subtrahiere die rationalen Zahlen mithilfe der Streifen wie im Beispiel.

(+3) − (+8) = ▒

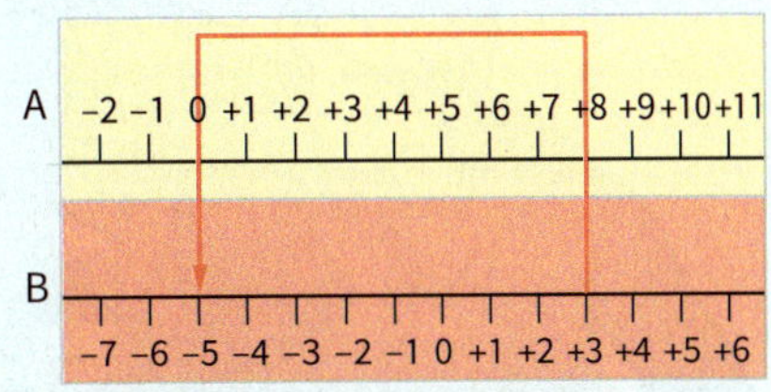

Verschiebe Skala A so, dass die (+8) über der (+3) auf Skala B steht. Gehe auf Skala A zur Null und lies das Ergebnis der Subtraktion auf Skala B ab.
(+3) − (+8) = (−5)

a) (+7) − (+3)
(+6) − (+2)
(+3) − (+6)
(+5) − (+4)
0 − (+3)
(−1) − (+9)
(−3) − (+5)
(−8) − (+1)
(+4) − (+9)

b) (+4) − (−3)
(+1) − (−5)
(+2) − (−1)
(+5) − (−2)
(−1) − (−9)
(−2) − (−3)
(−4) − (−5)
0 − (−3)
(−1) − (−8)

4 Lege die beiden Papierstreifen wie abgebildet.

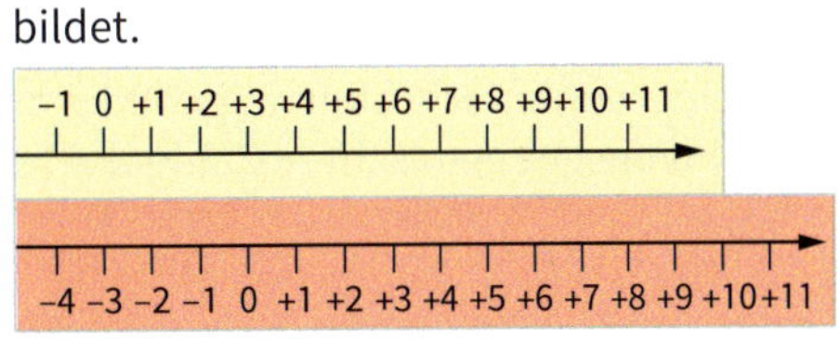

Schreibe zu dieser Einstellung drei Additionsaufgaben mit Ergebnis auf.

5 Lege die beiden Papierstreifen wie abgebildet.

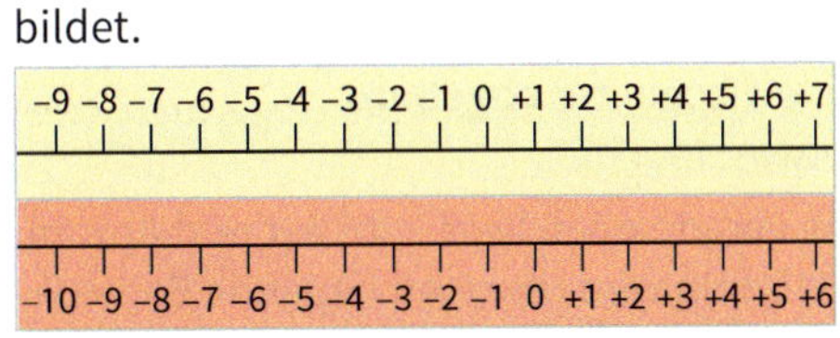

a) Schreibe zu dieser Einstellung drei Subtraktionsaufgaben mit Ergebnis (−1) auf.
b) Schreibe zu dieser Einstellung drei Additionsaufgaben auf, bei denen das Ergebnis kleiner als (−1) ist.

Spiel mit Guthaben und Schulden

Material
40 Gutscheine, 40 Schuldscheine, 22 Zahlenkarten mit den Zahlen −5; −4; −3; −2; −1; 0; +1; +2; +3; +4; +5 (je 2 Stück); ein Würfel, der mit je drei Minus- und Pluszeichen beklebt ist.

Vorbereitung
Die Gut- und Schuldscheine werden wie oben abgebildet auf die Spieler verteilt.
Die restlichen Scheine und die gut gemischten Zahlenkarten kommen in die Mitte.

Spielanleitung
Ein Spieler fängt an und würfelt ein Plus- oder Minuszeichen.

Ein gewürfeltes **+** bedeutet:
Gut- oder Schuldscheine von der Tischmitte **nehmen.**
Merke: Man bekommt etwas dazu.

Ein gewürfeltes **–** bedeutet:
Eigene Scheine in die Tischmitte **abgeben.**
Merke: Man muss etwas abgeben.

Die Zahlenkarte, die gerade oben liegt, gibt Art und Anzahl der Scheine an.
Vor dem nächsten Würfeln wird die oben liegende Zahlenkarte nach unten gelegt.

Beispiele
Ein gewürfeltes **–** und die Karte **+2** heißt, dass ich 2 Gutscheine in die Tischmitte abgeben muss.
Bei einem gewürfelten **+** und der Karte **−4** bekomme ich 4 Schuldscheine aus der Mitte dazu.

Spielende
Nach der vorher festgelegten Anzahl Spielrunden hat der Spieler mit dem höchsten Kontostand gewonnen.

Spiel mit Guthaben und Schulden

1 Spielt drei Runden mit eurem Sitznachbarn und überprüft danach, wer gewonnen hat.

2 Laura und Tim spielen und führen dabei Protokoll. Jeder von beiden hat zweimal gewürfelt.
Laura hat in der ersten Runde drei Schuldscheine dazubekommen und Tim musste zwei Gutscheine abgeben.

Erkläre die Kontostände nach der ersten Runde.
Beschreibe den Spielverlauf in der zweiten Runde und berechne die Kontostände der beiden Spieler.

3 Überlegt, welche unterschiedlichen Kontobewegungen es geben kann, schreibt sie auf und vergleicht sie miteinander.

Protokoll

		Laura			Tim		
		G	S	Kontostand	G	S	Kontostand
		+10	−10	0	+10	−10	0
1. Runde	**Kontobewegung**	+(−3)			−(+2)		
		+10	−13	−3	+8	−10	−2
2. Runde	**Kontobewegung**	−(−5)			+(+4)		
3. Runde	**Kontobewegung**						

Wie könnt ihr weiterspielen, wenn ein Spieler zu wenig Gut- oder Schuldscheine hat? Überlegt euch selbst eine Regel für diesen Fall.

Addieren und Subtrahieren in vereinfachter Schreibweise

1 Paul und Marie denken darüber nach, ob es möglich ist, die Aufgaben ohne Klammern zu schreiben.
Erkläre, wie sie dabei vorgehen.

$(-8) + (+13)$ $\quad$ $(-8) - (-13)$
$= -8 + 13$ $\quad$ $= -8 + 13$

Sind Rechen- und Vorzeichen der zweiten Zahl gleich, so schreibe +.

$(-8) + (-13)$ $\quad$ $(-8) - (+13)$
$= -8 - 13$ $\quad$ $= -8 - 13$

Sind Rechen- und Vorzeichen der zweiten Zahl verschieden, so schreibe −.

2 Schreibe die Aufgabe ohne Klammern und berechne.

$(-4) - (-13) = -4 + 13 = +9$

a) $(-9) + (+5)$
$(-4) + (+7)$
$(+3) + (+8)$
$(-5) + (+6)$

b) $(-2) - (-4)$
$(+5) - (-7)$
$(+9) - (-6)$
$(-1) - (-3)$

c) $(-9) + (-3)$
$(-4) + (-8)$
$(+7) + (-3)$
$(-4) + (-7)$

d) $(-18) - (+5)$
$(-4) - (+11)$
$(+15) - (+6)$
$(+3) - (+9)$

e) $(-13) + (-11)$
$(+26) - (-57)$
$(-42) - (+11)$
$(-93) - (+27)$

f) $(+12) + (-21)$
$(-61) - (-7)$
$(+2) - (+21)$
$(-3) - (+127)$

3 Bestimme jeweils das fehlende Vorzeichen.

a) $8 - 9 = ■\,1$
$-7 + 13 = ■\,6$
$-14 - 7 = ■\,21$
$19 + 6 = ■\,25$

b) $-23 + 18 = ■\,5$
$14 - 41 = ■\,27$
$31 - 28 = ■\,3$
$-17 - 32 = ■\,49$

4 In den Beispielen wird gezeigt, wie du zwei rationale Zahlen addieren (subtrahieren) kannst.

Beide Zeichen gleich

$+3 + 8 = +11$
$-3 - 8 = -11$

Addiere die Beträge und setze das gemeinsame Zeichen.

Verschiedene Zeichen

$+3 - 8 = -5$
$-3 + 8 = +5$

Subtrahiere den kleineren vom größeren Betrag und setze das Zeichen vor der Zahl mit dem größeren Betrag.

Berechne wie in den Beispielen.

a) $24 + 35$
$-35 + 49$
$41 - 28$

b) $-15 + 56$
$45 + 25$
$-56 - 12$

c) $17 - 12$
$-75 + 47$
$-46 + 46$

d) $2{,}3 - 4{,}2$
$3{,}4 + 5{,}6$
$1{,}1 - 4{,}6$

e) $-7{,}9 + 3{,}1$
$-1{,}2 - 8{,}6$
$-12{,}3 + 2{,}1$

Lösungen zu Aufgabe 4:
−1,9 41 70 14 −28 5 −4,8 −10,2 13 59
0 −3,5 9 −9,8 −68

Addieren und Subtrahieren in vereinfachter Schreibweise

5 Irina hat bei einem Spiel Gutscheine und Schuldscheine gesammelt. Sortiere und berechne ihren Kontostand.

6 Berechne.

a) 8 + 12 + 9
13 − 18 + 8
−17 + 11 − 7
23 − 16 + 9
−27 + 18 − 7

b) 13 + 27 + 31
−23 + 14 − 15
25 − 16 − 21
18 + 23 − 9
−43 − 19 − 14

c) −28 − 14 − 31
−21 + 31 − 15
19 − 14 + 38
−11 + 52 − 37
18 − 37 + 26

d) −53 + 70 + 33
47 − 76 − 51
41 − 60 + 25
−59 + 99 − 78
46 − 18 + 57

7 Marie und Johanna haben unterschiedliche Lösungswege gefunden. Für welchen Lösungsweg würdest du dich entscheiden? Begründe deine Antwort.

$$
\begin{aligned}
&-18 + 25 - 12 + 14 - 81 + 34\\
&= \underbrace{25 + 14 + 34}\ \underbrace{-\,18 - 12 - 81}\\
&= \quad 73 \qquad\qquad -111\\
&= \underline{\underline{-38}}
\end{aligned}
$$

$$
\begin{aligned}
&-18 + 25 - 12 + 14 - 81 + 34\\
&= 7 - 12 + 14 - 81 + 34\\
&= -5 + 14 - 81 + 34\\
&= 9 - 81 + 34\\
&= -72 + 34\\
&= \underline{\underline{-38}}
\end{aligned}
$$

8 Berechne. Ordne zuerst und fasse dann zusammen.

a) −14 + 12 − 13 + 34 − 45 + 10 + 21
34 − 23 + 67 − 65 + 21 − 8 + 34
−45 − 90 − 34 + 12 − 97 + 3 − 12
−123 + 74 − 234 − 12 + 98 − 39

b) −4 + 112 − 53 + 134 − 5 + 15 + 25
84 − 523 + 167 − 65 + 51 − 18 + 94
41 − 190 − 4 + 102 − 39 + 13 − 2
−123 − 234 − 74 − 22 + 198 − 79

9 In den Beispielen wird gezeigt, wie du rationale Zahlen schriftlich addieren oder subtrahieren kannst.

	1430 − 7214 = ■	−310 − 2194 = ■
1. Bestimme das Vorzeichen des Ergebnisses.	Vorzeichen: −	Vorzeichen: −
2. Entscheide, ob die Beträge addiert oder subtrahiert werden und führe die Nebenrechnung durch.	7214 − 1430 5784	310 + 2194 2504
3. Schreibe die Aufgabe mit Ergebnis auf.	1 430 − 7 214 = − 5 784	−310 − 2 194 = −2 504

Berechne schriftlich wie in den Beispielen.

a) 1 315 − 728
998 − 2 316
7 586 + 5 213
−749 − 6 379

b) −604 − 1 277
−3 413 + 978
9 157 + 7 839
−1 234 − 4 567

c) 76,6 − 76,59
−966,3 + 966,29
−5,34 − 455,1
800,00 − 800,01

d) 5,45 − 79,2
82,4 + 0,99
−167,45 − 433
−59,456 − 59,5

10 Bestimme jeweils den Platzhalter.

a) 789 − ■ = −236
−9 632 + ■ = −5 237
−1 254 − ■ = −982
249 − ■ = −1 254

b) ■ + 125 = −235
■ − 548 = −784
■ + 583 = 368
■ − 784 = −178

11 Berechne wie im Beispiel.

a) 80 − (−85 − 41)
b) −65 − (35 − 10 + 8) − (−21)
c) 8,2 + (−5,5 − 20) − (−4 − 5)
d) 5 − (6,2 − 10) + (−5,1 − 12)

53,2 − (−13 − 4,3)
= 53,2 − (−17,3)
= 53,2 + 17,3
= 70,5

Rationale Zahlen multiplizieren

1 Mehmet und Emily haben bei einem Spiel Gutscheine und Schuldscheine gesammelt. Gewonnen hat der Spieler mit dem höchsten Kontostand.

Mehmet rechnet:

$(-10) + (-10) + (-10) = -30$

$(-20) + (-20) + \ldots$

Emily rechnet:

$5 \cdot (-10) = -50$

$6 \cdot (-20) = \ldots$

a) Übertrage die beiden Rechnungen in dein Heft und vervollständige sie. Wer hat gewonnen?
b) Vergleiche die beiden Rechenwege miteinander.

2 Ergänze sinnvoll. Achte dabei besonders auf die Vorzeichen der einzelnen Faktoren. Wie verändern sich dabei die Ergebnisse?

a)
$(+3) \cdot (+3) = +9$
$(+3) \cdot (+2) = +6$
$(+3) \cdot (+1) = +3$
$(+3) \cdot 0 = 0$
$(+3) \cdot (-1) = \blacksquare$
$(+3) \cdot (-2) = \blacksquare$
⋮
$(+3) \cdot (-5) = \blacksquare$

b)
$(+3) \cdot (+2{,}5) = +7{,}5$
$(+2) \cdot (+2{,}5) = +5$
$(+1) \cdot (+2{,}5) = +2{,}5$
$0 \cdot (+2{,}5) = \blacksquare$
$(-1) \cdot (+2{,}5) = \blacksquare$
⋮
$(-5) \cdot (+2{,}5) = \blacksquare$

c)
$(-4) \cdot (+3) = -12$
$(-4) \cdot (+2) = -8$
$(-4) \cdot (+1) = -4$
$(-4) \cdot 0 = \blacksquare$
$(-4) \cdot (-1) = \blacksquare$
⋮
$(-4) \cdot (-5) = \blacksquare$

d)
$(+3) \cdot (-0{,}5) = -1{,}5$
$(+2) \cdot (-0{,}5) = -1$
$(+1) \cdot (-0{,}5) = -0{,}5$
$0 \cdot (-0{,}5) = 0$
$(-1) \cdot (-0{,}5) = \blacksquare$
⋮
$(-4) \cdot (-0{,}5) = \blacksquare$

Multiplikation zweier rationaler Zahlen mit verschiedenen Vorzeichen

$(+3) \cdot (-4) = -12$
$(-3) \cdot (+4) = -12$

$(+1{,}2) \cdot (-3) = -3{,}6$
$(-1{,}2) \cdot (+3) = -3{,}6$

Du setzt das Vorzeichen – und multiplizierst die Beträge.

Multiplikation zweier rationaler Zahlen mit gleichen Vorzeichen

$(+3) \cdot (+4) = +12$
$(-3) \cdot (-4) = +12$

$(+1{,}2) \cdot (+3) = +3{,}6$
$(-1{,}2) \cdot (-3) = +3{,}6$

Du setzt das Vorzeichen + und multiplizierst die Beträge.

Rationale Zahlen multiplizieren

3 Rechne im Kopf.

a) $(-3)\cdot(-4)$
$(-6)\cdot(+9)$
$(-7)\cdot(-8)$
$(+4)\cdot(+7)$

b) $(+3)\cdot(-11)$
$(-6)\cdot(+12)$
$(-11)\cdot(-9)$
$(+14)\cdot(+2)$

c) $(-3)\cdot(-15)$
$(+6)\cdot(+12)$
$(-7)\cdot(+13)$
$(-4)\cdot(-31)$

d) $(+13)\cdot(-5)$
$(-61)\cdot(+2)$
$(-7)\cdot(-11)$
$(-14)\cdot(-3)$

4 Ergänze die Vorzeichen. Gib alle Möglichkeiten an, die zu einer wahren Aussage führen.

(■ 2) · (■ 3) = 6
(■ 14) · (■ 7) = −98
(■ 13) · (■ 9) = 117
(■ 21) · (■ 7) = −147

5 Berechne. Überlege zunächst, welches Vorzeichen das Ergebnis hat.

Schreibweise:
$(+3)\cdot(-4)=-12$
$3\cdot(-4)=-12$

a) $-9\cdot 11$
$-22\cdot(-5)$
$17\cdot(-3)$
$-8\cdot 7$
$-1{,}4\cdot 7$
$-1{,}8\cdot(-9)$
$2{,}1\cdot(-5)$

b) $-6\cdot(-15)$
$-9\cdot 13$
$10\cdot(-34)$
$-18\cdot 9$
$3{,}2\cdot(-4)$
$-4{,}7\cdot 5$
$-2{,}6\cdot(-7)$

c) $15\cdot 12$
$-13\cdot(-11)$
$20\cdot(-22)$
$-11\cdot(-33)$
$-5\cdot 1{,}9$
$-8\cdot(-2{,}3)$
$9\cdot(-1{,}8)$

d) $19\cdot(-11)$
$-28\cdot 12$
$-13\cdot(-15)$
$-21\cdot 16$
$7\cdot(-2{,}2)$
$-9\cdot(-6{,}5)$
$-8\cdot 3{,}7$

6 Bestimme jeweils den Platzhalter.

a) −5 · ■ = −20
−5 · ■ = 20
4 · ■ = −40
4 · ■ = 40
■ · (−20) = −120

b) ■ · (−3) = −36
■ · (−8) = 72
■ · 15 = 45
■ · (−25) = 125
−12 · ■ = −60

c) −13 · ■ = 39
−4 · ■ = 48
12 · ■ = −144
−11 · ■ = −121
■ · (−15) = −75

d) ■ · 40 = −160
■ · 0,5 = −1
0,3 · ■ = −3
■ · 1,1 = −6,6
−4,2 · ■ = 21

7 Notiere alle Produkte aus zwei ganzen Zahlen, die folgendes Ergebnis haben.

$-6=-6\cdot 1$ $\quad -6=-3\cdot 2$
$-6=1\cdot(-6)$ $\quad -6=2\cdot(-3)$
$-6=-2\cdot 3$ $\quad -6=-1\cdot 6$
$-6=3\cdot(-2)$ $\quad -6=6\cdot(-1)$

a) 9 b) −14 c) 22 d) −25

8 Übertrage die Multiplikationstabelle in dein Heft und fülle sie aus. Rechne schriftlich.

a)

·	23	−78	198	−15
−300	■	■	■	■
64	■	■	■	■
22	■	■	■	■

b)

·	−1,4	−8,01	−5	13
−2,03	■	■	■	■
1,2	■	■	■	■
−1,01	■	■	■	■

9 Gib das fehlende Vorzeichen an und berechne.

a) −3 · 5 · (■ 7) = −■
■ 6 · (−3) · 5 = +■
−7 · (■ 8) · (−4) = −■

b) 5 · (■ 3) · 6 = −■
−8 · (−4) · (■ 3) = +■
3 · (■ 6) · (−5) = +■

c) ■ 4 · (−3) · (−6) = +■
■ 5 · 4 · (−6) = −■
−7 · (■ 5) · (−6) = −■

10 Berechne.

a) $-\frac{1}{2}\cdot 0{,}4$
$-\frac{3}{4}\cdot(-8)$
$\frac{5}{8}\cdot(-2)$

b) $-0{,}9\cdot(-2{,}1)\cdot\frac{1}{2}$
$\frac{2}{3}\cdot(-9)$
$\frac{1}{4}\cdot(-4)\cdot 2{,}36$

11 a) Welche rationale Zahl muss ich mit −3 multiplizieren, um 1 zu erhalten?
b) Welche rationale Zahl muss ich mit $-\frac{1}{2}$ multiplizieren, um 4 zu erhalten?

Rationale Zahlen dividieren

1 Marie und Leonie haben die Vorbereitung einer Fahrradtour ihrer Jugendgruppe übernommen.
Um die notwendigen Einkäufe durchführen zu können, haben sie sich Geld bei ihrer Betreuerin geliehen. Marie hat die Schulden notiert.

Radwanderkarte	4,90 €
Flickzeug	1,90 €
Werkzeug	10,10 €
Ersatzschläuche	7,50 €
Getränke	12,30 €
Fotokopien	2,55 €

Wie viel Euro Schulden hat jeder der 25 Jugendlichen, wenn die Kosten gleichmäßig verteilt werden?

2 Louis trifft sich mit seinen sieben Freunden zum Fußballspielen und bringt seinen Fußball mit. Der Ball geht während des Spiels kaputt und Ben schlägt vor, die Kosten für einen neuen Ball gleichmäßig auf alle Mitspieler zu verteilen.

Berechne die Schulden, die jeder andere Spieler bei Louis hat, wenn der neue Ball 24,80 € (23,20 €; 28,40 €) kostet. Schreibe die Schulden als negative Zahl.

3 Suche zu jeder Divisionsaufgabe die passende Multiplikationsaufgabe.

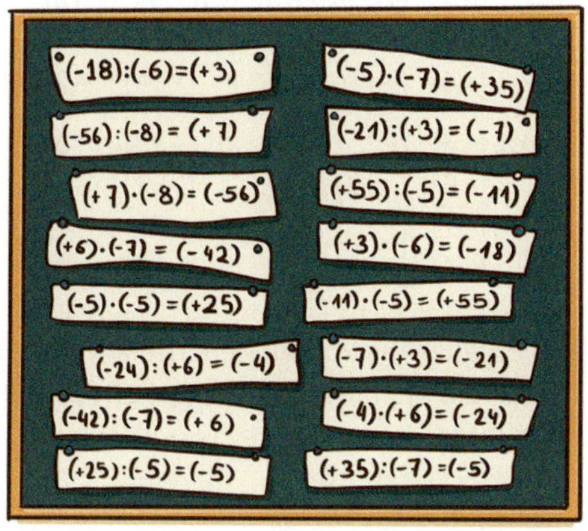

4 Löst die folgenden Divisionsaufgaben, indem ihr die zugehörigen Multiplikationsaufgaben bildet.

$(-18):(-6)=$ ■
■ $\cdot(-6)=-18$
$(+3)\cdot(-6)=-18$
$(-18):(-6)=+3$

a) $(-72):(+8)$
$(-48):(-6)$
$(+54):(-9)$
$(-63):(-9)$
$(+98):(+7)$

b) $(-77):(+11)$
$(+81):(-9)$
$(+77):(-7)$
$(+128):(-16)$
$(-126):(+18)$

c) $(-49):(-7)$
$(+42):(-14)$
$(+27):(-9)$
$(-32):(-8)$
$(-45):(+9)$

d) $(-85):(+5)$
$(+96):(+12)$
$(-75):(-15)$
$(-51):(+17)$
$(+45):(+15)$

Lösungen zu Aufgabe 4:
−11 −7 −9 −6 +14 +7 −9 −7 −8 +8
−3 +5 −3 −5 −17 +4 +7 −3 +3 +8

5 Kannst du die Divisionsaufgabe lösen? Überlege dir zunächst, wie die passende Multiplikationsaufgabe lautet.

a) $0:(-4)$
b) $(+21):0$
c) $0:(+10)$
d) $(-15):0$
e) $0:(-0{,}7)$
f) $(+11{,}4):0$
g) $0:(+7{,}3)$
h) $(-3{,}5):0$

Rationale Zahlen dividieren

Division zweier Zahlen mit gleichen Vorzeichen

(+12) : (+4) = +3
(−12) : (−4) = +3

(+2,4) : (+1,2) = +2
(−2,4) : (−1,2) = +2

Du setzt das Vorzeichen + und dividierst die Beträge.

Division zweier Zahlen mit verschiedenen Vorzeichen

(+12) : (−4) = −3
(−12) : (+4) = −3

(+2,4) : (−1,2) = −2
(−2,4) : (+1,2) = −2

Du setzt das Vorzeichen − und dividierst die Beträge.

Die Division durch Null ist nicht zulässig.

6 Berechne.

a) (+5,6) : 8
(−5,6) : 8
(−5,6) : (−8)
(+5,6) : (−8)

b) (+10,5) : 1,5
(+10,5) : (−1,5)
(−10,5) : (−1,5)
(−10,5) : 1,5

c) 3,6 : 6
−3,6 : 6
3,6 : (−6)
−3,6 : (−6)

d) 1,26 : 7
−1,26 : (−7)
−1,26 : 7
1,26 : (−7)

7 Gib alle Möglichkeiten an, damit du eine wahre Aussage erhältst.

a) ■ 72 : ■ 8 = −9
b) ■ 63 : ■ 7 = 9
c) ■ 21 : ■ 1 = −21
d) ■ 171 : ■ 19 = 9

8 Berechne.

a) 75 : (−15)
−96 : (−12)
84 : (−14)
−81 : (−27)

b) −2,8 : (−4)
1,6 : (−8)
4,5 : (−9)
−7,2 : (−12)

c) −3,6 : (−4)
18,4 : (−8)
−14,1 : 3

d) 14,4 : (−24)
−2,25 : (−5)
−1,60 : 1,6

9 Die Tabelle enthält die Abrechnungen der Klassenfahrten des 7. Jahrgangs. Berechne für die einzelnen Klassen, welcher Geldbetrag pro Schüler noch zu zahlen ist bzw. zurückgezahlt wird.

Klasse	7.1	7.2	7.3	7.4
Anzahl der Schüler	26	27	29	31
Kassenstand (€)	−31,98	23,76	−61,48	50,53
Geldbetrag pro Schüler (€)	−1,23	■	■	■

10 Übertrage die Tabelle in dein Heft und fülle sie aus.

:	−2	3	−5	7
−210	■	■	■	■
1 260	■	■	■	■
−1 470	■	■	■	■
4 200	■	■	■	■

11 Bestimme den Platzhalter.

a) −27 : ■ = −9
81 : ■ = 27
121 : ■ = −11
−96 : ■ = −12

b) ■ : (−5) = −30
■ : (−4) = 13
■ : 15 = −21
■ : (−8) = −21

c) ■ : (−6) = −31
−40 : ■ = 8
■ : 11 = −1
168 : (−8) = ■

d) ■ : (−7) = 3,1
−4 : ■ = 8
■ : 2,8 = −3
5,6 : (−7) = ■

Lösungen zu Aufgabe 11:
−11 −52 186 −21,7 −0,8 3 8 150 168 3 −5 −21 −0,5 −315 −11 −8,4

WISSEN KOMPAKT

Zahlengerade

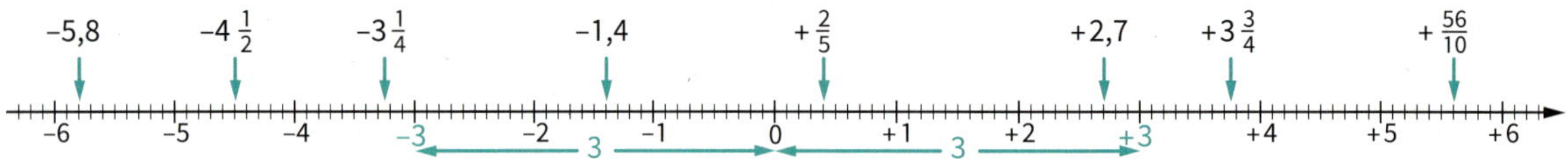

Auf der Zahlengeraden liegt von zwei rationalen Zahlen **die kleinere Zahl links** und **die größere Zahl rechts.**

$-5{,}8 < -1{,}4$

Die rationalen Zahlen −3 und +3 haben vom Nullpunkt der Zahlengeraden den gleichen Abstand. Sie haben den gleichen **Betrag 3,** aber **verschiedene Vorzeichen. −3** und **+3** sind **Gegenzahlen.**

Der Betrag wird mit Betragsstrichen geschrieben. $|-3| = 3$ $|+3| = 3$

Addieren bei gleichen Vorzeichen:

$(+3{,}8) + (+9{,}4) = (+13{,}2)$
$(-3{,}8) + (-9{,}4) = (-13{,}2)$

Du setzt das gemeinsame Vorzeichen und addierst die Beträge.

Addieren bei verschiedenen Vorzeichen:

$(-0{,}6) + (+1{,}7) = +1{,}1$
$(+0{,}6) + (-1{,}7) = -1{,}1$

Du setzt das Vorzeichen der Zahl mit dem größeren Betrag und subtrahierst den kleineren vom größeren Betrag.

Subtrahieren

$(+22) - (+13) = (+22) + (-13) = +9$
$(-14) - (+19) = (-14) + (-19) = -33$
$(+17) - (-12) = (+17) + (+12) = +29$
$(-24) - (-18) = (-24) + (+18) = -6$

Du subtrahierst eine rationale Zahl, indem du die Gegenzahl addierst.

Vereinfachte Schreibweise ohne Klammern

$(-8) + (+13) = -8 + 13 = 5$
$(-8) - (-13) = -8 + (+13) = -8 + 13 = 5$

Sind Rechenzeichen und Vorzeichen der zweiten Zahl gleich, so schreibe **+**.

$(-8) + (-13) = -8 - 13 = -21$
$(-8) - (+13) = -8 - 13 = -21$

Sind Rechenzeichen und Vorzeichen der zweiten Zahl verschieden, so schreibe **−**.

Multiplizieren bei gleichen Vorzeichen:

$(+1{,}2) \cdot (+3) = +3{,}6$
$(-1{,}2) \cdot (-3) = +3{,}6$

Du setzt das Vorzeichen **+** und multiplizierst die Beträge.

Multiplizieren bei verschiedenen Vorzeichen:

$(+1{,}2) \cdot (-3) = -3{,}6$
$(-1{,}2) \cdot (+3) = -3{,}6$

Du setzt das Vorzeichen **−** und multiplizierst die Beträge.

Dividieren bei gleichen Vorzeichen:

$(+2{,}4) : (+1{,}2) = +2$
$(-2{,}4) : (-1{,}2) = +2$

Du setzt das Vorzeichen **+** und dividierst die Beträge.

Dividieren bei verschiedenen Vorzeichen:

$(+2{,}4) : (-1{,}2) = -2$
$(-2{,}4) : (+1{,}2) = -2$

Du setzt das Vorzeichen **−** und dividierst die Beträge.

ÜBEN

1 Das Stadtgebiet von Rotterdam in den Niederlanden liegt etwa 6 m unter dem Meeresspiegel.
Hier befindet sich auch das höchste bewohnte Gebäude der Niederlande, der Delftse Poort mit einer Höhe von 151 m.
Wie hoch liegt die Spitze des Gebäudes über dem Meeresspiegel?

2 Die Oberfläche des Toten Meeres liegt 420 m unter dem Meeresspiegel. Der tiefste Punkt des Toten Meeres befindet sich 794 m unter dem Meeresspiegel.
Wie tief ist das Tote Meer?

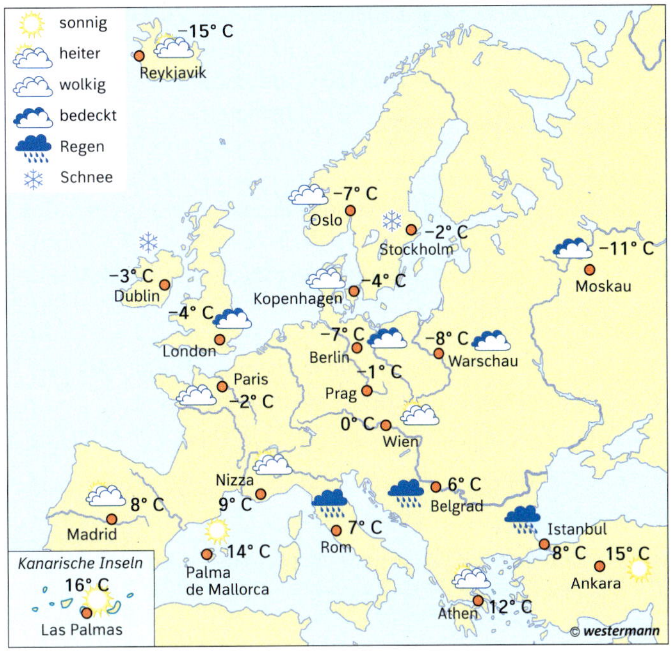

3 a) Wo ist es am kältesten? Wo ist es am wärmsten?
b) Wo ist es mindestens 5 Grad kälter als in Paris?
c) Wie groß ist der Temperaturunterschied zwischen Moskau und Las Palmas (Rom und Reykjavik, London und Madrid)?

4 Ergänze die Kontotabelle in deinem Heft.

	alter Kontostand	Änderung des Kontostandes	neuer Kontostand
a)	+56 €	+123 €	+179 €
b)	−24 €	−23 €	■
c)	−89 €	+175 €	■
d)	■	−58 €	−39 €
e)	−257 €	■	+13 €
f)	+7 821 €	−12 854 €	■

5 Eine Wetterstation misst eine Woche lang die Tageshöchsttemperatur.
a) Erstelle ein passendes Diagramm.

Datum	Mo	Di	Mi	Do	Fr	Sa	So
Temp. (°C)	2	3	0,5	−1	−4,5	1	6

b) Berechne die durchschnittliche Tageshöchsttemperatur.

ÜBEN

6 Drücke mithilfe von Vorzeichen aus.
a) 12 °C unter Null
b) 2 300 € Schulden
c) 270 € Guthaben
d) 456 m unter dem Meeresspiegel

7 Zeichne eine senkrechte Temperaturskala von −20 °C bis +40 °C. (10 °C ≙ 2 cm)
Markiere die folgenden Temperaturen:
−15 °C; 5 °C; −2,5 °C; 20 °C; −17,5 °C.

8 Lies die markierten Zahlen ab und notiere sie in deinem Heft.

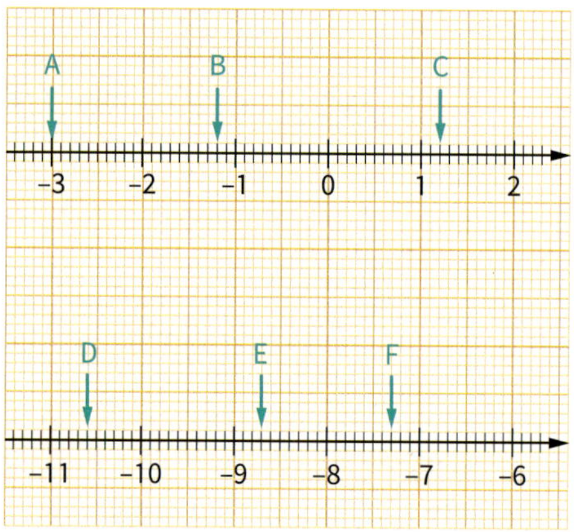

9 Nenne jeweils die niedrigste Temperatur.
a) −40,1 °C; −4,001 °C; −40,01 °C; 40 °C
b) 0,1 °C; 0 °C; −0,1 °C; −0,01 °C; −0,2 °C

10 Entscheide, ob die Aussage wahr oder falsch ist.

a) 3,91 < 12,76
2,45 < −2,45
−0,35 < −0,351

b) 3 < −0,59
0,75 < 0,80
−0,5 < −0,71

c) −1,8 > −2,01
12,33 > 12,1
−0,11 > −0,01

d) 114 > −114,3
−13,98 > −15,99
133,1 > −134,1

11 Ordne die Zahlen der Größe nach, beginne mit der kleinsten.
a) 0,342; −0,344; −0,349; 3,348
b) 4,791; −4,799; −4,791; −4,792
c) 13,014; −13,018; −13,017; 13,010
d) $-\frac{1}{2}; \frac{1}{3}; \frac{1}{4}$

12 Nenne fünf Zahlen zwischen
a) 0,5 und 1,5
b) −1,7 und −1,1
c) 1,7 und 2
d) −6,1 und −6,12

13 Gib die Koordinaten der benannten Punkte an.

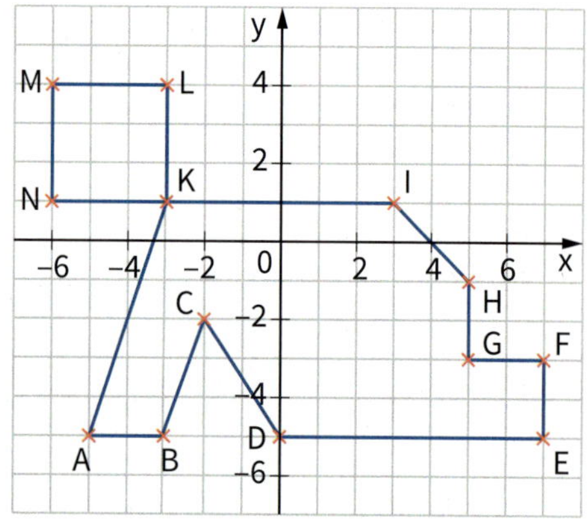

14 Zeichne ein Koordinatensystem (Einheit 0,5 cm) und trage die angegebenen Punkte ein: A (1,5 | −3,5), B (3 | −1,5), C (1,5 | 0,5), D (0 | −1,5). Verbinde die Punkte in der Reihenfolge ABCDA. Welche Figur erhältst du?

15 Zeichne ein Koordinatensystem (Einheit 0,5 cm) und trage die angegebenen Punkte ein: A (−6 | −6), B (−5 | −3), C (−2 | 0), D (1 | 1), E (4 | 0), F (7 | 4), G (5 | 6). Verbinde die Punkte in der Reihenfolge ABCDEFGD. Du erhältst die Skizze eines bekannten Sternbilds. Wie heißt es?

16 Übertrage in dein Heft und spiegele den Linienzug an der y-Achse. Zeichne die x-Achse von −7 bis +7. Gib die Koordinaten von Original- und Bildpunkten an.

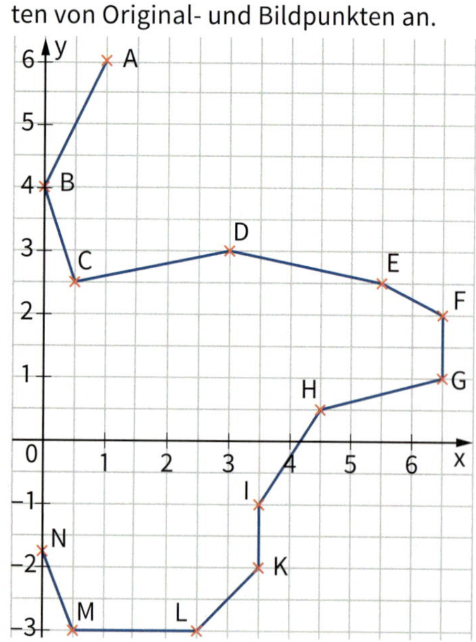

ÜBEN

17 Berechne.

a) $59 + (-68)$
$-27 - 28$
$109 - (-239)$
$-212 - (-324)$

b) $2{,}3 - (-8{,}4)$
$-5{,}7 + (-12{,}3)$
$4{,}58 - 3{,}4$
$-12{,}9 - 8{,}23$

18 Übertrage die Tabelle in dein Heft und berechne.

a)

–	+68	–68	+92	–92
+68				
–68				
+92				
–92				

b)

–	+2,6	–2,6	0	–10
+2,6				
–2,6				
0				
–10				

19 Übertrage den Additionsturm (Subtraktionsturm) in dein Heft und berechne die fehlenden Werte.

a) (+)
[ ]
[ ] [0]
[ ] [ ] [ ]
[–1] [–2] [3] [–4]

b) (–)
[ ]
[ ] [ ]
[7] [ ] [ ]
[5] [–2] [2] [–3]

c) (+)
[–5]
[ ] [ ]
[–5] [–2] [ ]
[ ] [1] [ ] [7]

d) (–)
[ ]
[ ] [ ]
[–1] [ ] [6]
[5] [ ] [ ] [–2]

20 Berechne.

a) $-27 + 14 - 89 + 77$
b) $73 - 56 - 71 - 22 + 18$
c) $-8{,}55 - 0{,}2 + 8{,}6 - 1{,}9$
d) $7{,}3 - 4{,}3 + 5 - 79$

21 Berechne.

a) $-56 + (-13) + 78 - 12 - (-1)$
b) $54 - 52 - (-83) - 27$
c) $2{,}3 - 14{,}88 + (-0{,}25)$
d) $18{,}99 - (-0{,}89) + 55$

22 Berechne wie im Beispiel.

$-41 - (25 - 32)$
$= -41 - (-7)$
$= -41 + 7$
$= -34$

a) $-88 - (56 + 13)$
$92 - (-3 - 4)$
$-27 - (-94 + 112)$
$1 - (-33 + 15)$

b) $(-88 + 22) - (16 + 33)$
$(92 - 4) - (-23 - 41)$
$(-27 + 89) - (-4 + 11)$
$(1 - 81) - (-3 + 1)$

23 Bestimme den Platzhalter.

a) $-23 + ■ = -4$
$7 + ■ = -13$
$2 = ■ - 1{,}3$
$-5 = 2{,}3 - ■$

b) $-\frac{1}{2} + ■ = 0$
$\frac{3}{4} - ■ = -\frac{1}{4}$
$■ + \frac{2}{3} = \frac{1}{6}$

24 Schreibe als Rechenaufgabe mit Platzhalter und gib den Platzhalter an.

a) Welche Zahl muss ich von –3 subtrahieren, um –4 zu erhalten?
b) Welche Zahl muss ich von –3 subtrahieren, um –2 zu erhalten?
c) Wenn ich eine Zahl zur Summe aus –23 und 48 addiere, erhalte ich –1.
d) Wenn ich die Summe aus einer Zahl und 5 von 10 subtrahiere, erhalte ich 7.

25 a) Ergänze im Heft zu einem Zauberquadrat.

	–3	
	–9	–6

(–9)

0	–7	–2
		–6

( )

	0	–5
		–3

(–6)

3	–4	1
–2	0	2
–1	4	–3

(0)

6		–10		4
	–6	–4		5
–7	–5		9	
–1		8	10	
	7		–9	–2

(10)

b) Erfinde selbst ein Zauberquadrat mit positiven und negativen rationalen Zahlen.

ÜBEN

26 Herr Baumann kontrolliert seine Kontoauszüge. Das Konto zeigt ein Soll von 34 €.
Auf den Auszügen sieht er, dass das Fitnessstudio den Beitrag für sechs Monate abgebucht hat. Der Monatsbeitrag beträgt 56,50 €.
Wie hoch war der Kontostand vor der Abbuchung?

27 Berechne.

a) $49 \cdot (-3)$
$-38 \cdot (-14)$
$-21 \cdot 30$
$9 \cdot (-29)$

b) $-\frac{1}{2} \cdot \frac{4}{5}$
$-\frac{3}{4} \cdot \left(-\frac{2}{5}\right)$
$\frac{3}{7} \cdot \left(-\frac{2}{3}\right)$

28 Berechne.

a) $121 : (-11)$
$-426 : (-6)$
$1503 : 3$
$-342 : 9$

b) $1{,}44 : (-12)$
$-3{,}63 : 3$
$60 : 0{,}6$
$-1{,}35 : (-50)$

c) $0{,}5 : (-2)$
$3 : (-4)$
$-5 : (-0{,}5)$
$-1 : (-0{,}1)$

d) $0{,}5 \cdot (-2)$
$3 \cdot (-0{,}25)$
$5 \cdot (-0{,}5)$
$(-0{,}1) \cdot (-0{,}5)$

29 Berechne. Beachte die „Punkt-vor-Strich-Regel".

a) $3 \cdot (-4) + 5$
$5 + (-7) \cdot 3$
$-21 - 8 \cdot (-4)$
$35 + (-3) \cdot (-7)$
$-50 - 3 \cdot (-4)$

b) $13 - 2 \cdot 7$
$-6 \cdot 3 + (-4)$
$15 - 12 \cdot (-3)$
$18 : 2 - 9$
$-15 + 3 \cdot (-14)$

c) $-14 : 7 - 5$
$18 + 35 : (-7)$
$20 - (-15) : 5$
$-100 + 14 : (-2)$
$-5 - 4 : (-8)$

d) $35 : 7 - 13$
$-14 - 100 : 25$
$17 + (-80) : 20$
$-13 \cdot 5 - (-3)$
$-20 : 40 - 5$

30 Vier rationale Zahlen werden miteinander multipliziert. Welches Vorzeichen hat das Ergebnis, wenn

a) alle Zahlen positiv sind?
b) alle Zahlen negativ sind?
c) zwei Zahlen positiv und zwei Zahlen negativ sind?
d) eine Zahl negativ und die restlichen Zahlen positiv sind?

31 Bestimme den Platzhalter.

a) $■ - 5 = -8$
$■ - 8 = -5$
$■ \cdot 13 = -156$
$■ : (-25) = 25$

b) $■ : (-0{,}5) = -2$
$32 - ■ = 33$
$5 \cdot ■ = -0{,}5$
$■ + 13 = -1$

c) $■ : 5 = -8$
$■ - 10 = -0{,}5$
$■ \cdot 1{,}4 = -2{,}8$
$■ : (-5) = 0{,}5$

d) $-\frac{1}{2} \cdot ■ = 3$
$\frac{3}{4} : ■ = -\frac{1}{4}$
$■ \cdot \left(-\frac{2}{3}\right) = \frac{1}{6}$

32 Berechne wie im Beispiel.

$-5 \cdot (8 - 6 \cdot 3)$
$= -5 \cdot (8 - 18)$
$= -5 \cdot (-10)$
$= 50$

a) $-4 \cdot (3 - 17)$
$5 \cdot (-7 - 23)$
$-3{,}5 \cdot (0{,}5 + 9 - 2{,}5)$
$(13 - 47) \cdot (-0{,}5)$

b) $-\frac{1}{3} \cdot \left(\frac{1}{5} - \frac{4}{5}\right)$
$\frac{2}{3} \cdot \left(-\frac{1}{2} - \frac{1}{3}\right)$
$\left(\frac{8}{9} - 2\frac{1}{3}\right) \cdot \frac{1}{2}$

33 Bei einem plötzlichen Kälteeinbruch fiel die Temperatur in der Nacht innerhalb von 5 Stunden von +2,5 °C auf −7,6 °C.

a) Wie groß war der Temperaturabfall durchschnittlich in einer Stunde?
b) Bis Mittag stieg die Temperatur innerhalb von 6 Stunden um durchschnittlich 0,3 °C pro Stunde an.

ÜBEN: Rechengesetze

1 Rechne vorteilhaft. Benutze das Kommutativgesetz.

$18 + (-59) + 82$
$= 18 + 82 + (-59)$
$= 100 - 59$
$= 41$

a) $73 + (-49) + 27$
b) $17 + (-12) + (-17)$
c) $(-35) + 41 + (-65)$
d) $-127 + (-54) + 227$
e) $-41 + 127 + (-59) + 13$
f) $-152 + 36 + 252 - 6$
g) $-245 + (-13) + 45 - 27$
h) $456 - 78 + (-156) - 22$

2 Fasse geschickt zusammen und wende das Assoziativgesetz an.

$(-3{,}6) \cdot 4 \cdot 25$
$= (-3{,}6) \cdot (4 \cdot 25)$
$= (-3{,}6) \cdot 100$
$= -360$

a) $(-13) \cdot 2 \cdot (-50)$
$17 \cdot (-4) \cdot (-25)$

b) $20 \cdot (-5) \cdot (-3)$
$3 \cdot (-4) \cdot (-2{,}5)$

c) $(-27) \cdot 20 \cdot 5$
$37 \cdot (-2{,}5) \cdot (-4)$

d) $(-1{,}57) \cdot 2 \cdot 50$
$3 \cdot (-0{,}4) \cdot (-25)$

e) $40 \cdot 3{,}8 \cdot (-25)$
$8 \cdot (-13) \cdot 125$

f) $4 \cdot (-8) \cdot (-0{,}25)$
$8 \cdot (-3) \cdot 12{,}5$

3 Rechne vorteilhaft. Wende dazu wie im Beispiel das Distributivgesetz an.

$-5 \cdot (100 + 13)$
$= -5 \cdot 100 + (-5) \cdot 13$
$= -500 + (-65)$
$= -565$

a) $4 \cdot (100 + 8)$
$-3 \cdot (-500 - 9)$

b) $-4 \cdot (-25 - 9)$
$12 \cdot (-100 - 8)$

c) $11 \cdot (1000 + 12)$
$-15 \cdot (2000 - 17)$

d) $1{,}5 \cdot (100 + 5)$
$-2{,}5 \cdot (-10 + 19)$

e) $8 \cdot (-125 - 11)$
$-0{,}4 \cdot (13 + 2{,}5)$
$2{,}5 \cdot (-40 - 4)$

f) $4 \cdot (-12{,}5 - 7)$
$-0{,}4 \cdot (7 + 25)$
$8 \cdot (-25 + 7)$

4 Setze Klammern und berechne wie im Beispiel.

$0{,}7 \cdot 8{,}2 + 0{,}7 \cdot (-3{,}4)$
$= 0{,}7 \cdot [8{,}2 + (-3{,}4)]$
$= 0{,}7 \cdot (8{,}2 - 3{,}4)$
$= 0{,}7 \cdot 4{,}8$
$= 3{,}36$

a) $3{,}5 \cdot 5{,}2 + 3{,}5 \cdot 7{,}8 + 3{,}5 \cdot (-6)$
b) $-2 \cdot 4 + (-2) \cdot 8 + (-2) \cdot 5$
c) $12 \cdot (-1{,}1) + 12 \cdot (-0{,}9)$
d) $-5 \cdot 7{,}6 + (-5) \cdot (-6{,}3)$
e) $-9 \cdot (-3{,}7) - (-9) \cdot (-1{,}6)$
f) $0{,}7 \cdot 8{,}2 + 0{,}7 \cdot (-3{,}4)$

Hinweise zu den Rechengesetzen findest du auf Seite 210.

5 Rechne vorteilhaft.

$-27 \cdot 39 - 73 \cdot 39$
$= (-27 - 73) \cdot 39$
$= -100 \cdot 39$
$= -3900$

a) $81 \cdot 7 + 9 \cdot 7$
$-18 \cdot 13 + 38 \cdot 13$
$47 \cdot 69 + 47 \cdot (-59)$

b) $17 \cdot 56 + 17 \cdot 44$
$-34 \cdot 112 + 34 \cdot 112$
$-73 \cdot 98 + (-27) \cdot 98$

c) $23{,}4 \cdot 1{,}2 + 23{,}4 \cdot (-2{,}2)$
$-8{,}6 \cdot 1{,}14 + 1{,}06 \cdot 1{,}14$
$5{,}3 \cdot 37{,}6 - 5{,}3 \cdot 36{,}6$

6 Setze Klammern und berechne.

$0{,}2 \cdot 6 + 0{,}2 \cdot (-9) + 0{,}2 \cdot 4{,}5$
$= 0{,}2 \cdot [6 + (-9) + 4{,}5]$
$= 0{,}2 \cdot 1{,}5$
$= 0{,}3$

a) $4{,}2 \cdot 8 + 4{,}2 \cdot 13 + 4{,}2 \cdot 5$
$17{,}2 \cdot (-13{,}6) + 17{,}2 \cdot (-8{,}9)$
$-13{,}1 \cdot 6{,}5 + (-13{,}1) \cdot (-26{,}6)$
$-1{,}6 \cdot (-7{,}8) + (-1{,}6) \cdot (-3{,}4)$

b) $9 \cdot (-8) - (-3) \cdot (-8) + (-2) \cdot (-8)$
$11 \cdot (-7) - (-9) \cdot (-7) + 8 \cdot (-7)$
$8{,}1 \cdot (-43{,}4) - (-17{,}2) \cdot (-43{,}4)$
$-17{,}3 \cdot (-28{,}4) - (-12{,}3) \cdot (-28{,}4)$

VERTIEFEN: Temperaturskalen

1 Im Jahre 1714 entwickelte der aus Danzig stammende Glasbläser und Mechaniker Gabriel Daniel Fahrenheit (1686 – 1736) das erste brauchbare Thermometer.
Als Flüssigkeit benutzte er Quecksilber. Die von ihm vorgeschlagene Messweise ist heute noch in englischsprachigen Ländern gebräuchlich.

a) Lies die markierten Fahrenheit-Temperaturen aus der Grafik ab.

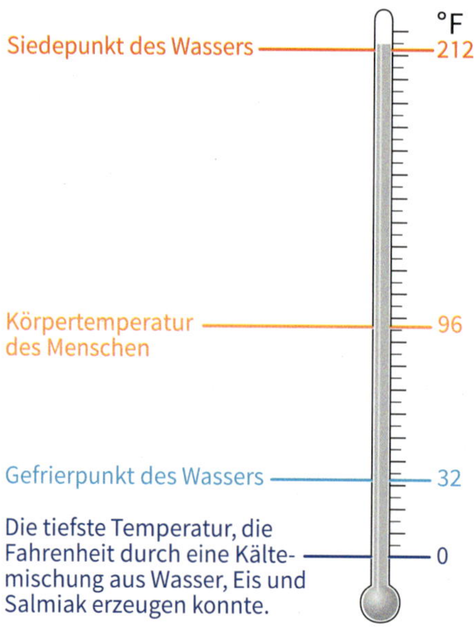

b) Später gab es einen Winter, der noch viel kälter war als Null Grad Fahrenheit.
Welche Probleme traten bei der Messung mit dem Fahrenheit-Thermometer auf und wie würdet ihr sie lösen?

c) Vergleiche die Fahrenheit-Skala mit der bei uns üblichen Celsius-Skala.

Weitere Informationen zur Entstehung der Temperaturskala findest du im Internet.

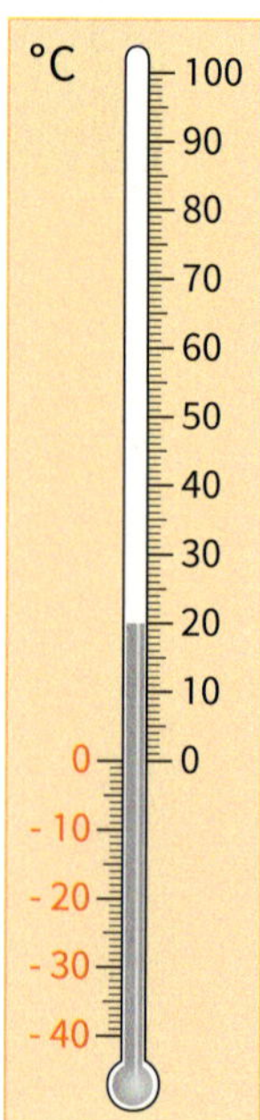

Anders Celsius (1701–1744) legte 1742 die Celsius-Skala fest. Sie hatte als Fixpunkte den Gefrierpunkt und Siedepunkt des Wassers.

2 Physiker haben im 19. Jahrhundert herausgefunden, dass es keine niedrigere Temperatur geben kann als – 273 °C. Kelvin schlug deshalb eine neue Temperaturskala vor. Er setzte den Temperaturnullpunkt bei – 273 °C fest und nannte ihn 0 K (*lies:* Null Kelvin).

Kelvin	Grad C
0 K	– 273 °C
1 K	– 272 °C
2 K	

a) Setze die Tabelle bis 10 K fort.

b) Gib die folgenden Temperaturen in Kelvin an: 0 °C; 20 °C; 36 °C; 212 °F

c) Gib in Grad Celsius an:
20 K; 100 K; 273 K; 309 K; 32 °F; 68 °F; 50 °F; 0 °F

Lord Kelvin of Largs (1824–1907), britischer Mathematiker und Physiker. Er legte 1848 die Kelvin-Skala fest.

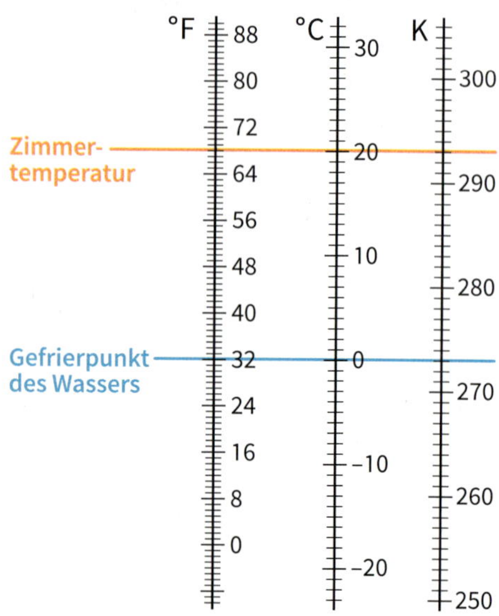

VERTIEFEN: Temperaturskalen

3 Lena macht Urlaub in Kalifornien. Leider kann sie den Celsiuswert für die aktuelle Temperatur nicht in ihrer Tabelle ablesen.

a) Übertrage die Tabelle in dein Heft und setze sie nach oben und unten um drei Wertepaare fort. Beschreibe, wie du dabei vorgegangen bist.
b) Bestimme den Celsiuswert für – 13 °F.
c) Ist diese Tabelle geeignet, um alle Werte umzuwandeln?
d) Lena hat im Internet eine Anleitung zur Umrechnung gefunden:

Umrechnung °Fahrenheit → °Celsius
1) Subtrahiere 32 vom Fahrenheitwert.
2) Dividiere das Ergebnis durch 9.
3) Multipliziere dieses Ergebnis mit 5.

Wandle um in Grad Celsius:
113 °F; 140 °F; 167 °F; 194 °F; – 4 °F.

4 a) Notiere eine Anleitung für die Umrechnung von Celsiuswerten in Fahrenheitwerte.
Überprüfe die Anleitung für die Werte in der Tabelle.

20 °C	70 °F
12 °C	53,6 °F
6 °C	42,8 °F

b) Wandle um in Grad Fahrenheit:
55 °C; 75 °C; 90 °C; 4 °C; – 1 °C.

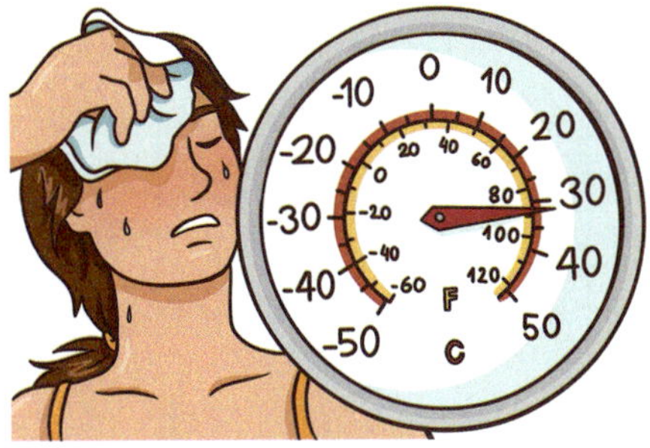

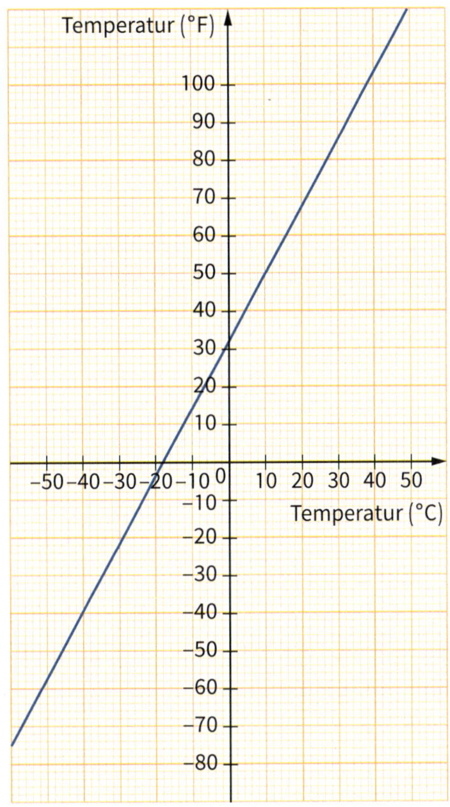

Die Aufgaben auf dieser Seite kannst du auch in Partner- oder Gruppenarbeit lösen. Beachte dazu die Hinweise auf Seite 226 und 227.

5 Mithilfe der im Koordinatensystem eingezeichneten Geraden kannst du Temperaturangaben umwandeln.
a) Beschreibe, wie du – 30 Grad Celsius in Grad Fahrenheit (– 20 Grad Fahrenheit in Grad Celsius) umwandeln kannst.
b) Gib in Grad Fahrenheit an:
30 °C; 20 °C; – 10 °C; – 35 °C; 0 °C.
c) Gib in Grad Celsius an:
100 °F; 70 °F; 30 °F; 0 °F; – 10 °F.
d) Wie genau ist diese Art der Temperaturumwandlung?
e) Gibt es einen Temperaturwert, der in der Celsius- und in der Fahrenheitskala die gleiche Maßzahl hat?

AUSGANGSTEST 1

1 Welche Temperaturen zeigen die Thermometer jeweils an?

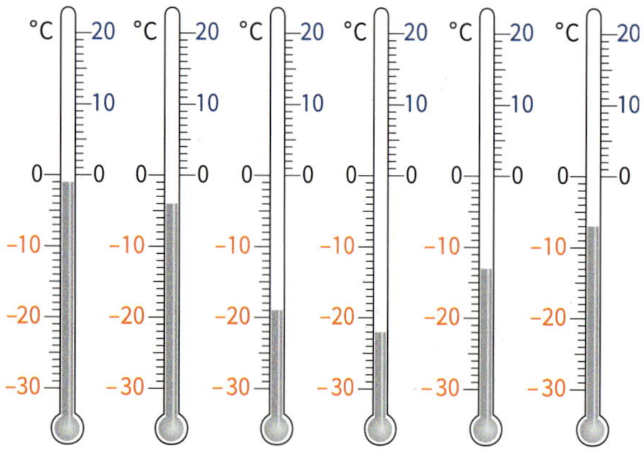

2 Lies die markierten Zahlen ab und notiere sie im Heft.

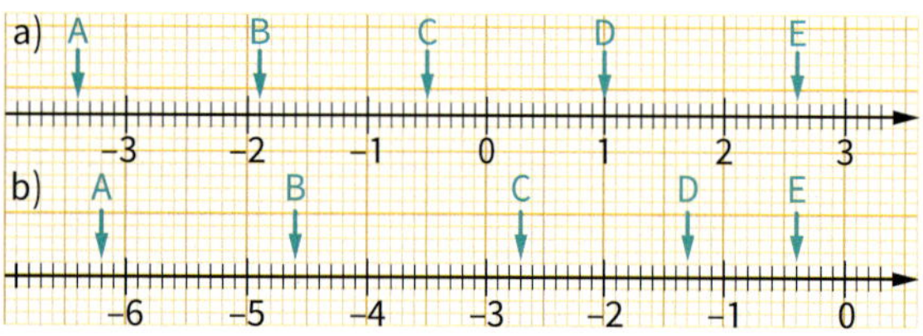

3 Vergleiche die Zahlen und setze <, > oder = ein.

a) 3 ☐ −4
−7 ☐ −5
14 ☐ −16
−183 ☐ −307

b) 2,1 ☐ 2,13
−9,5 ☐ −12
−18,3 ☐ −18,37
−7,36 ☐ −15,8

4 Ordne die Zahlen der Größe nach. Fange mit der kleinsten an. Benutze das Zeichen <.

a) 3; −2; −124; 23; −45
b) 3,2; −1,1; 0; −1,01; 1,1

5 Berechne.

a) (+50) + (−34)
(−27) + (−14)
(−34) − (−48)
(−13) − (−29)

b) 12,3 − 7,5
−15,2 + 4,7
−22,8 − 43,9
−5,7 + 18,4

6 Berechne.

a) −17 · (+9)
b) −2,5 · (−12)
c) 12 · (−14)
d) −15 · (−2) · 3 · (−4)

7 Berechne.

a) −36 · (−9)
b) 120 · (−4)
c) −1 : 0,5
d) −81 : (−3)

8 Frau Kandner spielt gerne Karten. Bei einem Spiel kann man Minus- oder Pluspunkte erhalten. Bei einem „Kontostand" von +11 verliert sie die beiden folgenden Spiele mit −7 und −12 Punkten.

9 In einem holländischen Ort soll eine Kirche gebaut werden. Der Bauplatz liegt 2,60 m unter dem Meeresspiegel. Welche Höhe über dem Meeresspiegel hat die Spitze der Kirche, wenn ihre Bauhöhe 18,60 m beträgt? Schreibe eine Rechnung mit rationalen Zahlen auf.

Ich kann ...

	Aufgabe	Hilfen und Aufgaben	
Thermometerskalen ablesen	1	Seite 119, 121	
rationale Zahlen an der Zahlengeraden ablesen.	2	Seite 119, 138	
rationale Zahlen vergleichen und ordnen.	3, 4	Seite 121, 138	I
rationale Zahlen addieren und subtrahieren.	5	Seite 124 – 131, 139	
rationale Zahlen multiplizieren und dividieren.	6, 7	Seite 132 – 135, 140	
Sachaufgaben mit rationalen Zahlen lösen.	8, 9	Seite 137, 140	II

AUSGANGSTEST 2

1 Ordne die Zahlen der Größe nach. Beginne mit der kleinsten. Benutze das Zeichen <.
a) −2,01; −1,02; −2,001; 2,1; 2,01
b) $-\frac{1}{2}$; $-\frac{1}{3}$; $\frac{1}{2}$; $\frac{1}{4}$; $-\frac{1}{5}$
c) $-\frac{4}{5}$; −0,9; −0,5; $\frac{3}{4}$; 0,3

2 Berechne.
a) $-5-(-6)$
$3+(-11{,}5)$
$-1{,}2-(-4{,}2)$
b) $\frac{3}{4}+\left(-\frac{1}{4}\right)-\frac{5}{4}$
$-\frac{7}{8}-\left(-\frac{5}{6}\right)+\frac{1}{3}$

3 Berechne.
a) $-3\cdot(-1{,}5)$
$-6{,}5:1{,}3$
$1{,}21:(-1{,}1)$
b) $-3\cdot5\cdot3$
$2\cdot(-6):3$
$21:(-3)\cdot(-1{,}5)$

4 Berechne schriftlich.
a) $-345{,}56-1{,}03+843{,}5$
b) $-4{,}55\cdot(-1{,}02)$

5 Bestimme den Platzhalter.
a) $-5-$ ■ $=-6$
$3+$ ■ $=-11$
■ $-1{,}2=-3{,}4$
b) $-15\cdot$ ■ $=-60$
$30\cdot$ ■ $=-0{,}3$
■ $:(-1{,}2)=3$

6 Nenne
a) eine negative rationale Zahl, die keine ganze Zahl ist,
b) eine ganze Zahl, die keine natürliche Zahl ist,
c) eine rationale Zahl, die auch zu den natürlichen Zahlen gehört.

7 Frau Simon hat auf ihrem Konto ein Guthaben von 880,55 Euro. Im Kaufhaus hat sie mit der EC-Karte eine Rechnung über 285 Euro bezahlt. Weiter wurden eine Rechnung über 588,50 Euro und die Miete von 505,80 Euro abgebucht. Eine Gutschrift ihrer Autoversicherung von 305,40 Euro geht zum Monatsende ein. Berechne den Kontostand zum Monatsende.

8 Ich suche eine Zahl. Wenn ich die gesuchte Zahl mit −0,5 multipliziere und zum Produkt die Zahl 8 addiere, erhalte ich 10. Wie heißt die Zahl?

9 Erläutere an Beispielen, warum es sinnvoll ist, neben den positiven rationalen Zahlen auch mit negativen rationalen Zahlen zu rechnen.

10 Rechne vorteilhaft. Wende die Rechengesetze für rationale Zahlen an.
a) $5\cdot(-20-7)$
b) $-0{,}4\cdot(25-5)$
c) $109\cdot(-7)-9\cdot(-7)$
d) $6\cdot0{,}3+4\cdot0{,}3$

Ich kann ...	Aufgabe	Hilfen und Aufgaben	
rationale Zahlen vergleichen und ordnen.	1	Seite 121, 138	I
die Grundrechenarten mit rationalen Zahlen durchführen.	2, 3	Seite 124 – 126, 130 – 135, 139, 140	
schriftlich mit rationalen Zahlen rechnen.	4	Seite 131, 133	
Platzhalteraufgaben mit rationalen Zahlen lösen.	5	Seite 125, 126, 131, 133, 135, 139, 140	
Zahlen ihren Zahlbereichen zuordnen.	6	Seite 120	II
Sachaufgaben mit rationalen Zahlen lösen.	7	Seite 137, 140	
Zahlenrätsel mit rationalen Zahlen lösen.	8	Seite 133, 139	
die Rechengesetze bei rationalen Zahlen anwenden.	10	Seite 141	III
begründen, warum es sinnvoll ist, auch mit negativen rationalen Zahlen zu rechnen.	9	Seite 137, 140	

6 Dreiecke und Winkel

Bist du fit für dieses Kapitel? Eingangstest auf Seite 207

In diesem Kapitel ...

- *teilst du Dreiecke nach Winkelgrößen und Seitenlängen ein.*
- *lernst du besondere Linien und Punkte im Dreieck kennen.*
- *konstruierst du Dreiecke mithilfe von Winkelgrößen und Seitenlängen.*

Wir untersuchen Dreiecke

Hearst Tower, New York

Hochspannungsmast

An dem Gebäude und dem Hochspannungsmast kannst du viele Streben erkennen, die zu Dreiecken angeordnet sind.
- Versuche mithilfe der Abbildungen unten eine Erklärung dafür zu finden.

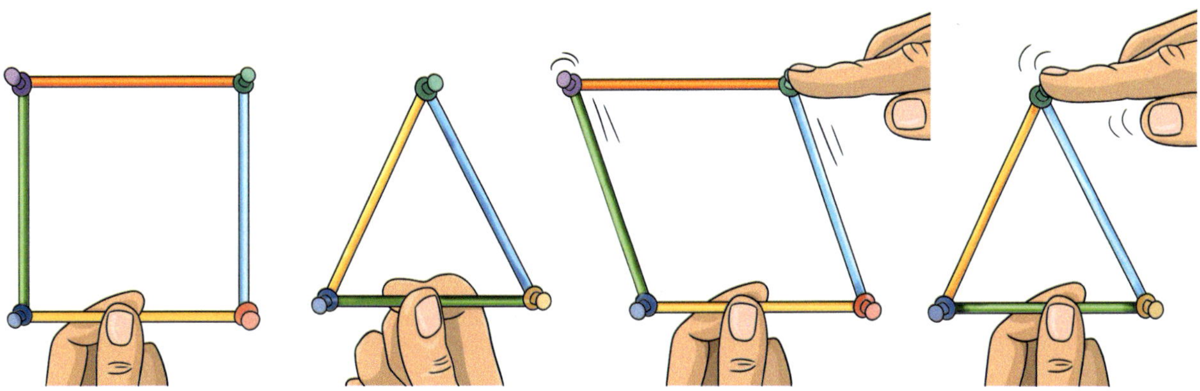

Wir untersuchen Dreiecke

1 Aus den abgebildeten Trinkhalmen will Felix ein Dreieck bauen.

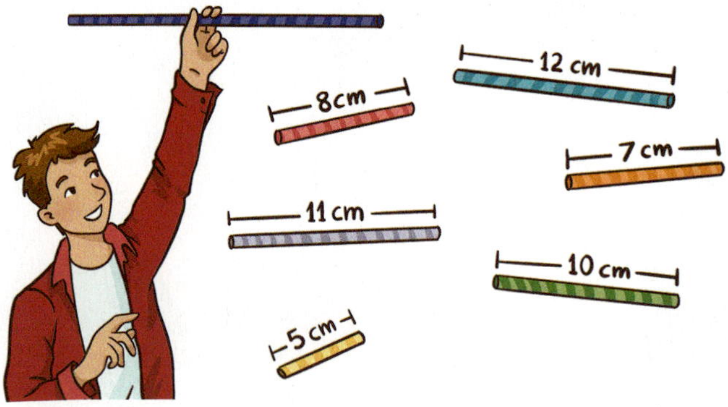

Einen 18 cm langen Trinkhalm hat er bereits in der Hand. Zwei weitere Halme muss er noch auswählen. Welche Möglichkeiten hat er? Begründe deine Antwort.

2 Die Klasse 7 b will aus Trinkhalmen Dreiecke mit bestimmten Eigenschaften bauen. Auf einem Plakat werden zunächst verschiedene Eigenschaften der Dreiecke festgehalten.

Die Dreiecke sollen
- *nur spitze Winkel haben.*
- *einen rechten Winkel haben.*
- *einen stumpfen Winkel haben.*
- *zwei gleich große Winkel haben.*
- *drei gleich große Winkel haben.*

Bestimmt in den angefertigten Dreiecken jeweils die Seitenlängen und die Winkelgrößen.
Bearbeitet diese Aufgabe in Gruppen.

Beachtet dazu die Hinweise zur Gruppenarbeit auf Seite 227.

3 Sara hat die bisher gebauten Dreiecke geordnet und wie abgebildet an drei verschiedene Pinnwände geheftet.

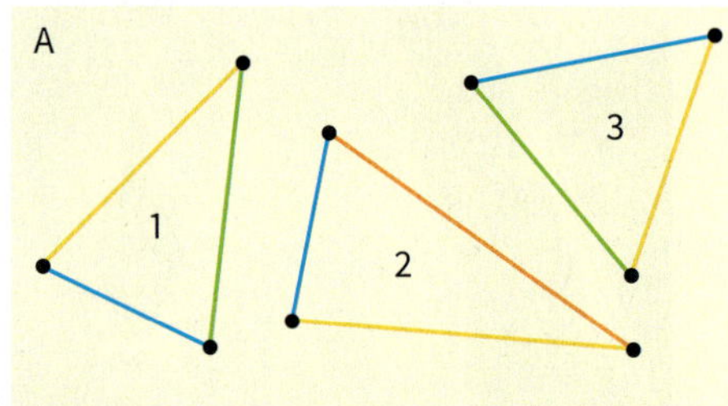

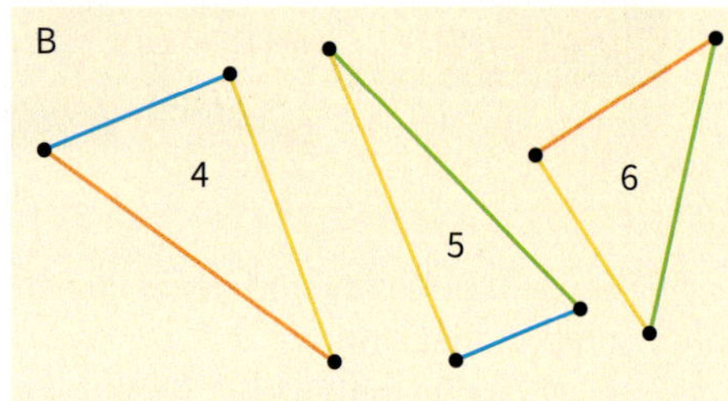

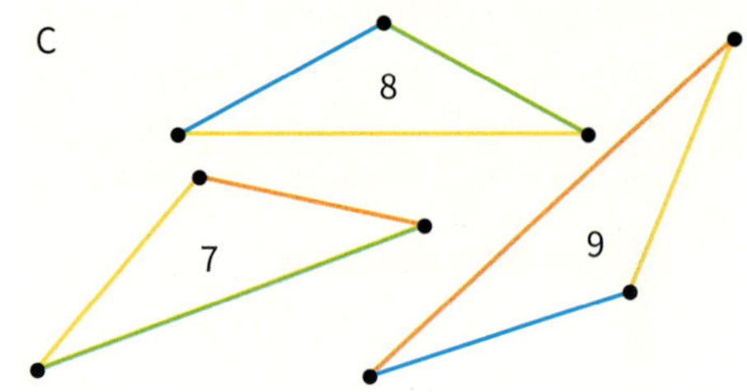

Die folgenden vier Dreiecke muss Sara noch einordnen.

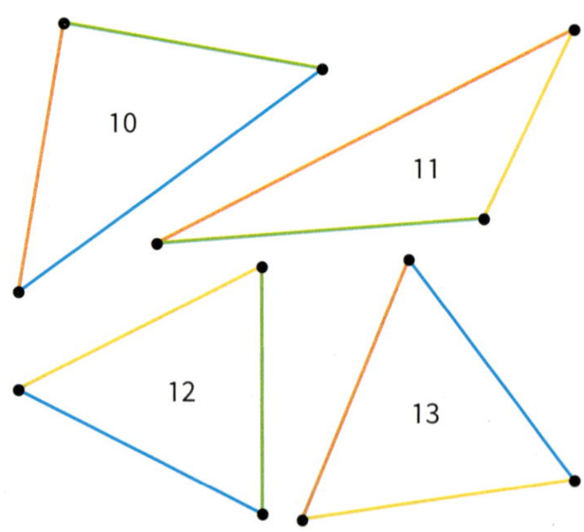

An welche Pinnwand wird sie diese Dreiecke jeweils heften? Begründe deine Antwort.

Seiten und Winkel eines Dreiecks

1 In dem Beispiel siehst du wie Eckpunkte, Seiten und Winkel eines Dreiecks bezeichnet werden.

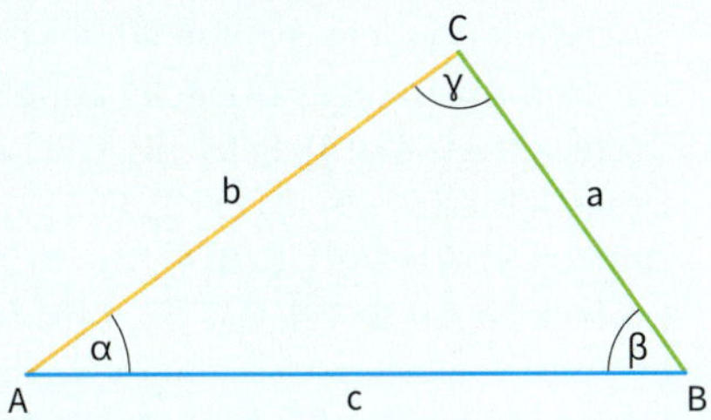

Eckpunkte: A, B, C
Seiten: $\overline{AB} = c$, $\overline{BC} = a$, $\overline{AC} = b$
Innenwinkel: α, β, γ

a) Welche Seite liegt Eckpunkt B gegenüber?
b) Welche Schenkel bilden den Winkel γ?
c) Welche Seiten treffen im Eckpunkt A aufeinander?

2 In der Abbildung siehst du, wie du die Größe der Winkel α und β messen kannst.

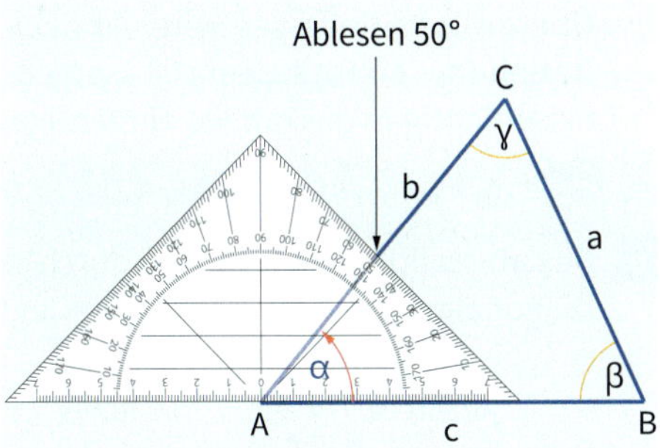

Hinweis: Wähle die Skala, die beim angelegten Schenkel mit 0° beginnt.

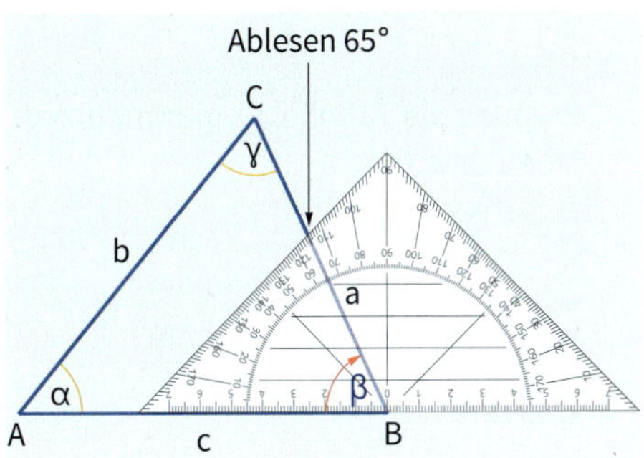

Miss die Größe des Winkels γ.

3 a) Miss in den abgebildeten Dreiecken jeweils die Seitenlängen und die Winkelgrößen. Trage deine Ergebnisse in eine Tabelle wie unten abgebildet ein.

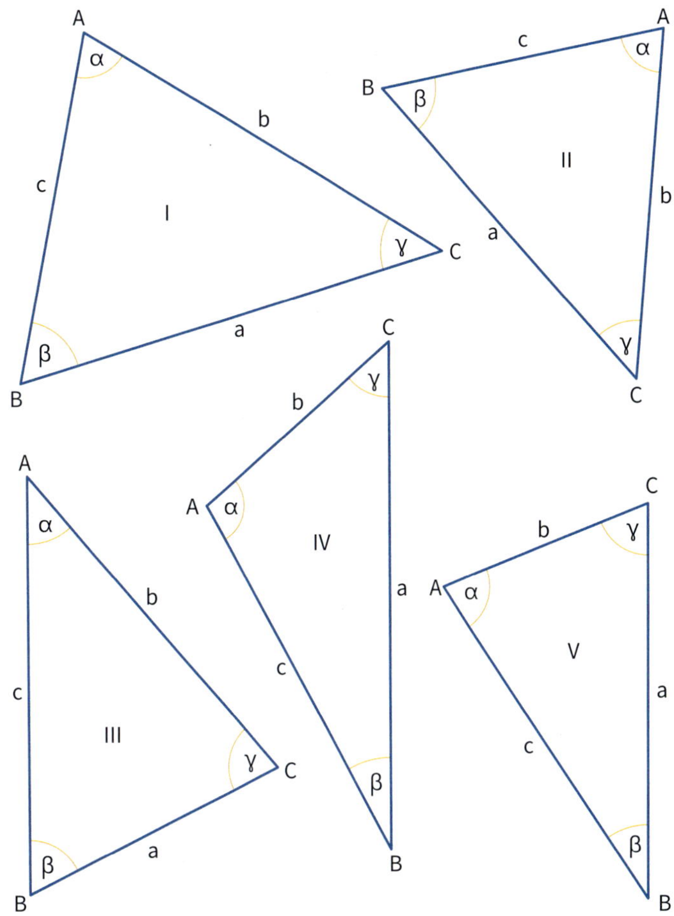

Dreieck	Seitenlängen			Winkelgrößen		
	a	b	c	α	β	γ
I	■	■	■	■	■	■
II	■	■	■	■	■	■

b) Welche Dreiecke haben nur spitze Winkel, welche einen rechten oder einen stumpfen Winkel?
c) Bestimme in jedem Dreieck die längste Seite und den größten Winkel sowie die kleinste Seite und den kleinsten Winkel. Was fällt dir auf?

Lösungen zu Aufgabe 3a:
101° 29° 59° 64° 47° 76° 35° 75° 50°
70° 47° 63° 41° 74° 69°

Seiten und Winkel eines Dreiecks

Dreiecke lassen sich nach der Größe ihrer Innenwinkel einteilen.

Spitzwinklige Dreiecke

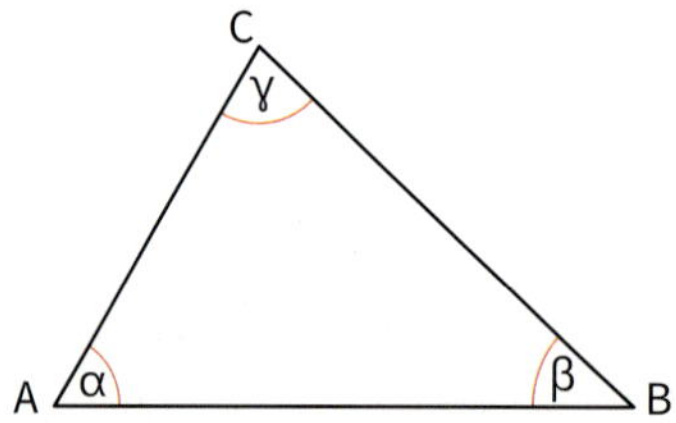

Alle drei Innenwinkel sind spitze Winkel.

Rechtwinklige Dreiecke

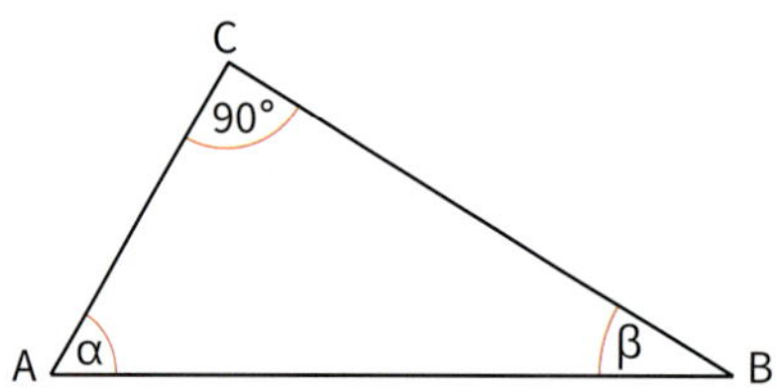

Ein Innenwinkel ist ein rechter Winkel.

Stumpfwinklige Dreiecke

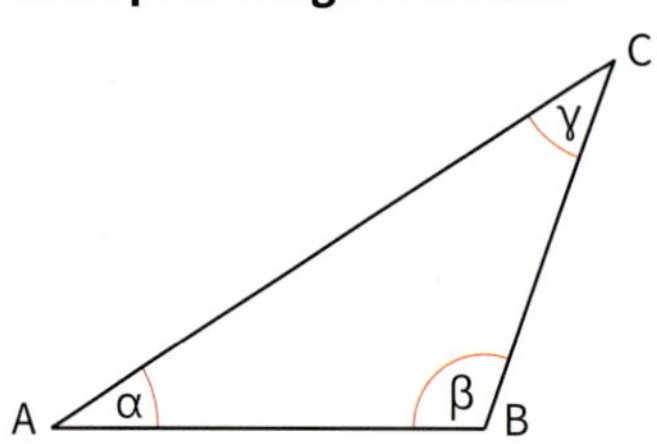

Ein Innenwinkel ist ein stumpfer Winkel.

Seiten-Winkel-Beziehung

In einem Dreieck liegt der längeren von zwei Seiten der größere Winkel gegenüber.

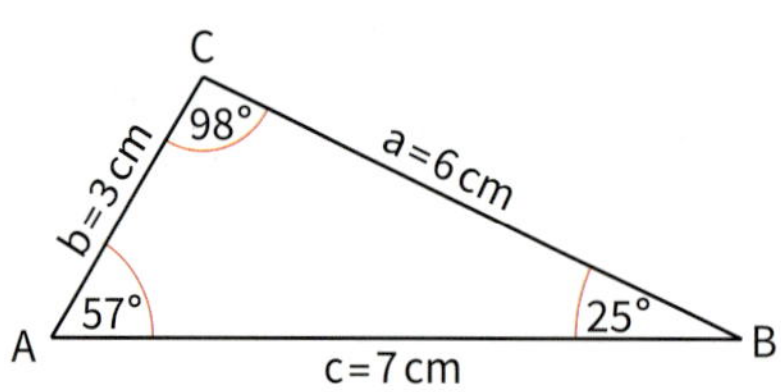

c > a also γ > α;
α > β also a > b

4 Zeichne die Dreiecke mit den angegebenen Eckpunkten in ein Koordinatensystem (Einheit 0,5 cm).
Gib auch jeweils an, ob es sich um ein spitzwinkliges, ein rechtwinkliges oder ein stumpfwinkliges Dreieck handelt.
Dreieck I: A(−8|−4), B(0|−9), C(3|2)
Dreieck II: A(5|−9), B(13|8), C(5|2)
Dreieck III: A(−6|0), B(6|4), C(−9|9)
Dreieck IV: A(−6|12), B(7|5), C(9|12)

5 Fatih hat von verschiedenen Dreiecken jeweils die Seitenlängen und die Winkelgrößen in eine Tabelle eingetragen.

	Seitenlängen			Winkelgrößen		
	a	b	c	α	β	γ
a)	2,0 cm	4,9 cm	4,8 cm	24°	80°	76°
b)	7,4 cm	9,9 cm	7,3 cm	47°	85°	48°
c)	0,5 dm	0,69 dm	1,0 dm	27°	114°	39°
d)	9,1 cm	2,7 cm	8,7 cm	73°	17°	90°
e)	5,8 cm	3,2 cm	3,4 cm	122°	28°	30°
f)	26,0 cm	11,6 cm	23,4 cm	26°	90°	64°
g)	5,4 cm	7,7 cm	8,3 cm	39°	76°	65°

Überprüfe mithilfe der Seiten-Winkel-Beziehung, ob Fatih seine Messergebnisse richtig in die Tabelle eingetragen hat.

6 Das abgebildete Viereck wird durch seine Diagonalen jeweils in Dreiecke zerlegt.

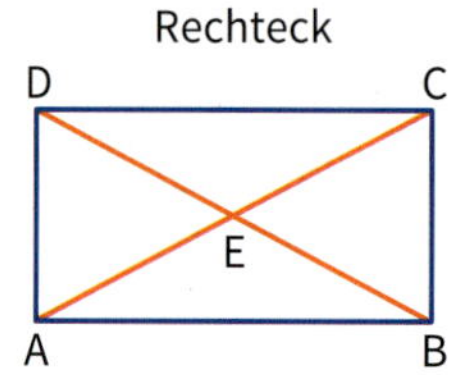

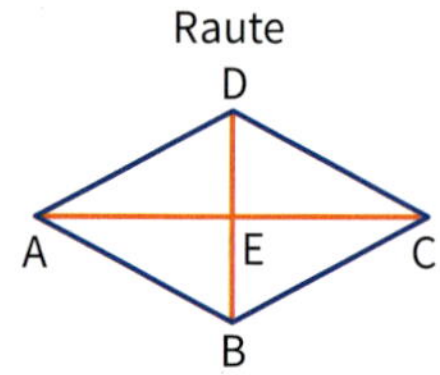

Ergänze die Tabelle. Es gibt mehrere Möglichkeiten.

	spitzw. Dreieck	rechtw. Dreieck	stumpfw. Dreieck
Rechteck		Δ ABC	
Raute	Δ BCD		

Symmetrische Dreiecke

1 a) Übertrage die abgebildeten Dreiecke auf Transparentpapier und schneide sie aus. Stelle durch Falten fest, wie viele Symmetrieachsen jedes Dreieck hat.

b) Miss in jedem Dreieck auch die einzelnen Seitenlängen und Winkelgrößen. Was fällt dir auf?

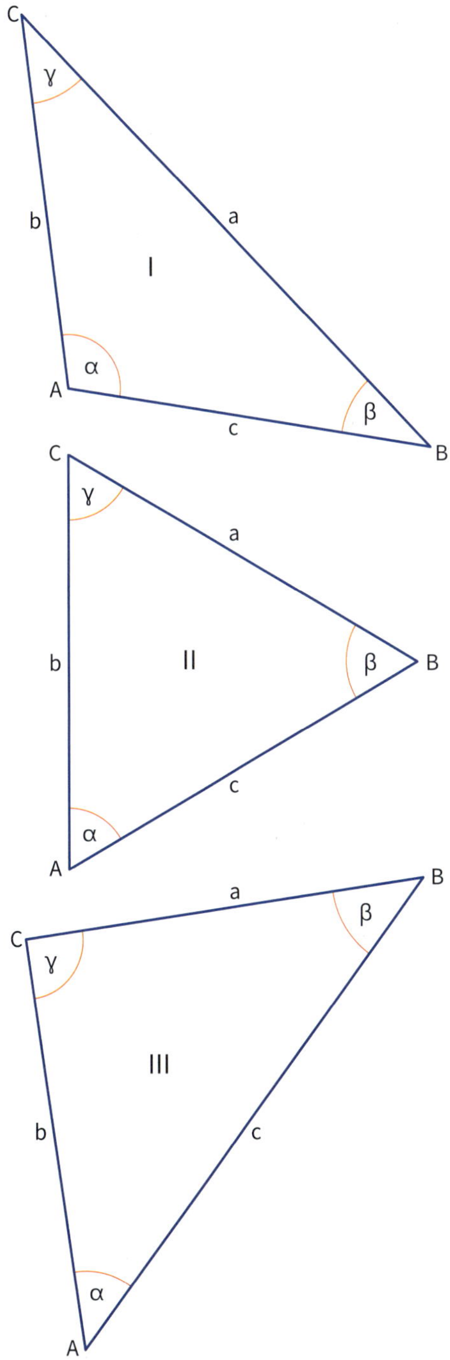

2 Entscheide, ob die Aussagen von Robert, Leni, Paul und Jasmin wahr oder falsch sind.

Gleichschenklige Dreiecke

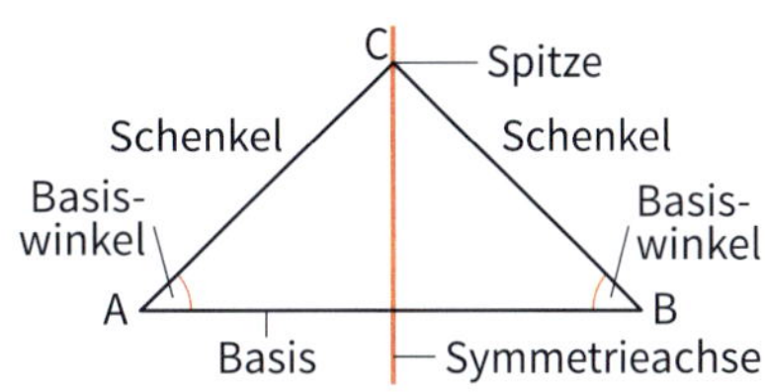

Ein Dreieck mit zwei gleich langen Seiten heißt gleichschenkliges Dreieck. Die gleich langen Seiten werden als **Schenkel,** die dritte Seite als **Basis** bezeichnet.
Die Basiswinkel sind gleich groß.

Gleichseitige Dreiecke

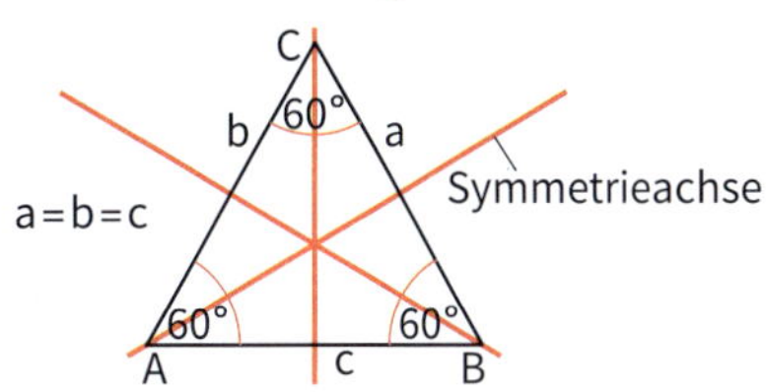

Ein Dreieck mit drei gleich langen Seiten heißt gleichseitiges Dreieck.
Jeder Winkel im gleichseitigen Dreieck hat eine Größe von 60°.

Innenwinkel im Dreieck

1 a) Bestimme in den abgebildeten Dreiecken jeweils die Größe der Innenwinkel α, β und γ.
Trage die Ergebnisse in eine Tabelle wie unten abgebildet ein.

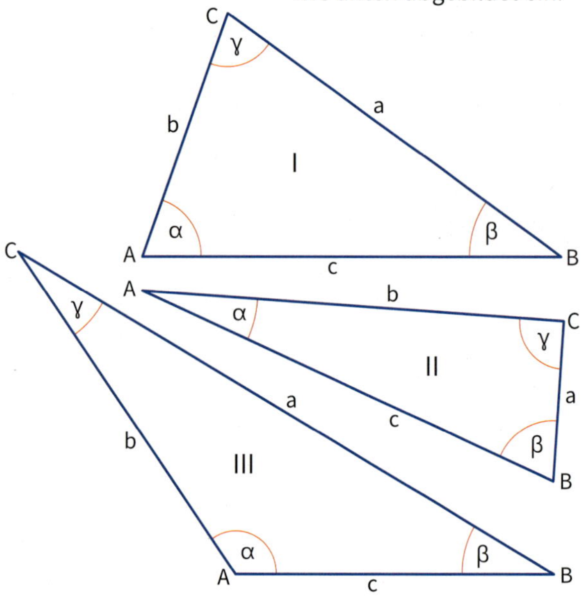

Dreieck	Winkelgrößen			Summe
	α	β	γ	$\alpha+\beta+\gamma$
I	■	■	■	■
II	■	■	■	■

b) Vergleiche die Summen der Winkelgrößen. Was stellst du fest?

2 Paula überlegt, ob die Summe der Innenwinkel in jedem Dreieck zusammen 180° beträgt. Um die Frage zu beantworten, schneidet sie zunächst aus Papier ein Dreieck aus. Anschließend schneidet sie alle Ecken des Dreiecks ab und legt sie wie abgebildet zusammen.

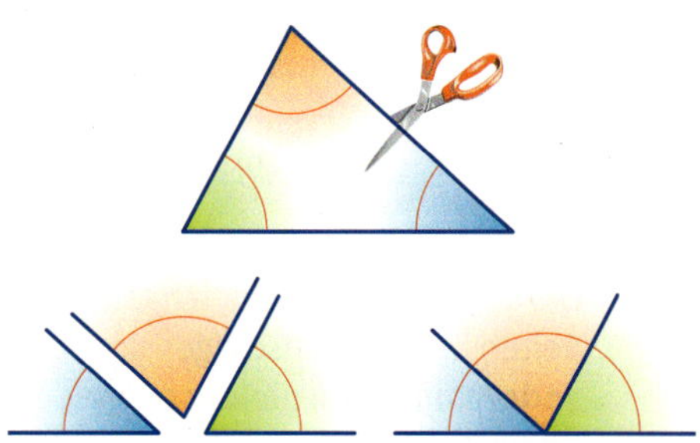

Hat Paula damit die Frage beantwortet?

3 Zeichne ein beliebiges, möglichst großes Dreieck und schneide es aus. Bezeichne die Winkel mit α, β und γ und zeichne zu jedem Winkel einen Winkelbogen. Schneide anschließend alle Ecken des Dreiecks ab und lege sie zusammen.

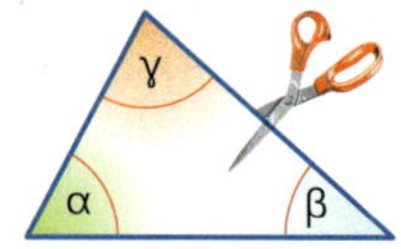

Vergleiche dein Ergebnis mit den Ergebnissen deiner Lerngruppe.

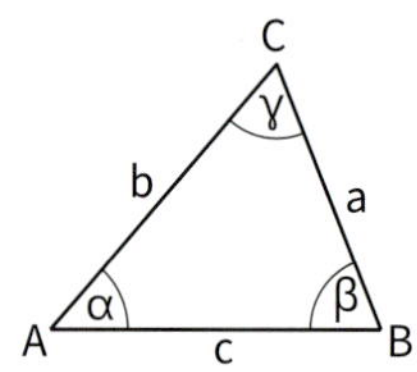

$\alpha = 50°$
$\beta = 70°$
$\gamma = 60°$

$\alpha + \beta + \gamma = 180°$

Die Summe der Innenwinkel eines Dreiecks beträgt 180°.

4 Wurden die Größen der Innenwinkel jeweils richtig ausgemessen?
Dreieck I: $\alpha = 50°$; $\beta = 50°$; $\gamma = 90°$
Dreieck II: $\alpha = 90°$; $\beta = 48°$; $\gamma = 42°$
Dreieck III: $\alpha = 54°$; $\beta = 55°$; $\gamma = 71°$

5 Berechne die Größe des dritten Innenwinkels in dem Dreieck ABC.
a) $\alpha = 45°$; $\beta = 65°$ b) $\beta = 19°$; $\gamma = 35°$

6 In einem gleichschenkligen Dreieck ABC ist der Basiswinkel $\alpha = 30°$ groß.
Bestimme die Größe der anderen Winkel.

7 Berechne jeweils die fehlenden Winkelgrößen.

a)
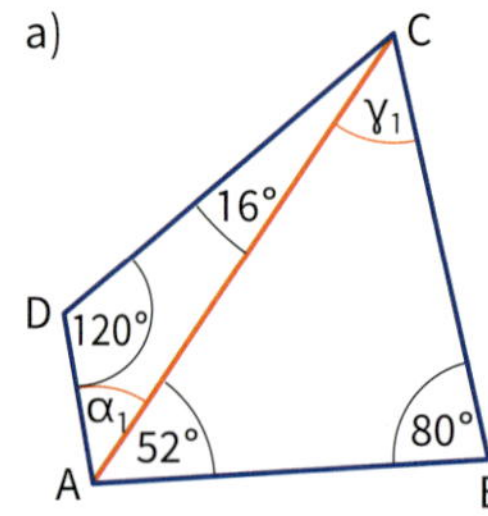

b)
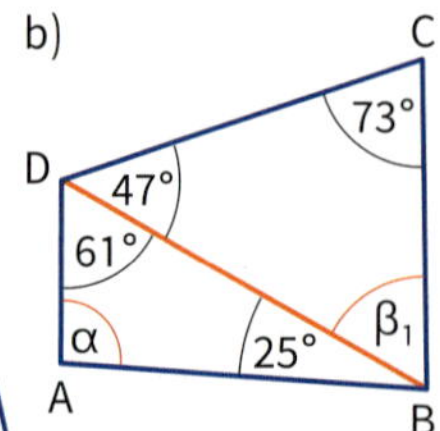

Lösungen zu den Aufgaben 1, 5 und 7:
20° 25° 30° 35° 44° 48° 60° 70° 70°
70° 75° 90° 94° 125° 126°

Winkel am Dreieck

1 In dem abgebildeten Dreieck wurden die einzelnen Seiten jeweils über die Eckpunkte hinaus verlängert.
Es entsteht eine Figur, in der sich jeweils zwei Geraden in den Punkten A, B und C schneiden.
Bestimme anhand der Abbildungen jeweils die Größe der Innenwinkel α, β und γ. Begründe deine Lösung.

a)

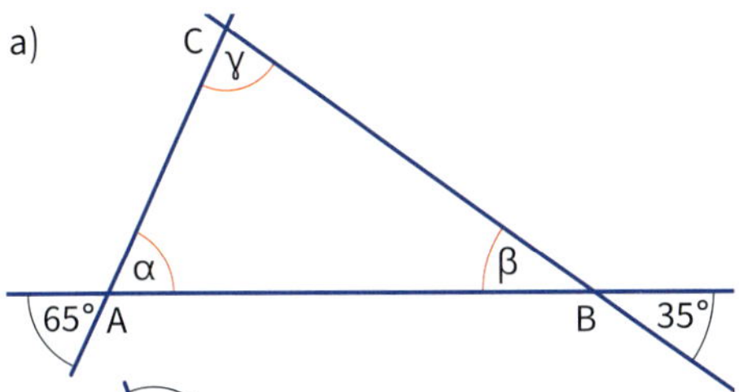

b)

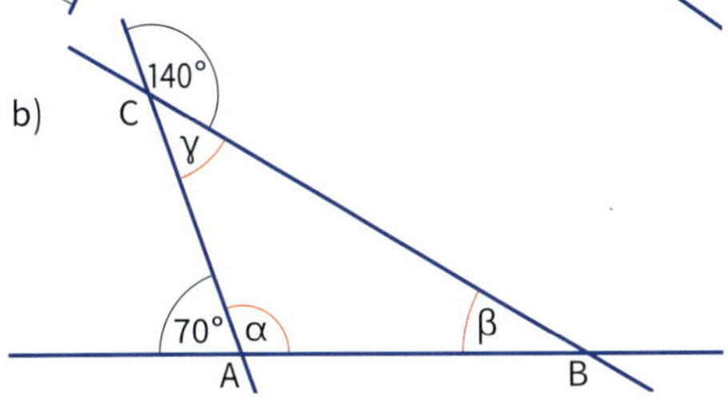

2 a) Zeichne eine ähnliche Figur in dein Heft. Markiere Paare gleich großer Winkel mit gleichfarbigen Winkelbögen.

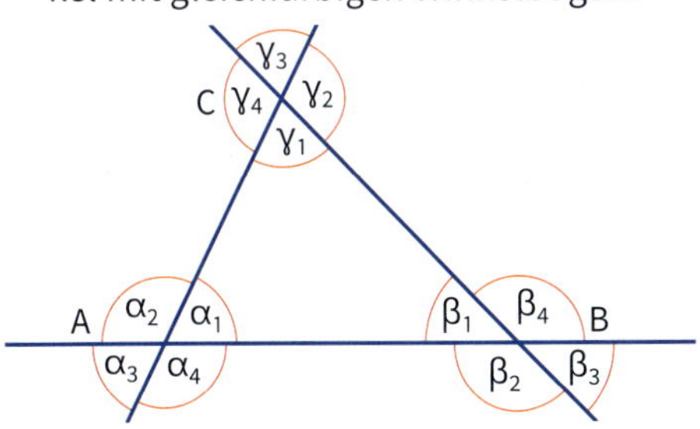

b) Gib alle Winkelpaare an, die zusammen jeweils 180° groß sind.

c) Berechne die Größe der rot markierten Winkel.

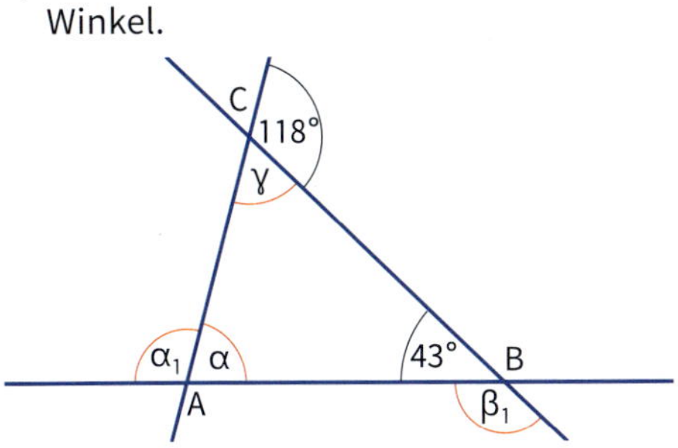

Lösungen zu den Aufgaben 1 und 3:
30° 33° 35° 40° 65° 65° 75° 80° 85°
95° 105° 110° 128° 140°

Scheitelwinkel

An zwei sich schneidenden Geraden gilt: Gegenüberliegende Winkel heißen Scheitelwinkel. Sie sind gleich groß.

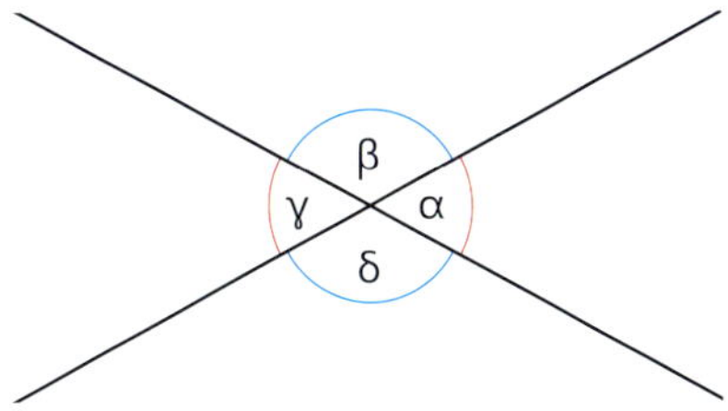

$\alpha = \gamma \quad \beta = \delta$

Nebenwinkel

An zwei sich schneidenden Geraden gilt: Nebeneinanderliegende Winkel heißen Nebenwinkel. Sie sind zusammen 180° groß.

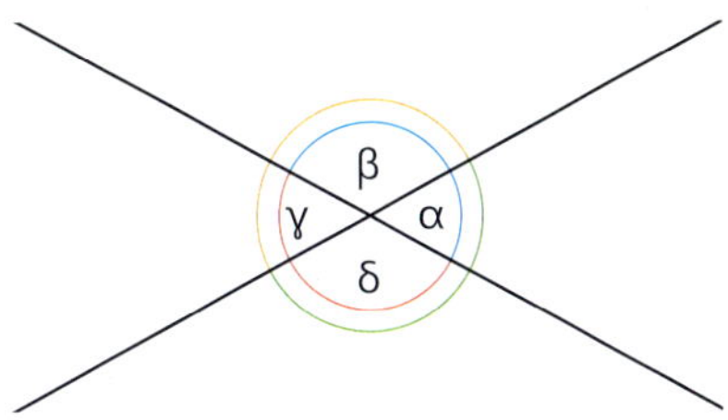

$\alpha + \beta = 180°$ $\quad$ $\beta + \gamma = 180°$
$\gamma + \delta = 180°$ $\quad$ $\delta + \alpha = 180°$

3 Gib jeweils die Größe der rot markierten Winkel an.

a)

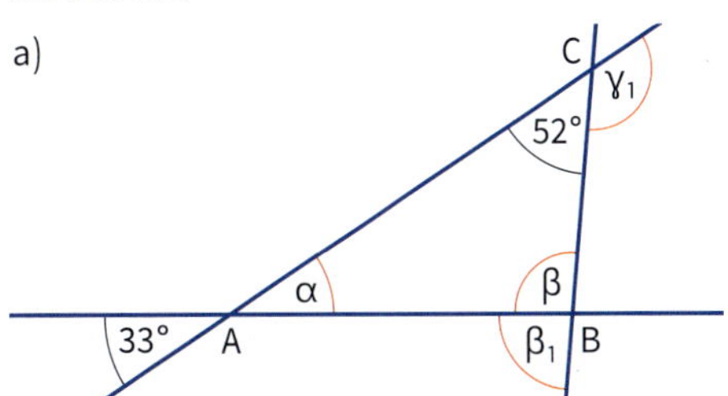

b)

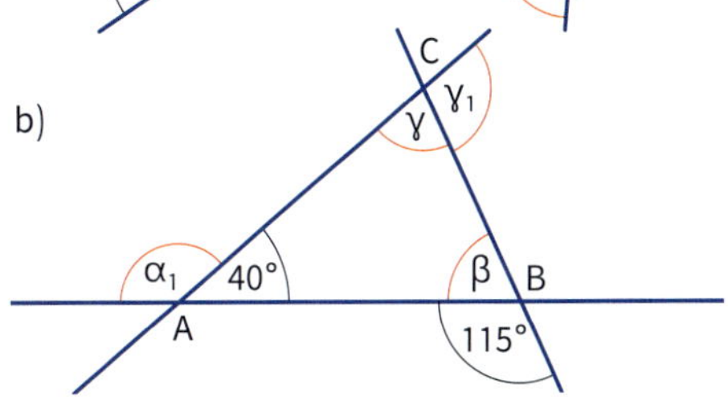

Winkel am Dreieck

4 a) Die Gerade g durch den Punkt C verläuft parallel zu der Geraden AB. Diese beiden Parallelen werden von den Geraden AC und BC geschnitten.

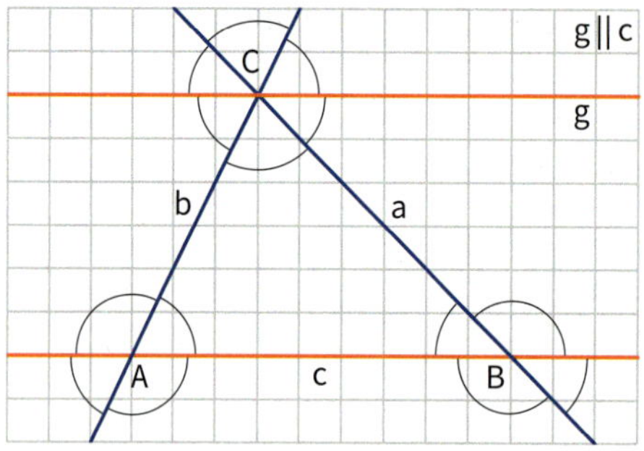

Übertrage die Figur in dein Heft und markiere gleich große Winkel mit gleichfarbigen Kreisbögen.

b) Berechne in den abgebildeten Dreiecken ABC jeweils die Größe der einzelnen Innenwinkel. Erläutere deinen Lösungsweg.

I

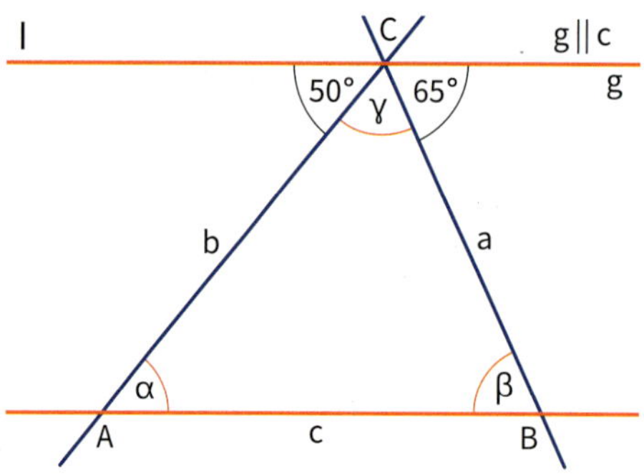

II

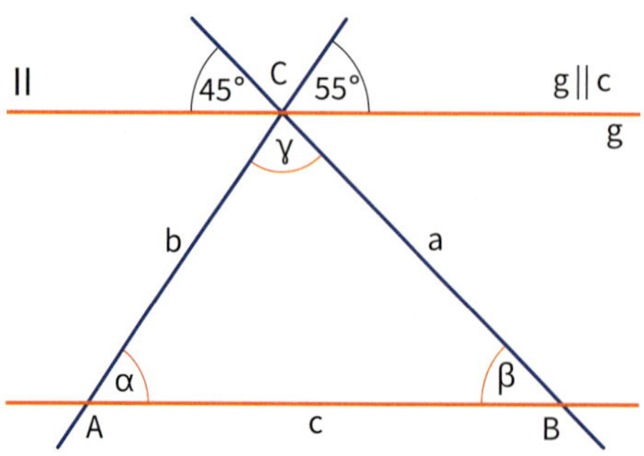

III

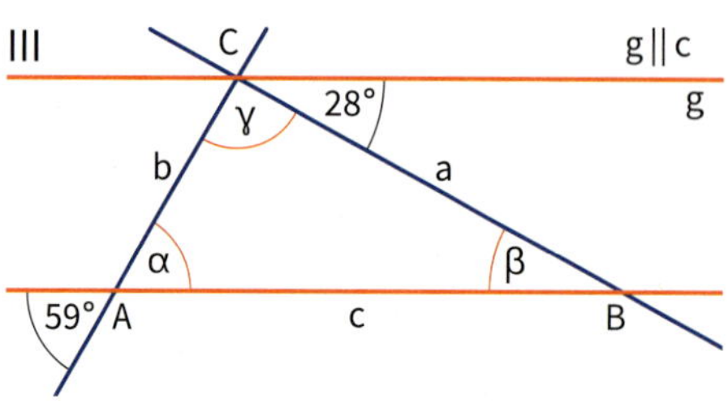

Werden parallele Geraden von einer weiteren Geraden geschnitten, so entstehen Stufen- und Wechselwinkel.

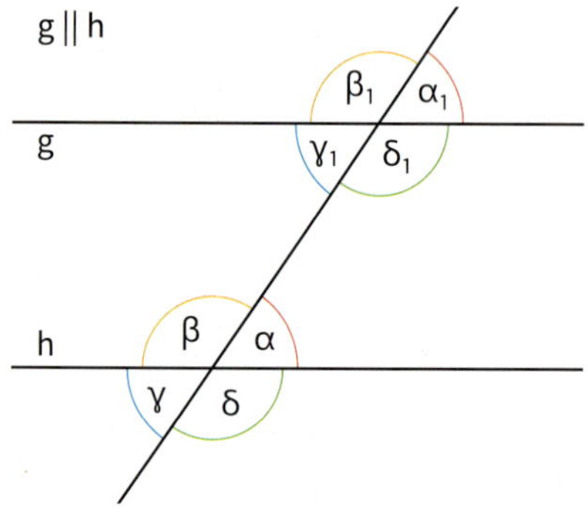

Stufenwinkel

$\alpha = \alpha_1 \quad \beta = \beta_1 \quad \gamma = \gamma_1 \quad \delta = \delta_1$

Stufenwinkel an parallelen Geraden sind gleich groß.

Wechselwinkel

$\alpha = \gamma_1 \quad \beta = \delta_1 \quad \gamma = \alpha_1 \quad \delta = \beta_1$

Wechselwinkel an parallelen Geraden sind gleich groß.

5 Bestimme die Größe der einzelnen Winkel.

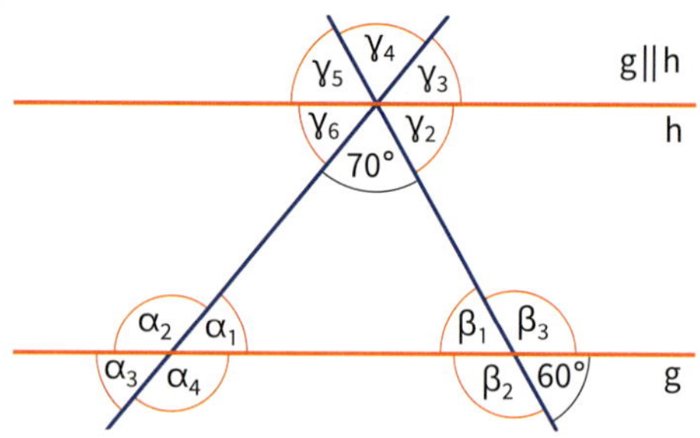

Lösungen zu Aufgabe 5:

50° 50° 50° 50° 60° 60° 60° 70° 120° 120° 130° 130°

6 Begründe anhand der Abbildung, dass die Summe der Innenwinkel eines Dreiecks 180° beträgt.

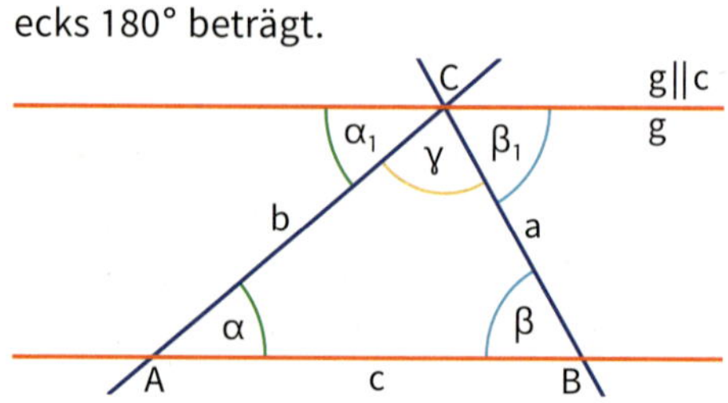

Besondere Linien im Dreieck: Höhen

1 Eine Arbeitsgruppe stellt während einer Projektwoche ein Podest mit einer dreieckigen Grundfläche her.

Özlem, Lara und Paul überprüfen, ob sich das Podest durch die Tür schieben lässt.

Welche Messungen führen sie dafür durch?

2 Beschreibe anhand der Abbildungen, wie Lara in dem Dreieck ABC die Senkrechte zu der Seite c durch den Punkt C zeichnet.

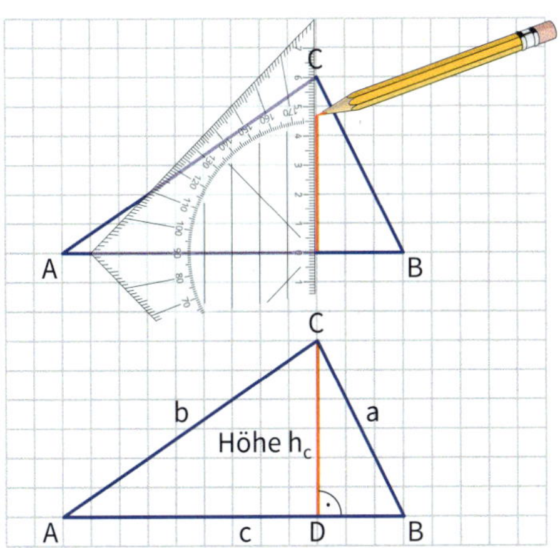

Die Strecke $\overline{CD}$ in der Abbildung heißt Höhe h_c des Dreiecks ABC.

3 Im Beispiel wird gezeigt, wie du die drei Höhen eines Dreiecks einzeichnen kannst.

Das Dreieck ABC steht auf der Seite c. Die Senkrechte auf der Seite c durch den Eckpunkt C ist die **Höhe h_c** des Dreiecks.

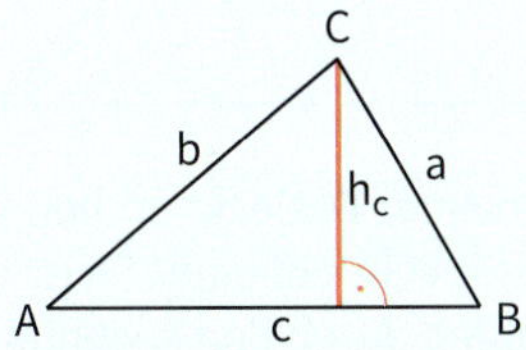

In der Abbildung rechts ist das Dreieck ABC auf die Seite a gekippt. Die **Höhe h_a** ist eingezeichnet.

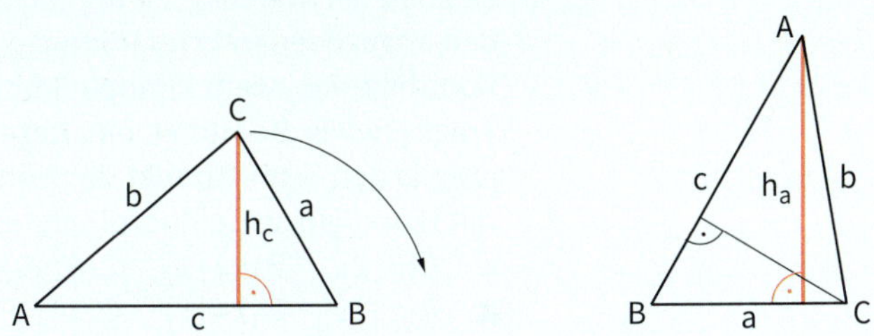

In der Abbildung rechts ist das Dreieck ABC auf die Seite b gekippt. Die **Höhe h_b** ist eingezeichnet.

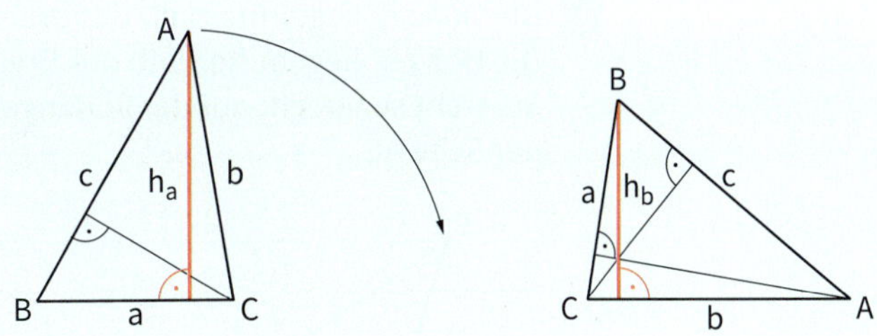

Übertrage das folgende Dreieck ABC in dein Heft.

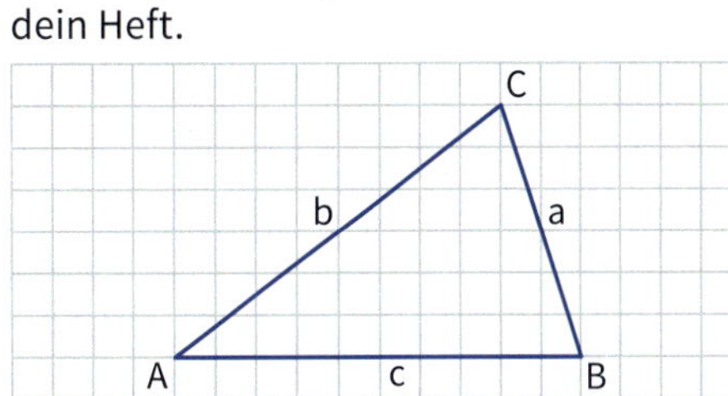

Zeichne die Höhen h_a, h_b und h_c ein. Was stellst du fest? Markiere die Höhen farbig und beschrifte sie mit h_a, h_b und h_c.

Besondere Linien im Dreieck: Höhen

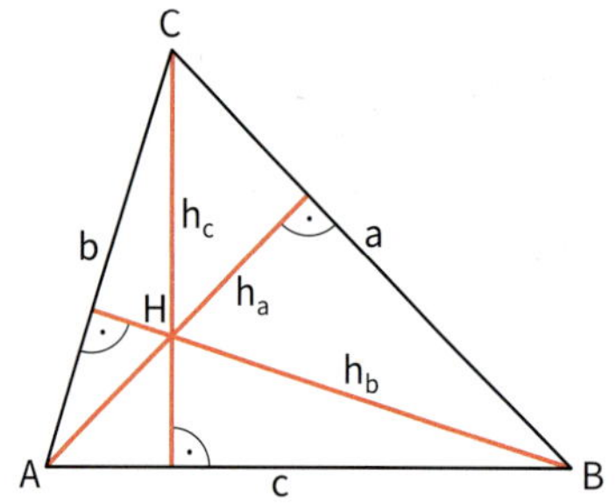

Die Höhen eines Dreiecks stehen jeweils senkrecht auf einer Seite und verlaufen durch den gegenüberliegenden Eckpunkt. Sie schneiden sich in einem Punkt H.

4 a) Zeichne die Dreiecke I, II und III mit den angegebenen Eckpunkten in ein Koordinatensystem (Einheit 0,5 cm). Trage jeweils die Höhen ein. Bezeichne jeweils den Schnittpunkt der Höhen mit H und gib seine Koordinaten an.
I: A(2|2) B(16|2) C(6|12)
II: A(10|9) B(24|2) C(24|17)
III: A(1|18) B(9|10) C(17|18)
b) Beschreibe die Besonderheiten beim Dreieck III.

5 Die Höhe h_a liegt innerhalb des Dreiecks. Die Höhe h_b liegt außerhalb des Dreiecks. Sie steht senkrecht auf der Verlängerung der Seite $\overline{AC}$.

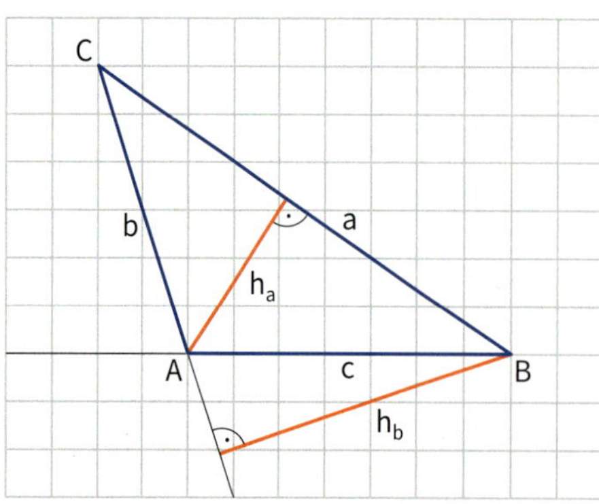

a) Übertrage das oben abgebildete stumpfwinklige Dreieck ABC sowie die Höhen h_a und h_b in dein Heft. Zeichne anschließend die Höhe h_c ein.
b) Bestimme den Schnittpunkt der Höhen. Beschreibe, wie du dabei vorgehst.

6 Übertrage zunächst die Dreiecke I und II in dein Heft. Zeichne jeweils die Höhen ein. Manchmal musst du die Seiten des Dreiecks verlängern.

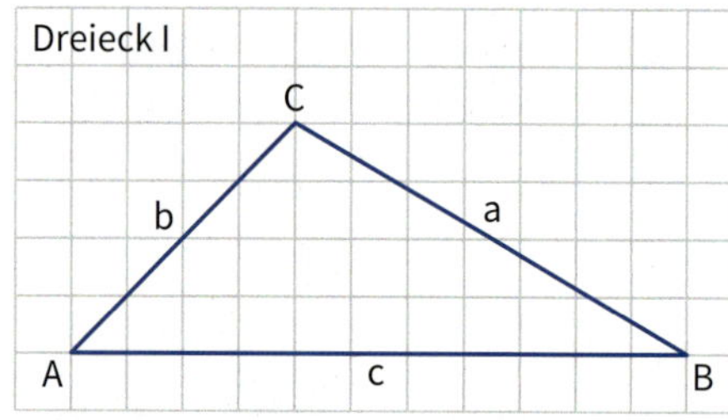

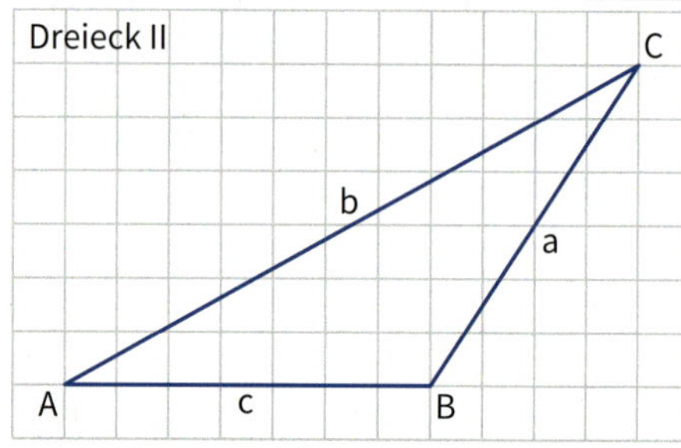

Verlängere anschließend die einzelnen Höhen so weit, dass du einen gemeinsamen Schnittpunkt erhältst.
Bezeichne den Schnittpunkt der Höhen jeweils mit H.

7 Zeichne das Dreieck ABC mit den angegebenen Eckpunkten in ein Koordinatensystem (Einheit 0,5 cm).
Trage die Höhen des Dreiecks ein. Verlängere dazu gegebenenfalls die Seiten des Dreiecks.
Bezeichne den Schnittpunkt der Höhen mit H und gib seine Koordinaten an.
a) A(−8|−8) B(6|−8) C(−4|2)
b) A(−9|−1) B(5|−8) C(5|7)
c) A(−9|−8) B(7|−8) C(−1|0)
d) A(−2|−3) B(4|−3) C(−8|9)

8 Zeichne das Dreieck ABC in ein Koordinatensystem (Einheit 0,5 cm). Zeichne die drei Höhen ein. Gib die Koordinaten des Höhenschnittpunktes an.
a) A(−8|−3) B(4|0) C(−6|6)
b) A(−9|−4) B(3|−4) C(7|4)
c) A(−9|−7) B(6|2) C(−6|5)

Lösungen zu den Aufgaben 4, 7 und 8:
(−8|−9) (−6|5) (−5|2) (−1|0) (1|−1) (6|6) (7|−12) (9|10) (−4|−4) (20|9)

Besondere Linien im Dreieck: Mittelsenkrechten

1 In dem Dreieck ABC sind zwei Mittelsenkrechten eingezeichnet. Die Gerade m_b verläuft durch den Mittelpunkt der Seite $\overline{AC}$ und steht senkrecht auf ihr.

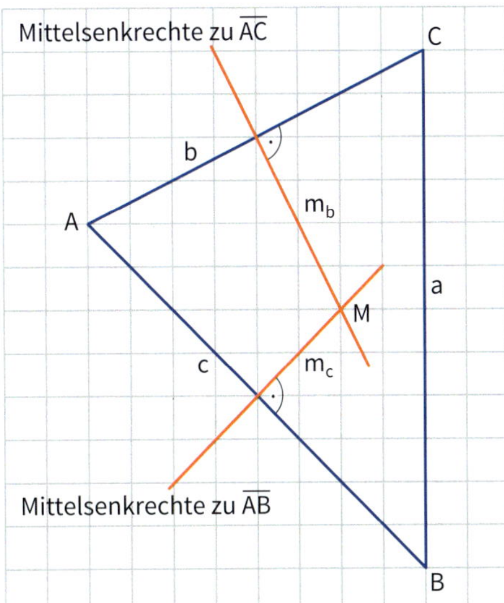

a) Erläutere, wie die Mittelsenkrechte m_c verläuft.
b) Übertrage das abgebildete Dreieck ABC in dein Heft und zeichne die Mittelsenkrechte m_a ein.
c) Miss jeweils den Abstand vom Schnittpunkt M zu den Eckpunkten A, B und C. Was stellst du fest?
d) Zeichne einen Kreis um den Mittelpunkt M, der durch den Punkt A verläuft. Was stellst du fest?

2 Übertrage das abgebildete spitzwinklige Dreieck ABC in dein Heft. Zeichne die drei Mittelsenkrechten m_a, m_b und m_c ein. Zeichne einen Kreis um den Schnittpunkt der Mittelsenkrechten, der durch die drei Eckpunkte des Dreiecks verläuft.

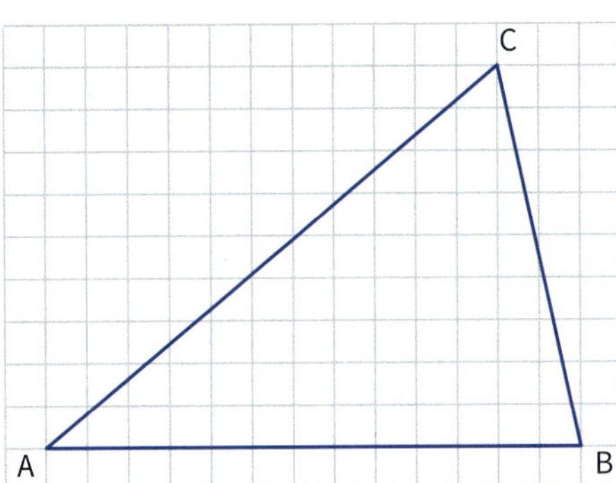

3 Übertrage das abgebildete stumpfwinklige Dreieck ABC in dein Heft. Zeichne die drei Mittelsenkrechten m_a, m_b und m_c ein. Zeichne einen Kreis um den Schnittpunkt der Mittelsenkrechten, der durch die drei Eckpunkte des Dreiecks verläuft. Was stellst du fest?

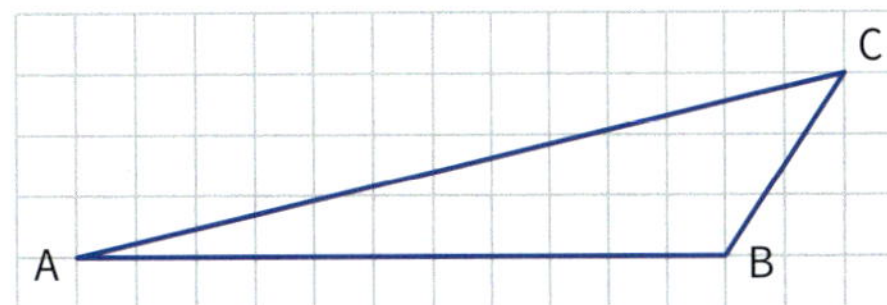

4 Eine Windkraftanlage soll von den abgebildeten Orten A, B und C jeweils gleich weit entfernt errichtet werden.

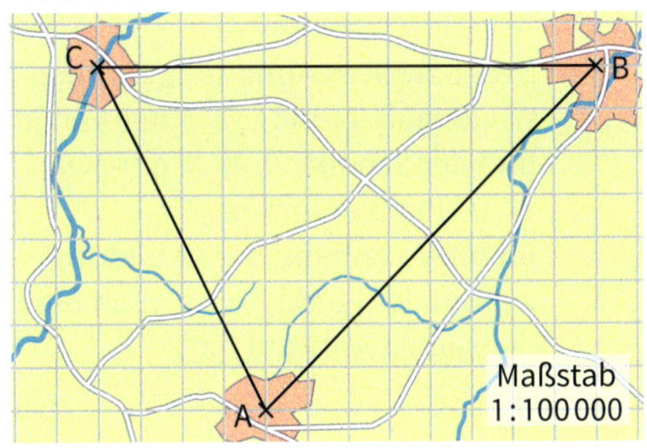

a) Übertrage das Dreieck in dein Heft und bestimme durch eine Zeichnung den zukünftigen Standort der Windkraftanlage.
b) Wie viel Meter ist die Anlage jeweils von den Orten A, B und C entfernt?

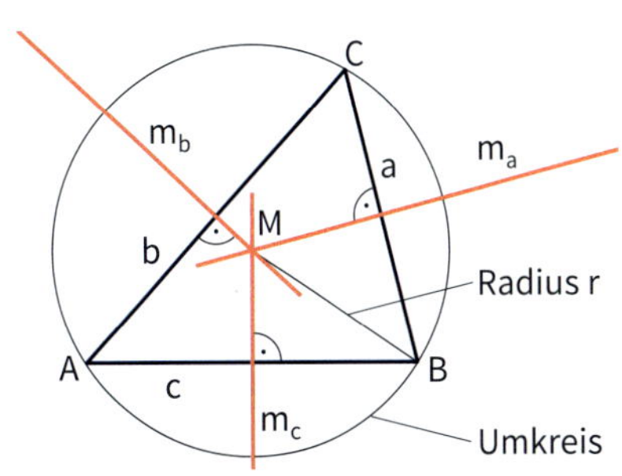

Die **Mittelsenkrechten** eines Dreiecks stehen jeweils senkrecht auf den Seitenmitten. Sie schneiden sich in einem Punkt M. Dieser Schnittpunkt hat von jedem Eckpunkt des Dreiecks denselben Abstand. Er ist der Mittelpunkt des Umkreises.

Besondere Linien im Dreieck: Winkelhalbierende

1 Im unten abgebildeten Dreieck ist die Winkelhalbierende w_α des Winkels α eingezeichnet.

a) Erläutere, wie die Winkelhalbierende w_α verläuft. Warum ist der Abstand des Punktes P zu den Seiten b und c gleich groß? Gilt das für alle Punkte, die auf w_α liegen?

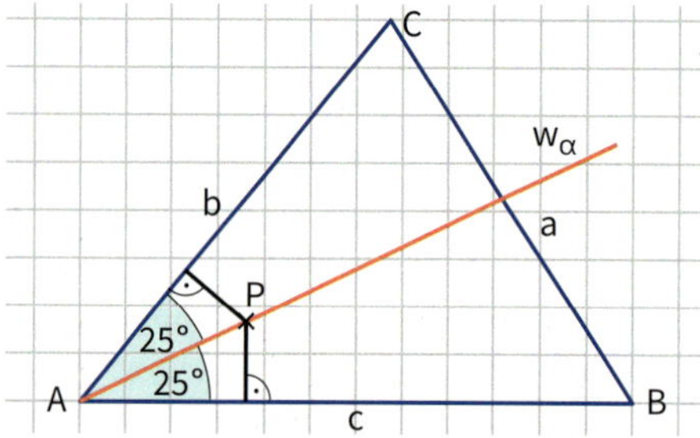

b) In der zweiten Abbildung ist auch die Winkelhalbierende w_β eingezeichnet und der Schnittpunkt M der zwei Winkelhalbierenden.
Erläutere anhand der Abbildung, warum der Punkt M von allen Seiten denselben Abstand hat.

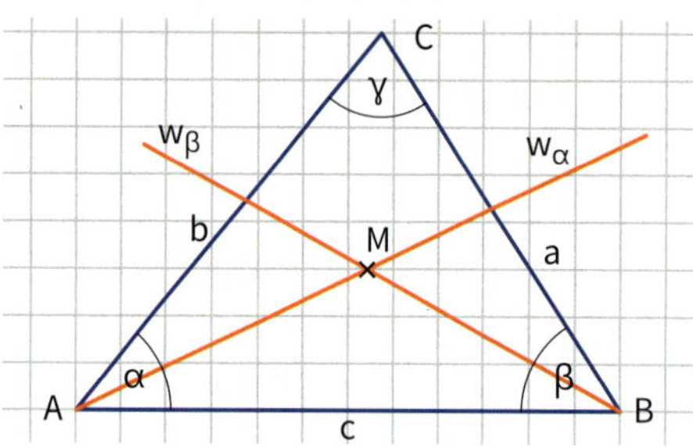

c) Übertrage das Dreieck ABC in dein Heft und zeichne alle Winkelhalbierenden ein.

d) In der dritten Abbildung ist ein Kreis in das Dreieck eingezeichnet. Dieser Kreis wird als Inkreis bezeichnet. Beschreibe seine Eigenschaften.

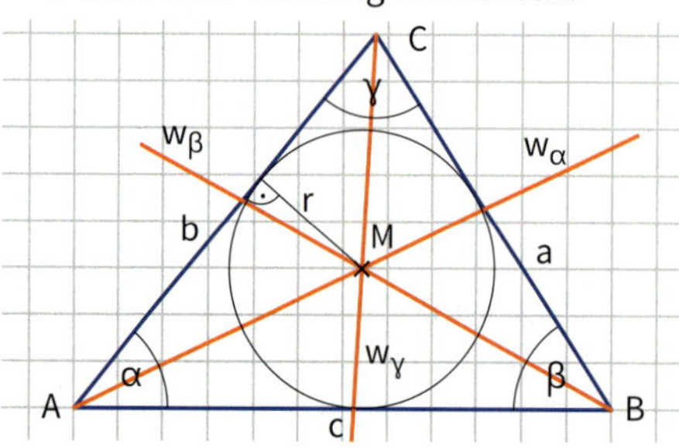

e) Ergänze den Inkreis in deiner Zeichnung.

2 Übertrage das Dreieck ABC in dein Heft.

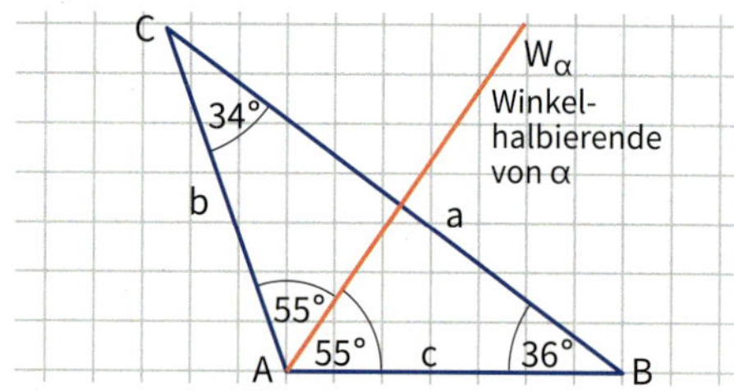

Konstruiere den Schnittpunkt M der drei Winkelhalbierenden. Zeichne den Abstand des Punktes M zu der Seite c ein. Der Abstand ist der Radius des Inkreises. Zeichne den Inkreis ein.

3 Zwischen drei Parkwegen soll ein möglichst großer kreisförmiger Grillplatz gepflastert werden.

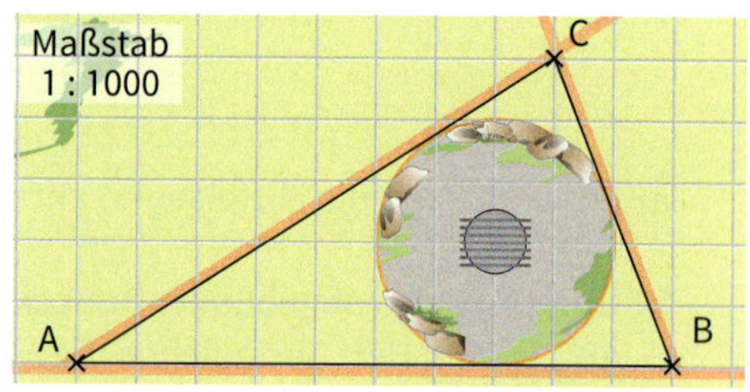

a) Übertrage das Dreieck ABC in dein Heft.

b) Konstruiere den Inkreis und bestimme seinen Radius.

c) Bestimme mithilfe des Maßstabs den Durchmesser des Grillplatzes im Park.

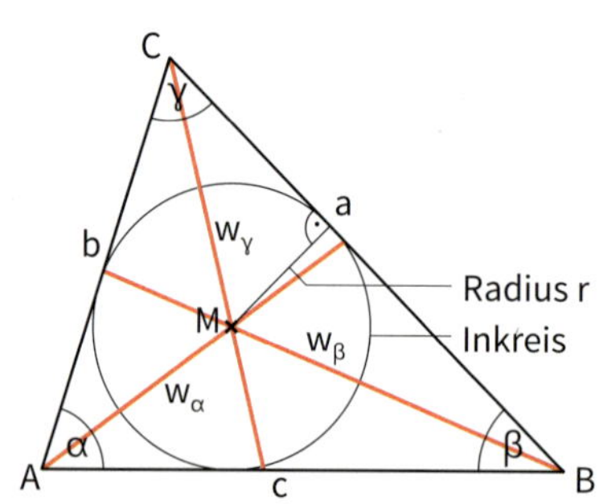

Die **Winkelhalbierenden** eines Dreiecks halbieren jeweils einen Innenwinkel. Sie schneiden sich in einem Punkt M. Dieser Schnittpunkt hat von jeder Seite des Dreiecks denselben Abstand. Er ist der Mittelpunkt des Inkreises.

Besondere Linien im Dreieck: Seitenhalbierende

1 Schneide ein nicht zu kleines Dreieck aus Pappe aus. Versuche dann in Partnerarbeit, den Schwerpunkt des Dreiecks zu ermitteln.
Lege dazu das Dreieck so auf die Kante eines Lineals, dass ein Eckpunkt auf der Kante liegt und das Dreieck im Gleichgewicht ist. Markiere auf der gegenüberliegenden Seite die Stelle, an der das Dreieck auf der Kante liegt.

Zeichne die Verbindungslinie von der Markierung zum Eckpunkt und wiederhole den Vorgang mit einem anderen Eckpunkt.

Lege das Dreieck dann mit dem Schnittpunkt der Verbindungslinien auf die Spitze eines senkrecht stehenden Bleistifts. Das Dreieck ist im Gleichgewicht.

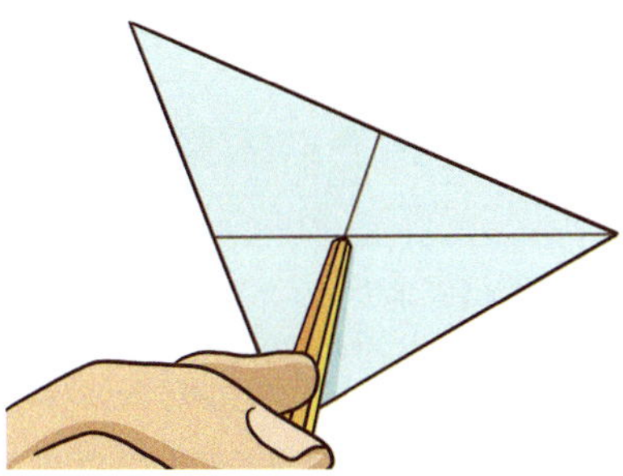

Vergleiche die auf den Dreiecksseiten markierten Stellen mit den Seitenmitten. Was stellst du fest?

2 a) Zeichne ein beliebiges spitzwinkliges Dreieck ABC.
b) Halbiere die Seite c und verbinde ihren Mittelpunkt M_c mit dem gegenüberliegenden Eckpunkt C.
Die Strecke $\overline{CM_c}$ heißt **Seitenhalbierende** von c. Bezeichne sie mit $\mathbf{s_c}$.

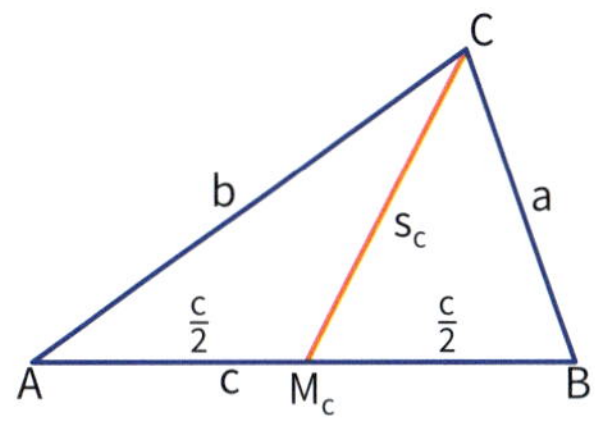

c) Trage entsprechend $\mathbf{s_a}$ und $\mathbf{s_b}$ ein.
Was stellst du fest?

3 Zeichne ein stumpfwinkliges, ein rechtwinkliges und ein gleichschenkliges Dreieck in dein Heft. Zeichne in jedes Dreieck die Seitenhalbierenden ein. Ihr Schnittpunkt ist der Schwerpunkt des Dreiecks.

4 Zeichne das Dreieck ABC mit den angegebenen Eckpunkten in ein Koordinatensystem (Einheit 0,5 cm). Zeichne die Seitenhalbierenden ein und gib die Koordinaten des Schwerpunktes S an.

a) A(1|2)	B(17|2)	C(9|14)
b) A(2|2)	B(14|2)	C(2|14)
c) A(−3|−3)	B(9|3)	C(−3|15)
d) A(−5|−3)	B(3|−7)	C(−7|10)

Lösungen zu Aufgabe 4:
(−3|0) (6|6) (9|6) (1|5)

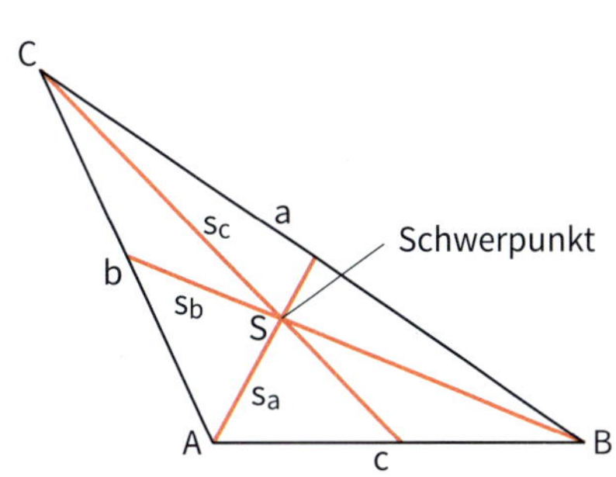

Die **Seitenhalbierenden** eines Dreiecks verlaufen jeweils durch den Mittelpunkt einer Seite und den gegenüberliegenden Eckpunkt. Sie schneiden sich in einem Punkt S. Er ist der **Schwerpunkt** des Dreiecks.

Arbeiten mit dem Computer: Besondere Linien im Dreieck

1 Im Beispiel wird gezeigt, wie du den Umkreis des abgebildeten Dreiecks konstruieren kannst.

1. Erzeuge die Mittelsenkrechten.

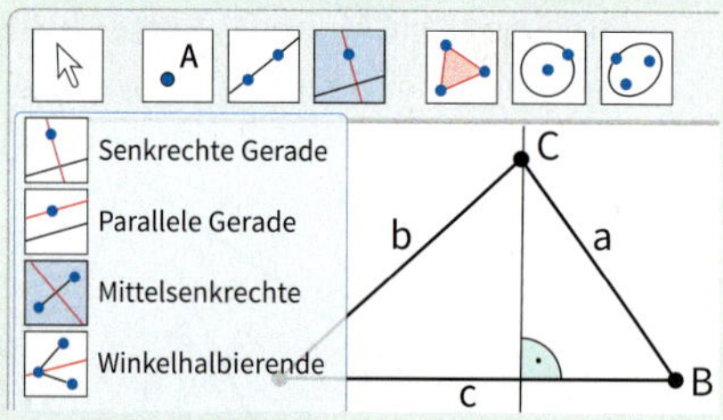

2. Markiere den Schnittpunkt M der Mittelsenkrechten.

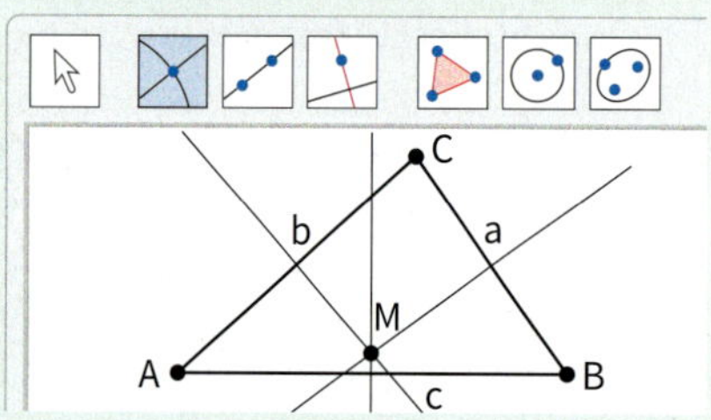

3. Zeichne den Kreis um M durch einen Eckpunkt.

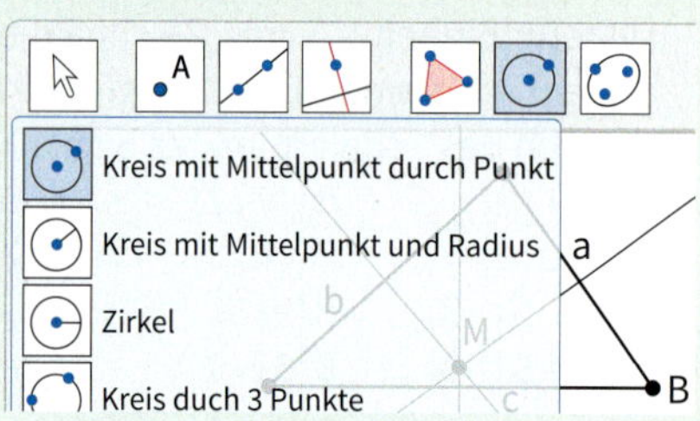

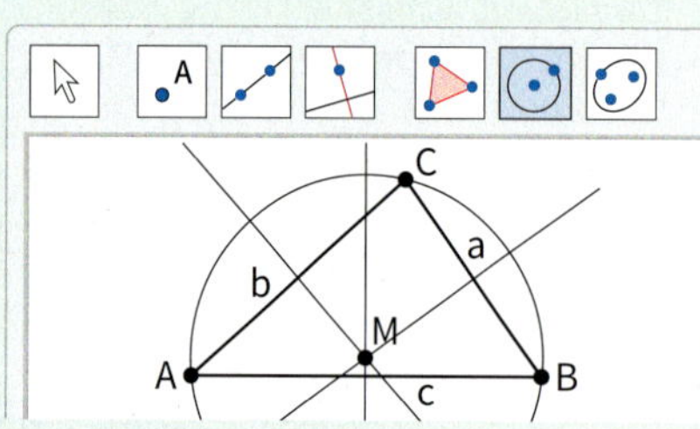

a) Erzeuge ein beliebiges Dreieck und konstruiere seinen Umkreis. Verfahre wie im Beispiel.

b) Verändere die Form des Dreiecks. Bewege dazu die Eckpunkte des Dreiecks. Beschreibe, wie dabei die Lage des Kreismittelpunktes und die Form des Dreiecks zusammenhängen.

2 Im Beispiel wird gezeigt, wie du den Inkreis des abgebildeten Dreiecks konstruieren kannst.

1. Erzeuge die Winkelhalbierenden.
2. Markiere den Schnittpunkt M der Winkelhalbierenden.
3. Zeichne die senkrechte Gerade durch M auf c.

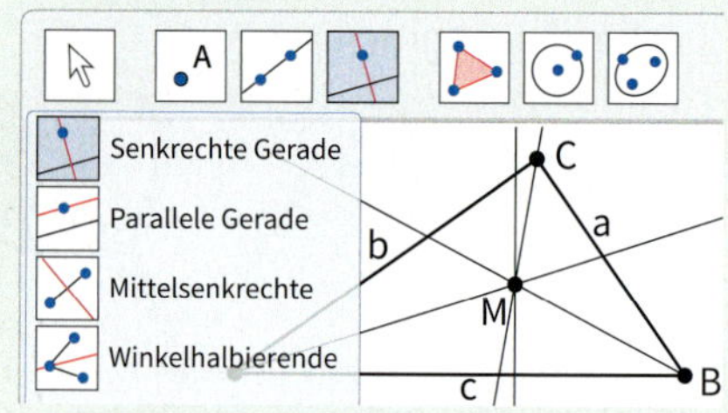

4. Markiere den Schnittpunkt D der senkrechten Geraden mit der Seite c und nenne ihn D.
5. Zeichne den Kreis um M durch D.

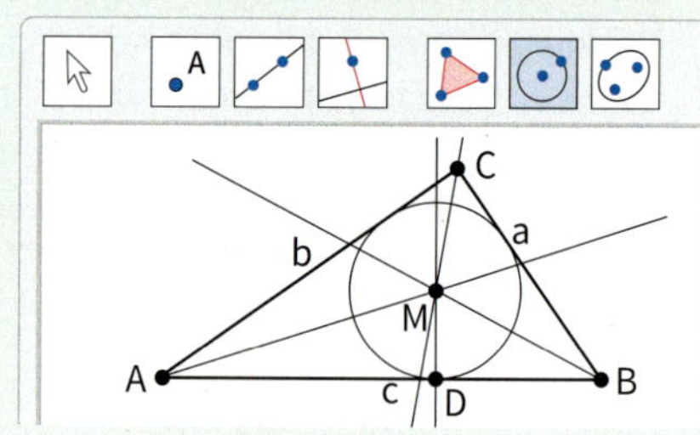

a) Erzeuge ein beliebiges Dreieck und konstruiere den Inkreis.

b) Verändere die Form des Dreiecks. Was stellst du fest?

3 Konstruiere für ein beliebiges Dreieck die Höhen. Markiere den Schnittpunkt der Höhen des Dreiecks. Verändere die Form, indem du einen Eckpunkt bewegst. Was stellst du fest?

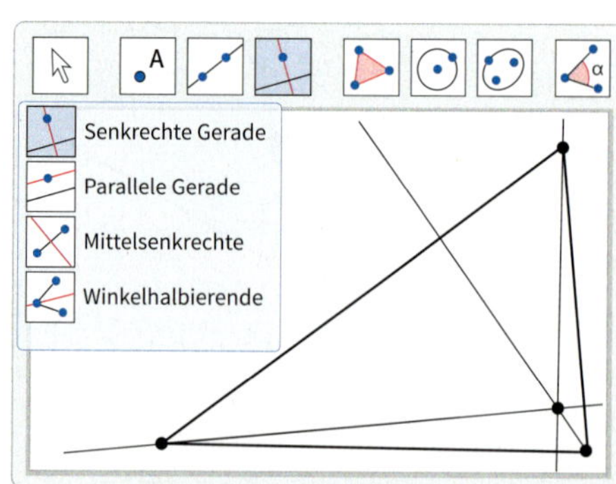

Kongruente Dreiecke

1 Miss in den Dreiecken jeweils die Seitenlängen und Winkelgrößen. Trage deine Ergebnisse in eine Tabelle wie abgebildet ein.

	Seitenlängen			Winkelgrößen		
Dreieck I	■	■	■	■	■	■
Dreieck II	■	■	■	■	■	■

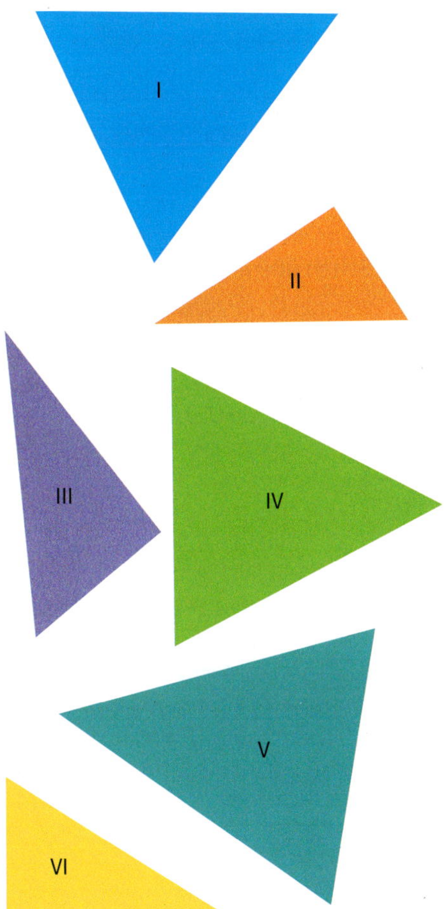

Welche Dreiecke stimmen in ihrer Form überein? Welche Dreiecke stimmen in ihrer Größe und Form überein?

Zwei Figuren heißen **kongruent** (deckungsgleich) zueinander, wenn sie in Größe und Form übereinstimmen. In kongruenten Figuren sind einander entsprechende Seiten und einander entsprechende Winkel gleich groß.

2 Vergleiche die beiden abgebildeten Dreiecke miteinander. Was fällt dir auf?

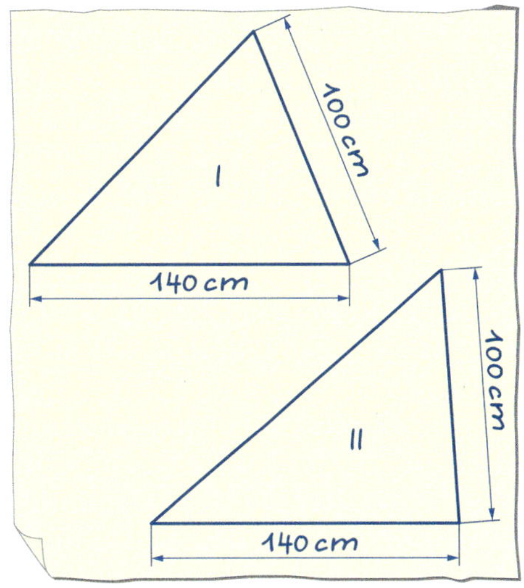

3 Bevely hat aus zwei gegebenen Stücken jeweils ein Dreieck gezeichnet. Prüfe, ob sie kongruent sind.

a) a = 4 cm, b = 5 cm

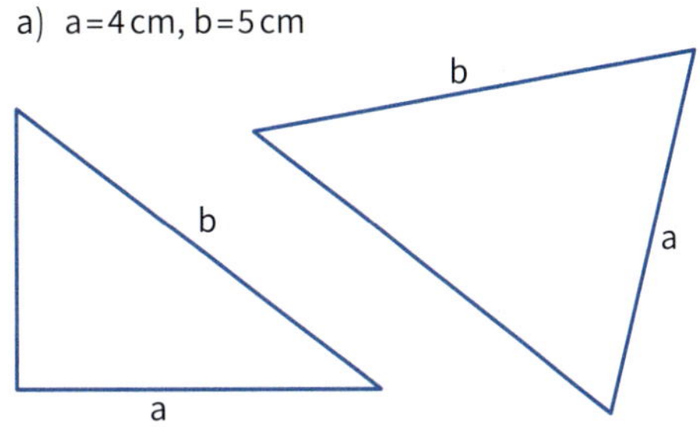

b) c = 6 cm, α = 45°

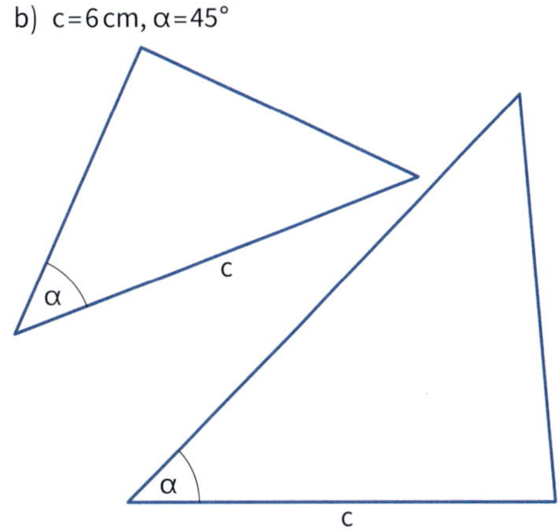

4 Zeichne ein Dreieck mit den folgenden Maßen c = 7 cm und β = 40°.
Vergleiche dein gezeichnetes Dreieck mit dem eines Partners oder einer Partnerin.

Dreiecke konstruieren – SSS

1 Die folgenden Abbildungen zeigen dir, wie du ein Dreieck aus **drei Seitenlängen** konstruieren kannst.

Gegebene Größen:
a = 3 cm; b = 5 cm; c = 6 cm

Planfigur

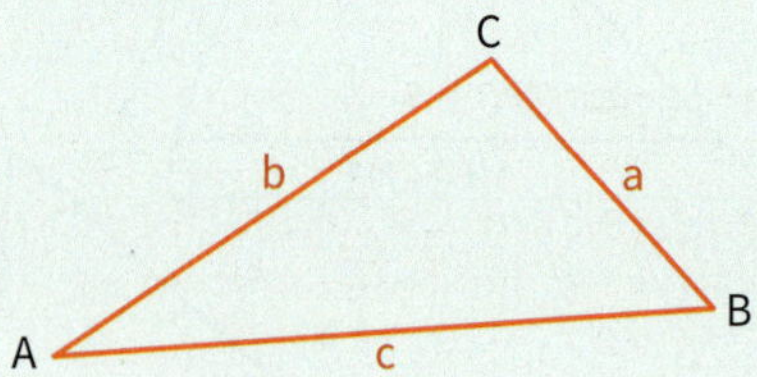

1. Zeichne $\overline{AB}$ = c = 6 cm.

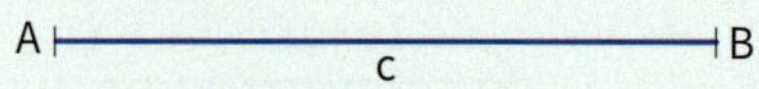

2. Zeichne um A einen Kreis mit dem Radius b = 5 cm.

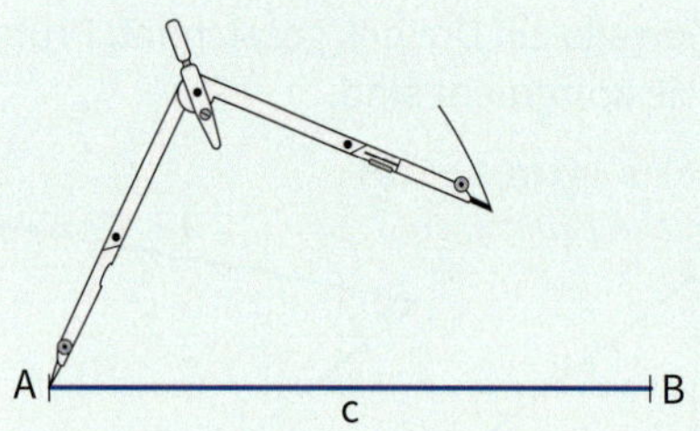

3. Zeichne um B einen Kreis mit dem Radius a = 3 cm. Bezeichne den Schnittpunkt beider Kreise mit C.

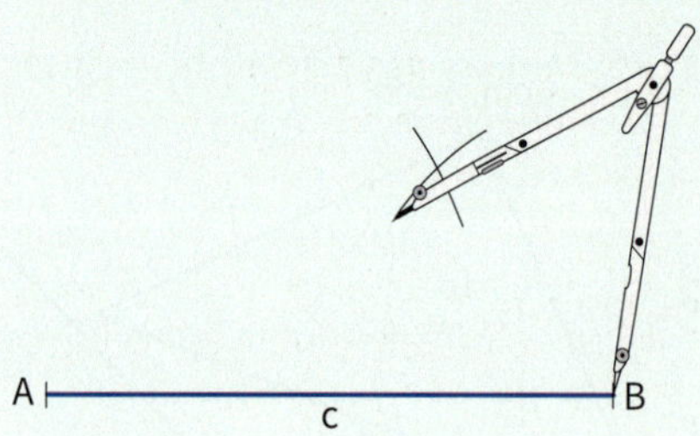

4. Verbinde A mit C und B mit C.

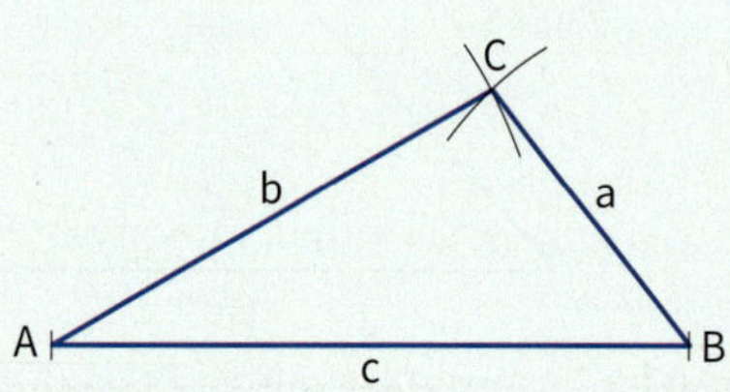

Konstruiere ein Dreieck aus a = 3 cm, b = 5 cm und c = 6 cm.

2 Kamala, Jason und Johanna haben jeweils aus den Seitenlängen a = 3 cm, b = 5 cm und c = 6 cm ein Dreieck ABC konstruiert.

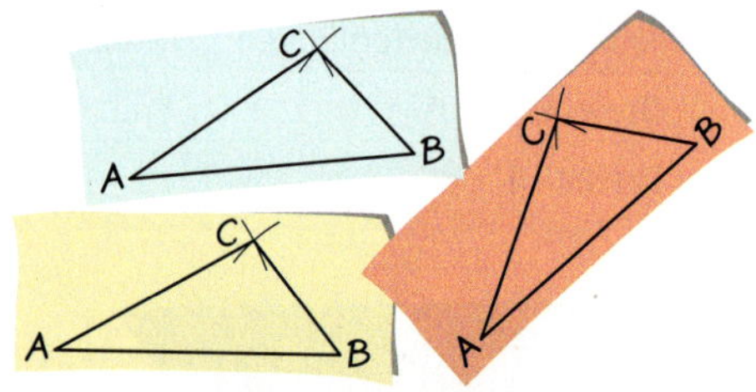

Wie stellen sie fest, ob ihre Dreiecke zueinander kongruent sind?

Dreiecke sind zueinander kongruent, wenn sie in den Längen ihrer drei Seiten übereinstimmen (**SSS**).

3 Konstruiere aus den gegebenen Seitenlängen das Dreieck ABC. Beschreibe, wie du vorgegangen bist.
a) a = 4,0 cm; b = 6,0 cm; c = 5,0 cm
b) a = 3,5 cm; b = 2,5 cm; c = 4,5 cm
c) a = 5,3 cm; b = 3,8 cm; c = 6,2 cm
d) a = 5,5 cm; b = 5,5 cm; c = 5,5 cm

4 Versuche aus den gegebenen Seitenlängen ein Dreieck ABC zu zeichnen. Erläutere, warum du nicht in jedem Fall ein Lösungsdreieck zeichnen kannst.
a) a = 2,5 cm; b = 3,7 cm; c = 4,2 cm
b) a = 5,6 cm; b = 3,2 cm; c = 2,0 cm
c) a = 4,3 cm; b = 7,2 cm; c = 2,7 cm
d) a = 4,2 cm; b = 6,3 cm; c = 4,2 cm

In jedem Dreieck sind zwei Dreiecksseiten zusammen stets länger als die dritte Dreiecksseite.

c = 6 cm
b = 3 cm
a = 4 cm

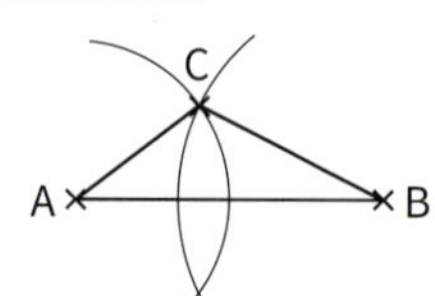

c = 6 cm
b = 3 cm
a = 2 cm

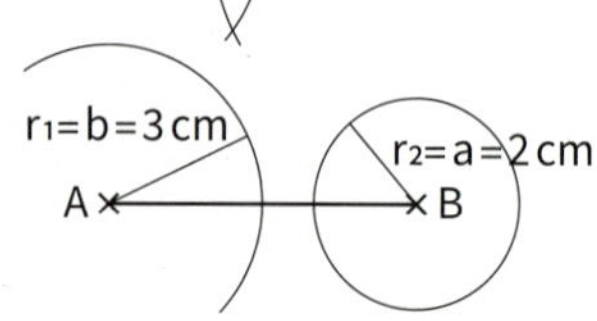

Dreiecke konstruieren – SWS

1 Die folgenden Abbildungen zeigen dir, wie du ein Dreieck ABC aus **zwei Seitenlängen** und der **Größe des** von diesen Seiten **eingeschlossenen Winkels** konstruieren kannst.

Gegebene Größen:
b = 4 cm; c = 7 cm; $\alpha = 50°$

Planfigur

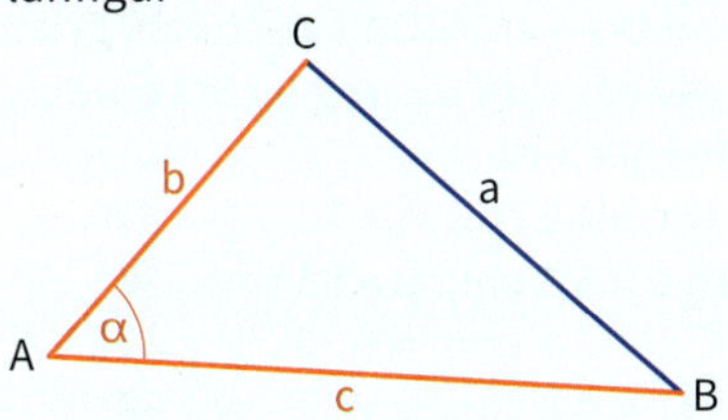

1. Zeichne $\overline{AB}$ = c = 7 cm.

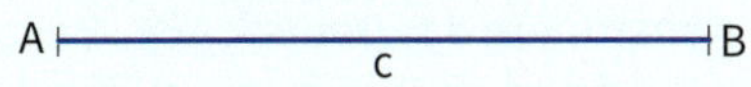

2. Trage in A an c den Winkel $\alpha = 50°$ an.

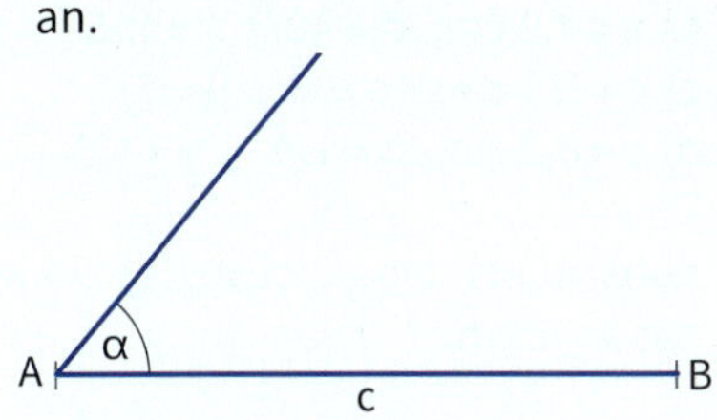

3. Zeichne auf dem Schenkel die Strecke $\overline{AC}$ = b mit einer Länge von 4 cm. Du erhältst den Punkt C.

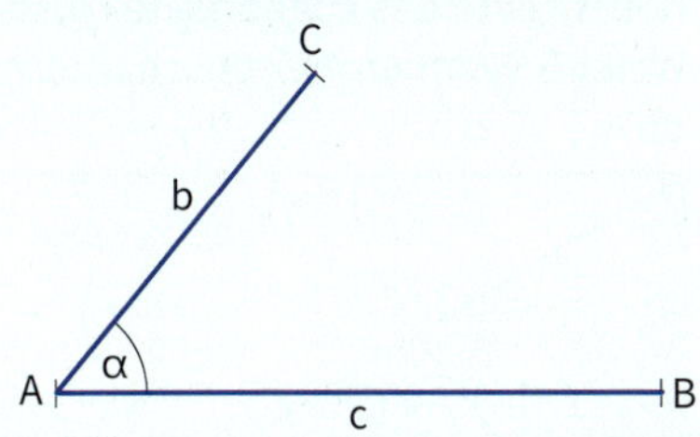

4. Verbinde B mit C.

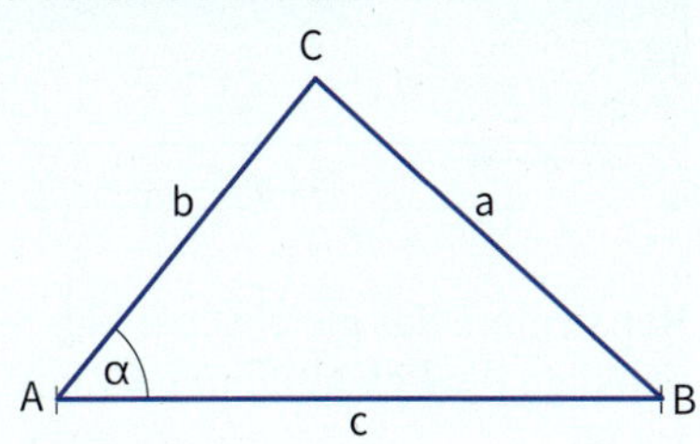

Konstruiere ein Dreieck ABC aus b = 4 cm, c = 7 cm und $\alpha = 50°$.

> Dreiecke sind zueinander kongruent, wenn sie in der Länge zweier Seiten und der Größe des eingeschlossenen Winkels übereinstimmen (**SWS**).

2 Konstruiere das Dreieck ABC aus den gegebenen Stücken. Beschreibe, wie du vorgegangen bist.
a) c = 4,8 cm; b = 5,5 cm; $\alpha = 58°$
b) c = 4,3 cm; a = 6,4 cm; $\beta = 100°$
c) a = 7,4 cm; b = 4,8 cm; $\gamma = 84°$
d) c = 7,6 cm; a = 7,6 cm; $\beta = 40°$

3 a) Konstruiere das gleichschenklige Dreieck ABC (a = b) mit der Schenkellänge a = 5,8 cm und der Größe des Winkels an der Spitze $\gamma = 42°$. Beschreibe deine Konstruktion.

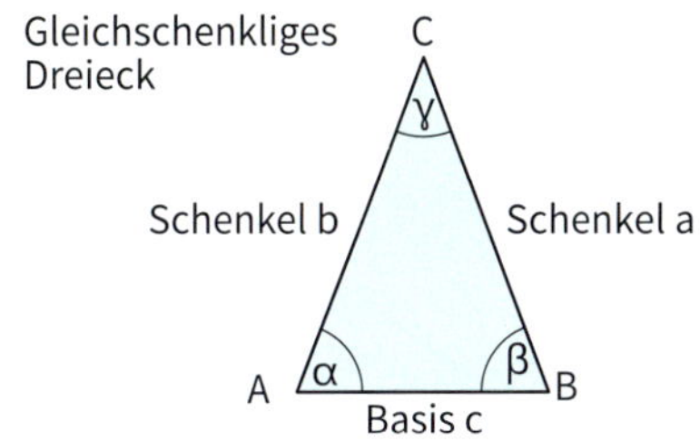

b) Zeichne die Höhe h_c des Dreiecks ein. Erläutere, warum diese Strecke das gleichschenklige Dreieck in zwei kongruente Teildreiecke zerlegt.

4 Konstruiere das gleichschenklig-rechtwinklige Dreieck ABC (a = b; $\gamma = 90°$) mit a = 3,8 cm (b = 4,5 cm).

5 Konstruiere das Muster. Es ist aus kongruenten Dreiecken zusammengesetzt.
a = 3 cm, c = 7 cm, $\beta = 60°$

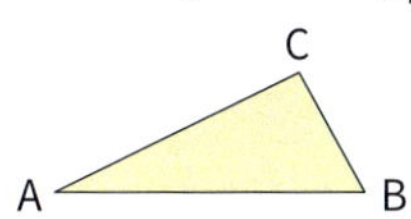

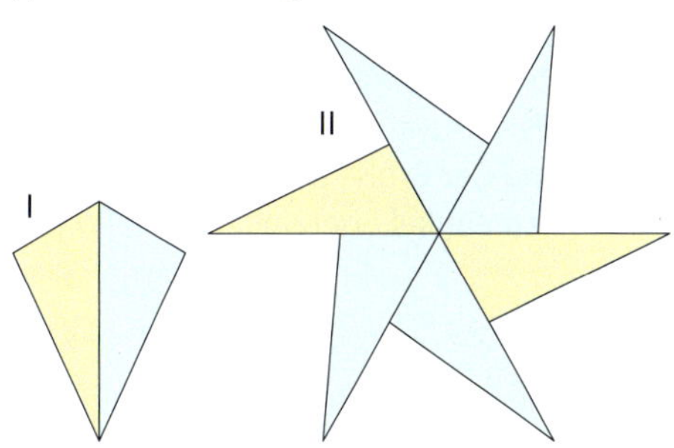

Dreiecke konstruieren – WSW

1 Die folgenden Abbildungen zeigen dir, wie du ein Dreieck ABC aus **einer Seitenlänge** und den **Größen der beiden anliegenden Winkel** konstruieren kannst.

Gegebene Größen:
$c = 5$ cm; $\alpha = 35°$; $\beta = 70°$

Planfigur

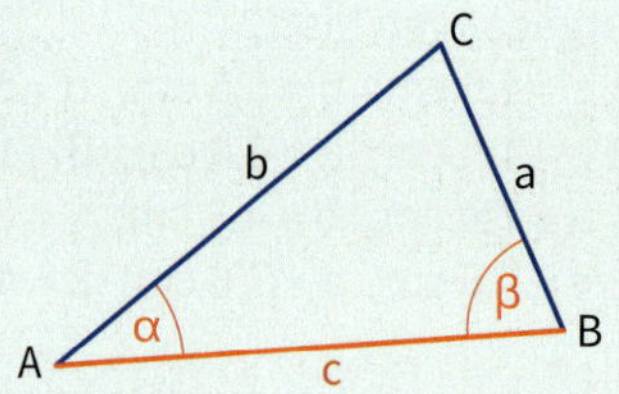

1. Zeichne $\overline{AB} = c = 5$ cm.

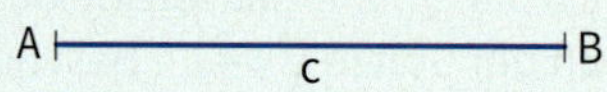

2. Trage in A an c den Winkel $\alpha = 35°$ an.

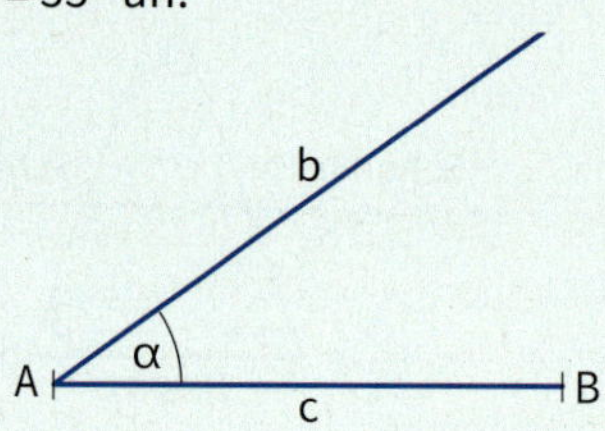

3. Trage in B an c den Winkel $\beta = 70°$ an. Die Schenkel schneiden sich in C.

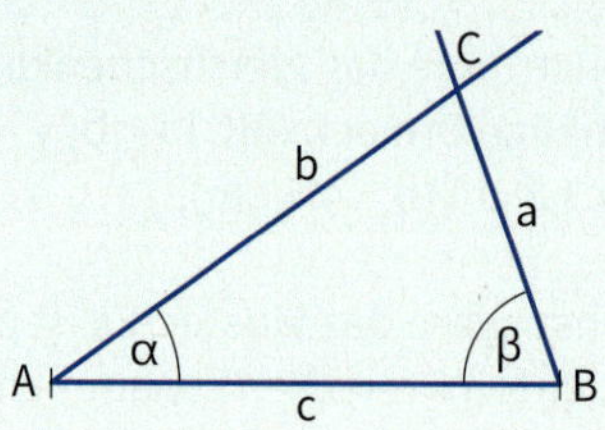

Konstruiere ein Dreieck ABC aus $c = 5$ cm, $\alpha = 35°$ und $\beta = 70°$.

Dreiecke sind zueinander kongruent, wenn sie in der Länge einer Seite und der Größe der beiden anliegenden Winkel übereinstimmen (**WSW**).

2 Konstruiere aus den gegebenen Stücken das Dreieck ABC. Beschreibe deine Konstruktion.
a) $c = 4{,}2$ cm; $\alpha = 35°$; $\beta = 115°$
b) $a = 7{,}5$ cm; $\beta = 42°$; $\gamma = 27°$
c) $b = 5{,}3$ cm; $\alpha = 105°$; $\gamma = 33°$
d) $c = 6{,}5$ cm; $\alpha = 44°$; $\beta = 90°$

3 Versuche aus den angegebenen Stücken ein Dreieck ABC zu zeichnen. Erläutere, warum eine Lösung nicht in jedem Fall möglich ist.
a) $c = 4{,}5$ cm; $\alpha = 70°$; $\beta = 30°$
b) $a = 5{,}3$ cm; $\beta = 33°$; $\gamma = 87°$
c) $b = 6{,}2$ cm; $\alpha = 107°$; $\gamma = 73°$
d) $c = 4{,}8$ cm; $\alpha = 35°$; $\gamma = 60°$
e) $a = 7{,}5$ cm; $\beta = 84°$; $\gamma = 103°$

4 Konstruiere das Dreieck ABC. Berechne zunächst den dritten Innenwinkel.
a) $a = 3{,}5$ cm; $\alpha = 75°$; $\beta = 55°$
b) $a = 4{,}3$ cm; $\alpha = 42°$; $\gamma = 115°$
c) $c = 5{,}3$ cm; $\alpha = 53°$; $\beta = 53°$
d) $c = 6{,}2$ cm; $\alpha = 123°$; $\gamma = 42°$

5 Konstruiere das gleichseitige Dreieck ABC mit $a = 7$ cm.

6 Konstruiere das gleichschenklige Dreieck ABC mit der Basis $c = 8$ cm und dem Winkel $\alpha = 40°$.

7 Konstruiere das abgebildete Muster. Welche Symmetrieeigenschaft erkennst du?

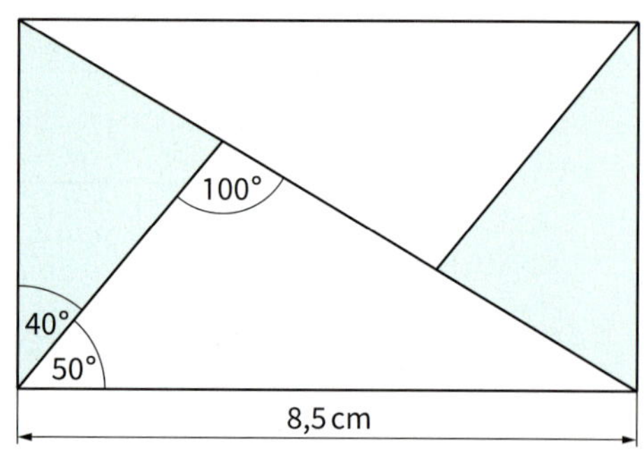

8 Konstruiere das gleichschenklig-rechtwinklige Dreieck ABC mit $c = 7$ cm und $\gamma = 90°$.

Dreiecke konstruieren – SsW

1 Die folgenden Abbildungen zeigen dir, wie du ein Dreieck ABC aus **zwei Seitenlängen** und dem **Winkel, der der längeren Seite gegenüberliegt,** konstruieren kannst.

Gegebene Größen:
a = 6,5 cm; c = 5,5 cm; α = 55°

Planfigur

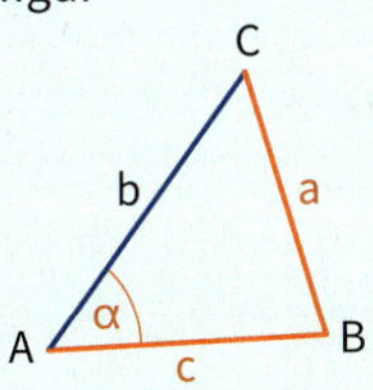

1. Zeichne $\overline{AB}$ = c = 5,5 cm.

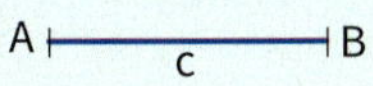

2. Trage in A an c den Winkel α = 55° an.

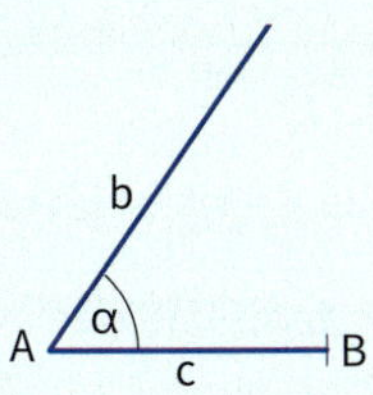

3. Zeichne um B einen Kreis mit dem Radius a = 6,5 cm. Der Kreis schneidet den Schenkel in C.

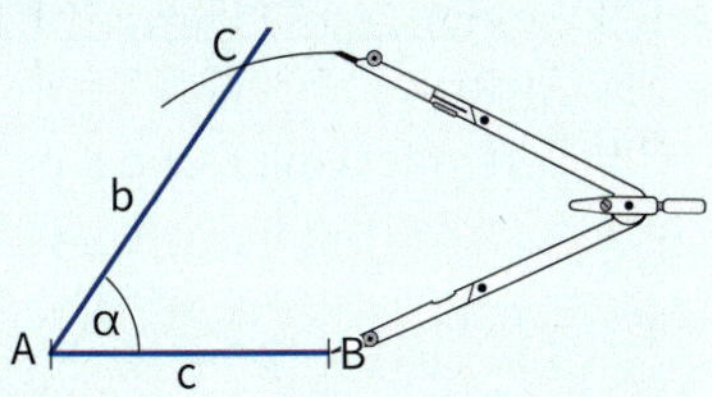

4. Verbinde B mit C.

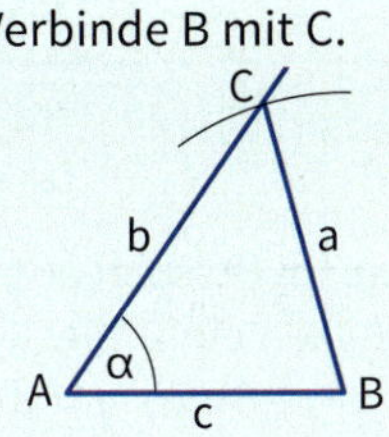

Konstruiere das Dreieck ABC.
a) a = 5,3 cm; c = 3,9 cm; α = 40°
b) c = 6,0 cm; b = 3,3 cm; γ = 106°
c) a = 3,8 cm; b = 4,9 cm; β = 50°

> Dreiecke sind zueinander kongruent, wenn sie in den Längen zweier Seiten und der Größe des Winkels, der der längeren Seite gegenüberliegt, übereinstimmen (**SsW**).

2 Aus den angegebenen Stücken soll ein Dreieck ABC konstruiert werden.
In welchem Fall kannst du genau ein Lösungsdreieck zeichnen? Begründe deine Antwort.
a) a = 5,8 cm; b = 4,1 cm; α = 32°
b) a = 6,3 cm; b = 3,2 cm; β = 25°
c) b = 5,3 cm; c = 5,1 cm; γ = 76°
d) a = 5,9 cm; b = 3,6 cm; α = 104°

3 Aus der Seite c = 5 cm, dem Winkel α = 50° und der Seite a soll ein Dreieck konstruiert werden. Die Abbildungen zeigen die Konstruktionsschritte für unterschiedliche Längen von a. Entscheide, bei welchen Längen von a genau ein Dreieck entsteht (kein Dreieck entsteht, zwei verschiedene Dreiecke entstehen). Schreibt in Partnerarbeit zu jedem Bild einen Text. Achtet darauf, welche Stücke gegeben sind und wann eine Konstruktion des Dreiecks ABC möglich ist.

I
a = 3,0 cm
c = 5,0 cm
α = 50°

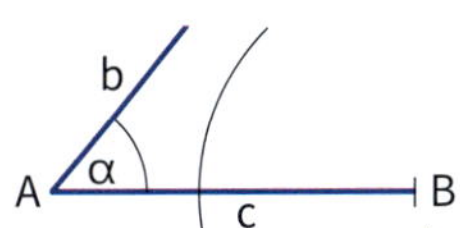

II
a = 5,5 cm
c = 5,0 cm
α = 50°

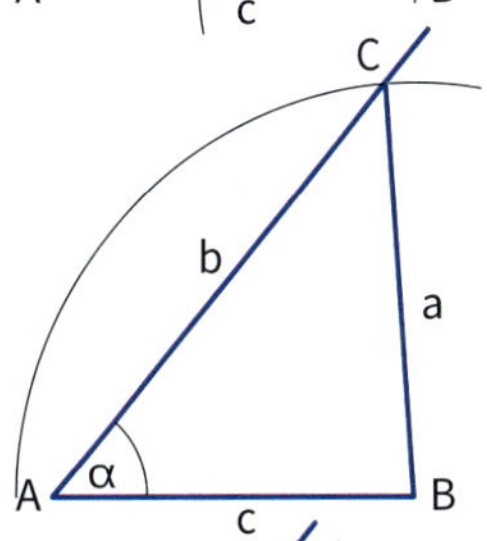

III
a = 4,2 cm
c = 5,0 cm
α = 50°

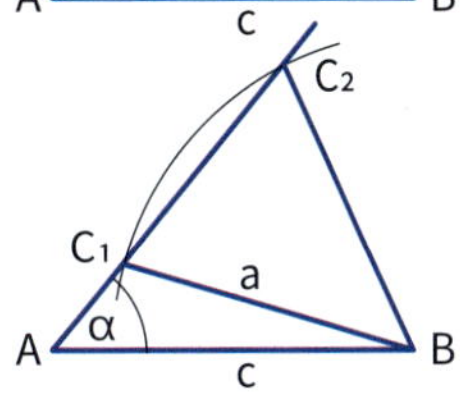

IV
a = 3,8 cm
c = 5,0 cm
α = 50°

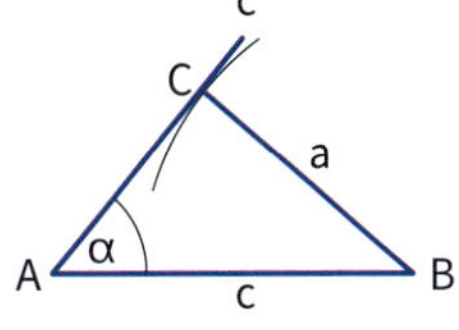

Dreiecke mit dem Thaleskreis konstruieren

1 Die Skulptur zeigt dir Thales von Milet, einen griechischen Philosophen und Mathematiker.

Informiere dich im Internet über sein Leben und sein Wirken.

Satz des Thales

Liegt der Punkt C auf dem Halbkreis über der Strecke $\overline{AB}$, dann hat das Dreieck ABC bei Punkt C einen rechten Winkel.

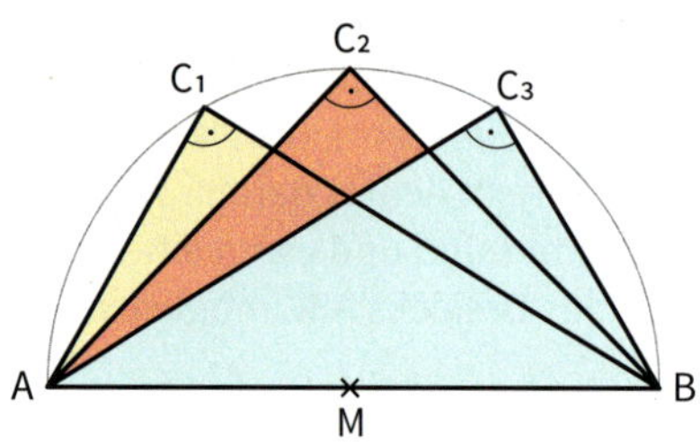

2 Überprüft den Satz des Thales in Partnerarbeit. Die folgende Abbildung zeigt euch, wie ihr anfangen könnt.

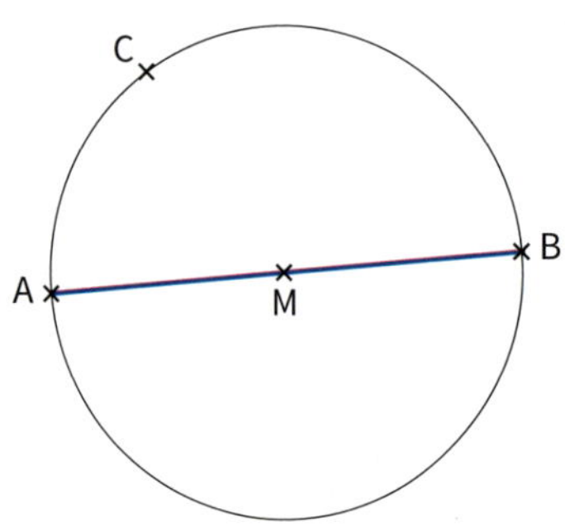

Beschreibt euer weiteres Vorgehen.

3 Im Beispiel siehst du, wie du ein rechtwinkliges Dreieck ABC mithilfe des Thaleskreises konstruieren kannst.

Gegebene Größen:
$a = 3{,}5$ cm; $c = 6{,}2$ cm; $\gamma = 90°$

Planfigur

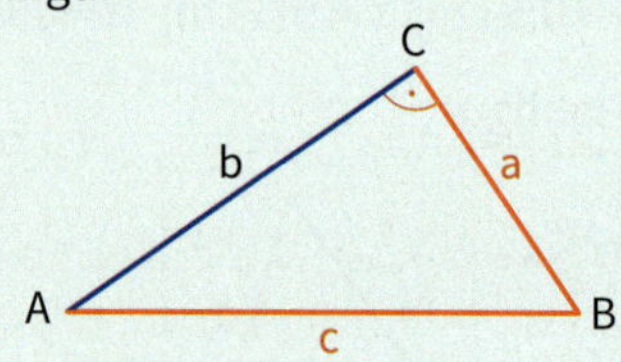

1. Zeichne $\overline{AB} = c = 6{,}2$ cm.

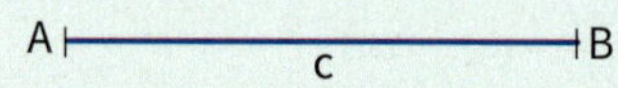

2. Zeichne den Halbkreis über $\overline{AB}$.

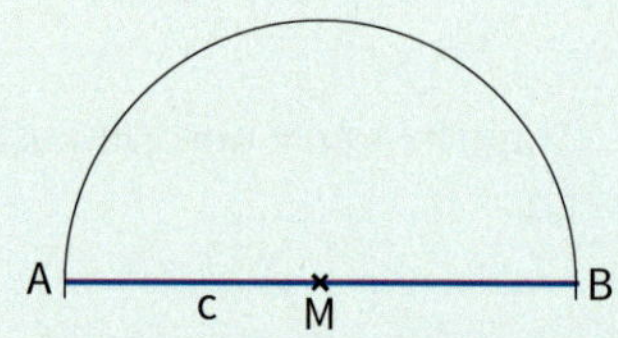

3. Zeichne um B einen Kreis mit dem Radius $a = 3{,}5$ cm. Der Schnittpunkt mit dem Halbkreis ist C.

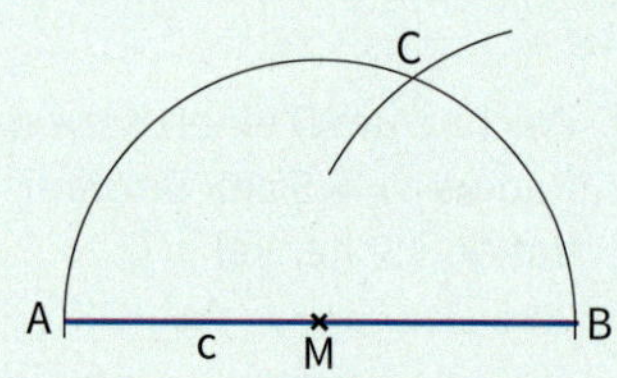

4. Verbinde A mit C und B mit C.

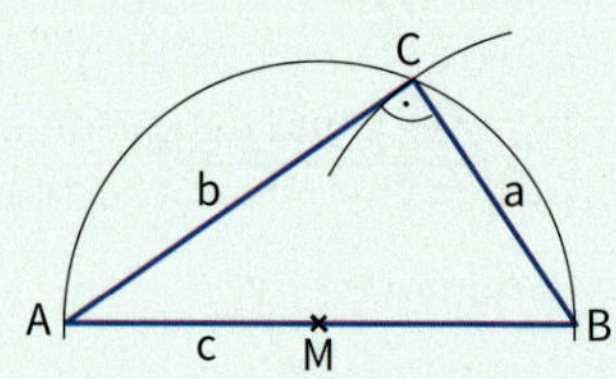

Konstruiere wie im Beispiel aus den gegebenen Stücken ein Dreieck ABC.

a) $a = 2{,}9$ cm; $c = 4{,}6$ cm; $\gamma = 90°$
b) $b = 3{,}3$ cm; $c = 5{,}8$ cm; $\gamma = 90°$
c) $a = 6{,}2$ cm; $c = 1{,}5$ cm; $\alpha = 90°$
d) $a = 6{,}8$ cm; $b = 4{,}5$ cm; $\alpha = 90°$
e) $b = 5{,}6$ cm; $c = 3{,}7$ cm; $\beta = 90°$
f) $a = 2{,}9$ cm; $b = 4{,}8$ cm; $\beta = 90°$

Arbeiten mit dem Computer: Dreiecke konstruieren

1 a) Konstruiere mithilfe eines Geometrieprogramms das Dreieck ABC aus a = 5 cm, b = 3 cm und c = 6 cm. Zeichne zunächst eine Planfigur.

Planfigur

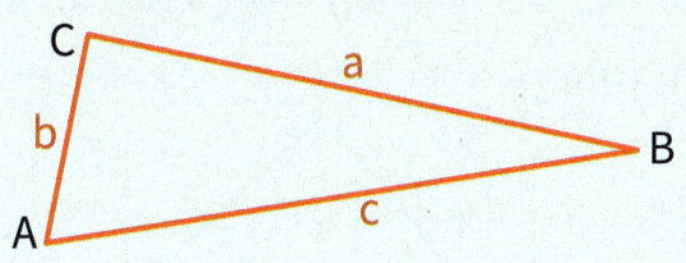

Die folgenden Schritte zeigen dir, wie du vorgehen kannst.

1. Zeichne die Strecke $\overline{AB}$ = 6 cm und um A einen Kreis mit dem Radius r = b = 3 cm.

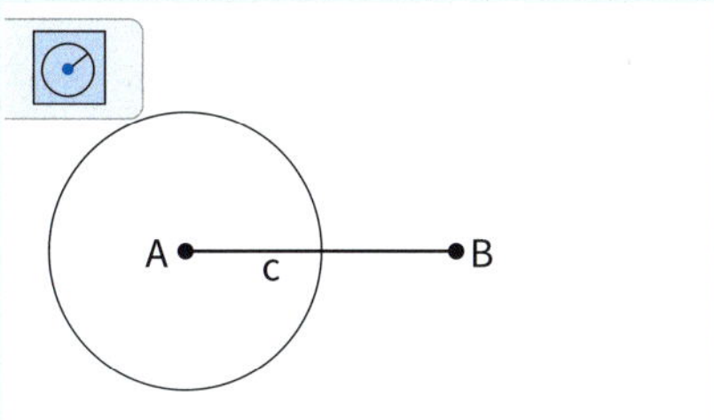

2. Zeichne um B einen Kreis mit dem Radius r = a = 5 cm.

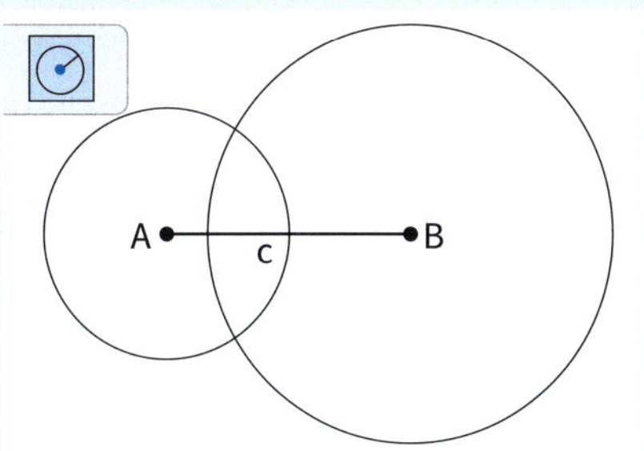

3. Markiere einen Schnittpunkt beider Kreise und nenne ihn C.
4. Verbinde A mit C und B mit C.

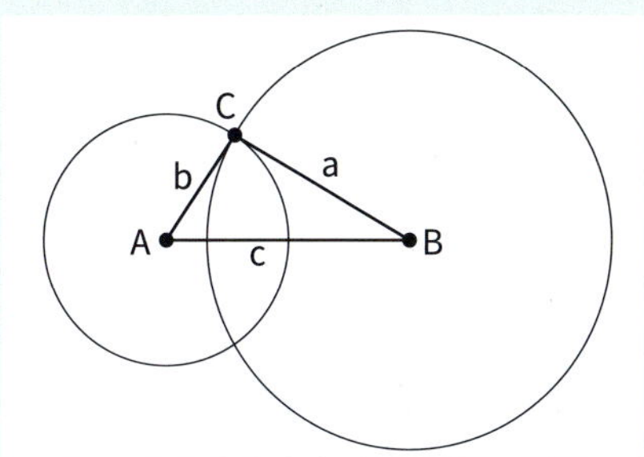

b) Konstruiere mithilfe eines Geometrieprogramms das Dreieck ABC aus a = 2,7 cm, b = 4,2 cm und c = 5,5 cm.

2 a) Konstruiere mithilfe eines Geometrieprogramms aus b = 3,5 cm, c = 6,7 cm und dem Winkel α = 77° das Dreieck ABC. Zeichne zunächst eine Planfigur.

Planfigur

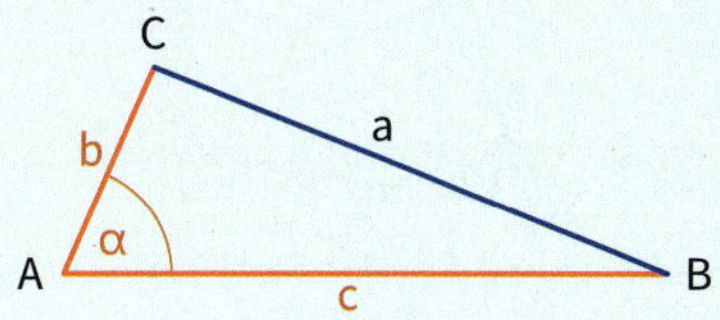

Die folgenden Schritte zeigen dir, wie du vorgehen kannst.

1. Zeichne $\overline{AB}$ = c = 6,7 cm. Trage in A an c den Winkel α = 77° ab.

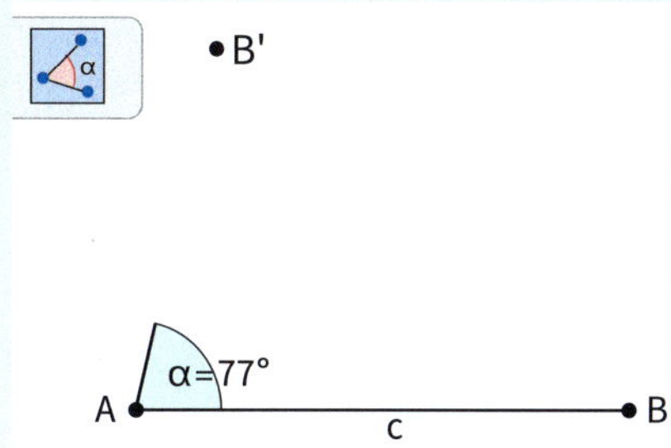

2. Zeichne eine Gerade durch A und B′ und einen Kreis mit dem Radius r = b = 3,5 cm um A.

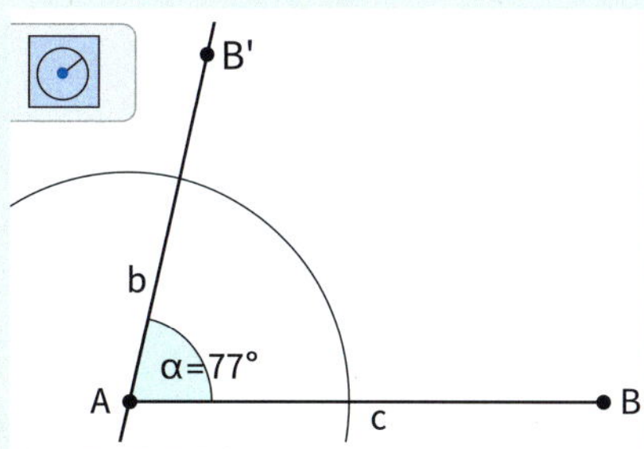

3. Markiere den Schnittpunkt, verbinde ihn mit B und nenne ihn C.

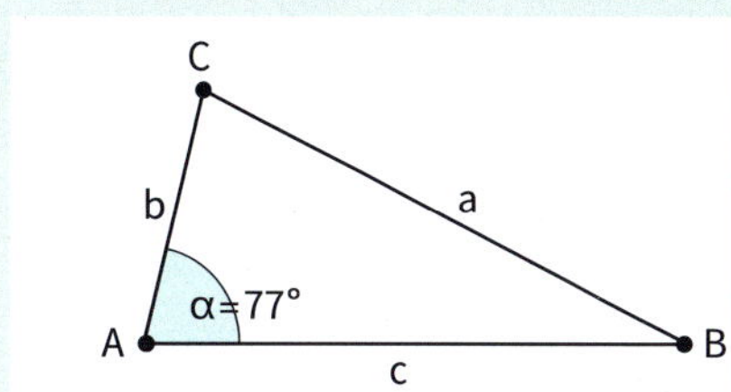

b) Konstruiere das Dreieck ABC aus a = 4,6 cm, c = 7,3 cm und β = 63° (a = 8,2 cm; b = 5,8 cm; γ = 82°).

Arbeiten mit dem Computer: Dreiecke konstruieren

3 a) Konstruiere mithilfe eines Geometrieprogramms das Dreieck ABC aus $c = 6$ cm und den beiden Winkeln $\alpha = 51°$ und $\beta = 32°$.

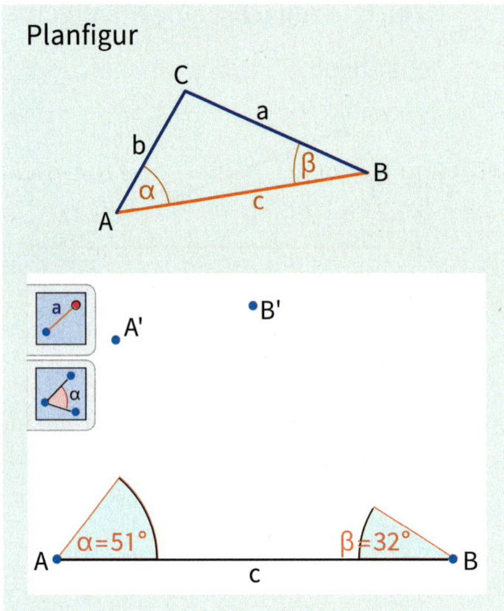

b) Konstruiere das Dreieck ABC aus $c = 5{,}8$ cm, $\alpha = 72°$ und $\beta = 33°$ ($a = 4{,}5$ cm, $\beta = 68°$ und $\gamma = 95°$).

4 a) Konstruiere aus $a = 5{,}3$ cm, $c = 3{,}9$ cm und $\alpha = 40°$ das Dreieck ABC.

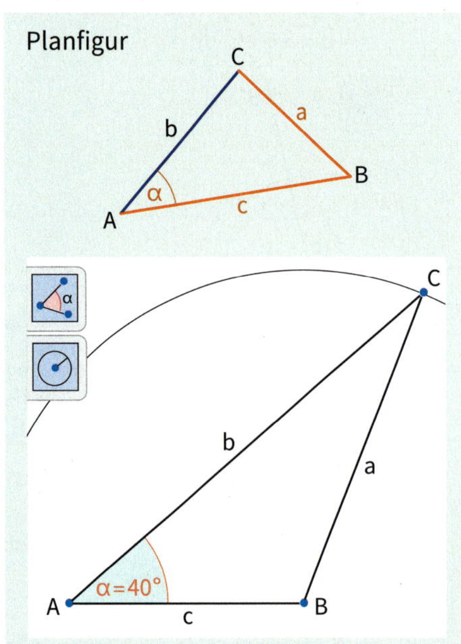

b) Konstruiere das Dreieck ABC aus $c = 6$ cm, $b = 3{,}3$ cm und $\gamma = 106°$ ($a = 3{,}8$ cm, $b = 4{,}9$ cm und $\beta = 50°$).

5 a) Konstruiere mithilfe eines Geometrieprogramms das Dreieck ABC aus $c = 6$ cm, $\alpha = 53°$ und $\gamma = 90°$. Nutze den Thaleskreis. Mithilfe des Werkzeugs „Halbkreis" kannst du den Halbkreis durch zwei Punkte konstruieren.

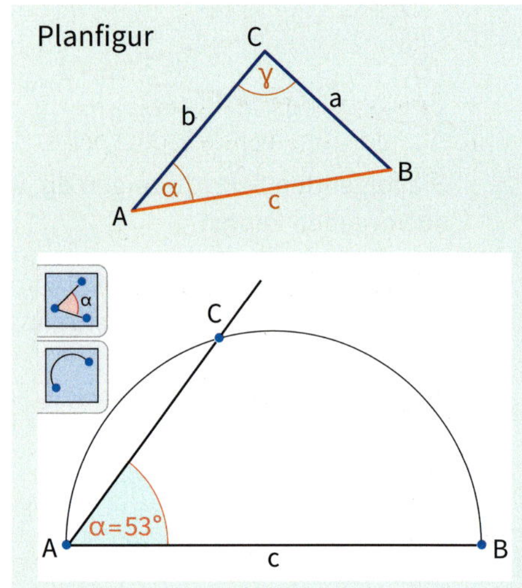

b) Konstruiere das Dreieck ABC aus $c = 8$ cm, $\alpha = 35°$ und $\gamma = 90°$.

6 Konstruiere aus den gegebenen Größen das Dreieck ABC. Benutze den Thaleskreis.

a) $a = 3{,}3$ cm; $c = 5{,}8$ cm; $\gamma = 90°$

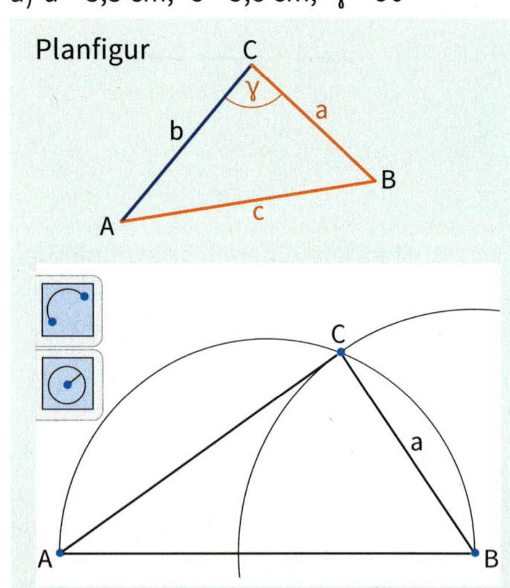

b) $a = 6{,}8$ cm; $b = 4{,}5$ cm; $\alpha = 90°$

c) $b = 5{,}6$ cm; $c = 3{,}7$ cm; $\beta = 90°$

7 Konstruiere mithilfe des Thaleskreises das gleichschenklig-rechtwinklige Dreieck ABC aus $c = 6{,}7$ cm und $\gamma = 90°$.

WISSEN KOMPAKT

Dreiecke lassen sich nach der Größe ihrer Innenwinkel einteilen.

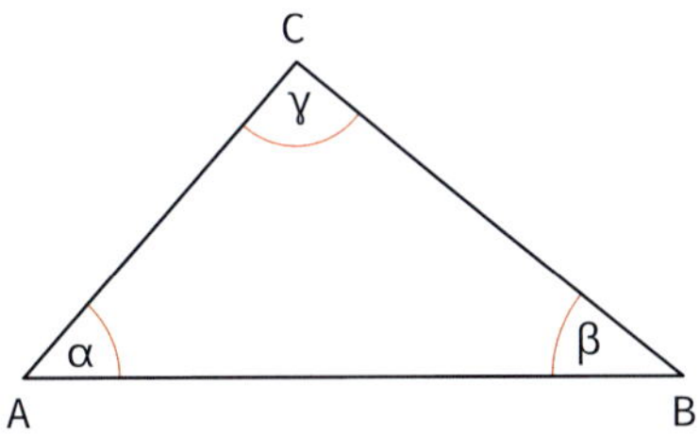

Spitzwinklige Dreiecke:
Alle drei Innenwinkel sind spitze Winkel.

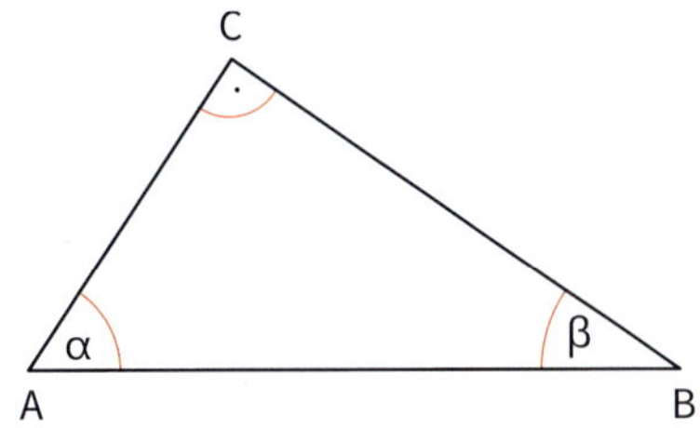

Rechtwinklige Dreiecke:
Ein Innenwinkel ist ein rechter Winkel.

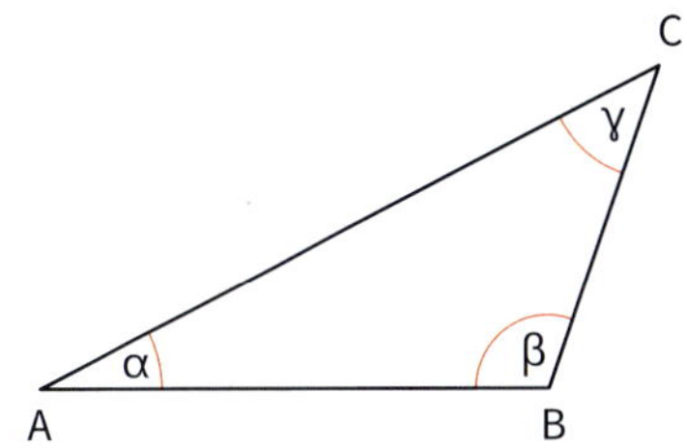

Stumpfwinklige Dreiecke:
Ein Innenwinkel ist ein stumpfer Winkel.

Die **Summe** der **Innenwinkel** eines Dreiecks beträgt **180°**. $\alpha + \beta + \gamma = 180°$

Dreiecke lassen sich nach den Längen ihrer Seiten einteilen.

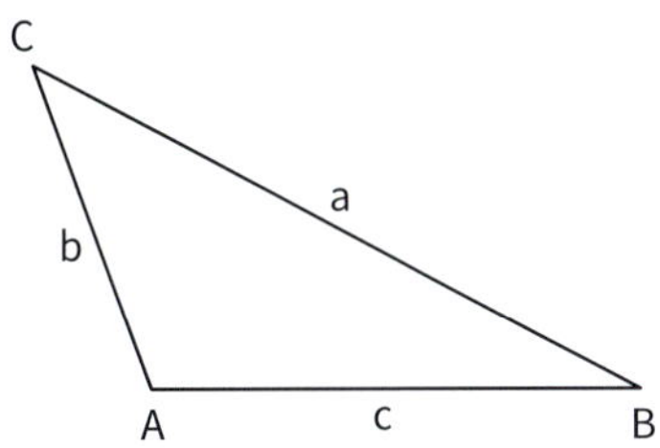

Unregelmäßige Dreiecke:
Alle drei Seiten sind verschieden lang.

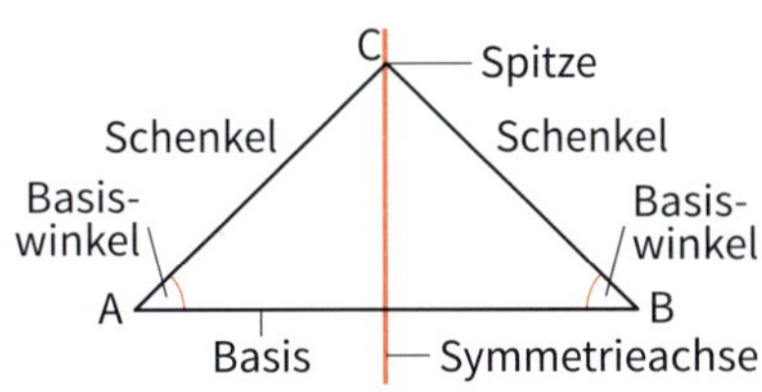

Gleichschenklige Dreiecke:
Zwei Seiten sind gleich lang, diese werden als Schenkel, die dritte Seite als Basis bezeichnet. Die Basiswinkel sind gleich groß.

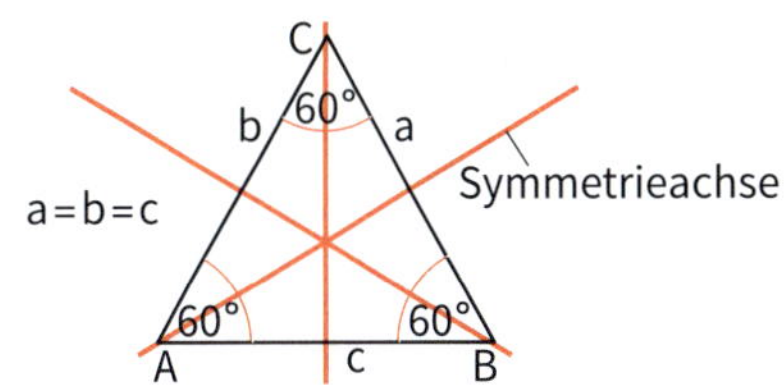

Gleichseitige Dreiecke:
Alle drei Seiten sind gleich lang. Jeder Innenwinkel hat eine Größe von 60°.

Zwei Dreiecksseiten sind zusammen stets länger als die dritte Dreiecksseite.

An zwei sich schneidenden Geraden entstehen Scheitelwinkel und Nebenwinkel.

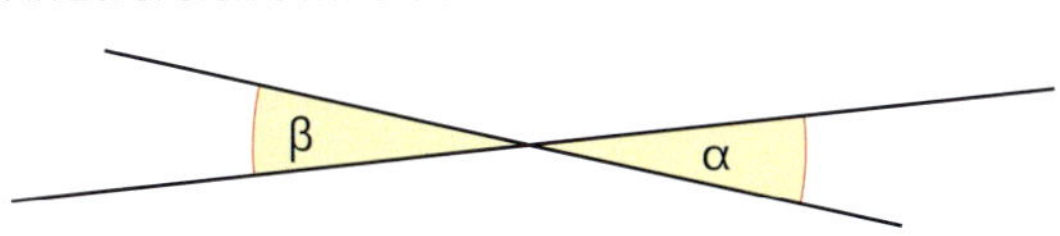

Scheitelwinkel sind gleich groß.

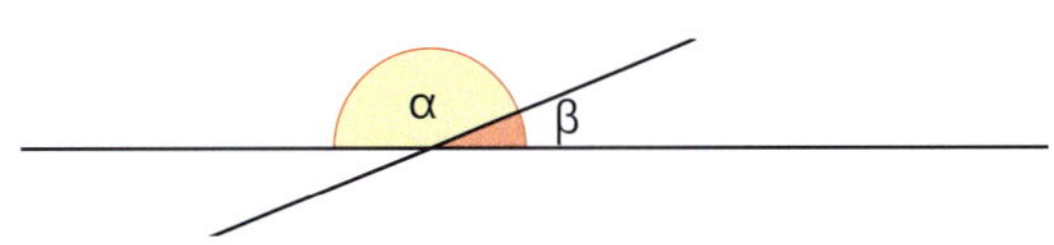

Nebenwinkel ergänzen sich zu 180°.

Werden zwei parallele Geraden von einer weiteren Geraden geschnitten, entstehen **Stufenwinkel** und **Wechselwinkel.**

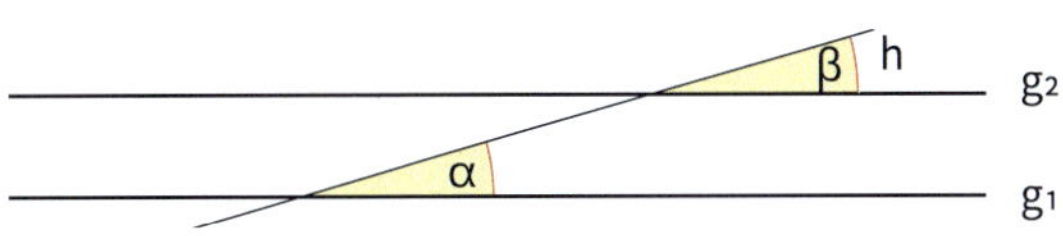

Stufenwinkel sind gleich groß.

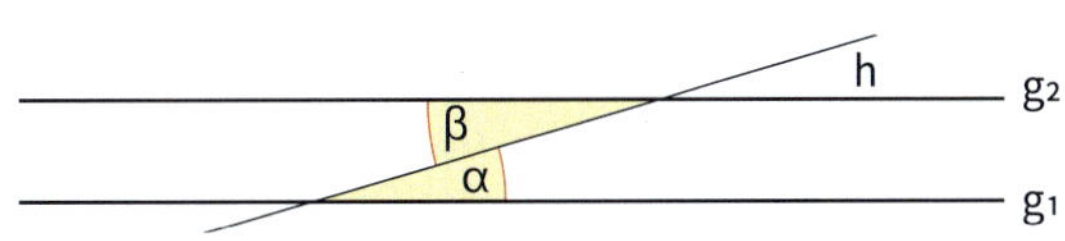

Wechselwinkel sind gleich groß.

WISSEN KOMPAKT

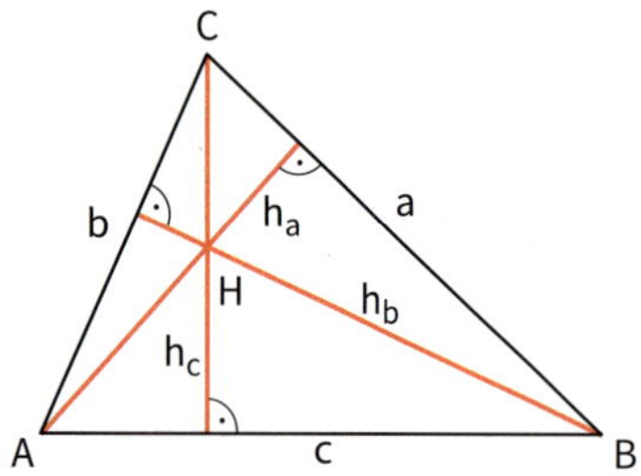

Die drei **Höhen** eines Dreiecks oder ihre Verlängerungen schneiden sich in einem Punkt.

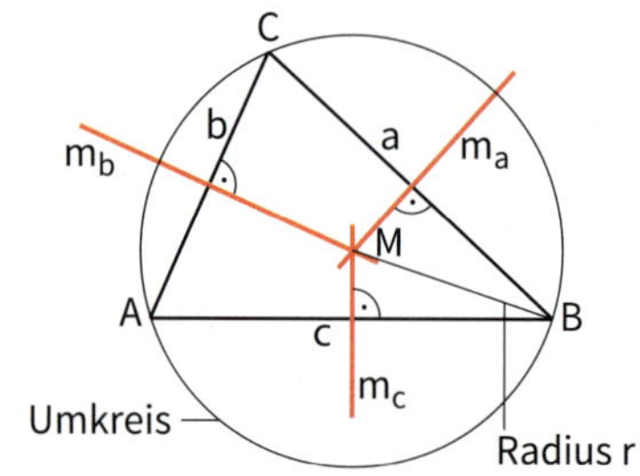

Die drei **Mittelsenkrechten** eines Dreiecks schneiden sich in einem Punkt, dem **Mittelpunkt des Umkreises.**

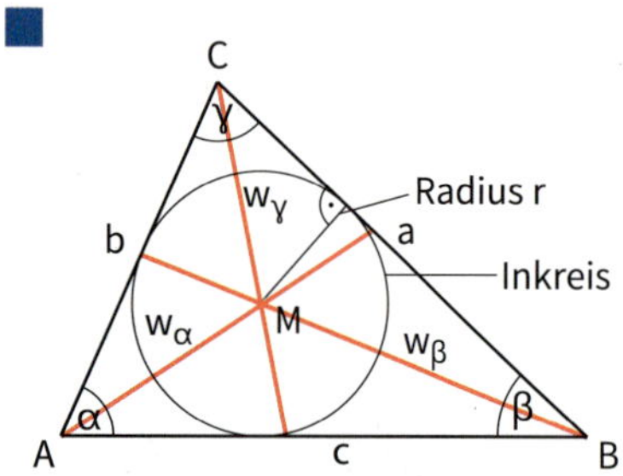

Die drei **Winkelhalbierenden** eines Dreiecks schneiden sich in einem Punkt, dem **Mittelpunkt des Inkreises.**

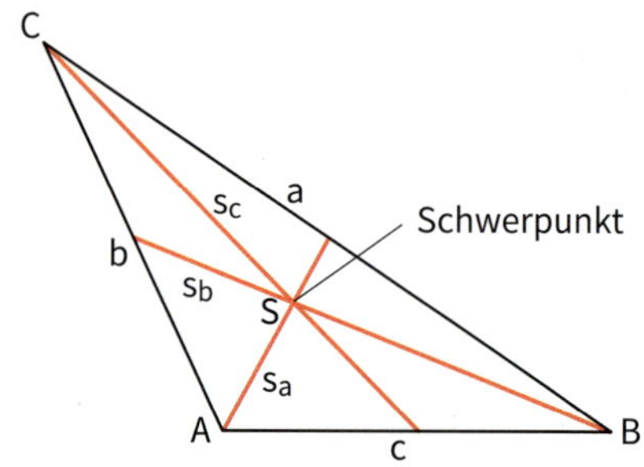

Die drei **Seitenhalbierenden** eines Dreiecks schneiden sich in einem Punkt, dem **Schwerpunkt.**

Figuren heißen **kongruent** (deckungsgleich), wenn sie in ihrer Größe und Form übereinstimmen. In kongruenten Figuren sind einander entsprechende Seiten und einander entsprechende Winkel gleich groß.

SSS: Dreiecke sind zueinander kongruent, wenn sie in den **Längen ihrer drei Seiten** übereinstimmen.

SWS: Dreiecke sind zueinander kongruent, wenn sie in der **Länge zweier Seiten** und der **Größe des eingeschlossenen Winkels** übereinstimmen.

WSW: Dreiecke sind zueinander kongruent, wenn sie in der **Länge einer Seite** und der **Größe der beiden anliegenden Winkel** übereinstimmen.

SsW: Dreiecke sind zueinander kongruent, wenn sie in den **Längen zweier Seiten** und der **Größe des Winkels, der der längeren Seite gegenüberliegt**, übereinstimmen.

Satz des Thales:

Liegt der Punkt C auf dem Halbkreis über der Strecke $\overline{AB}$, dann hat das Dreieck ABC bei Punkt C einen rechten Winkel.

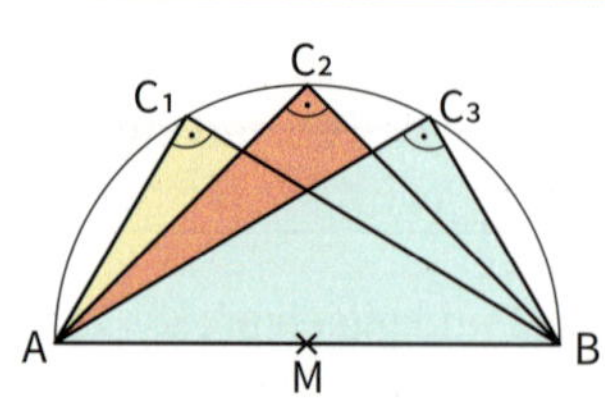

ÜBEN

1 Miss jeweils die Größe der einzelnen Innenwinkel in dem Dreieck ABC. Überprüfe deine Messergebnisse durch eine Rechnung.

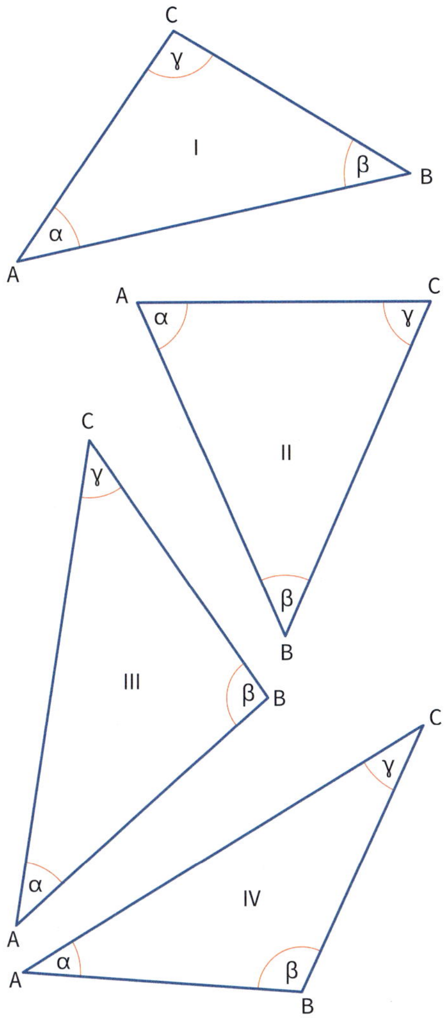

2 Zeichne die Dreiecke I, II und III mit den angegebenen Eckpunkten in ein Koordinatensystem (Einheit 0,5 cm). Miss die einzelnen Seitenlängen und Winkelgrößen. Gib auch die Dreiecksform an.

I:	A(2|1)	B(4|9)	C(8|11)
II:	A(1|21)	B(8|12)	C(8|21)
III:	A(11|11)	B(19|24)	C(11|21)

3 Berechne die Größe des dritten Innenwinkels in dem Dreieck ABC. Gib auch die Dreiecksform an.

a) $\alpha = 55°; \beta = 45°$ b) $\beta = 15°; \gamma = 25°$
c) $\alpha = 18°; \gamma = 102°$ d) $\alpha = 90°; \beta = 23°$

4 a) Ein Basiswinkel in einem gleichschenkligen Dreieck ist 38° (64°) groß. Wie groß ist der Winkel an der Spitze?
b) Der Winkel an der Spitze eines gleichschenkligen Dreiecks ist 106° (134°) groß. Bestimme die Größe eines Basiswinkels.

5 Entscheide, ob die Aussage wahr oder falsch ist.
a) Ein Dreieck mit drei gleich langen Seiten hat drei gleich große Winkel.
b) Ein Dreieck mit zwei gleich großen Winkeln hat mindestens zwei gleich lange Seiten.
c) In einem rechtwinkligen Dreieck sind die übrigen Winkel spitz.
d) In einem Dreieck liegt der längeren von zwei Seiten der kleinere von zwei Winkeln gegenüber.
e) In einem stumpfwinkligen Dreieck kann es keinen rechten Winkel geben.
f) Zwei Dreiecksseiten sind zusammen stets größer als die dritte Dreiecksseite.
g) In einem stumpfwinkligen Dreieck kann es zwei stumpfe Winkel geben.

6 In dem abgebildeten Dreieck wurden die einzelnen Dreiecke jeweils über die Eckpunkte hinaus verlängert.

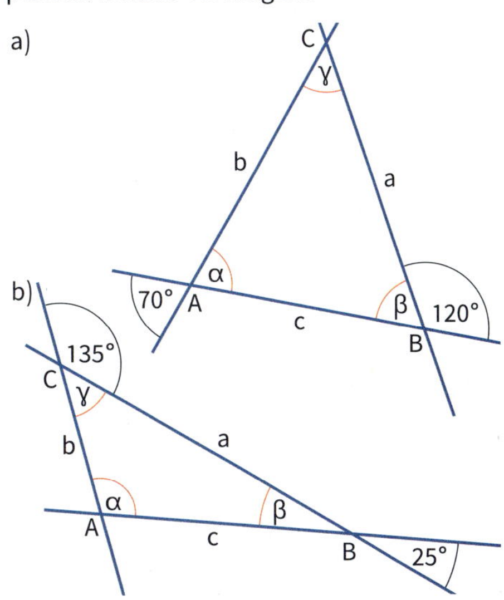

Bestimme anhand der Abbildungen jeweils die Größe der Innenwinkel α, β und γ.

ÜBEN

7 Bestimme die Größe der Innenwinkel.

a)

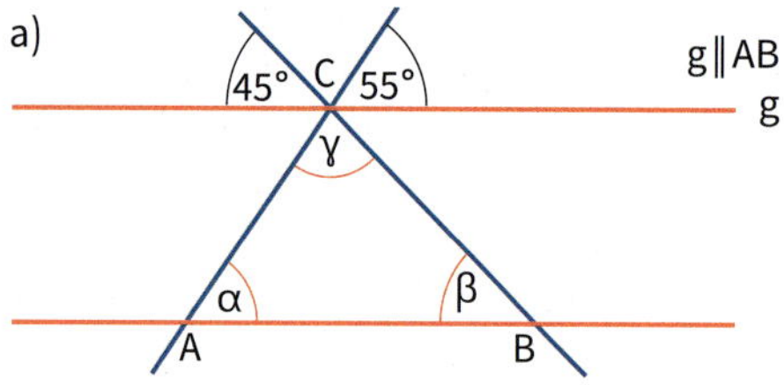

b)

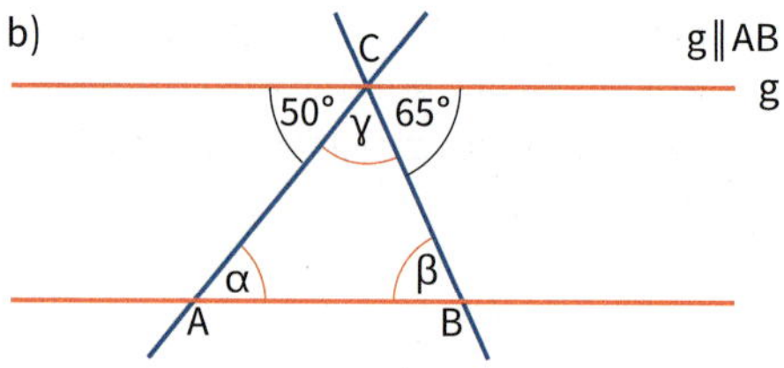

8 Erläutere, warum die Gerade g parallel zu der Seite a verläuft.

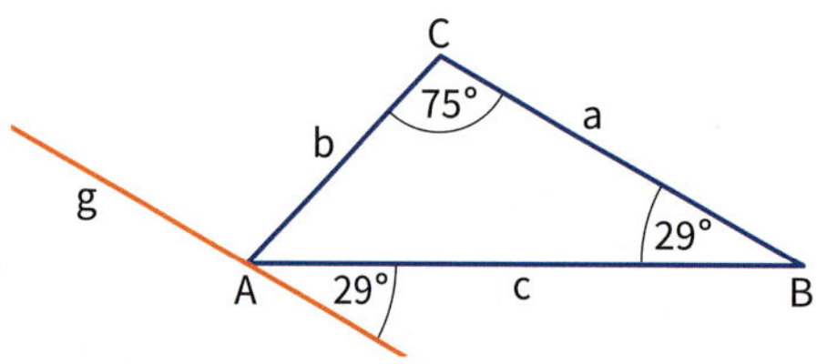

9 Das abgebildete rechtwinklige Dreieck wurde in zwei gleichschenklige Dreiecke zerlegt. Berechne die Größe des Winkels α.

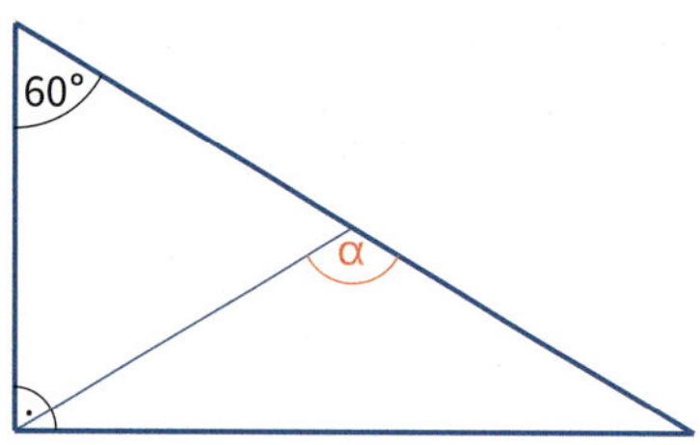

10 Übertrage die Figur in dein Heft. Markiere je ein Paar Stufenwinkel, Wechselwinkel, Nebenwinkel und Scheitelwinkel. Bestimme dann die Größe aller auftretenden Winkel. Wie viele Winkel musst du mindestens messen, um alle anderen berechnen zu können?

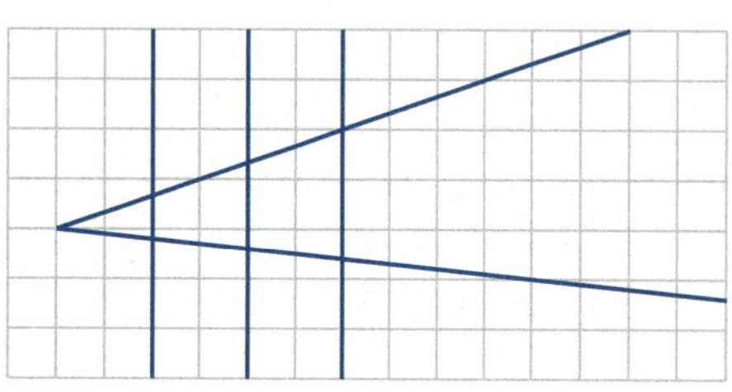

11 In einem gleichschenkligen Dreieck ist der Winkel an der Spitze dreimal so groß wie ein Basiswinkel. Wie groß sind die Winkel dieses Dreiecks?

A: α = 30°; β = 90° B: α = 20°; β = 120°
C: α = 36°; β = 108° D: α = 22,5°; β = 135°

12 Gleiche Buchstaben bezeichnen gleich große Winkel. Bestimme die Größe der bezeichneten Winkel. Begründe.

a)

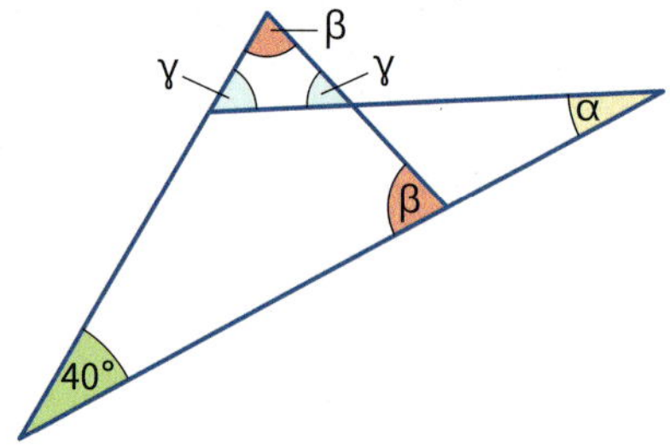

b)

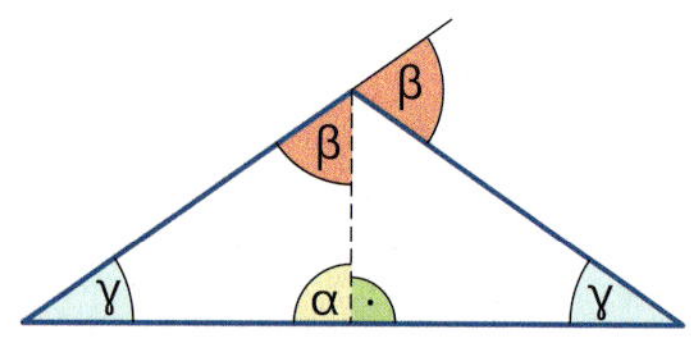

13 Begründe, warum es kein Dreieck mit den folgenden Maßen geben kann.

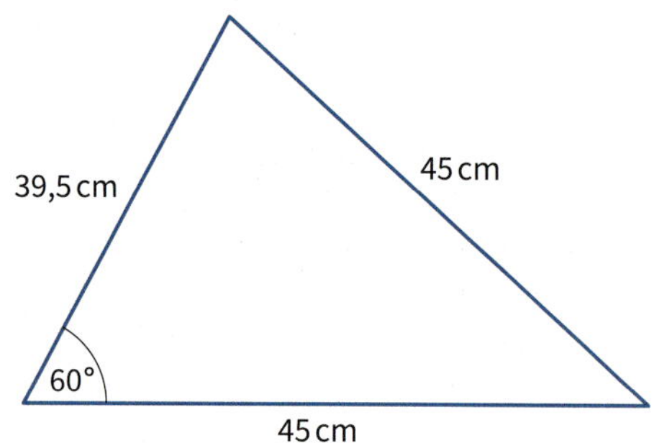

14 Welches der Vierecke ist kein Parallelogramm? Begründe.

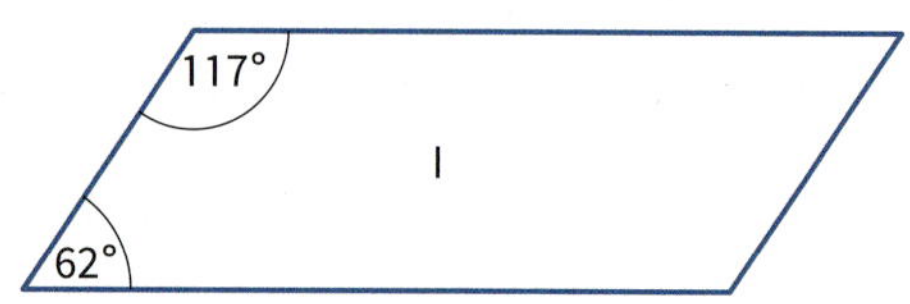

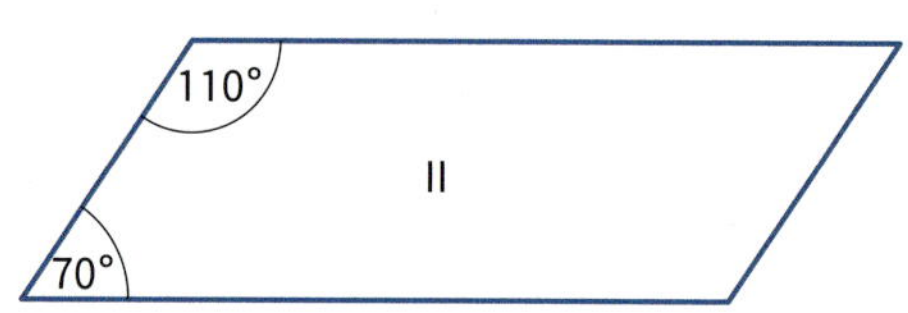

ÜBEN: Besondere Linien im Dreieck

1 Zeichne die Dreiecke I, II und III mit den angegebenen Eckpunkten in ein Koordinatensystem (Einheit 0,5 cm).
Trage jeweils die Höhen des Dreiecks ein. Verlängere dazu gegebenenfalls die Seiten des Dreiecks.
Bezeichne den Schnittpunkt der Höhen mit H und gib seine Koordinaten an.

I:	A(−1|−3)	B(13|−3)	C(3|7)
II:	A(−5|6)	B(10|9)	C(−2|17)
III:	A(16|−4)	B(16|16)	C(12|1)

2 In welchem Abstand führt die Hauptverkehrsstraße an der Schule vorbei?

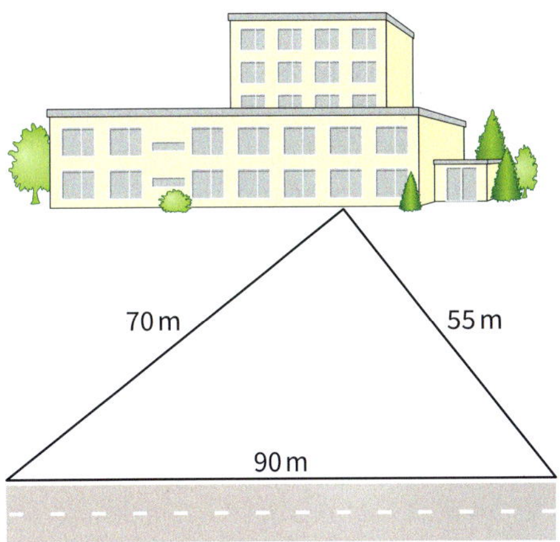

3 Der Standort eines Mobilfunkmastes soll von den abgebildeten Orten A, B und C gleich weit entfernt liegen. Bestimme durch eine Zeichnung den Mittelpunkt des geplanten Standortes. Gib auch die Entfernung (in m) der einzelnen Punkte vom Standort des Funkmastes an.

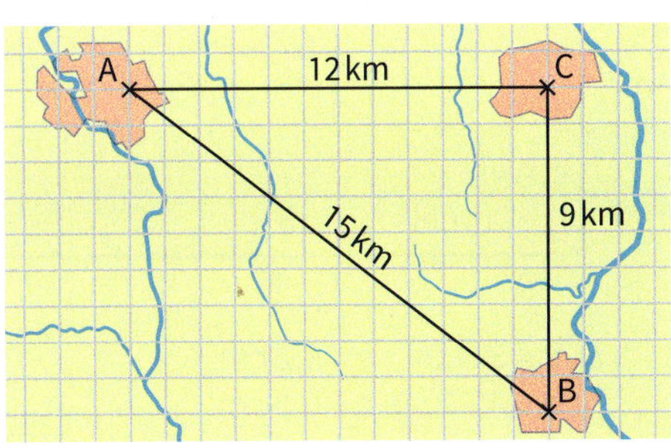

4 Zeichne in ein Koordinatensystem (Einheit 0,5 cm) die Kreislinie, zu der die Punkte mit den angegebenen Koordinaten gehören. Gib die Koordinaten des Mittelpunktes an.

a) A(3|11)	B(13|1)	C(7|19)
b) A(−7|1)	B(3|−9)	C(−3|9)

5 Zwischen den abgebildeten Wegen soll eine möglichst große kreisförmige Brunnenanlage angelegt werden. Bestimme den Durchmesser der geplanten Brunnenanlage.

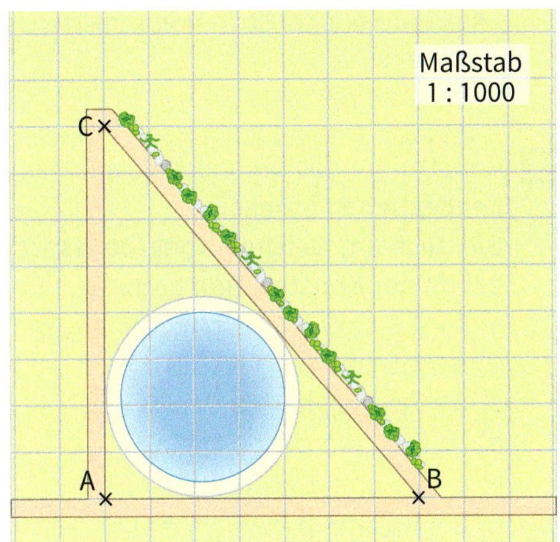

6 Zeichne das Dreieck ABC mit den angegebenen Eckpunkten in ein Koordinatensystem (Einheit 0,5 cm). Trage die Seitenhalbierenden ein und gib die Koordinaten des Schwerpunktes S an.

a) A(−7|−6)	B(9|−6)	C(1|6)
b) A(−3|−3)	B(9|−3)	C(−3|9)
c) A(−2|−2)	B(10|4)	C(−2|16)

7 Trifft die folgende Aussage zu? In einem gleichseitigen Dreieck schneiden sich die drei Seitenhalbierenden, die drei Mittelsenkrechten und die drei Winkelhalbierenden in einem Punkt. Begründe deine Antwort.

8 Zeichne in ein nicht zu kleines spitzwinkliges Dreieck den Höhenschnittpunkt H, den Umkreismittelpunkt M und den Schwerpunkt S ein. Verbinde M, H und S miteinander. Was stellst du fest? Diese Aufgabe kannst du auch mit einem Geometrieprogramm bearbeiten.

ÜBEN: Konstruktion von Dreiecken

Beachte bei der Konstruktion von Dreiecken die folgenden Schritte:

1. Fertige eine Planfigur an. Zeichne dazu ein beliebiges Dreieck.
2. Markiere in dem Dreieck alle gegebenen Stücke farbig.
3. Überlege, welchen Kongruenzsatz du benutzt und mit welchem gegebenen Stück du beginnen kannst.
4. Führe die Konstruktion schrittweise durch.

1 Konstruiere das Dreieck ABC aus den angegebenen Stücken.
Gib auch an, welchen Kongruenzsatz du bei deiner Konstruktion benutzt.
a) $a = 4{,}5$ cm; $b = 6{,}5$ cm; $c = 3{,}5$ cm
b) $a = 7{,}5$ cm; $b = 5{,}0$ cm; $c = 8{,}0$ cm
c) $a = 7{,}0$ cm; $b = 4{,}5$ cm; $\gamma = 85°$
d) $b = 6{,}0$ cm; $c = 7{,}0$ cm; $\alpha = 114°$
e) $c = 4{,}5$ cm; $\alpha = 40°$; $\beta = 110°$
f) $a = 7{,}5$ cm; $\beta = 37°$; $\gamma = 106°$
g) $c = 6{,}5$ cm; $b = 3{,}5$ cm; $\gamma = 105°$
h) $a = 4{,}0$ cm; $b = 5{,}0$ cm; $\beta = 55°$

2 Konstruiere das Dreieck ABC. Berechne zunächst den dritten Innenwinkel.
a) $a = 5{,}5$ cm; $\alpha = 75°$; $\beta = 40°$
b) $a = 4{,}3$ cm; $\alpha = 42°$; $\gamma = 108°$
c) $c = 6{,}2$ cm; $\alpha = 123°$; $\gamma = 42°$
d) $c = 4{,}8$ cm; $\beta = 32°$; $\gamma = 43°$

3 Kannst du mit den gegebenen Stücken ein Dreieck ABC eindeutig konstruieren? Begründe deine Antwort.
a) $a = 2{,}4$ cm; $b = 3{,}8$ cm; $c = 5{,}6$ cm
b) $a = 6{,}2$ cm; $b = 3{,}7$ cm; $c = 2{,}5$ cm
c) $a = 6{,}2$ cm; $b = 3{,}3$ cm; $\beta = 26°$
d) $b = 3{,}8$ cm; $c = 6{,}3$ cm; $\gamma = 105°$
e) $a = 4{,}7$ cm; $\alpha = 135°$; $\gamma = 45°$
f) $\alpha = 46°$; $\beta = 44°$; $\gamma = 90°$

4 Konstruiere das rechtwinklige Dreieck ABC ($\gamma = 90°$).
a) $a = 4{,}5$ cm; $b = 3{,}5$ cm
b) $a = 4{,}7$ cm; $c = 6{,}2$ cm
c) $b = 4{,}8$ cm; $\alpha = 39°$

5 Konstruiere das gleichschenklige Dreieck ABC ($a = b$).
a) $a = 4{,}5$ cm; $c = 7{,}0$ cm
b) $b = 7{,}3$ cm; $\gamma = 125°$
c) $b = 4{,}7$ cm; $\beta = 72°$
d) $b = 6{,}0$ cm; $\alpha = 70°$

6 Konstruiere das gleichseitige Dreieck ABC aus $a = 5{,}2$ cm ($a = 4{,}3$ cm; $a = 6{,}5$ cm).

7 Es soll ein Dreieck mit den folgenden Winkelgrößen $\alpha = 26°$, $\beta = 44°$ und $\gamma = 90°$ konstruiert werden.
Welche Aussage trifft zu?
A: Das Dreieck ABC ist spitzwinklig.
B: Das Dreieck ABC ist rechtwinklig.
C: Das Dreieck ABC kann nicht konstruiert werden.
D: Das Dreieck ABC ist gleichschenklig.

8 Zeige mithilfe eines Kongruenzsatzes: Im gleichschenkligen Dreieck sind die Basiswinkel gleich groß. Bearbeitet die Aufgabe als Ich-Du-Wir-Aufgabe.

9 Konstruiere das Rechteck ABCD aus den gegebenen Stücken.

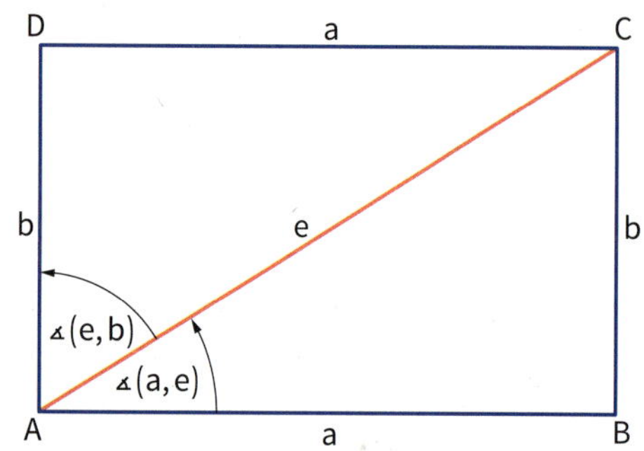

a) $a = 3{,}8$ cm; $e = 4{,}2$ cm
b) $b = 4{,}6$ cm; $e = 6{,}3$ cm
c) $a = 7{,}2$ cm; $\measuredangle(a, e) = 34°$
d) $b = 1{,}8$ cm; $\measuredangle(e, b) = 77°$
e) $e = 6{,}3$ cm; $\measuredangle(a, e) = 35°$

ÜBEN: Sachaufgaben

1 Die Entfernung zwischen den abgebildeten Geländepunkten A und B soll bestimmt werden. Dazu wird mit einem Messgerät die Länge der Strecke $\overline{AC}$ und jeweils die Größe des Winkels ∢ BAC und des Winkels ∢ ACB ermittelt.

In dem folgenden Beispiel wird durch eine maßstabsgerechte Zeichnung die Länge der Strecke $\overline{AB}$ bestimmt.

1. Bestimme mithilfe eines geeigneten Maßstabs die Länge der Strecke $\overline{AC}$ für deine Zeichnung.

Maßstab 1 : 10 000	
Zeichnung	Wirklichkeit
1 cm	10 000 cm = 100 m
5 cm	500 m

2. Zeichne das maßstabsgerechte Dreieck und miss die Länge der Strecke $\overline{AB}$.

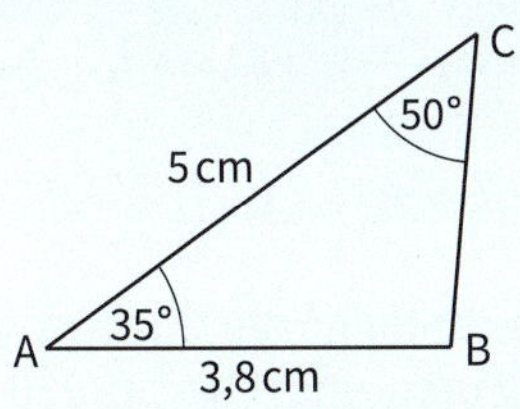

3. Berechne mithilfe des Maßstabs die wirkliche Länge der Strecke $\overline{AB}$.

Maßstab 1 : 10 000	
Zeichnung	Wirklichkeit
1 cm	10 000 cm = 100 m
3,8 cm	**380 m**

Bestimme ebenso die wirkliche Länge der Strecke $\overline{BC}$.

2 Die Entfernung der abgebildeten Geländepunkte A und C soll bestimmt werden.

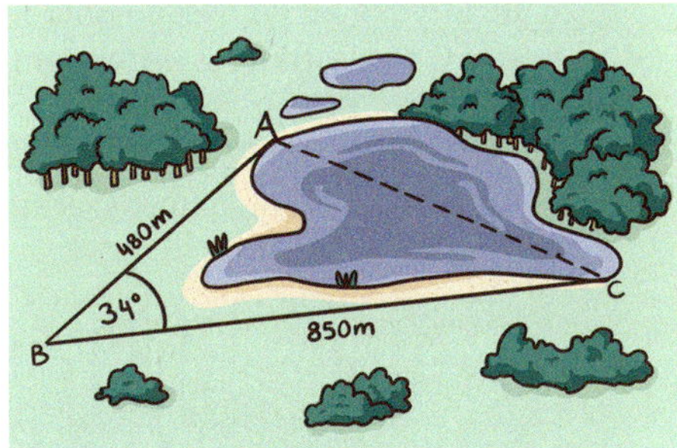

Zeichne zunächst das Geländedreieck im Maßstab 1 : 10 000 in dein Heft. Miss in deiner Zeichnung die zu bestimmende Streckenlänge und berechne danach mithilfe des Maßstabs die Länge dieser Strecke.

3 Beim Neubau einer Straße soll ein Tunnel gebaut werden.

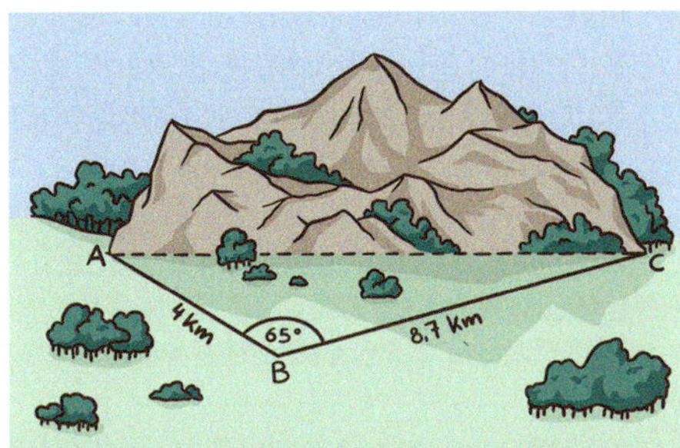

Bestimme die Länge $\overline{AC}$ des Tunnels.

4 Zu einer Insel soll ein Kabel verlegt werden.
Dazu wurde am Ufer eine Standlinie von 100 m abgemessen. Mit einem Messgerät wurde von den Punkten A und B jeweils der Punkt C auf der Insel angepeilt.

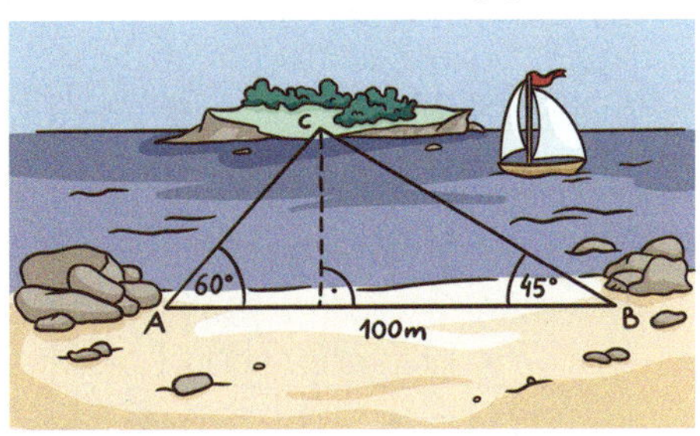

Bestimme zeichnerisch den Abstand des Punktes C von der Strecke $\overline{AB}$. Wähle einen geeigneten Maßstab.

ÜBEN: Sachaufgaben

Messgerät Theodolit

5 Vermessungsingenieure wollen die Höhe eines Gebäudes bestimmen. Sie haben dazu die Strecke $\overline{AB}$ gemessen und die Spitze C des Gebäudes unter dem **Höhenwinkel** ∢ BAC angepeilt.
Ermittle die Höhe des Gebäudes. Beachte dabei die Höhe des Winkelmessgerätes.

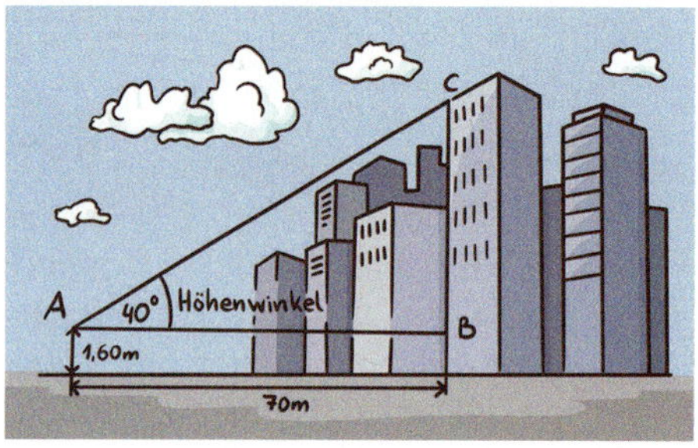

Winkelmessgerät mit Laser

6 Um die Höhe eines Fernsehturmes zu bestimmen, wird von seinem Fußpunkt aus in 250 m Entfernung ein Punkt A auf der waagerechten Erdoberfläche festgelegt.
Mit einem Winkelmessgerät kann die Spitze des Turmes unter einem Höhenwinkel von 54° angepeilt werden.
Wie hoch ist der Turm, wenn sich das Messgerät 1,70 m über der Erdoberfläche befindet?

7 Die Höhe eines Schornsteins soll bestimmt werden.
Vermessungstechniker haben eine Strecke $\overline{AB}$ markiert. Außerdem messen sie die Größe der Winkel ∢ CAD und ∢ CBD.
Bestimme zeichnerisch die Höhe des Schornsteins.

Die Aufgaben auf dieser Seite kannst du in Partner- oder Gruppenarbeit bearbeiten. Hinweise dazu findest du auf den Seiten 226 und 227.

8 Aus 76 m Höhe über dem Meeresspiegel peilt ein Leuchtturmwärter den Bug eines Schiffs unter einem **Tiefenwinkel** von 35° an.
Wie weit ist das Schiff vom Fußpunkt A des Leuchtturms entfernt?

9 Von einem 13 m hoch gelegenen Fenster eines Hauses wird ein Flussufer unter einem Tiefenwinkel von 25° gesehen. Bestimme die Entfernung des Hauses vom Flussufer.

10 Die beiden Flussufer werden unter den Tiefenwinkeln α = 42° und β = 29° angepeilt. Ermittle die Breite des Flusses.

11 Die Seitenlänge der Cheopspyramide betrug ursprünglich etwa 230 m.
Ein 385 m entfernt von der Pyramide stehender Betrachter konnte damals ihre Spitze unter einem Winkel von 16° sehen.
Bestimmt in Partnerarbeit die Höhe der Pyramide.

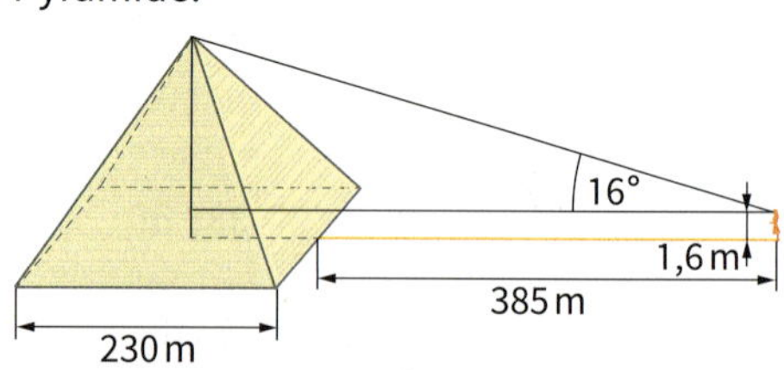

VERTIEFEN: Umkehrung des Satzes von Thales

Satz des Thales
Liegt der Punkt C auf dem Halbkreis über der Strecke $\overline{AB}$, dann hat das Dreieck ABC bei Punkt C einen rechten Winkel.

Umkehrung des Satzes von Thales
Wenn das Dreieck ABC beim Punkt C einen rechten Winkel hat, dann liegt der Punkt C auf dem Halbkreis über der Strecke $\overline{AB}$.

1 Stelle mithilfe eines Geometrieprogramms dar, dass auch die Umkehrung des Satzes von Thales gilt.

a) Konstruiere zunächst ein rechtwinkliges Dreieck. Führe dazu die folgenden Schritte aus:

1. Zeichne die Strecke $\overline{AB}$.
2. Zeichne eine Gerade g = AD durch den Punkt A.

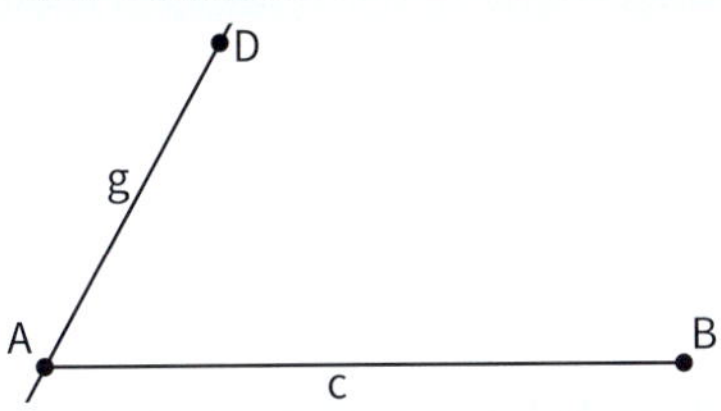

3. Zeichne eine Senkrechte zu g durch den Punkt B.
4. Markiere den Schnittpunkt C.

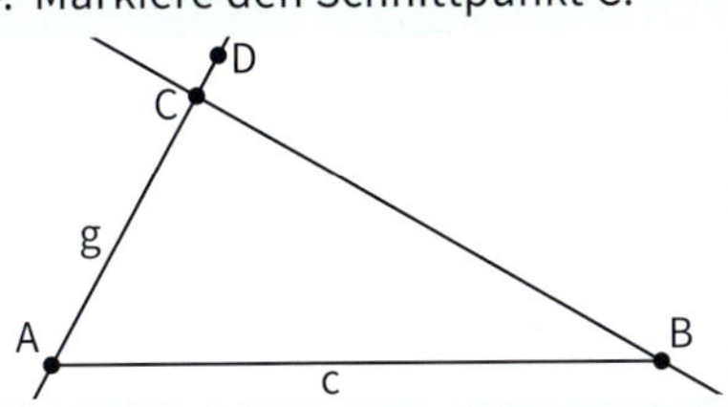

Notiere mithilfe einer Messung, dass der Winkel $\gamma = 90°$ ist.
Du erhältst das rechtwinklige Dreieck ABC mit $\gamma = 90°$.

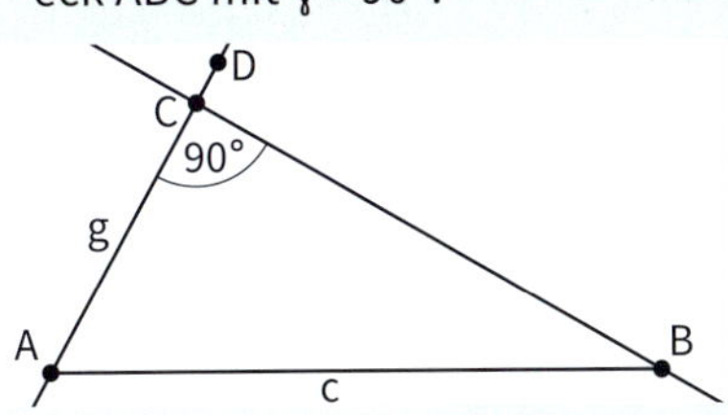

b) Bewege den Punkt D. Was stellst du fest?

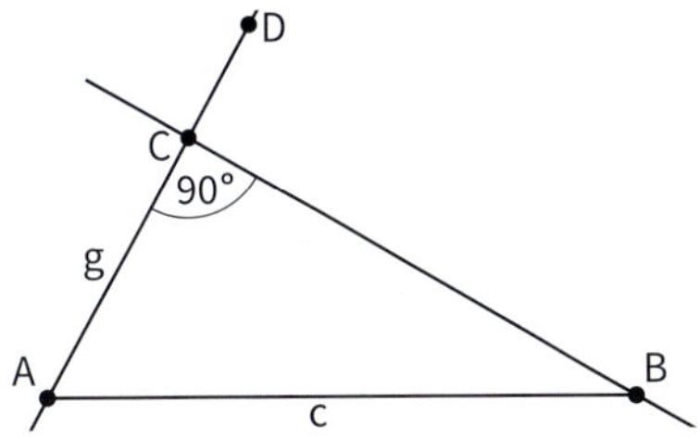

c) Zeichne bei der Bewegung von D die Spur des Punktes C auf. Verfahre dazu wie folgt.

1. Klicke mit der rechten Maustaste auf den Punkt C.

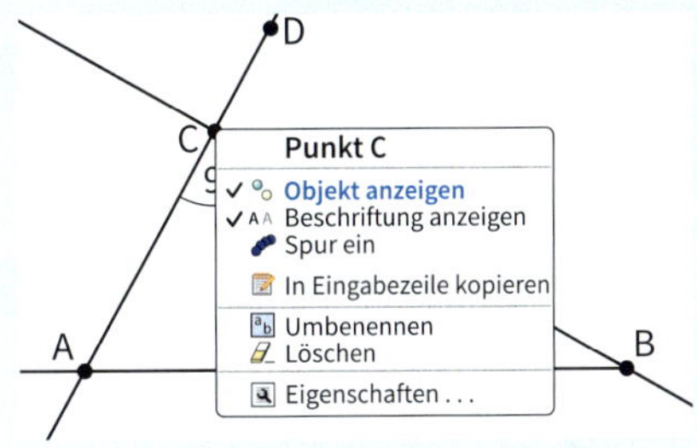

2. Klicke auf „Spur anzeigen“ und bewege anschließend den Punkt D.

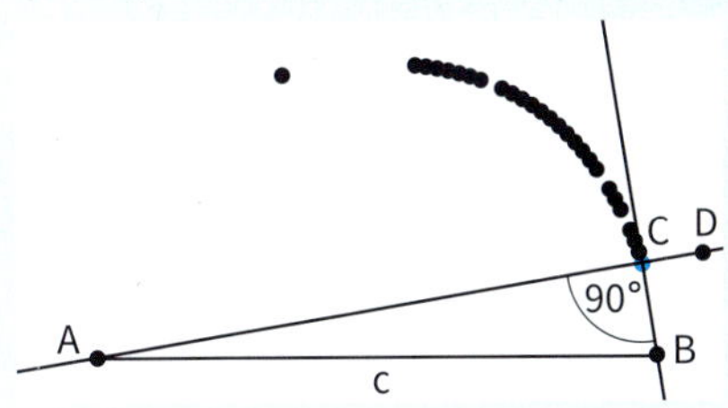

Beschreibe den Verlauf der aufgezeichneten Spur.

AUSGANGSSTEST 1

1 Gib jeweils an, ob es sich um ein spitzwinkliges, rechtwinkliges oder stumpfwinkliges Dreieck handelt.

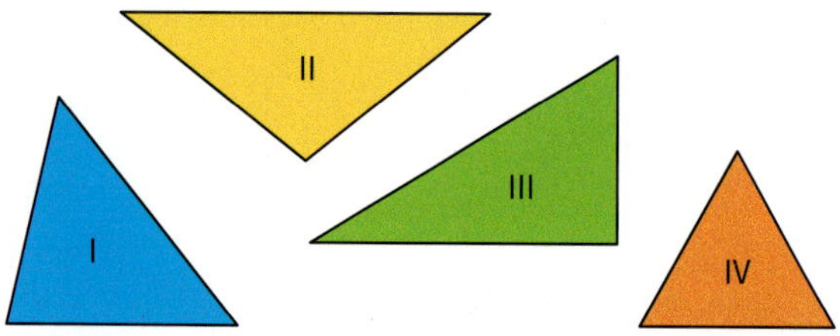

2 Können die folgenden drei Längen die Seitenlängen eines Dreiecks sein? Begründe deine Antwort.
a) a = 8 cm; b = 5 cm; c = 6 cm
b) a = 4,50 m; b = 7,50 m; c = 2,50 m

3 In einem Dreieck ist $\alpha = 85°$ und $\beta = 37°$. Berechne die Größe des dritten Innenwinkels γ.

4 In einem gleichschenkligen Dreieck hat ein Basiswinkel eine Größe von 38°. Wie groß ist der Winkel an der Spitze?

5 Bestimme die Größe der einzelnen Innenwinkel in dem Dreieck ABC.

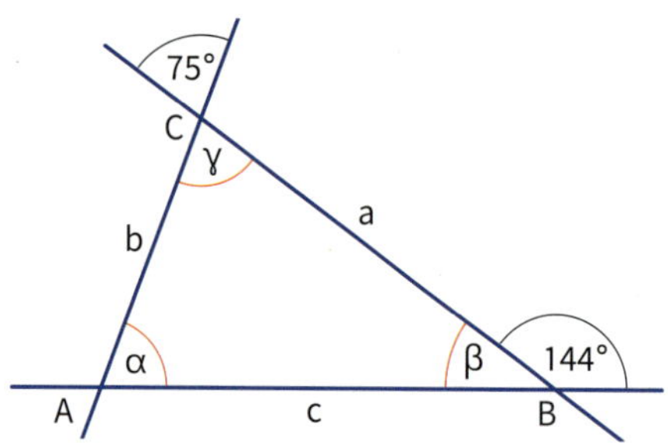

6 Bestimme die Größe der einzelnen Winkel.

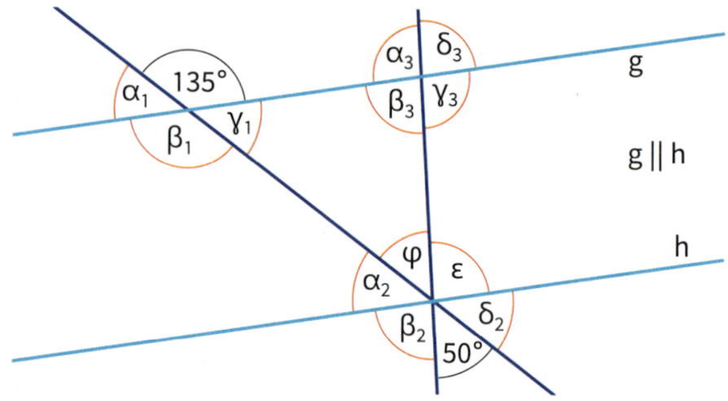

7 Zeichne ein Dreieck ABC mit A(1 | 1), B(21 | 1) und C(6 | 6) in ein Koordinatensystem (Einheit 0,5 cm). Trage die Höhen des Dreiecks ein. Gib auch die Koordinaten des Höhenschnittpunktes an.

8 a) Konstruiere aus a = 6,5 cm, b = 3,7 cm und c = 4,8 cm das Dreieck ABC.
b) Beschreibe deine Konstruktion.

9 Konstruiere aus den gegebenen Stücken das Dreieck ABC.
a = 5,2 cm; b = 6,3 cm; $\gamma = 53°$

10 Konstruiere das Dreieck ABC aus den gegebenen Stücken.
c = 4,8 cm; $\alpha = 68°$; $\beta = 47°$

Ich kann ...

Ich kann ...	Aufgabe	Hilfen und Aufgaben	
Dreiecke nach Winkelgrößen einteilen.	1	Seite 150, 151	I
begründen, ob sich ein Dreieck aus den gegebenen Stücken konstruieren lässt.	2	Seite 162 – 165, 174	
fehlende Winkelgrößen über die Winkelsumme im Dreieck berechnen.	3, 4	Seite 152, 171, 174	
in einem Dreieck die Höhen einzeichnen.	7	Seite 155, 156, 173	
fehlende Winkelgrößen mithilfe von Neben-, Scheitel-, Stufen- und Wechselwinkeln berechnen.	5, 6	Seite 153, 154, 171, 172	II
ein Dreieck aus drei Seitenlängen konstruieren.	8	Seite 162, 174	
ein Dreieck aus der Länge zweier Seiten und der Größe des eingeschlossenen Winkels konstruieren.	9	Seite 163, 174	
ein Dreieck aus der Länge einer Seite und der Größe der beiden anliegenden Winkel konstruieren.	10	Seite 164, 174	

AUSGANGSTEST 2

1 Bestimme die Größe der rot markierten Winkel.

a)

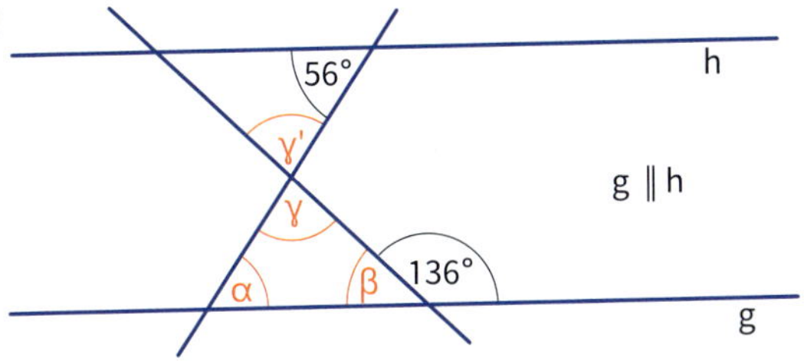

b)

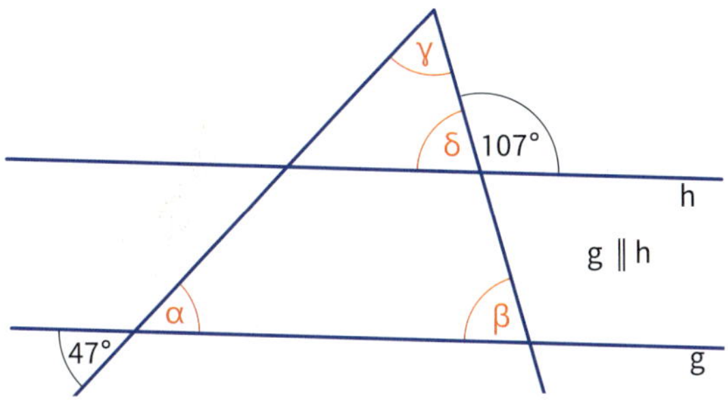

2 Zeichne das Dreieck ABC mit den Eckpunkten A(−5 | 1), B(7 | −7) und C(11 | 1) in ein Koordinatensystem (Einheit 0,5 cm).
Zeichne den Umkreis des Dreiecks und gib die Koordinaten des Mittelpunktes an.

3 Konstruiere aus den gegebenen Stücken das Dreieck ABC. Gib auch an, welchen Kongruenzsatz du bei deiner Konstruktion benutzt hast.
a) a = 4,5 cm; b = 5,5 cm; c = 6,0 cm
b) a = 5,8 cm; b = 4,6 cm; γ = 82°
c) b = 6,0 cm; α = 110°; γ = 23°
d) a = 4,5 cm; c = 3,5 cm; α = 52°

4 Konstruiere das gleichschenklige Dreieck ABC (a = b) aus den gegebenen Stücken.
a) a = 4,3 cm; c = 6,8 cm
b) b = 6,5 cm; γ = 133°

5 Konstruiere mithilfe des Satzes des Thales das rechtwinklige Dreieck ABC (γ = 90°) aus b = 4,2 cm und c = 7,0 cm (a = 4,5 cm; c = 7,5 cm).

6 Kannst du aus den gegebenen Stücken ein Dreieck ABC konstruieren? Begründe deine Antwort.
a) a = 6,3 cm; b = 3,5 cm; β = 28°
b) a = 8,2 cm; b = 4,7 cm; c = 3,5 cm
c) b = 5,8 cm; α = 128°; γ = 52°

7 Konstruiere aus a = 4,8 cm, α = 77° und β = 53° das Dreieck ABC.

8 Bestimme in dem Geländedreieck ABC die Länge der Strecke $\overline{BC}$. Löse die Aufgabe mithilfe einer maßstabsgerechten Zeichnung.

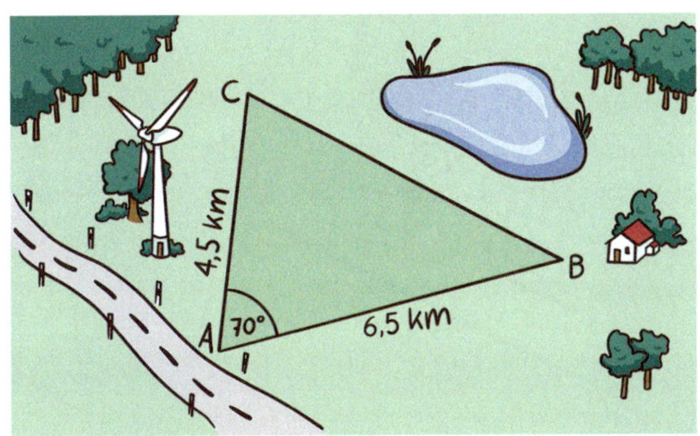

Ich kann …

	Aufgabe	Hilfen und Aufgaben	
fehlende Winkelgrößen mithilfe von Neben-, Scheitel-, Stufen- und Wechselwinkeln berechnen.	1	Seite 153, 154, 171, 172	
die Mittelsenkrechten in Dreiecke einzeichnen.	2	Seite 157, 173	
Dreiecke mithilfe der Kongruenzsätze konstruieren.	3, 7	Seite 162 – 165, 174	II
gleichschenklige und rechtwinklige Dreiecke mithilfe der Kongruenzsätze konstruieren.	4	Seite 163, 164, 174	
ein Dreieck mithilfe des Satzes des Thales konstruieren.	5	Seite 166	
begründen, ob sich ein Dreieck aus den gegebenen Stücken konstruieren lässt.	6	Seite 162 – 165, 172, 174	III
durch die Konstruktion eines maßstabsgerechten Dreiecks Sachaufgaben lösen.	8	Seite 175, 176	

7 Variablen und Terme

Emilia, Azra, Lara und Paula bummeln über den Flohmarkt.

Bist du fit für dieses Kapitel? Eingangstest auf Seite 207

In diesem Kapitel ...

- *stellst du Terme auf.*
- *berechnest du den Wert eines Terms.*
- *formst du Terme um.*

Auf dem Flohmarkt

- Wie viel Euro hat Emilia für ihren Einkauf bezahlt?

- Azra hat schon einen Strohhut ausgewählt. Kann sie sich noch zwei Ketten leisten?

- Lara hat notiert, wie viel Euro sie ausgegeben hat. Was hat sie gekauft?

- Paula hat sich für einen Strohhut und DVDs entschieden. Wie viele DVDs hat sie gekauft?

Zahlenterme

1 Vor Beginn des Schuljahres kaufen Thea, Karl und Emil Materialien für den Unterricht ein.

a) Thea kauft vier Hefte, drei Schnellhefter und einen Schreibblock. Berechne, wie viel Euro sie bezahlen muss.

b) Der Rechenausdruck (**Term**) gibt an, wie viel Euro Karl für seinen Einkauf bezahlen muss:

$$6 \cdot 0{,}50 + 5 \cdot 0{,}40 + 3 \cdot 1{,}10$$

Überlege, welche Materialien Karl eingekauft hat. Wie viel Euro muss er bezahlen?

c) Emil kauft fünf Hefte, vier Bleistifte und einen Schreibblock. Stelle einen Term auf, mit dem du berechnen kannst, wie viel Euro er für den Einkauf bezahlen muss. Berechne diesen Betrag.

2 Rechne jeweils den Term aus. Achte auf die Regeln „Punkt vor Strich" und „Klammern zuerst". Das Ergebnis wird **Wert des Terms** genannt.

a) $10 \cdot 5 - 42$; $7 \cdot 11 - 23$; $20 + 4 \cdot 8$

b) $(12 + 28) : 5$; $(50 - 36) \cdot 2$; $40 : (12 - 8)$

c) $25 + 35 : 7$; $6 \cdot (70 - 65)$; $(24 - 15) \cdot 3$

d) $16 + 3 \cdot 5$; $15 \cdot 3 - 35$; $42 : 7 + 19$

e) $6 \cdot 7 + 2 \cdot 9$; $(12 - 5) \cdot 3 + 9$; $60 - 3 \cdot (11 + 2)$

f) $(13 + 12) \cdot 3 - 5$; $23 - 14 + 3 \cdot 8$; $20 - 3 \cdot 6 + 14$

3 Ordne jedem Text den passenden Term zu. Berechne dann den Wert des Terms.

a)
- **A** Das Produkt aus 3 und 11
- **B** Die Summe aus 12 und 9
- **C** Die Differenz von 20 und 5
- **D** Der Quotient aus 24 und 6
- **E** Das Dreifache von 9
- **F** Die Hälfte von 14

① $20 - 5$	② $24 : 6$	③ $14 : 2$
④ $3 \cdot 11$	⑤ $12 + 9$	⑥ $3 \cdot 9$

b)
- **A** Multipliziere 9 und 3 und addiere 5.
- **B** Dividiere 30 durch 5 und subtrahiere 4.
- **C** Addiere 12 und 8 und multipliziere die Summe mit 3.
- **D** Subtrahiere 3 von 10 und multipliziere die Differenz mit 6.
- **E** Addiere 11 zum Produkt aus 5 und 4.
- **F** Subtrahiere 10 vom Produkt aus 4 und 8.

① $(10 - 3) \cdot 6$	② $30 : 5 - 4$
③ $4 \cdot 8 - 10$	④ $9 \cdot 3 + 5$
⑤ $(12 + 8) \cdot 3$	⑥ $5 \cdot 4 + 11$

4 Notiere den Term, der zu dem Text gehört, und berechne seinen Wert.

a) Addiere 21 und 15.
b) Multipliziere 16 und 3.
c) Addiere 8 zum Produkt aus 2 und 9.
d) Multipliziere die Differenz von 15 und 6 mit 4.
e) Dividiere die Summe aus 19 und 11 durch 5.
f) Subtrahiere 15 vom Produkt aus 10 und 4.
g) Addiere das Dreifache von 5 und das Vierfache von 3.
h) Multipliziere die Summe aus 16 und 9 mit 4.
i) Subtrahiere von 30 das Produkt aus 3 und 6.

5 Schreibe den Term als Text und berechne seinen Wert.

a) $5 \cdot 4$; $28 : 7$

b) $14 + 6$; $19 - 2$

c) $(20 + 5) \cdot 2$; $7 \cdot 5 - 10$

Zahlenterme

6 Berechne den Wert des Terms. Achte auf die Rechenregeln für ganze Zahlen.

a) $8 \cdot 5 - 46$
$7 \cdot 3 - 23$
$-20 + 3 \cdot 8$

b) $(12 - 27) : 5$
$(50 - 36) \cdot 2$
$-4 \cdot (12 - 17)$

c) $6 \cdot 7 - 5 \cdot 9$
$(2 - 9) \cdot 3 + 9$
$9 - 3 \cdot (4 - 12)$

d) $-(3 + 10) \cdot 3$
$11 - 14 - 4 \cdot 2$
$2 - 3 \cdot 6 + 14$

7 *Welche Terme haben denselben Wert?*

a)

① $(11 - 5) \cdot 4$ ② $(4 + 5) \cdot (10 - 6)$
③ $(20 - 8) \cdot 3$ ④ $4 \cdot (20 - 11)$
⑤ $10 + 7 \cdot 2$ ⑥ $10 \cdot 4 - 4 \cdot 1$
⑦ $(5 \cdot 9 + 3) : 2$ ⑧ $3 \cdot 4 + 4 \cdot 3$

b)

① $9 - 12 + 1$ ② $-(4 - 6) \cdot 3$
③ $(-11 - 9) : 2$ ④ $5 \cdot (12 - 14)$
⑤ $3 - 11 + 7 \cdot 2$ ⑥ $-6 \cdot 4 + 3 \cdot 10$
⑦ $(9 - 25) : 8$ ⑧ $5 \cdot 4 - 2 \cdot 15$

c)

① $6 \cdot (18 - 23)$ ② $(19 - 55) : 3$
③ $-17 + 8 - 3$ ④ $5 \cdot (11 - 17)$
⑤ $(27 + 45) : 9$ ⑥ $4 \cdot (29 - 32)$
⑦ $-(1 - 15 + 6)$ ⑧ $(19 - 7 + 4) : 2$

8 Gib zu dem angegebenen Term einen weiteren Term mit demselben Wert an, indem du das Kommutativgesetz oder das Assoziativgesetz anwendest.

a) $11 + 13$
$5 + (8 + 7)$
$4 + 10 + 5$

b) $(3 \cdot 6) \cdot 5$
$7 \cdot 3 \cdot 2$
$(10 \cdot 4) \cdot 3$

Das Kommutativ- und das Assoziativgesetz findest du auf Seite 210.

9 Welcher Term ist eine Summe (eine Differenz, ein Produkt, ein Quotient)?

① $5 \cdot 7$ ② $17 - 5$ ③ $8 \cdot 5$
④ $10 - 4$ ⑤ $11 + 9$ ⑥ $20 : 4$
⑦ $5 + 13$ ⑧ $24 : 4$ ⑨ $7 \cdot 3$

10 a) Berechne jeweils den Wert des Terms $\boxed{5 + 2 \cdot 4}$ und $\boxed{(5 + 2) \cdot 4}$.
Bei welchem Term wird zuerst addiert, bei welchem wird zuerst multipliziert?

b) Gib für jeden Term an, welche Rechenoperation als erste und welche als zweite ausgeführt wird.

① $20 - 2 \cdot 5$ ② $3 \cdot (13 - 6)$
③ $4 \cdot 5 + 8$ ④ $(5 + 6) \cdot 2$
⑤ $14 - 12 : 3$ ⑥ $20 : (7 - 2)$
⑦ $5 + 36 : 4$ ⑧ $(5 + 13) : 6$

Wenn du den Wert eines Terms berechnest, gibt die letzte Rechenoperation, die dabei ausgeführt wird, die **Bezeichnung des Terms** an.

Summe	$6 \cdot 5 + 15$
Differenz	$40 - 2 \cdot 8$
Produkt	$4 \cdot (12 + 3)$
Quotient	$(25 - 11) : 7$

11 Gib für jeden Term an, ob es sich um eine Summe, eine Differenz, ein Produkt oder einen Quotienten handelt.
Bestimme dann den Wert des Terms.

a) $13 - 4$
$20 + 2$
$42 : 6$

b) $8 \cdot 7 - 2$
$5 + 8 : 2$
$(9 - 4) : 2$

c) $9 \cdot (2 + 7)$
$(7 - 3) \cdot 4$
$4 \cdot 5 + 13$

12 Bei den angegebenen Termen treten mehr als zwei Rechenoperationen auf. Bestimme den Wert des Terms und gib seine Bezeichnung an.

a) $3 \cdot 5 + 7 \cdot 2$
$11 \cdot 2 - 12 : 3$
$15 + 2 \cdot 13$

b) $(2 + 9) \cdot (5 - 2)$
$(12 + 8) : (7 - 3)$
$(15 - 9) \cdot (2 + 3)$

c) $10 + 2 \cdot 3 + 11$
$15 + (19 - 4) + 10$
$3 \cdot (17 + 4 - 11)$

d) $(17 - 3) \cdot 2 + 10$
$30 - 5 \cdot (13 - 7)$
$(11 + 7) : 3 - 4$

Terme mit Variablen

1 Klara und Paul kaufen für den Wandertag ein.

Müsliriegel
0,60 € je Stück

Fitnessriegel
1,10 € je Stück

Multivitaminsaft
1,60 € je Flasche

Eistee
0,90 € je Flasche

a) Klara wählt eine Flasche Multivitaminsaft und mehrere Müsliriegel. Mit dem Term $1{,}60 + x \cdot 0{,}60$ kann sie berechnen, wie viel Euro sie für ihren Einkauf bezahlen muss. Dabei ist die **Variable x** ein Platzhalter für die Anzahl der Müsliriegel, die Klara kauft. Berechne, wie viel Euro Klara bezahlen muss, wenn sie einen, zwei, drei, ..., acht Müsliriegel kauft. Vervollständige dazu die Tabelle in deinem Heft.

Anzahl der Müsliriegel	$1{,}60 + x \cdot 0{,}60$	Wert des Terms
1	$1{,}60 + 1 \cdot 0{,}60$	2,20
2	$1{,}60 + 2 \cdot 0{,}60$	■
3	$1{,}60 + 3 \cdot 0{,}60$	■
4	■	■
5	■	■
6	■	■
7	■	■
8	■	■

b) Klara hat fünf Euro. Wie viele Müsliriegel kann sie höchstens kaufen?

c) Paul entscheidet sich für eine Flasche Eistee und mehrere Fitnessriegel. Gib einen Term an, mit dem er berechnen kann, wie viel Euro er für seinen Einkauf bezahlen muss.

d) Berechne, wie viel Euro Paul für seinen Einkauf bezahlen muss, wenn er einen, zwei, drei, ..., sechs Fitnessriegel kauft. Lege dazu eine Tabelle an.

2 Die Klassenlehrerin kauft für alle Schülerinnen und Schüler, die am Wandertag teilnehmen, einen S-Bahn-Fahrschein und eine Eintrittskarte für das Technikmuseum.
Die Fahrt mit der S-Bahn kostet 1,50 €, der Eintritt ins Museum 4 €.

a) Begründe, dass du mit dem Term $x \cdot (1{,}5 + 4)$ die Gesamtkosten berechnen kannst. Was gibt die Variable x an?

b) Berechne die Gesamtkosten, wenn alle 28 Mitglieder (nur 27 Mitglieder, nur 25 Mitglieder) der Klasse am Wandertag teilnehmen.

3 a) Am Wandertag kauft Özge ein Eis. Sie bezahlt mit einem Fünf-Euro-Schein.

Eine Kugel: 1,10 €

Erläutere, dass du mithilfe des Terms $5 - 1{,}10 \cdot x$ berechnen kannst, wie viel Euro Özge zurückerhält. Was gibt die Variable x an? Wie viele Kugeln Eis kann Özge höchstens kaufen?

b) Lina hat Geburtstag. Sie kauft für ihre Freundinnen und sich selbst jeweils ein Eis und bezahlt mit einem Zehn-Euro-Schein. Mithilfe des Terms $10 - 2{,}20 \cdot x$ kann sie berechnen, wie viel Euro sie zurückerhält.
Wie viele Kugeln hat jedes Mädchen erhalten? Was gibt die Variable x an? Überlege, wie viele Freundinnen Lina eingladen haben könnte.

Terme mit Variablen

Variablen sind Platzhalter für Zahlen. Zahlen und Variablen sind Terme. Summen, Differenzen, Produkte, Quotienten von Termen sind auch Terme.

$4 \cdot x + 7$ $\quad x : 10$ $\quad 2 \cdot x - 4 \cdot y + 1$

31 $\quad a^2$ $\quad 2 \cdot a + 2 \cdot b$

4 Ordne wie in den Beispielen jedem Text den passenden Term zu.

Addition

Text	Term
Die Summe aus 5 und einer Zahl	$5 + x$
Eine Zahl vermehrt um 8	$x + 8$
Zu einer Zahl 2 addieren	$x + 2$

Subtraktion

Text	Term
Die Differenz aus 7 und einer Zahl	$7 - x$
Eine Zahl vermindert um 6	$x - 6$
Von einer Zahl 3 subtrahieren	$x - 3$

Multiplikation

Text	Term
Das Produkt aus 9 und einer Zahl	$9 \cdot x$
Das Achtfache einer Zahl	$8 \cdot x$
Eine Zahl mit 7 multiplizieren	$7 \cdot x$

Division

Text	Term
Der Quotient aus einer Zahl und 4	$x : 4$
Die Hälfte einer Zahl	$x : 2$
8 durch eine Zahl dividieren	$8 : x$

A Das Neunfache einer Zahl
B Eine Zahl vermehrt um 17
C Eine Zahl vermindert um 11
D Die Summe aus dem Doppelten einer Zahl und 15
E Das Quadrat einer Zahl
F Die Hälfte einer Zahl
G Die Summe aus dem Achtfachen und dem Elffachen einer Zahl
H Der vierte Teil einer Zahl
I Der Kehrwert einer Zahl

① $x : 2$ ② $2 \cdot x + 15$ ③ $9 \cdot x$
④ $\frac{1}{x}$ ⑤ $x : 4$ ⑥ $x + 17$
⑦ x^2 ⑧ $x - 11$ ⑨ $8 \cdot x + 11 \cdot x$

5 Schreibe als Term.
a) Die Summe aus 23 und einer Zahl
b) Die Differenz aus 29 und einer Zahl
c) Das Zwölffache einer Zahl
d) Die Differenz aus dem Sechsfachen und dem Vierfachen einer Zahl
e) Ein Drittel einer Zahl
f) Das Dreifache einer Zahl vermehrt um 8
g) Das Siebenfache einer Zahl vermindert um 16
h) Das Doppelte einer Zahl vermehrt um die Hälfte dieser Zahl

6 Schreibe den Term als Text.
a) $x + 9$; $x - 11$; $9 \cdot x$
b) $x : 5$; $4 \cdot x + 6$; $7 \cdot x - 2$
c) $4 \cdot x + 9 \cdot x$; $10 \cdot x - 2 \cdot x$; $x^2 + 3$

7 Setze in den Term $\boxed{5 \cdot x + 1}$ für x nacheinander 1, 2, 3, … ,10 ein und berechne jeweils den Wert des Terms. Vervollständige dazu die Tabelle in deinem Heft.

x	$5 \cdot x + 1$	Wert des Terms
1	$5 \cdot 1 + 1$	6
2	$5 \cdot 2 + 1$	11
3	$5 \cdot 3 + 1$	■
4	$5 \cdot 4 + 1$	■
…	…	…
10	$5 \cdot 10 + 1$	51

8 Vervollständige die Tabelle. Setze dazu für x nacheinander 1, 2, 3, …, 10 ein und berechne den Wert des Terms.

a)

x	$10 \cdot x$
1	10
2	■
…	…
10	■

b)

x	$x + 3$
1	■
2	■
…	…
10	■

c)

x	$3 \cdot x + 7$
1	■
2	■
…	…
10	■

d)

x	$9 \cdot x - 5$
1	■
2	■
…	…
10	■

e)

x	$3 \cdot (x + 4)$
1	■
2	■
…	…
10	■

f)

x	$2 \cdot (x - 1)$
1	■
2	■
…	…
10	■

Terme mit Variablen

9 Setze für die Variablen die angegebenen Zahlen ein und berechne den Wert des Terms.

	a)	b)	c)	d)	e)
x	5 · x	30 − x	x : 2	2 · x + 1	x^2
4					
10					
20					
1					

		f)	g)	h)	i)
a	b	a + b	a − b	a · b	2 · a · b
5	2				
10	7				
−2	3				
8	−5				

10 Wähle für die Variable x die Zahlen −1, −2, −3, …, −10 und berechne jeweils den Wert des Terms. Lege dazu eine Wertetabelle an.

a) 10 · x
x + 3

b) 3 · x + 7
9 · x − 5

11 Ordne jedem Term die passende Wertetabelle zu.

A $x^2 + 11$ **B** 10 − x **C** 12 : x
D 12 · x **E** 5 · x + 7 **F** 3 · x + 6
G 2 · x − 1 **H** 20 − 2 · x **I** x + 6

①

x	■
1	7
2	8
3	9
4	10

②

x	■
1	9
2	12
3	15
4	18

③

x	■
1	12
2	15
3	20
4	27

④

x	■
1	12
2	24
3	36
4	48

⑤

x	■
1	18
2	16
3	14
4	12

⑥

x	■
1	1
2	3
3	5
4	7

⑦

x	■
1	9
2	8
3	7
4	6

⑧

x	■
1	12
2	17
3	22
4	27

⑨

x	■
1	12
2	6
3	4
4	3

12 a) In die Terme 2 · x + 6 · x und 8 · x werden nacheinander verschiedene Zahlen für die Variable x eingesetzt. Vergleiche jeweils die Werte der beiden Terme. Was stellst du fest?

x	2 · x + 6 · x	8 · x
1	2 · 1 + 6 · 1 = 8	8 · 1 = 8
2	2 · 2 + 6 · 2 = 16	8 · ■ = ■
3	2 · 3 + 6 · 3 = 24	8 · ■ = ■
4	2 · ■ + 6 · ■ = ■	8 · ■ = ■

b) Setze in die Terme 10 · x − 6 · x und 4 · x nacheinander die Zahlen 1, 2, 3, 4 für die Variable x ein und vergleiche jeweils die Werte der beiden Terme.

x	10 · x − 6 · x	4 · x
1	10 · 1 − 6 · 1 = 4	4 · 1 = 4
2	10 · 2 − 6 · 2 = ■	4 · ■ = ■
3	…	…

c) Setze in die Terme x + x + y und 2 · x + y für die Variablen x und y nacheinander jeweils die Zahlen 1, 2 und 3 ein. Vergleiche jeweils die Werte der beiden Terme.

x	y	x + x + y	2 · x + y
1	1	1 + 1 + 1 = 3	2 · 1 + 1 = 3
1	2	1 + 1 + 2 = 4	2 · ■ + 2 = ■
1	3	1 + 1 + 3 = ■	2 · ■ + ■ = ■
2	1	2 + 2 + ■ = ■	2 · ■ + ■ = ■
2	2	■ + ■ + ■ = ■	2 · ■ + ■ = ■
…	…	…	…

Terme, die dieselben Variablen enthalten, heißen **äquivalent** (gleichwertig), wenn sie bei jeder Einsetzung von Zahlen für die Variablen denselben Wert haben.

13 Ordne äquivalente Terme einander zu.

A 5 · x − 3 · x ① x + 2 · y
B 4 · x + 2 · x + 3 · x ② 2 · x + 3 · y
C 5 · x + 3 · x − 4 · x ③ 9 · x
D x + y + y ④ 2 · x
E x + x + y + y + y ⑤ 4 · x

Terme mit Variablen ordnen und zusammenfassen

1 a) Begründe, dass du die Länge der Strecke $\overline{AC}$ sowohl mit dem Term $\boxed{2 \cdot x + 3 \cdot x}$ als auch mit dem Term $\boxed{5 \cdot x}$ bestimmen kannst.

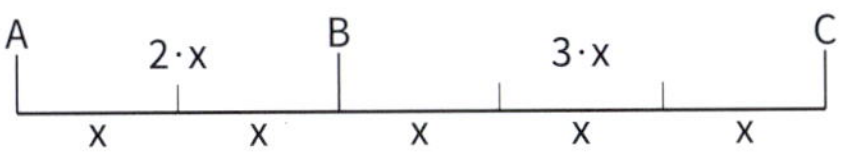

b) Begründe, dass du die Länge der Strecke $\overline{AB}$ sowohl mit dem Term $\boxed{7 \cdot x - 4 \cdot x}$ als auch mit dem Term $\boxed{3 \cdot x}$ bestimmen kannst.

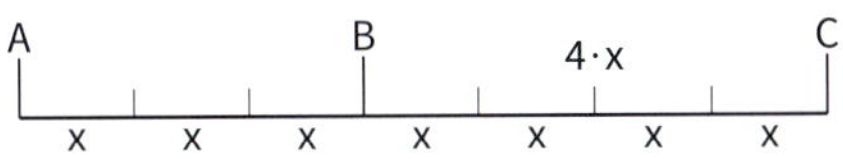

2 a) Begründe, dass du die Länge der Strecke $\overline{AB}$ mit dem Term $\boxed{3 \cdot x + 2 \cdot y}$ bestimmen kannst.

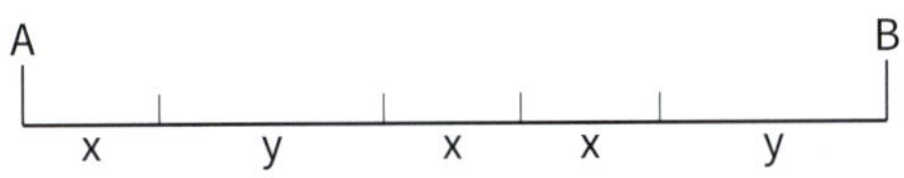

b) Gib für die Strecke $\overline{AB}$ (die Strecke $\overline{CD}$) einen möglichst einfachen Term zur Bestimmung ihrer Länge an.

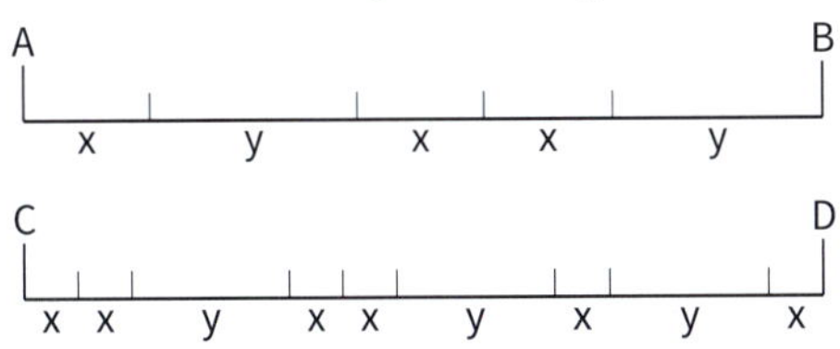

3 Die Länge der Strecke $\overline{AC}$ kann mithilfe des Terms $\boxed{5 \cdot x + 3 \cdot y}$ bestimmt werden. Gib einen Term zur Bestimmung der Länge der Strecke $\overline{BC}$ an.

> Terme, die Vielfache derselben Variablen sind, heißen **gleichartig**. Gleichartige Terme kannst du addieren und subtrahieren (zusammenfassen).
>
> $7 \cdot x + 2 \cdot x = 9 \cdot x$
> $8 \cdot a - 5 \cdot a = 3 \cdot a$
> $3 \cdot x + 4 \cdot y + 2 \cdot x + 7 \cdot y = 5 \cdot x + 11 \cdot y$
> $8 \cdot a + 6 \cdot b - 5 \cdot a - 2 \cdot b = 3 \cdot a + 4 \cdot b$

4 Erkläre, dass du den Umfang des Dreiecks mit jedem der angegebenen Terme bestimmen kannst.

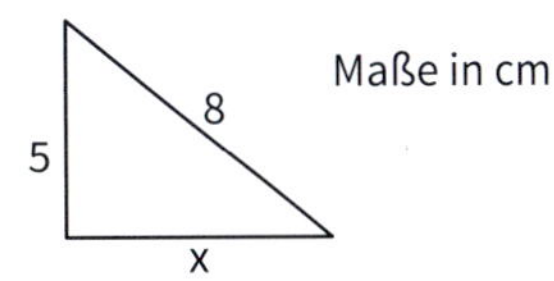

① $5 + 8 + x$	② $8 + 5 + x$
③ $(5 + x) + 8$	④ $5 + (x + 8)$
⑤ $(5 + 8) + x$	⑥ $13 + x$

5 Erkläre, dass du das Volumen des Quaders mit jedem der angegebenen Terme bestimmen kannst.

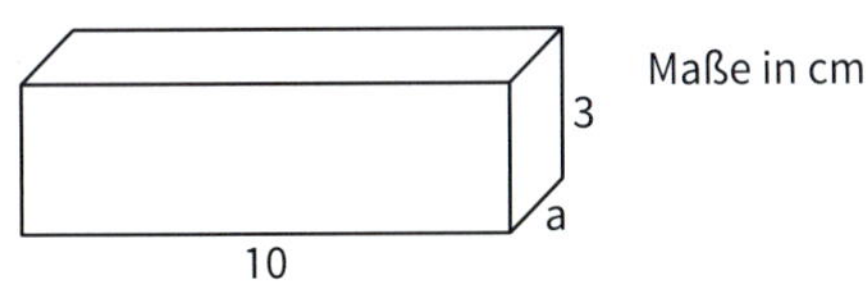

① $10 \cdot a \cdot 3$	② $10 \cdot 3 \cdot a$
③ $(10 \cdot a) \cdot 3$	④ $10 \cdot (a \cdot 3)$
⑤ $(10 \cdot 3) \cdot a$	⑥ $30 \cdot a$

> Mithilfe des Kommutativ- und Assoziativgesetzes kannst du Terme ordnen.
>
> Bei der Addition (Multiplikation) von Termen darfst du die Summanden (Faktoren) beliebig vertauschen. (**Kommutativgesetz**)
>
> Bei der Addition (Multiplikation) von Termen darfst du beliebig Klammern setzen. (**Assoziativgesetz**)

Terme mit Variablen ordnen und zusammenfassen

6 Ordne die Variablen und vereinfache den Term wie in den Beispielen.

$2 \cdot x \cdot 5 = 2 \cdot 5 \cdot x = 10 \cdot x = 10x$
$5 \cdot b \cdot 3 \cdot a = 5 \cdot 3 \cdot a \cdot b = 15ab$

a) $7 \cdot 2 \cdot a$; $5 \cdot x \cdot 4$; $3 \cdot 2 \cdot y$
b) $8 \cdot b \cdot a$; $u \cdot 7 \cdot v$; $3 \cdot q \cdot p$
c) $6 \cdot x \cdot 2 \cdot y$; $a \cdot 2 \cdot b \cdot 5$; $7 \cdot 2 \cdot s \cdot t$
d) $6 \cdot x \cdot 2 \cdot y \cdot 2$; $3 \cdot s \cdot 9 \cdot t \cdot 4$; $8 \cdot c \cdot 2 \cdot d \cdot 5$
e) $3 \cdot b \cdot 2 \cdot a \cdot 2$; $4 \cdot u \cdot v \cdot 7 \cdot 2$; $2 \cdot 5 \cdot p \cdot 4 \cdot q$
f) $4 \cdot c \cdot 3 \cdot a \cdot 5 \cdot b \cdot 2 \cdot 5$; $7 \cdot t \cdot 11 \cdot s \cdot 5 \cdot 10 \cdot r$; $v \cdot 2 \cdot 3 \cdot w \cdot 6 \cdot u \cdot 2 \cdot 2$

7 Vereinfache den Term.

$2 \cdot a \cdot 3 \cdot a = 2 \cdot 3 \cdot a \cdot a = 6a^2$
$4 \cdot (-a) \cdot 2 \cdot (-b) = 4 \cdot 2 \cdot (-a) \cdot (-b) = 8ab$
$3 \cdot b \cdot (-3) \cdot (-b) = -3 \cdot 3 \cdot b \cdot (-b) = 9b^2$

a) $2 \cdot x \cdot 6 \cdot x$; $5 \cdot z \cdot 4 \cdot z$; $8 \cdot u \cdot 2 \cdot u$
b) $-4 \cdot a \cdot 5 \cdot b \cdot 3$; $6 \cdot x \cdot (-3) \cdot y \cdot 5$; $-7 \cdot r \cdot 5 \cdot s \cdot (-1)$
c) $5 \cdot x \cdot (-6) \cdot x$; $-4 \cdot z \cdot (-4) \cdot z$; $-7 \cdot u \cdot 2 \cdot (-u)$
d) $-3 \cdot a \cdot 8 \cdot a$; $4 \cdot b \cdot (-3) \cdot (-b)$; $-2 \cdot c \cdot (-5) \cdot (-c)$
e) $2 \cdot v \cdot 3 \cdot (-w) \cdot 4 \cdot (-w) \cdot 6 \cdot v \cdot 2$; $r \cdot 7 \cdot (-s) \cdot t \cdot 4 \cdot t \cdot r \cdot 9 \cdot (-1)$; $4 \cdot w \cdot (-3) \cdot (-v) \cdot w \cdot (-2) \cdot v$

8 Fasse gleichartige Terme zusammen.

$9x + 6 - 3x - 4 = 9x - 3x + 6 - 4 = 6x + 2$
$7a + 5b - 2a + 3b = 7a - 2a + 5b + 3b = 5a + 8b$

a) $8x + 5x$; $9x - 2x$; $3x + 8x$
b) $12x - 2x$; $20x - 9x$; $15x + 6x$
c) $23x - 4x$; $31x + 6x$; $16x - 9x$
d) $11a - 3a + 7a$; $19b - 5b - 2b$; $20v - 13v + 8v$
e) $21t - 8t - 3t$; $11c + 5c - 9c$; $9k - 8k + 12k$
f) $12x + 6 - 2x + 17 + 4x$; $5b - 7a + 6b - 3a + b$; $3y - 17z + 5y - 3z + 2y$
g) $9t + 8 + 7t - 5 + t - 3 - 2t + 11 - 7t$; $12u - 5u + 20v - 8u - 13v + 12v$; $11w + 9z - 6w - 4 - 3z - 5w + 11$
h) $25a + 7b + 2b - 8a - 13a + 5b$; $12 + 5r - 8 + 16r - 13r - 4 + r$; $5x + 20y + 18 - 13y + 2x - y - 2$

9 Erkläre jeweils, welchen Fehler Sarah beim Zusammenfassen gemacht hat. Notiere dann die Umformung des Terms richtig in deinem Heft.

① $5x + 2z + 3x = 10x$
② $3a + 7a + 2 = 12a$
③ $9s - 8s + 3s = 20s$
④ $8t + 6s + 4t - 2s = 12t + 8s$
⑤ $5a + 2b + 7 + 3b = 12a + 5b$

10 Fasse gleichartige Terme zusammen.

$4ab + 3ab = 7ab$
$7x + 8xy - 2xy - 4x = 3x + 6xy$

a) $2ab + 5ab$; $9xy - 7xy$; $5uv - 4uv$
b) $3x + 4xy - 5x + 2xy$; $7p + 3pq - 3p - pq$; $4rs + 3r - 3rs - 2r$

Muster und Terme

1 In der Abbildung siehst du eine Folge von vier Figuren.

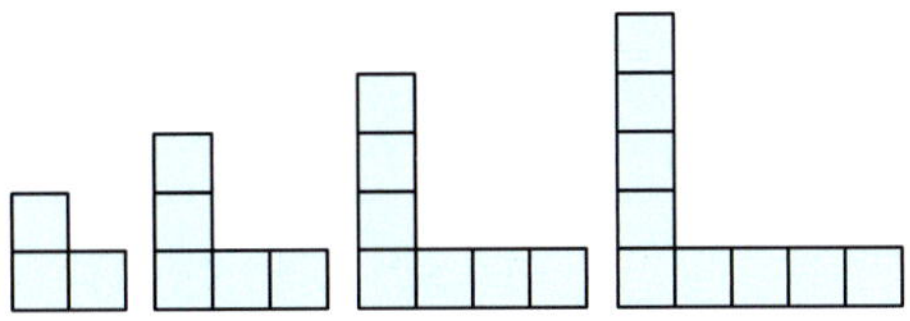

Figur 1 Figur 2 Figur 3 Figur 4

a) Zeichne Figur 5 und Figur 6 dieser Folge in dein Heft.
b) Erkläre wie aus jeder Figur der Folge die nächste Figur entsteht.
c) Gib an, aus wie vielen Quadraten Figur 7 (Figur 8, Figur 9, Figur 10) besteht. Vervollständige dazu die Tabelle.

Figur x	Anzahl der Quadrate
1	3
2	5
3	7
...	...

d) Begründe, dass du mithilfe des Terms $\boxed{1 + 2 \cdot x}$ die Anzahl der Quadrate der Figur x bestimmen kannst.
e) Aus wie vielen Quadraten besteht Figur 50 (Figur 100, Figur 250)?

2 Gib einen Term an, mit dessen Hilfe du für jede Figur die Anzahl der Quadrate bestimmen kannst, aus denen die Figur besteht.
Berechne dann, aus wie vielen Quadraten Figur 20 (Figur 50, Figur 80) besteht.

a)

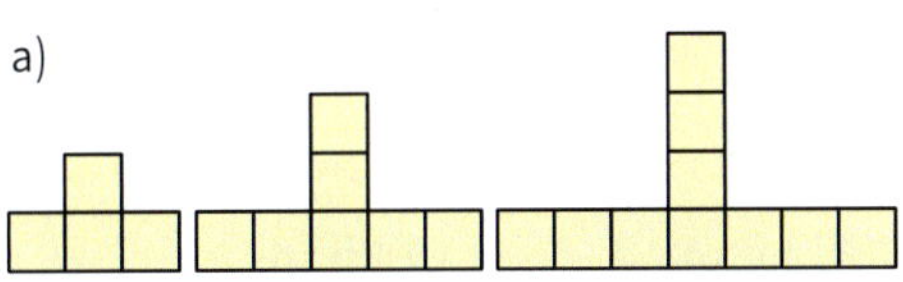

Figur 1 Figur 2 Figur 3

b)

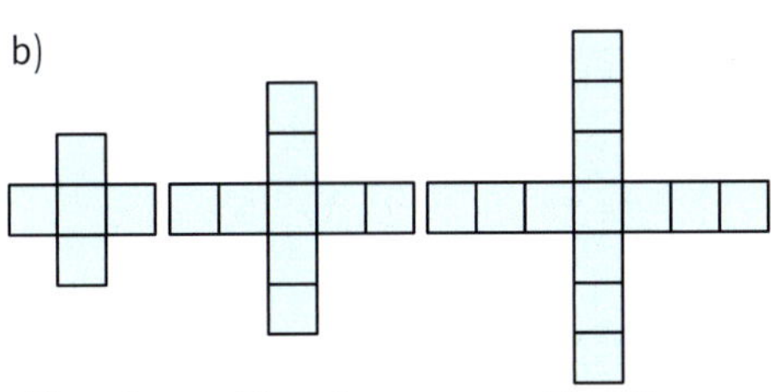

Figur 1 Figur 2 Figur 3

3 Gib an, aus wie vielen Rechenkästchen jede abgebildete Figur besteht.
Bestimme dann einen Term, mit dem du die Anzahl der Rechenkästchen für jede weitere Figur berechnen kannst.

a)

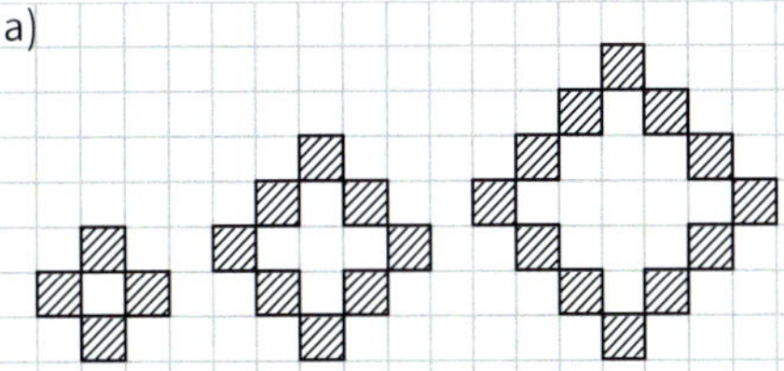

Figur 1 Figur 2 Figur 3

b)

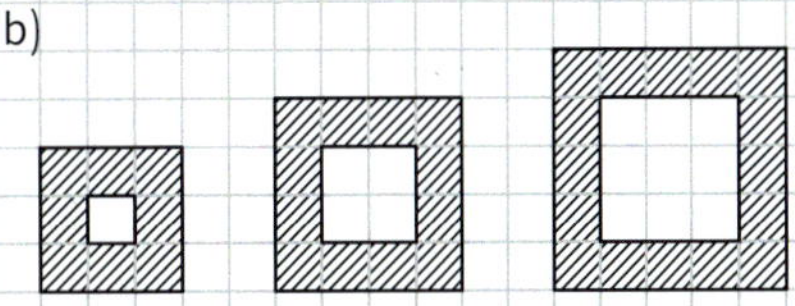

Figur 1 Figur 2 Figur 3

c)

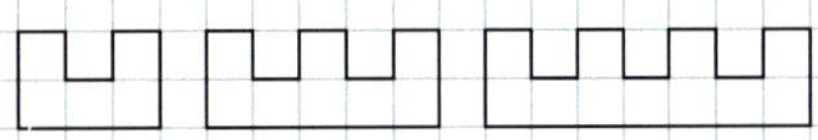

Figur 1 Figur 2 Figur 3

d)

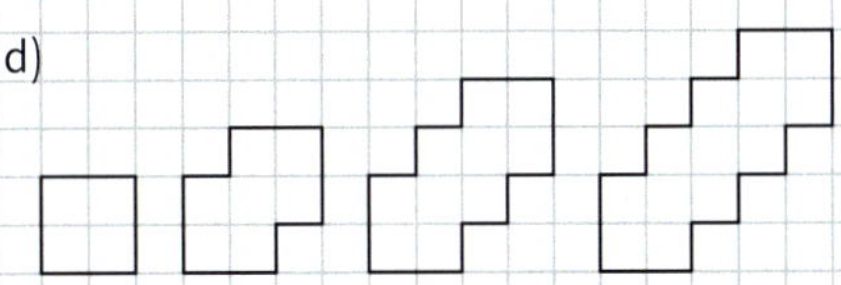

Figur 1 Figur 2 Figur 3 Figur 4

e)

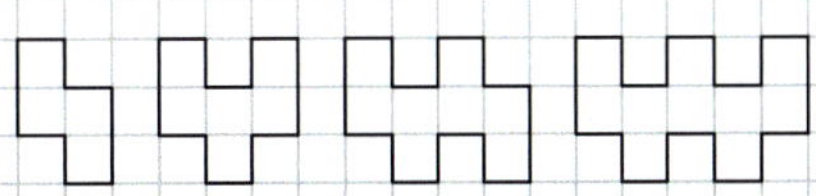

Figur 1 Figur 2 Figur 3 Figur 4

f)

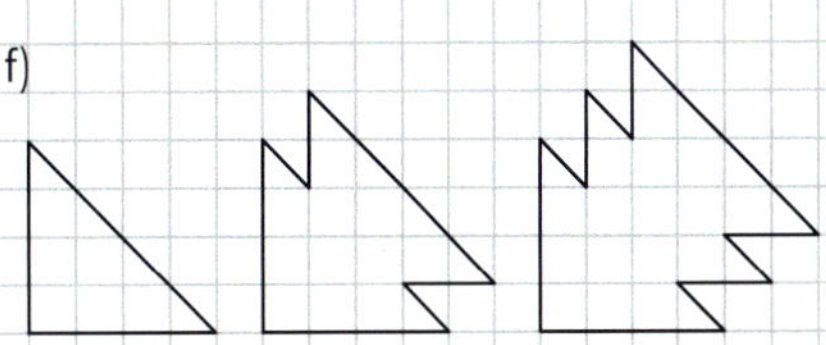

Figur 1 Figur 2 Figur 3

WISSEN KOMPAKT

Variablen sind Platzhalter für Zahlen.
Als Variablen werden meistens die kleinen Buchstaben des Alphabets verwendet.

x y z

a b t

Zahlen und Variablen sind Terme. Summen, Differenzen, Produkte, Quotienten von Termen sind auch Terme.

17 $3abc$ $x:10$
$5x-4y$ $9-2$ a^2
$19y$ $2r+2s$

Wenn du bei einem Term für die Variablen Zahlen einsetzt und die Rechenoperationen ausführst, erhältst du den **Wert des Terms**.

Term: $2x+1$
Wert des Terms für $x=5$: $2\cdot5+1=11$
Wert des Terms für $x=11$: $2\cdot11+1=23$
Wert des Terms für $x=-3$: $2\cdot(-3)+1=-5$

Wenn du den Wert eines Terms berechnest, gibt die letzte Rechenoperation, die dabei ausgeführt wird, die **Bezeichnung des Terms** an.

Summe $7\cdot3+5$
Differenz $20-2\cdot3$
Produkt $5\cdot(10+1)$
Quotient $(31-9):2$

Terme sind **äquivalent (gleichwertig)**, wenn sie bei jeder Einsetzung von Zahlen für die Variablen denselben Wert haben.

x	4x + 2x	6 · x
1	$4\cdot1+2\cdot1=6$	$6\cdot1=6$
2	$4\cdot2+2\cdot2=12$	$6\cdot2=12$
3	$4\cdot3+2\cdot3=18$	$6\cdot3=18$
…	…	…

$4x+2x=6x$

Bei der Addition (Multiplikation) von Termen darfst du die Summanden (Faktoren) beliebig vertauschen. (**Kommutativgesetz**)

$2\cdot x+9\cdot x=9\cdot x+2\cdot x$

$5\cdot r\cdot2\cdot s=2\cdot s\cdot5\cdot r$

Bei der Addition (Multiplikation) von Termen darfst du die Summanden (Faktoren) beliebig mit Klammern zusammenfassen. (**Assoziativgesetz**)

$(3\cdot a+7\cdot a)+6\cdot a=3\cdot a+(7\cdot a+6\cdot a)$

$(8\cdot5)\cdot b=8\cdot(5\cdot b)$

Terme, die Vielfache derselben Variablen sind, heißen **gleichartig**.
Gleichartige Terme kannst du addieren und subtrahieren (zusammenfassen).

$8x+2x=10x$
$9a-4a=5a$
$6x+4-2x+5=4x+9$
$3u+6v-2v+8u=11u+4v$

ÜBEN

1 Berechne den Wert des Terms.

a) $32 : 4 + 17$
$60 - 12 \cdot 3$
$11 \cdot 8 - 13$

b) $15 + 3 \cdot 14$
$90 : 5 - 16$
$21 + 77 : 7$

c) $2 \cdot 8 + 3 \cdot 5$
$(10 - 3) \cdot 2 + 9$
$44 - 2 \cdot (9 + 2)$

d) $(5 + 17) \cdot 3 - 1$
$31 - 3 \cdot 8 + 4$
$12 \cdot 4 - 3 \cdot 6$

e) $11 \cdot 4 + 2 \cdot 8$
$2 \cdot (12 - 7) + 6$
$5 \cdot (9 - 2) - 25$

f) $50 - (13 + 12)$
$63 - 3 \cdot 11 + 1$
$2 \cdot (15 + 4) - 3$

2 Notiere den Term, der zu dem Text gehört, und berechne seinen Wert.
a) Addiere 17 und 41.
b) Multipliziere 22 und 4.
c) Multipliziere die Summe aus 17 und 4 mit 2.
d) Dividiere die Differenz aus 31 und 7 durch 8.
e) Addiere 7 zum Produkt aus 8 und 9.
f) Addiere das Achtfache von 4 und das Vierfache von 8.

3 Welche Terme haben denselben Wert? Die Buchstaben vor Termen mit demselben Wert bilden ein Lösungswort.

a)

B $(17 - 5) \cdot 3$	**U** $(4 + 5) \cdot (10 - 6)$
R $20 - 4 \cdot 2$	**O** $(35 - 11) : 2$
R $10 + 13 \cdot 2$	**N** $10 \cdot 4 - 4 \cdot 1$
A $3 \cdot 16 - 12$	**T** $3 \cdot 2 + 2 \cdot 3$

b)

G $50 - 5 \cdot 4$	**I** $(9 - 5) \cdot (7 + 11)$
L $4 \cdot 9 + 9 \cdot 4$	**B** $5 \cdot (17 - 11)$
E $12 + 6 \cdot 3$	**L** $5 \cdot 20 - 4 \cdot 7$
L $5 \cdot 9 - 15$	**A** $9 \cdot (4 + 2) + 18$

4 Gib für jeden Term an, ob es sich um eine Summe, eine Differenz, ein Produkt oder einen Quotienten handelt.
Bestimme dann den Wert des Terms.

a) $2 \cdot 9 + 12$
$10 - 21 : 3$
$(11 - 4) \cdot 9$

b) $7 \cdot (11 + 17 + 2)$
$25 \cdot 2 - 31 - 9$
$5 + 15 \cdot 3 + 25$

c) $10 + 7 \cdot 2 + 11$
$1 + (9 - 1) + 10$
$(7 + 13 - 11) \cdot 6$

d) $(11 - 5) \cdot 3 + 10$
$12 - 5 \cdot (9 - 7)$
$(20 + 1) : 3 - 5$

5 Beschreibe den Sachverhalt mithilfe eines Terms. Gib zunächst die Bedeutung der Variablen an.
a) Im Supermarkt kauft Frau Roth eine Ananas zu 3 € und mehrere Kiwis zu je 0,50 €.
b) Lena möchte ein Trekkingrad kaufen. Sie hat bereits 90 € gespart. Von ihrem Taschengeld legt sie jeden Monat 15 € zurück.
c) Auf der Kirmes kauft Tim eine Tüte Popcorn für 3 € und fährt mehrmals mit dem Autoskooter. Eine Fahrt kostet 3,50 €.

6 Schreibe als Term mit der Variablen x.
a) Die Summe aus 23 und einer Zahl
b) Die Differenz aus 61 und einer Zahl
c) Das Siebenfache einer Zahl
d) Das Produkt aus 13 und einer Zahl
e) Das Doppelte einer Zahl vermehrt um 3
f) Das Sechsfache einer Zahl vermehrt um das Neunfache dieser Zahl

7 Schreibe den Term als Text.
a) $x + 2$ b) $x - 4$
c) $5 \cdot x$ d) $3 \cdot x + 2 \cdot x$

8 Setze für die Variablen die angegebenen Zahlen ein und berechne den Wert des Terms.

	a)	b)	c)	d)	e)
x	$4 \cdot x$	$x + 2$	$x - 5$	$3 \cdot x + 1$	$x : 3$
6	■	■	■	■	■
3	■	■	■	■	■
12	■	■	■	■	■

		f)	g)	h)	i)
x	y	$x + y$	$x - y$	$x \cdot y$	$2 \cdot x + y$
1	3	■	■	■	■
9	4	■	■	■	■
10	8	■	■	■	■

ÜBEN

9 Gib einen Term an, der zu der angegebenen Wertetabelle passt.

a)

x	■
1	4
2	8
3	12
4	16

b)

x	■
1	9
2	10
3	11
4	12

c)

x	■
1	9
2	8
3	7
4	6

d)

x	■
1	18
2	16
3	14
4	12

e)

x	■
1	1
2	3
3	5
4	7

f)

x	■
1	1
2	4
3	9
4	16

g)

x	■
1	3
2	5
3	7
4	9

h)

x	■
1	0,5
2	1
3	1,5
4	2

i)

x	■
1	4
2	7
3	10
4	13

10 Vereinfache den Term. Schreibe die Zahl an den Anfang. Ordne die Variablen alphabetisch.

a) $2 \cdot x \cdot 11$
$13 \cdot z \cdot 5$
$4 \cdot u \cdot 5$

b) $4 \cdot b \cdot a$
$s \cdot r \cdot 5$
$2 \cdot q \cdot 3$

c) $2 \cdot 3 \cdot z$
$7 \cdot t \cdot 11$
$2 \cdot 8 \cdot k$

d) $2 \cdot y \cdot 3 \cdot x$
$r \cdot 7 \cdot s \cdot 4$
$4 \cdot v \cdot u \cdot 3$

e) $w \cdot 6 \cdot v \cdot 2 \cdot u$
$2 \cdot q \cdot r \cdot 9 \cdot p$
$c \cdot 4 \cdot a \cdot b \cdot 7$

11 Fasse gleichartige Terme zusammen.

a) $2x + 7x$
$9y - 3y$
$11x + x$

b) $12a - 3a$
$15z - z$
$5t + 6t$

c) $x + 14x$
$3p + 9p$
$6r - 2r$

d) $11x + 13 + 7x$
$19 + 5b - 12$
$12v - 11v + 8$

e) $21t + 8 + 3t + 5$
$11y + 5 - 9y + 1$
$9x + 9 - 8 + 2x$

f) $2x + 9 + 7x - 2 + x - 3 - 2 + 4x - 2x$
$17y - 3y + 20 - 8y - 13 + 2y + 8$
$11a + 9b - 6a + 14 - 3b - 6 + a$

12 Vereinfache den Term.

a) $-2 \cdot a \cdot (-6)$
$-7 \cdot x \cdot 5$
$3 \cdot (-b) \cdot 11$

b) $y \cdot 2 \cdot (-2) \cdot (-2)$
$-5 \cdot x \cdot 4 \cdot (-3)$
$-r \cdot (-4) \cdot (-5) \cdot 2$

c) $2x - 5x - 6x$
$-7a + 4 + 3a$
$-3 + 4y - 9y$

d) $-6 + 8x + 3 + 2x$
$-5x - 2 - 6x - 1$
$u - 3v - 4u + v$

13 Gib einen möglichst einfachen Term an, mit dem du die Summe aller Kantenlängen des Quaders bestimmen kannst.

a)
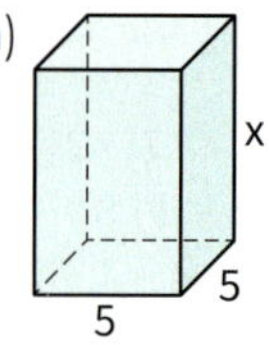

b)
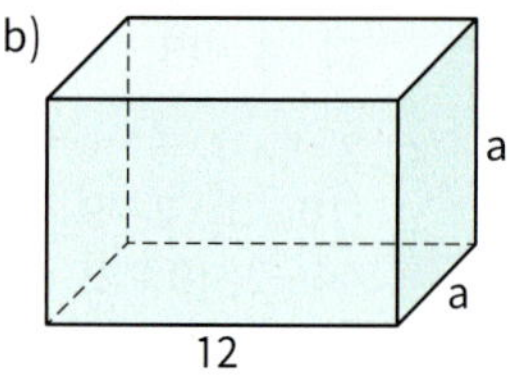

Maße in cm

14 Gib für jede Figur einen möglichst einfachen Term zur Bestimmung des Umfangs an.

a)
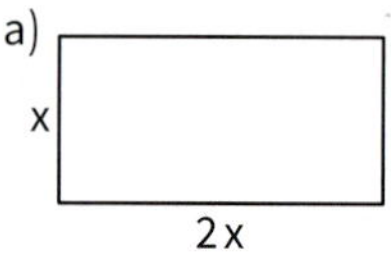

b)
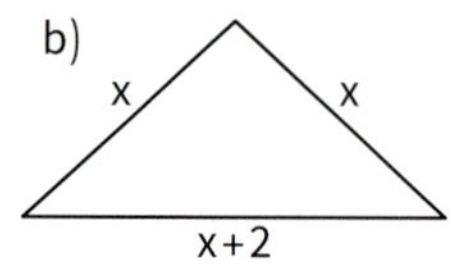

c)
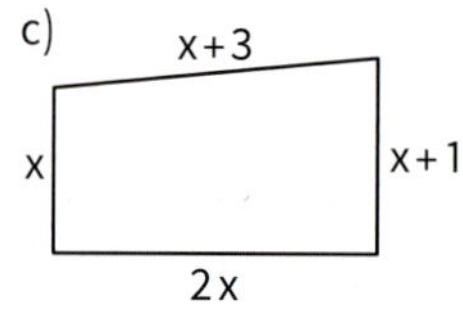

d)
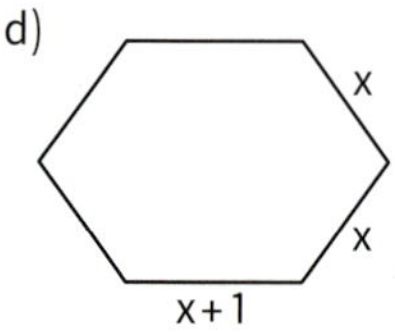

Maße in cm

15 a) Gib für jedes Rechteck einen Term an, mit dem du den Umfang bestimmen kannst.

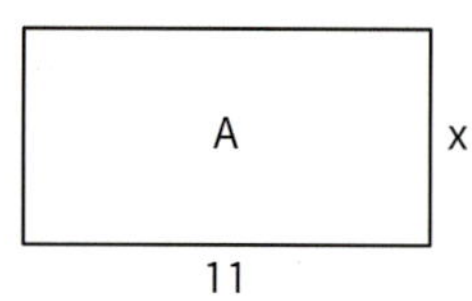

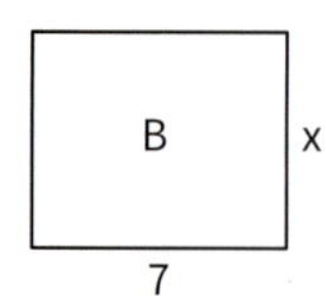

Maße in cm

b) Wie musst du die Länge der Seite x wählen, damit der Umfang des Rechtecks 24 cm beträgt?

16 a) Gib einen Term an, mit dem du den Umfang der Figur bestimmen kannst.

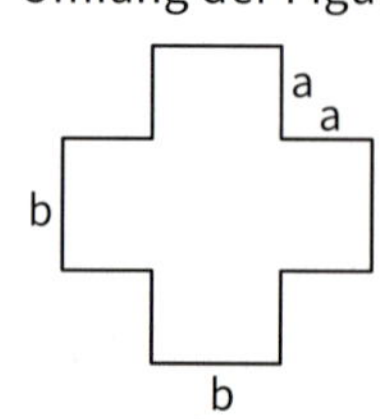

Maße in cm

b) Wie musst du die Länge der Seite a und der Seite b wählen, damit der Umfang der Figur 40 cm beträgt? Gib drei Möglichkeiten an.

VERTIEFEN: Pakete mit Klebeband versehen

1 Das abgebildete Paket hat die Form eines Quaders. Vor dem Versenden wurde es rundum mit Klebeband versehen. Dazu wurden insgesamt 300 cm Klebeband verwendet.

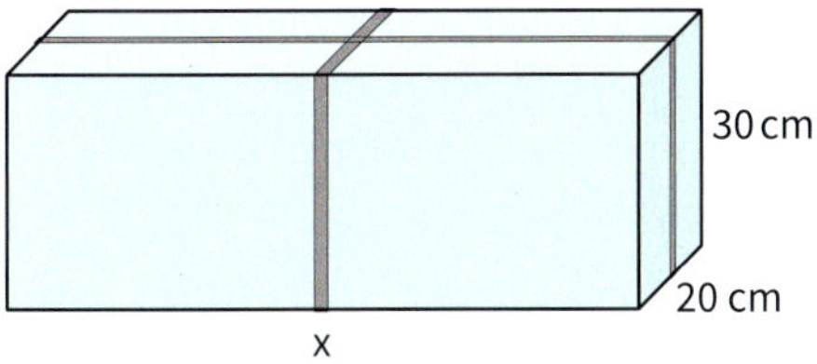

a) Begründe, dass du die Länge des Klebebandes mithilfe des Terms $\boxed{2x + 160}$ bestimmen kannst.

b) Im Beispiel siehst du, wie du die fehlende Kantenlänge des Quaders berechnen kannst. Dazu stellst du zunächst eine **Gleichung** auf. Diese Gleichung kannst du durch Rückwärtsrechnen lösen.

> Term zur Berechnung der Länge des Klebebands: $2x + 160$
>
> Länge des Klebebands (cm): 300
>
> Gleichung: $\boxed{2 \cdot x + 160 = 300}$
>
> Lösung der Gleichung durch Rückwärtsrechnen:
>
> $x \xrightarrow{\cdot 2} \blacksquare \xrightarrow{+160} 300$
>
> $70 \xleftarrow{:2} 140 \xleftarrow{-160} 300$
>
> Die Kantenlänge beträgt 70 cm.

Berechne die fehlende Kantenlänge wie im Beispiel.

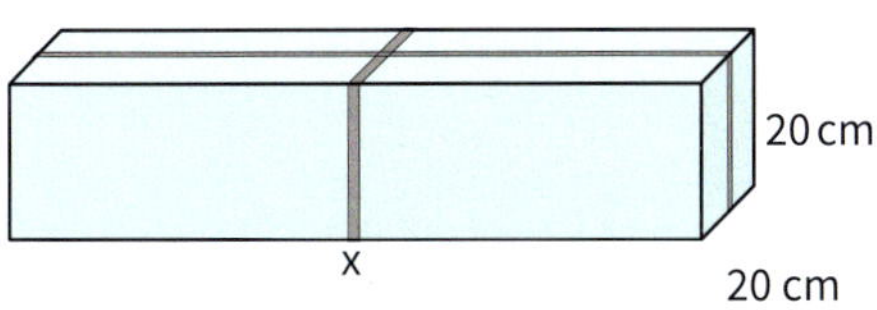

Länge des Klebebandes: 320 cm

2 Die abgebildeten Pakete sind mit Klebeband versehen.

a) Stelle einen Term auf, mit dem du die Länge des Klebebandes berechnen kannst. Bestimme dann die fehlende Kantenlänge mithilfe einer Gleichung.

A

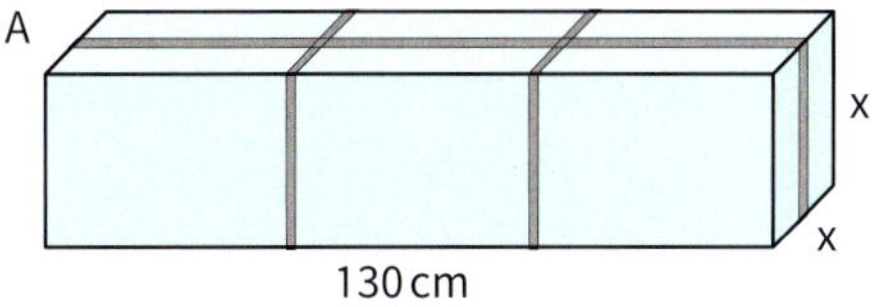

Länge des Klebebandes: 560 cm

B

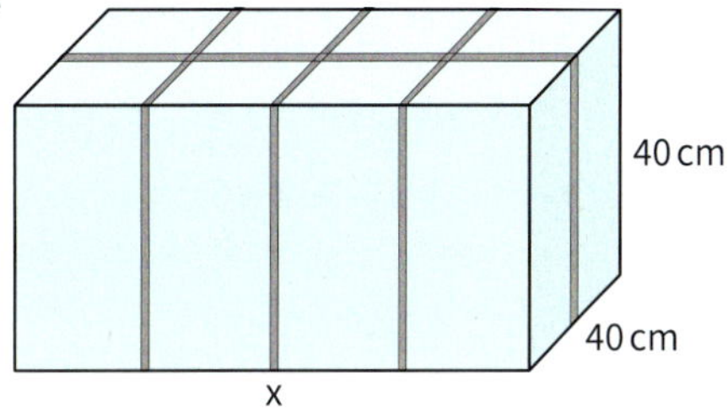

Länge des Klebebandes: 720 cm

b) Bei diesen Paketen überlappt sich das Klebeband an einigen Stellen. Berücksichtige dafür bei jedem Paket 30 cm Klebeband.

C

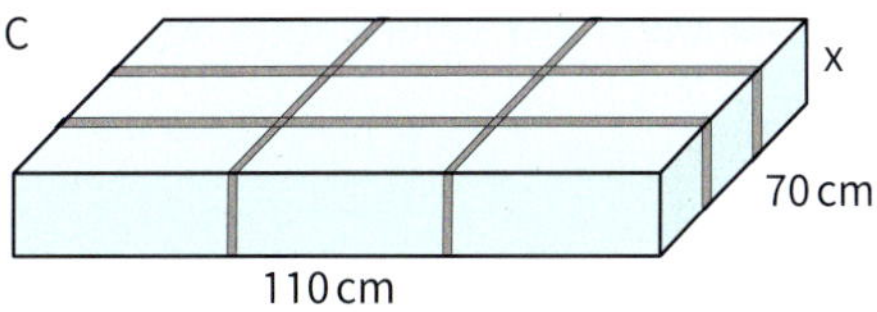

Länge des Klebebandes: 830 cm

D

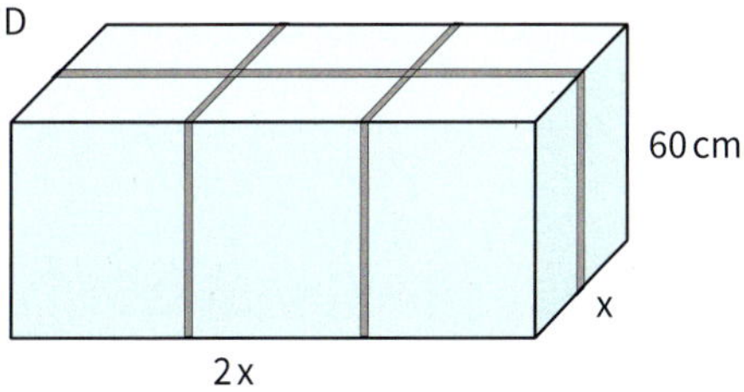

Länge des Klebebandes: 810 cm

E

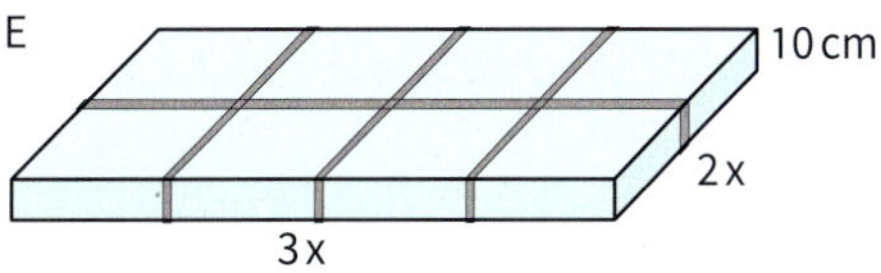

Länge des Klebebandes: 830 cm

AUSGANGSTEST 1

1 Bestimme den Wert des Terms.

a) 10 · 5 + 14
(11 + 19) : 10
40 − 2 · 8

b) 4 · (8 + 22)
(2 + 8) · (12 − 1)
7 · 2 + 5 · 4

2 Welche Terme haben denselben Wert?

① (15 − 6) · 8
② (19 + 31) · (10 − 8)
③ (20 − 12) · 3
④ 4 · (33 − 15)
⑤ 10 + 13 · 2
⑥ 12 · 4 + 4 · 13
⑦ (5 · 9 + 3) : 2
⑧ 3 · 6 + 6 · 3

3 Ordne jedem Text den passenden Term zu. Berechne dann den Wert des Terms.

A Multipliziere 3 und 4 und addiere 5.
B Multipliziere die Summe aus 3 und 4 mit 5.
C Subtrahiere 5 vom Produkt aus 3 und 4.

① (3 + 4) · 5 ② 3 · 4 − 5 ③ 3 · 4 + 5

4 Notiere den Term, der zu dem Text gehört, und berechne seinen Wert.

a) Addiere 8 zum Produkt aus 4 und 2.
b) Dividiere die Summe aus 9 und 5 durch 7.

5 Ordne jedem Term den passenden Text zu.

① x : 2
② 2 · x + 9
③ 11 · x
④ x + 21

A Das Elffache einer Zahl
B Eine Zahl vermehrt um 21
C Die Hälfte einer Zahl
D Das Doppelte einer Zahl vermehrt um 9

6 Setze für die Variablen die angegebenen Zahlen ein und berechne den Wert des Terms.

	a)	b)	c)	d)	e)
x	4 · x	x + 11	50 − x	3 · x + 1	2 x − 4
5	■	■	■	■	■
7	■	■	■	■	■
10	■	■	■	■	■
15	■	■	■	■	■

7 Vereinfache den Term. Schreibe die Zahl an den Anfang. Ordne die Variablen alphabetisch.

a) 9 · 3 · a
2 · x · 7

b) 8 · b · a · 2
u · 7 · v · 3

c) 6 · y · 2 · x · 3
c · 2 · b · 5 · a

8 Fasse gleichartige Summanden zusammen.

a) 8 x + 5 x
9 x − 2 x

b) 12 a + 5 b − 2 a − 3 b
20 u + 7 v − 9 u + 6 v

c) 11 a + 11 − 3 a − 8
19 z + 9 − 5 z − 2

d) x + 6 y + x − 5 t
4 p + 2 q − 3 p − q

9 a) Gib einen Term an, mit dem du für jede weitere Figur die Anzahl der Quadrate bestimmen kannst.

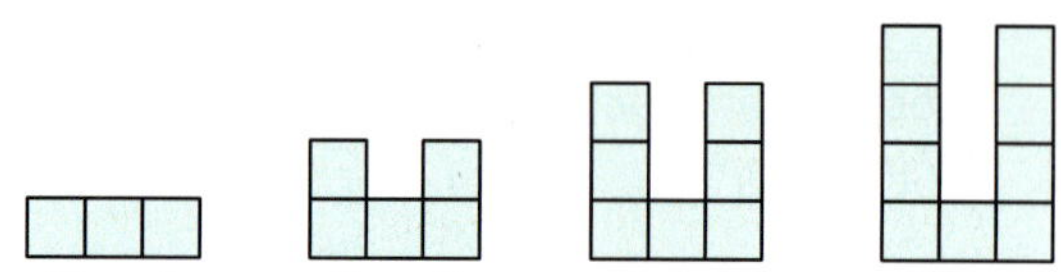

Figur 1 Figur 2 Figur 3 Figur 4

b) Berechne, aus wie vielen Quadraten Figur 20 besteht.

Ich kann …

	Aufgabe	Hilfen und Aufgaben	
den Wert von Zahlentermen berechnen.	1, 2	Seite 182, 183, 191	
Text und Term einander zuordnen.	3, 5	Seite 182, 185	
zu einem Text einen passenden Term angeben.	4	Seite 182, 185, 191	I
bei Termen mit einer Variablen für die Variable eine Zahl einsetzen und den Wert des Terms berechnen.	6	Seite 184 – 186, 191	
Terme ordnen und zusammenfassen.	7, 8	Seite 187, 188, 192	
zu einem Muster einen passenden Term aufstellen.	9	Seite 189	II

AUSGANGSTEST 2

1 Bestimme den Wert des Terms.
a) $3 \cdot 5 + 7 \cdot 2$
$20 : 5 - 12 : 4$
b) $9 + (13 - 7) : 3$
$22 - (17 - 9) \cdot 2$
c) $3 \cdot 5 - 4 \cdot 6$
$5 \cdot (10 - 12)$
d) $3 \cdot 5 - 23 + 6$
$70 - 9 \cdot 8 + 3$

2 Schreibe als Term.
a) Die Summe aus 23 und einer Zahl
b) Die Differenz aus dem Achtfachen und dem Vierfachen einer Zahl
c) Die Hälfte einer Zahl
d) Das Dreifache einer Zahl vermehrt um 8

3 Schreibe den Term als Text.
a) $x + 9$ b) $10 - x$ c) $4 \cdot x$

4 Setze für die Variable die angegebenen Zahlen ein und berechne den Wert des Terms.

	a)	b)	c)	d)	e)
x	$7 \cdot x$	$10 - x$	$x : 2$	$5 \cdot x + 3$	$2x - 3$
4	■	■	■	■	■
10	■	■	■	■	■
20	■	■	■	■	■
1	■	■	■	■	■

5 Vereinfache den Term. Schreibe die Zahl an den Anfang. Ordne die Variablen alphabetisch.
a) $4 \cdot r \cdot 2 \cdot s \cdot 3$
$6 \cdot v \cdot 5 \cdot u \cdot 4$
b) $2 \cdot b \cdot 3 \cdot a \cdot 4 \cdot c$
$4 \cdot y \cdot x \cdot 3 \cdot z \cdot 6$

6 Fasse gleichartige Summanden zusammen.
a) $13x - 4x + 7x$
$21a - 5a - a$
b) $20y - 8 - 6y - 12$
$15x + 7 - 13 - 2x$
c) $8t + 2 + 9t - 5 + t - 4 - 2t + 13 - 3t$
$5u - 9u + 12v + 8u - 15v + v - 2u$

7 Erkläre jeweils, welchen Fehler Emma beim Zusammenfassen gemacht hat.

① $5a + 2b + 3a = 10a$
② $3x + 7x + 2 = 12x$

8 Gib einen Term an, mit dem du für jede weitere Figur die Anzahl der Rechenkästchen bestimmen kannst. Berechne die Anzahl der Rechenkästchen von Figur 20.

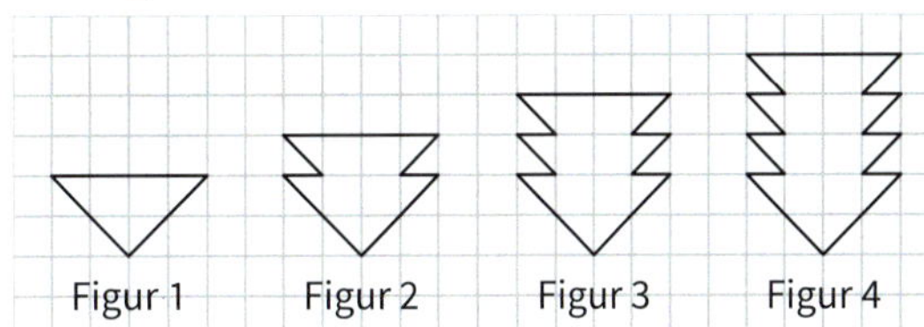

9 a) Gib für jede Figur einen möglichst einfachen Term an, mit dem du ihren Umfang bestimmen kannst.

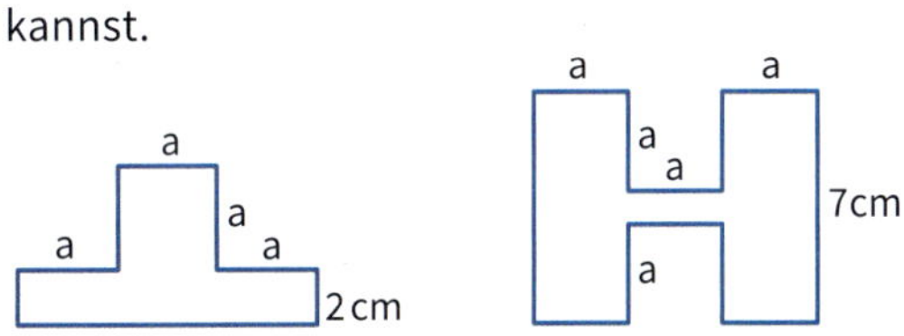

b) Der Umfang der Figur soll 44 cm betragen. Bestimme jeweils die Variable a.

Ich kann …

Ich kann …	Aufgabe	Hilfen und Aufgaben	
den Wert von Zahlentermen berechnen.	1	Seite 182, 183, 191	I
zu einem Text den passenden Term angeben.	2	Seite 182, 185, 191	
bei Termen mit einer Variablen für die Variable eine Zahl einsetzen und den Wert des Terms berechnen.	4	Seite 184 – 186, 191	
Terme vereinfachen und zusammenfassen.	5, 6	Seite 187, 188, 192	
zu einem Term den passenden Text angeben.	3	Seite 182, 185, 191	II
Fehler beim Zusammenfassen von Termen erläutern.	7	Seite 188	
zu einem Muster einen passenden Term aufstellen.	8	Seite 189	III
einen Term zur Bestimmung des Umfangs einer Figur aufstellen und zu gegebenem Umfang die Variable bestimmen.	9	Seite 192	

Projekt Berlin

Berlin ist die Hauptstadt Deutschlands und eines der sechzehn Bundesländer.

Gesamtfläche: 892 km^2
Waldfläche: 162 km^2
Wasserfläche: 60 km^2

Größte Ausdehnung:
Ost-West-Richtung: 45 km
Nord-Süd-Richtung: 38 km

Länge der Landesgrenze: 234 km

Bevölkerung: 3 723 914
(Stand: 30.06.2018)

Anteil der Altersgruppe
25 bis unter 45 Jahre: 31,4 %

Bevölkerungsdichte je km^2: 4175

In diesem Projekt …

– nutzt du deine mathematischen Kompetenzen, um Sachprobleme im Zusammenhang mit der Bundeshauptstadt Berlin zu lösen.

Sachaufgaben zu Berlin

1 Suche weitere Sehenswürdigkeiten, die du Berlin-Besuchern empfehlen kannst.

2 Wie viel Prozent der Gesamtfläche von Berlin sind mit Wald (Wasser) bedeckt?

3 Berechne die Anzahl der Einwohner, die 25 bis unter 45 Jahre alt sind.

4 Überprüfe die Angabe zur Bevölkerungsdichte je Quadratkilometer.

5 Nimm an, du kannst mit einem Fahrrad die Landesgrenze abfahren. Bei dieser Fahrt legst du in einer Stunde durchschnittlich 18 km zurück.
Wie viele Stunden würde dann die ganze Fahrt dauern?

Kosten der Berlinfahrt

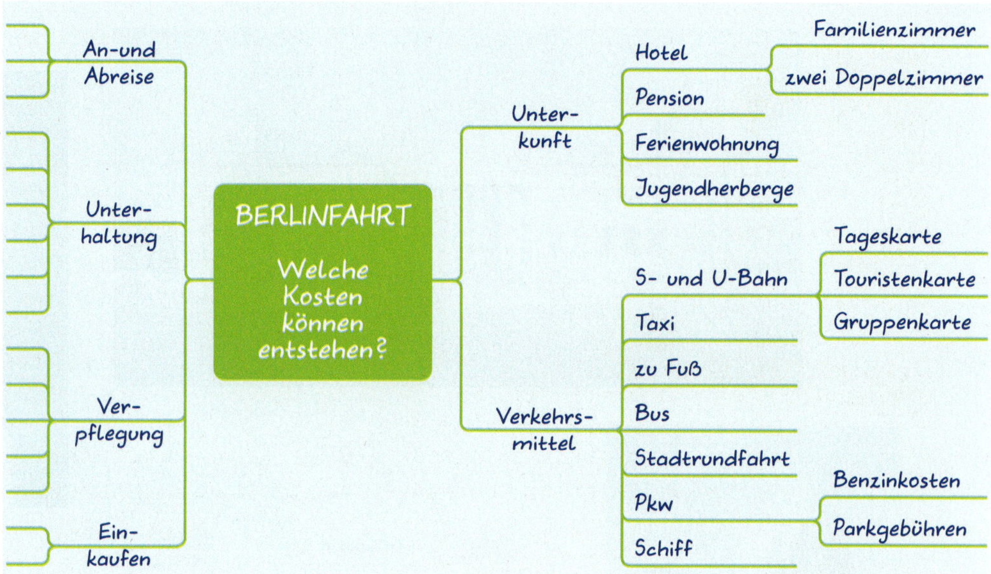

1 Das Ehepaar Schröder plant mit seinen Kindern Leonie und Luca einen Kurzurlaub in Berlin.
Um die Reisekosten besser abschätzen zu können, will Herr Schröder eine Mindmap erstellen.
a) Nenne das Thema der Mindmap und die Schlüsselwörter an den Hauptästen.
b) Beschreibe die Verzweigungen zum Schlüsselwort „Verkehrsmittel“.
c) Warum ist eine Mindmap bei der Planung der Berlinfahrt hilfreich?

2 Übertrage die abgebildete Mindmap auf ein DIN-A4-Blatt und vervollständige sie. Überlege, ob weitere Äste sinnvoll sind.

3 a) Kalkuliere in Partnerarbeit die Kosten für die Unterkunft und die An- und Abreise von deinem Wohnort aus. Berücksichtige dabei alle Möglichkeiten in deiner Mindmap.
b) Übertrage deine Kalkulation auf eine Folie und präsentiere sie deiner Lerngruppe.

Probleme mathematisch lösen

Mindmap erstellen

Das Wort Mindmap bedeutet wörtlich übersetzt „Gedankenkarte“ oder „Gedächtnisplan“.
Eine Mindmap hilft dir, deine Ideen zu sammeln und zu ordnen. In der Mathematik unterstützt sie dich beim Lösen umfangreicher Probleme.

1. Nimm ein DIN-A4-Blatt ohne Linien im Querformat.
2. Schreibe das Thema in die Mitte des Blattes und kreise es ein.
3. Suche Schlüsselwörter zu deinem Thema und schreibe jedes Schlüsselwort auf eine Linie, die vom Zentrum nach außen läuft (Hauptäste).
4. Jeder Ast kann sich in mehrere kleinere Äste verzweigen. Auf jedem Ast soll nur ein Begriff stehen.

Kosten der Berlinfahrt

Die Berlin Welcome-Card gibt es in drei verschiedenen Varianten:

Berlin (Tarifbereich Berlin AB)
Gültig für einen Erwachsenen und bis zu drei Kinder unter 14 Jahre
1 48 Stunden für 20,00 €
2 72 Stunden für 29,00 €

Berlin und Potsdam (Tarifbereich Berlin ABC)
1 48 Stunden für 23,00 €
2 72 Stunden für 32,00 €

Ticket

für die öffentlichen Nahverkehrsmittel (S- und U-Bahn, Bus, Tram und Regionalbahn)
Für 48 oder 72 Stunden in Berlin oder kombiniert mit Potsdam (Sonder- und Ausflugslinien ausgenommen)

Guide

mit Rabatten bis zu 50 % bei 200 Sehenswürdigkeiten und Attraktionen

Ermäßigungen mit der Berlin-Card

Potsdam

Biosphäre Potsdam	30 %
fabrik Potsdam	25 %
Filmmuseum Potsdam	25 %
Filmpark Babelsberg	25 %
Havel Dampfschifffahrt	25 %
Historische Mühle im Park von Sanssouci	25 %

BVG-Preisübersicht

Tageskarten	Regeltarif	Ermäßigt
Berlin AB	7,00 €	4,70 €
Berlin BC	7,40 €	5,10 €
Berlin ABC	7,70 €	5,30 €

Einzelfahrausweise	Regeltarif	Ermäßigt
Berlin AB	2,80 €	1,70 €
Berlin BC	3,10 €	2,20 €
Berlin ABC	3,40 €	2,50 €

Tageskarten gelten bis 03:00 Uhr des darauf folgenden Tages.
Tageskarten des Ermäßigungstarifs gelten für Kinder vom vollendeten 6. bis zum vollendeten 14. Lebensjahr (6 bis 13 Jahre).

4 Leonie und Luca informieren sich im Internet über die Preise für öffentliche Verkehrsmittel.

a) Welche Möglichkeiten werden angeboten, um Busse oder Bahnen in Berlin zu nutzen?

b) Wie unterscheiden sich die Tarifbereiche AB und ABC für öffentliche Verkehrsmittel in Berlin?

c) Wer kann den ermäßigten Tarif nutzen?

d) Welche Möglichkeiten bietet die Berlin-Card für Touristen?

5 Leonie ist 14 und Luca 12 Jahre alt. Die Familie möchte an drei Tagen öffentliche Verkehrsmittel in Berlin nutzen und an einem Tag Potsdam besuchen.

a) Welche Kosten entstehen, wenn die Familie an drei Tagen Berlin-Cards benutzt?

b) Berechne, was die Familie bezahlen muss, wenn für jeden Tag die passenden Tageskarten gekauft werden?

c) Ist eine Kombination aus Berlin-Cards und Tageskarten sinnvoll?

FILMPARK Babelsberg

Erwachsene	22,00 €
Kinder (4 bis 16 Jahre)	15,00 €

d) Lohnt sich der Kauf von Berlin-Cards, wenn die Familie den Filmpark Babelsberg besuchen möchte?

Mit S- und U-Bahn unterwegs

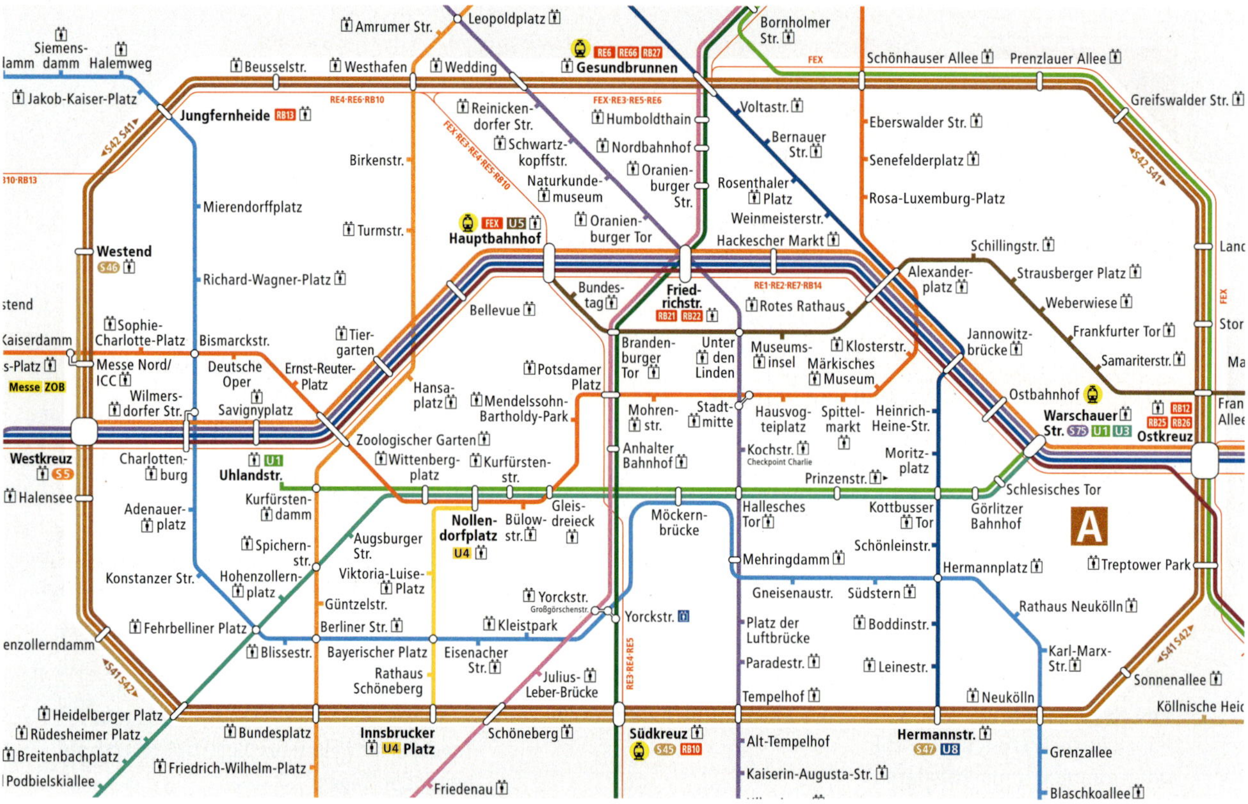

1 In der Abbildung siehst du einen Ausschnitt aus dem S- und U-Bahn-Netz von Berlin.

a) Leonie möchte von der Hermannstraße aus mit der S- oder der U-Bahn zum Hauptbahnhof fahren. Welche Möglichkeiten hat sie?

b) Luca befindet sich am Ostkreuz und möchte zum Nollendorfplatz. Welche Linien soll er wählen?

c) Leonie hat skizziert, welche Möglichkeiten sie hat, um mit S- oder U-Bahn vom Bundesplatz zum Potsdamer Platz zu kommen. Welche Wege kann Leonie ihrer Skizze nach wählen?

d) Fertige wie Leonie eine Skizze an, um mit S- oder U-Bahn von Tempelhof zum Alexanderplatz (von der Friedrichstraße zum Kotbusser Tor) zu kommen.
Schreibe nur die wichtigen Stationen, keine Linien auf. Gib dann die möglichen Wege an.

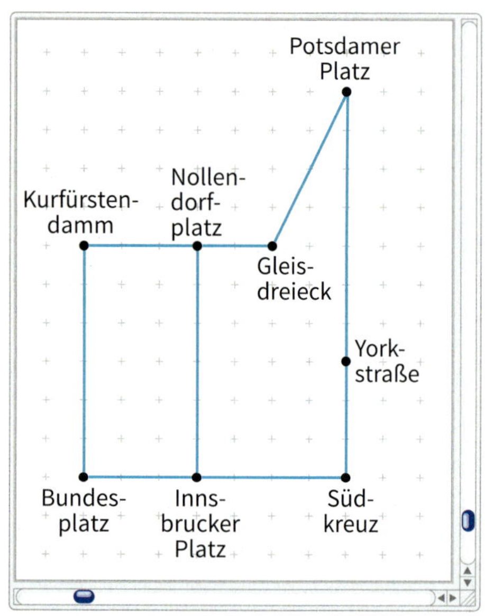

Ein möglicher Weg:
Bundesplatz, Südkreuz, Yorkstraße, Potsdamer Platz

Mit S- und U-Bahn unterwegs

2 Leonie und Luca möchten mit ihren Eltern das Holocaust-Mahnmal besichtigen.

Sie wollen dazu vom Westkreuz zur S-Bahn-Station „Unter den Linden“ fahren.
Fertige eine Skizze an, um mit S- oder U-Bahn vom Westkreuz zur S-Bahn-Station „Unter den Linden“ zu kommen. Schreibe nur die wichtigen Stationen, keine Linien auf. Gib dann die möglichen Wege an.

3 Leonies und Lucas Eltern haben die Alte Nationalgalerie besucht und wollen nun noch durch das Kaufhaus des Westens (KaDeWe) bummeln.

Dazu müssen sie vom Hackeschen Markt zum Wittenbergplatz fahren. Die Strecke von der Friedrichstraße bis zum Potsdamer Platz ist wegen Bauarbeiten gesperrt. Welche Möglichkeiten haben sie mit S- und U-Bahn sonst noch?

4 Den Nachmittag möchten Leonie und Luca im Spaßbad „BLUB“ verbringen. Dazu müssen sie von ihrer Pension in der Nähe des Westkreuzes zum U-Bahnhof „Grenzallee“ fahren. Vorher wollen sie sich noch mit ihren Eltern am Wittenbergplatz treffen. Schreibe drei unterschiedliche Wege auf.

5 Luca und Leonie haben einen Ausschnitt aus dem S- und U-Bahn-Netz von Berlin gezeichnet.
Sie möchten vom Westkreuz aus mit einer Rundfahrt starten, Alexanderplatz, den Potsdamer Platz und den Hackeschen Markt besuchen. Dabei wollen sie keine Station mehr als einmal durchfahren.
Nenne drei mögliche Wege.

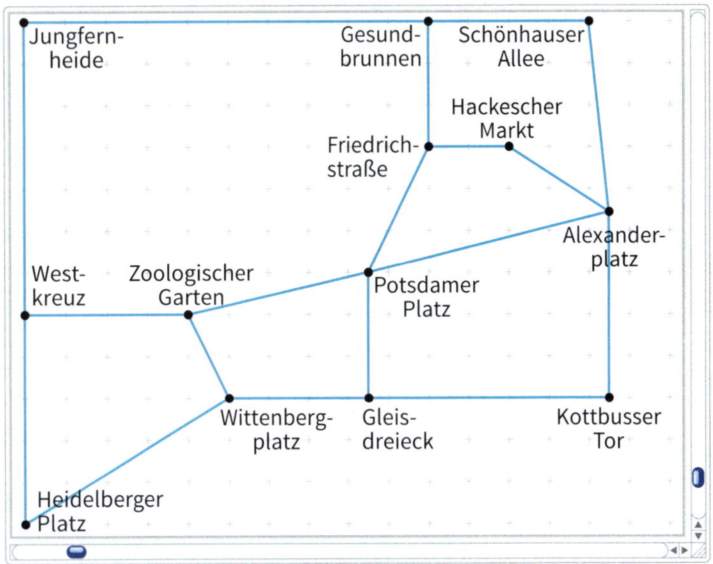

6 Sucht in Gruppen nach Sehenswürdigkeiten und anderen Attraktionen in Berlin. Sucht euch einen Ausgangspunkt im S- und U-Bahn-Netz und gebt einen Rundweg an, auf dem ihr alle Ziele mit S- und U-Bahn besuchen könnt.

Berlin-Marathon 2019

Eine Million Zuschauer beim 46. Berlin-Marathon

Eine Million Zuschauer erlebten gestern den 46. Berlin-Marathon. Fast 47 000 Läuferinnen und Läufer aus 150 Ländern hatten sich für den Wettbewerb angemeldet. Bei optimalen Wetterbedingungen gingen 46 983 Läuferinnen und Läufer an den Start. Höhepunkt war das Durchlaufen des Brandenburger Tors.

Skater-Marathon seit 1997

Seit 1997 ist das Inlineskaten Bestandteil des Marathons, seit 2003 als eigenständige Veranstaltung. Bereits einen Tag vor den Läufern starteten die Skater ihr Marathonrennen. Bei den Männern setzte sich Felix Rijnhnen aus Darmstadt mit einer Zeit von 1:10:30 Stunden durch. Er ist der erste deutsche Sieger seit Beginn dieses Wettbewerbs. Bei den Frauen siegte Sandrine Tas aus Belgien in 1:25:49 Stunden vor der Vorjahressiegerin Katharina Rumpus.

Zwei Sekunden fehlen! Kenensia Bekele verpasst knapp den Weltrekord.

Die ersten drei Plätze wurden von äthiopischen Läufern belegt. Für Kenensia Bekele lief es nicht ganz nach Plan. Eigentlich sollte der Weltrekord fallen, aber die neue Weltrekordzeit wurde unterwegs „verbummelt“, so dass es am Ende „nur“ zur Weltjahresbestzeit von 2:01:41 h gereicht hat. Bei den Frauen gewann die Äthiopierin Ashete Behere in 2:20:14 h. Damit verpasste sie ganz knapp ihr Ziel unter 2:20:00 h zu laufen.

Jennette Jansen gewinnt erneut Handbiker-Rennen

Bei den Damen fuhr Vorjahressiegerin Jennette Jansen aus den Niederlanden erneut einen ungefährdeten Sieg ein (1:10:21 Stunden). Katrin Möller (1:18:55 Stunden) und Yvonne Pijahn (1:25:11 Stunden), beide aus Deutschland, heißen die zweit- und drittplatzierte Handbikerin. Bei den Männern dominierte Jetze Plat (NED) vom ersten Kilometer an das Renngeschehen. Das Ziel erreichte er in 1:00:01 Stunden deutlich vor dem Belgier Jonas van de Steene (1:04:01 Stunden). Der deutsche Vorjahressieger Vico Merklein (1:04:01 Stunden) beendete das Rennen auf Rang drei. Merklein sagte im Anschluss: „Ich hatte gehofft, dass wir uns auf den ersten Kilometern mit der Meute warm fahren können. Mit so einem schnellen Angriff von Jetze Plat habe ich nicht gerechnet.“

Berlin-Marathon 2019

1 Während ihres Aufenthalts in Berlin schauen Leonie und Luca beim Berlin-Marathon zu.
Informiere dich über den geschichtlichen Hintergrund des Marathonlaufs.

2 Vergleiche die Zeiten, in denen der schnellste Läufer und der schnellste Skater (die schnellste Läuferin und die schnellste Skaterin) die Marathonstrecke zurückgelegt haben.

3 Im Beispiel wird die Durchschnittsgeschwindigkeit des schnellsten Läufers berechnet.

$$2\text{ h }01\text{ min }41\text{ s} = 2\text{ h} + 101\text{ s}$$
$$2\text{ h} + \frac{101}{3600}\text{ h} \approx 2{,}028\text{ h}$$
$$42{,}195\text{ km} : 2{,}028\text{ h} \approx 20{,}8\,\frac{\text{km}}{\text{h}}$$

a) Berechne die Durchschnittsgeschwindigkeit der schnellsten Läuferin (des schnellsten Inlineskaters, der schnellsten Handbikerin).

b) Kenensia Bekele gewann auch 2016 den Berlin-Marathon in einer Zeit von 2:03:03 h.
Um wie viel Prozent hat er 2019 seine Durchschnittsgeschwindigkeit erhöht?

4 Der beste Deutsche Jens Nerkamp belegte Platz 37 mit einer Zeit von 2:14:54 h. Überlege, wie viel Meter er noch bis zum Ziel zurücklegen musste, als der Sieger die Ziellinie erreichte.

5 Nimm an, alle Zuschauer stehen gleichmäßig auf die gesamte Marathondistanz verteilt rechts und links der Laufstrecke. Wie viele Reihen von Zuschauern stehen hintereinander?

6 Informiert euch im Internet über Marathonläufe in anderen Städten.
Überlegt euch weitere Aufgaben zu diesem Thema und löst sie in eurer Tischgruppe.

Probleme mathematisch lösen — Sachtexte

1. Stelle fest, welche Angaben und Informationen du brauchst, um die Aufgabenstellung zu bearbeiten.
2. Suche die benötigten Angaben und Informationen in den Texten.
3. Überlege, welche Rechnungen oder Schätzungen du durchführen musst.
4. Führe die notwendigen Rechnungen und Schätzungen durch und formuliere ein Ergebnis.
5. Prüfe, ob dein Ergebnis sinnvoll ist.

EINGANGSTEST

Zu den Kapiteln 1 bis 7 in diesem Buch wird jeweils ein Eingangstest angeboten.
Damit kannst du überprüfen, ob du die mathematischen Fähigkeiten hast, die bei der Bearbeitung des jeweiligen Kapitels vorausgesetzt werden.
Die Ergebnisse der Aufgaben findest du auf den Seiten 232 und 233.

Die Tabelle zur Selbsteinschätzung hilft dir zu entscheiden, welche Kompetenzen du bereits hast und welche du noch erwerben musst.
Kommst du mithilfe der Tabelle zu dem Ergebnis, dass dir bestimmte Voraussetzungen fehlen, benutze die angegebenen Hilfen und bearbeite die angegebenen Aufgaben.

1 Zuordnungen

1 Berechne schriftlich.
a) 0,56 · 1,4 b) 12,65 · 2,7
c) 1,7 : 8 d) 0,126 : 1,2

2 Runde auf Hundertstel.
a) 3,405 b) 3,6949 c) 0,9973

3 Gib die Größe in der Einheit an, die in Klammern steht.
a) 1,79 km (m) b) 13 m 34 cm (cm)
c) 750 g (kg) d) 2 t 45 kg (kg)
e) 2 h 45 min (min) f) 2 d 10 h (h)

4 Trage die angegebenen Punkte in ein Koordinatensystem (Einheit 1 cm) ein:
A(3|2), B(10,5|2), C(11,5|8), D(4|8).
Verbinde sie dann in der Reihenfolge A, B, C, D, A.
Welche Figur erhältst du?

5 10 Schulhefte kosten im Online-Shop einschließlich Porto 7,70 €. In der Schreibwarenabteilung im Supermarkt kosten die gleichen Hefte im Fünferpack 3,90 €.

Ich kann ...	Aufgabe	Hilfen und Aufgaben
Dezimalzahlen multiplizieren und dividieren.	1	Seite 216, 217
Dezimalzahlen runden.	2	Seite 217
Längenangaben, Massenangaben, Zeitangaben in andere Einheiten umrechnen.	3 a, b 3 c, d 3 e, f	Seite 219 Seite 218 Seite 218
Punkte in ein Koordinatensystem eintragen.	4	Seite 223
Informationen aus Texten entnehmen.	5	Seite 226

2 Brüche multiplizieren und dividieren

1 Kürze so weit wie möglich.

a) $\frac{16}{24}$ b) $\frac{36}{54}$ c) $\frac{49}{84}$

2 Erweitere den Bruch mit 5.

a) $\frac{3}{5}$ b) $\frac{8}{11}$ c) $\frac{4}{9}$

3 Schreibe als natürliche oder gemischte Zahl.

a) $\frac{19}{7}$ b) $\frac{36}{3}$ c) $\frac{65}{4}$

4 Schreibe als Bruch.

a) $4\frac{3}{6}$ b) $3\frac{9}{11}$

5 Berechne.

a) $\frac{2}{7}+\frac{1}{7}$ b) $\frac{4}{5}-\frac{2}{5}$ c) $\frac{1}{2}+\frac{1}{3}$

d) $\frac{3}{4}-\frac{1}{6}$ e) $3\frac{1}{6}-\frac{7}{12}$

Ich kann ...

Ich kann ...	Aufgabe	Hilfen und Aufgaben
Brüche kürzen.	1	Seite 211
Brüche erweitern.	2	Seite 211
Brüche, bei dem der Zähler größer ist als der Nenner, in eine natürliche oder gemischte Zahl umwandeln.	3	Seite 212
gemischte Zahlen in Brüche umwandeln.	4, 5 e	Seite 212
gleichnamige Brüche addieren und subtrahieren.	5 a, b	Seite 213
ungleichnamige Brüche addieren und subtrahieren.	5 c, d, e	Seite 213

3 Prozentrechnung

1 Schreibe als Bruch mit dem Nenner Hundert.

a) 0,41 b) 0,52 c) 0,7

d) $\frac{9}{10}$ e) $\frac{11}{50}$ f) $\frac{13}{25}$

2 Die Sophie-Scholl-Schule hat 800 Schülerinnen und Schüler.
Bestimme mithilfe des Diagramms, wie viele von ihnen zu Fuß zur Schule kommen, wie viele mit dem Rad fahren und wie viele mit dem Bus.

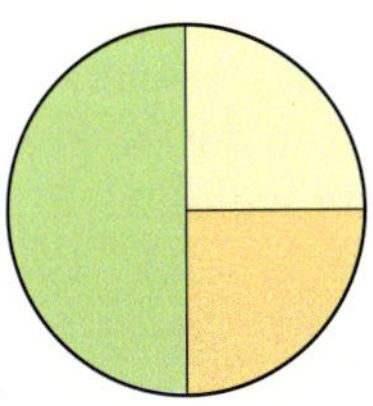

3 Berechne.

a) $\frac{1}{10}$ von 50 € b) $\frac{1}{5}$ von 60 cm

c) $\frac{3}{5}$ von 20 kg d) $\frac{7}{20}$ von 40 m^2

4 100 g Schokolade enthalten 40 g Kakao.

a) Begründe, dass die Zuordnung „Masse der Schokolade → Masse des Kakaos" proportional ist.

b) Vervollständige die Tabelle im Heft.

Masse Schokolade (g)	Masse Kakao (g)
100	▒
200	▒
500	▒
50	▒
25	▒

Ich kann ...

Ich kann ...	Aufgabe	Hilfen und Aufgaben
Brüche und Dezimalzahlen als Hundertstelbrüche angeben.	1	Seite 214
Bruchteile bestimmen.	2	Seite 211
Bruchteile von Größen berechnen.	2, 3	Seite 212
proportionale Zuordnungen erkennen und in Tabellen darstellen.	4	Seite 11 – 14

EINGANGSTEST

4 Statistische Erhebungen

1 Gib den Bruch als Dezimalzahl an.

a) $\frac{1}{10}$ b) $\frac{1}{4}$ c) $\frac{3}{5}$ d) $\frac{4}{25}$

2 Gib den Bruch in Prozent an.

a) $\frac{1}{2}$ b) $\frac{13}{50}$ c) $\frac{3}{4}$ d) $\frac{12}{20}$

3 Ordne die Dezimalzahlen der Größe nach, beginne mit der kleinsten.
0,2 0,02 0,23 0,32 0,3 0,003

4 Bestimme jeweils die Winkelgröße.

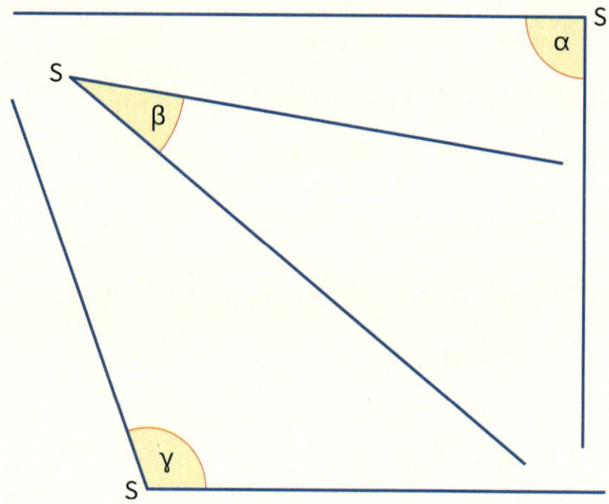

Ich kann ...

	Aufgabe	Hilfen und Aufgaben
Brüche als Dezimalzahlen angeben.	1	Seite 214
Brüche in Prozent angeben.	2	Seite 64, 65, 79
Dezimalzahlen der Größe nach ordnen.	3	Seite 215
Winkelgrößen bestimmen.	4	Seite 225

5 Rationale Zahlen

1 Ordne der Größe nach.
a) 1,2 2,03 1,02 2,3 1,002
b) $\frac{1}{2}$ $\frac{1}{3}$ $\frac{3}{4}$ $\frac{2}{3}$ 0 $\frac{1}{5}$

2 Berechne.
a) $2{,}35 + 1{,}027$ c) $12{,}2 : 0{,}4$
b) $45{,}02 - 12{,}475$ d) $1{,}08 \cdot 8{,}9$

3 Berechne.

a) $\frac{3}{4} \cdot 5$ b) $\frac{4}{9} \cdot \frac{3}{8}$ c) $\frac{3}{4} : 9$ d) $\frac{4}{7} : \frac{8}{21}$

4 Fertige ein geeignetes Diagramm für die folgenden Temperaturmessungen an.

Mo	Di	Mi	Do	Fr	Sa	So
2 °C	5 °C	3 °C	4,5 °C	0 °C	1 °C	0,5 °C

5 Zeichne ein Koordinatensystem und trage die Punkte A (1 | 2), B (5 | 2), C (5 | 5), D (1 | 5) ein. Welche Figur erhältst du, wenn du die Punkte in der Reihenfolge A, B, C, D, A verbindest?

Ich kann ...

	Aufgabe	Hilfen und Aufgaben
Dezimalzahlen und Brüche vergleichen und der Größe nach ordnen.	1	Seite 211, 215
mit Dezimalzahlen und Brüchen rechnen.	2, 3	Seite 45 – 47, 49 – 51, 211 – 217
Diagramme zeichnen.	4	Seite 9, 10, 32, 33
Punkte in ein Koordinatensystem eintragen.	5	Seite 223

EINGANGSTEST

6 Dreiecke und Winkel

1 Zeichne das Dreieck ABC mit den Eckpunkten A(−7|−5), B(10|0) und C(−3|6) in ein Koordinatensystem (Einheit 0,5 cm).

2 Trage zunächst die Strecke $\overline{AB}$ mit A(−5|−4) und B(9|−2) sowie den Punkt P(1|4) in ein Koordinatensystem ein (Einheit 0,5 cm). Zeichne anschließend die Senkrechte zu $\overline{AB}$ durch P.

3 Ergänze die Tabelle in deinem Heft.

	Maßstab	Länge in der Zeichnung	Länge in der Wirklichkeit
a)	1:1000	5 cm	■
b)	1:10000	■	950 m

4 Bestimme mithilfe des Geodreiecks jeweils die Größe des abgebildeten Winkels.

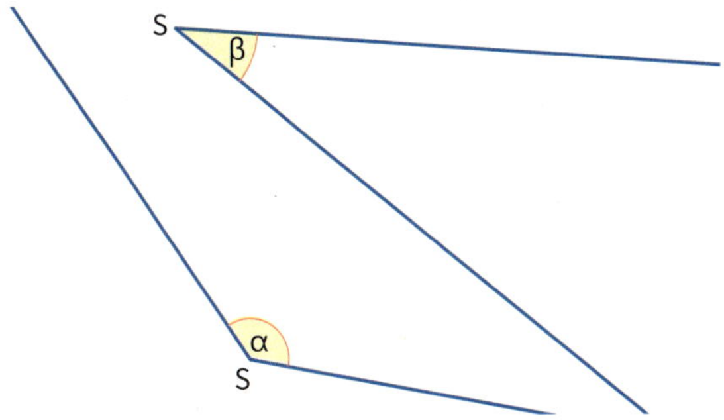

5 Zeichne einen 65° (115°) großen Winkel. Markiere den Winkel mit einem Kreisbogen.

Ich kann ...

	Aufgabe	Hilfen und Aufgaben
Punkte in ein Koordinatensystem einzeichnen.	1, 2	Seite 223
mithilfe des Geodreiecks durch einen Punkt die Senkrechte zu einer Strecke zeichnen.	2	Seite 223
mit einfachen Maßstabsverhältnissen rechnen.	3	Seite 219
mithilfe des Geodreiecks Winkelgrößen bestimmen.	4	Seite 225
Winkel mit vorgegebener Winkelgröße zeichnen.	5	Seite 225

7 Variablen und Terme

1 Berechne.

a) 5 · 6 − 12
(13 − 8) · 7

b) (17 + 23) : 8
28 : 7 + 15

c) 9 − 4 · 5
(2 − 7) · 3

d) (1 − 9) : (3 − 5)
2 · (8 + 3) − 23

2 Berechne

a) die Summe aus 17 und 4.
b) die Differenz aus 19 und 5.
c) das Produkt aus 7 und 11.
d) den Quotienten aus 39 und 3.

3 a) Paula kauft eine Flasche Multivitaminsaft zu 1,60 € und sechs Müsliriegel zu je 0,55 €. Wie viel Euro muss sie bezahlen?
b) Wie viel Euro muss sie bezahlen, wenn sie noch vier Müsliriegel zusätzlich kauft?

4 a) Berechne den Umfang eines Rechtecks mit den Seitenlängen 14 cm und 8 cm.
b) Der Umfang eines Rechtecks beträgt 50 cm. Welche Seitenlängen könnte es haben? Gib zwei Möglichkeiten an.

Ich kann ...

	Aufgabe	Hilfen und Aufgaben
die Grundrechenarten bei rationalen Zahlen durchführen.	1	Seite 124–126, 130–135
die Begriffe Summe, Differenz, Produkt und Quotient anwenden.	2	Seite 209, 210
einfache Sachaufgaben zu den Grundrechenarten lösen.	3	Seite 209, 210
den Umfang eines Rechtecks berechnen.	4	Seite 220

WIEDERHOLUNG
Natürliche Zahlen

Die Namen sehr großer Zahlen

eine Million	1 000 000
eine Milliarde	1 000 000 000
eine Billion	1 000 000 000 000
eine Billiarde	1 000 000 000 000 000
eine Trillion	1 000 000 000 000 000 000

Die Menge der natürlichen Zahlen

Die Menge der natürlichen Zahlen wird mit ℕ bezeichnet.

$\mathbb{N} = \{0, 1, 2, 3, 4, \ldots\}$

Zahlen anordnen

Die natürlichen Zahlen werden in gleichen Abständen auf dem **Zahlenstrahl** angeordnet.
Alle natürlichen Zahlen haben einen **Nachfolger.** Alle natürlichen Zahlen außer 0 (Null) haben einen **Vorgänger.**

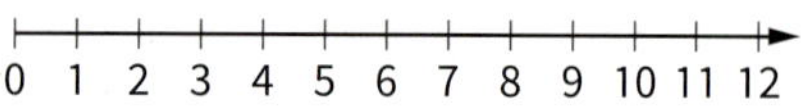

Auf dem Zahlenstrahl steht:

2 links von 6	6 rechts von 2
2 ist kleiner als 6	6 ist größer als 2
2 < 6	6 > 2

Zahlen runden

Bei den Ziffern **0 1 2 3 4** runde **ab**!

Bei den Ziffern **5 6 7 8 9** runde **auf**!

H
Runde 1 4 3 6 3 7 auf Hunderter.

- Diese Stelle gibt an, ob auf- oder abgerundet wird. (3)
- Auf diese Stelle soll gerundet werden. (6)

143 637 ≈ 143 600

143 637 auf Tausender gerundet:
143 637 ≈ 144 000

1 Schreibe in Ziffern.

a) 7 Millionen 605 Tausend 480
823 Millionen 26 Tausend 9
37 Millionen 3 Tausend 14

b) 49 Milliarden 14 Millionen 3 Tausend
111 Milliarden 7 Millionen 535 Tausend 400
2 Milliarden 74 Tausend 3

2 Lass dir die Zahlen vorlesen und schreibe sie in dein Heft.

a)	b)	c)
45 006	3 780 500	5 378 000 200
1 073 508	1 043 007	6 400 050 004
55 490	235 000 400	890 406 520 095

3 Ordne in einer Kette nach der Beziehung „ist kleiner als“ (1 < 2 < 3).

a) 1 115, 1 051, 1 015, 1 501, 1 105, 1 510, 1 511, 1 151, 1 101
b) 589 785, 578 965, 597 857, 589 784, 578 956, 579 986

4 Runde

a) auf Tausender.	b) auf Zehntausender.	c) auf Millionen.
495 671	1 634 080	3 460 350
1 073 508	273 990	12 675 384
55 490	49 950	179 945 300

5 Die folgenden Zahlen wurden gerundet. Wie groß können sie vor dem Runden höchstens (wenigstens) gewesen sein?

a)	b)	c)
1 300	18 000	350 000
2 000	90 000	700 000
12 000	101 000	1 500 000

6 Ein arabischer Scheich hat in seinem Palast ein Seerosenbecken. Die Seerose darin verdoppelt an jedem Tag die Anzahl ihrer Blätter.

Am 20. Juni sind es 256 Blätter und das Becken ist zur Hälfte zugewachsen.

a) Wann wird das Becken vollständig zugewachsen sein?
b) Wann hatte die Seerose ihr erstes Blatt?

WIEDERHOLUNG
Addieren und Subtrahieren

1 Notiere als Aufgabe und berechne.
a) Die Summanden heißen 204 und 49. Berechne die Summe.
b) Addiere zur Zahl 112 die Summe der Zahlen 64 und 156.
c) Wie heißt die Differenz der Zahlen 508 und 306?
d) Subtrahiere von der Zahl 800 die Zahlen 520 und 145.

2 Der erste Summand ist 264, der zweite Summand ist um 46 größer als der erste Summand, der dritte Summand ist um 35 kleiner als der erste Summand. Wie groß ist die Summe?

3 Bestimme den Platzhalter.

a)	b)	c)
■ + 64 = 130	■ − 46 = 67	155 + ■ = 233
■ − 74 = 235	765 + ■ = 950	■ − 355 = 4 555

4 Mirkos Schulweg ist 1 400 m lang. Als er gerade die Hälfte des Weges mit dem Fahrrad zurückgelegt hat, muss er noch einmal umkehren, um seine vergessenen Sportschuhe zu holen.
Welche Strecke legt er an diesem Morgen insgesamt zurück?

5 Bei einigen Rechnungen fehlen die Klammern.

a)	b)
48 − 17 − 11 = 20	125 − 35 + 29 = 119
95 − 48 − 30 = 77	53 − 47 − 14 = 20

6 Schreibe den Rechenweg zu der folgenden Aufgabe auf.
Benutze Klammern.
a) Subtrahiere von 144 die Summe der Zahlen 23 und 54.
b) Subtrahiere die Differenz aus 65 und 33 von der Zahl 83.
c) Addiere zu der Summe der Zahlen 125 und 65 die Differenz aus 124 und 48.

7 Schreibe zu den folgenden Aufgaben einen Text.
a) 70 + (40 − 10) b) (48 + 12) − 35 c) 75 − (53 − 17)
d) (75 + 30) + (55 − 20) e) (120 − 68) − (60 − 15)

8 Vertausche die Zahlen und setze die Klammern so, dass du vorteilhaft rechnen kannst.

a)	b)
54 + 105 + 46 + 65	11 + 27 + 44 + 89 + 73 + 56
180 + 86 + 114 + 820	1 040 + 48 + 7 + 960 + 52 + 3

9 a) Die Personen einer Familie wiegen 91 kg, 72 kg, 65 kg und 47 kg. Dürfen sie alle in den Fahrstuhl einsteigen?
b) Drei Männer wiegen 72 kg, 84 kg und 67 kg. Dürfen sie noch eine 80 kg schwere Kiste mitnehmen?

Addition

Summand		Summand		Summe
54	+	18	=	72

Auch **54 + 18** wird als **Summe** der Zahlen 54 und 18 bezeichnet.

Subtraktion

Minuend		Subtrahend		Differenz
72	−	54	=	18

Auch **72 − 54** wird als **Differenz** der Zahlen 72 und 54 bezeichnet.

Addition und Subtraktion sind Umkehrungen voneinander.

54 + 18 = 72 72 − 54 = 18
72 − 18 = 54

Rechnen mit Klammern

Die Klammer wird zuerst berechnet.

58 − (15 + 22) = 58 − 37 = 21
73 − (24 − 15) = 73 − 9 = 64

Sind keine Klammern vorhanden, so rechnet man schrittweise von links nach rechts.

58 − 15 + 22 = 43 + 22 = 65
73 − 24 − 15 = 49 − 15 = 34

Rechengesetze

Bei der Addition darf man beliebig Klammern setzen. Das Ergebnis verändert sich dabei nicht **(Assoziativgesetz).**

(28 + 13) + 45 = 41 + 45 = 86
28 + (13 + 45) = 28 + 58 = 86

Bei der Addition darf man die Reihenfolge der Summanden beliebig vertauschen. Das Ergebnis verändert sich dabei nicht **(Kommutativgesetz).**

6 + 7 = 7 + 6 3 + 64 + 97 = 3 + 97 + 64

WIEDERHOLUNG

Multiplizieren und Dividieren

Multiplikation

Faktor		Faktor		Produkt
18	$\cdot$	12	=	216

Auch **$18 \cdot 12$** wird als **Produkt** der Zahlen 18 und 12 bezeichnet.

Division

Dividend		Divisor		Quotient
216	:	12	=	18

Auch **216 : 12** wird als **Quotient** der Zahlen 216 und 12 bezeichnet.

Multiplikation und Division sind Umkehrungen voneinander.

Verbindung der Grundrechenarten

Enthält eine Aufgabe Punkt- und Strichrechnung, dann gilt: Punktrechnung (**· und :**) geht vor Strichrechnung (**+ und –**).

$48 - 8 \cdot 4 = 48 - 32 = 16$

$45 + 15 : 3 = 45 + 5 = 50$

Enthält eine Aufgabe Klammern, dann gilt: Die Klammer wird zuerst berechnet.

$(27 + 4) \cdot 3 = 31 \cdot 3 = 93$

$(22 + 14) : 3 = 36 : 3 = 12$

Rechengesetze

Kommutativgesetz

$a \cdot b = b \cdot a$ $\quad 13 \cdot 5 = 5 \cdot 13$

Assoziativgesetz

$(a \cdot b) \cdot c = a \cdot (b \cdot c)$

$(8 \cdot 6) \cdot 5 = 8 \cdot (6 \cdot 5)$

Distributivgesetz

$(a + b) \cdot c = a \cdot c + b \cdot c$

$(12 + 4) \cdot 5 = 12 \cdot 5 + 4 \cdot 5$

$(a - b) \cdot c = a \cdot c - b \cdot c$

$(20 - 3) \cdot 5 = 20 \cdot 5 - 3 \cdot 5$

Potenzen

Ein Produkt aus gleichen Faktoren kann als Potenz geschrieben werden.

$4 \cdot 4 \cdot 4 \cdot 4 \cdot 4 = 4^5$ (*lies:* 4 hoch 5)

1
a) Die beiden Faktoren eines Produktes heißen 14 und 5. Berechne das Produkt.
b) Das Produkt ist 48. Der eine Faktor heißt 4. Wie groß ist der andere Faktor?
c) Nenne zwei Faktoren, deren Produkt 60 (96, 100, 480, 124) ist.
d) Ein Produkt aus drei Faktoren hat den Wert 280. Der erste Faktor ist 5, der zweite Faktor ist 8. Bestimme den dritten Faktor.

2
a) Addiere zum Quotienten aus 108 und 12 die Zahl 98.
b) Dividiere das Produkt aus 15 und 8 durch 12.
c) Multipliziere die Zahl 50 mit dem Quotienten aus 78 und 6.
d) Der Quotient von zwei Zahlen ist 12. Wie groß ist der Dividend, wie groß der Divisor? Gib vier unterschiedliche Möglichkeiten an.

3
a) Julia denkt sich eine Zahl, multipliziert sie mit 9, dividiert dann durch 3 und erhält 21.
b) Vural dividiert seine gedachte Zahl durch 4, multipliziert dann mit 3 und bekommt 24 heraus.

4 Berechne.

a)	b)	c)
$160 : (32 - 12)$	$200 - 9 \cdot 14$	$(84 - 29) \cdot 6$
$8 \cdot 9 + 18$	$5 \cdot (23 + 27)$	$125 + 48 : 16$
$7 \cdot (64 - 9)$	$169 + 7 \cdot 11$	$176 : (36 - 28)$

5 Bei einigen Aufgaben hat Emma vergessen, Klammern zu setzen. Schreibe die Aufgaben richtig in dein Heft.

a)	b)	c)
$12 + 9 : 3 = 15$	$90 : 30 - 15 = 6$	$36 - 12 : 3 = 32$
$10 : 2 + 8 = 1$	$24 + 24 : 6 = 28$	$80 : 8 + 32 = 2$

6 Rechne vorteilhaft.

a)	b)	c)
$39 \cdot 50 \cdot 2$	$37 \cdot 20 \cdot 50$	$4 \cdot 9 \cdot 6 \cdot 25$
$5 \cdot 2 \cdot 480$	$19 \cdot 4 \cdot 25$	$25 \cdot 7 \cdot 2 \cdot 2$
$14 \cdot 200 \cdot 5$	$250 \cdot 17 \cdot 4$	$125 \cdot 11 \cdot 3 \cdot 8$

7 Anne und Lorina kaufen Obstsäfte ein.

Anne nimmt 3 Flaschen Orangensaft und 3 Flaschen Multivitaminsaft. Lorina kauft 4 Flaschen Apfelsaft und 4 Flaschen Orangensaft.

8 Berechne möglichst einfach.

a)	b)	c)
$4 \cdot 297 + 4 \cdot 3$	$198 \cdot 4 + 2 \cdot 4$	$8 \cdot 45 + 2 \cdot 45$
$6 \cdot 103 - 6 \cdot 3$	$1\,005 \cdot 7 - 5 \cdot 7$	$14 \cdot 89 - 4 \cdot 89$

9 Schreibe als Produkt und berechne. 6^3 $\quad 9^2$ $\quad 5^4$ $\quad 10^3$ $\quad 7^3$ $\quad 20^2$

10 Schreibe als Potenz mit der Basis 2. 4 $\quad$ 64 $\quad$ 8 $\quad$ 128 $\quad$ 512 $\quad$ 2

WIEDERHOLUNG
Brüche

1 Welcher Bruchteil ist gefärbt (weiß)?

a) 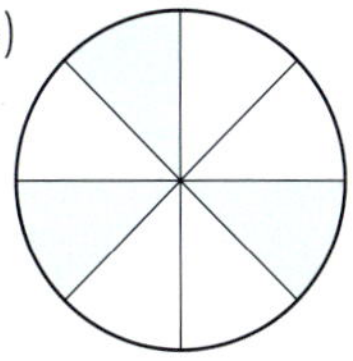

b) 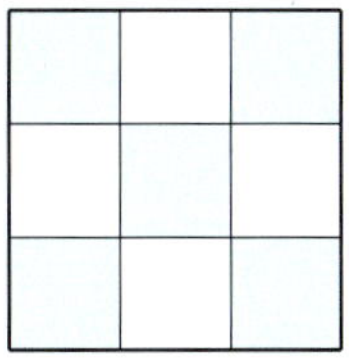

c) 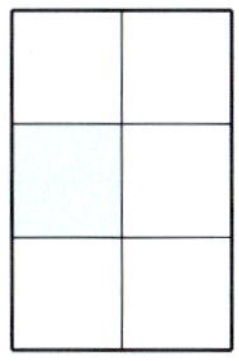

2 Zeichne zu jeder Aufgabe ein Rechteck (4 cm lang, 3 cm breit) und färbe den angegebenen Bruchteil.

a) $\frac{5}{8}$ b) $\frac{5}{12}$ c) $\frac{13}{24}$ d) $\frac{11}{24}$ e) $\frac{26}{48}$ f) $\frac{7}{8}$

3 Erweitere mit 4 (5, 6, 7).

$\frac{3}{7}$ $\frac{7}{10}$ $\frac{3}{8}$ $\frac{7}{12}$ $\frac{5}{9}$ $\frac{11}{13}$

4 Erweitere auf den angegebenen Nenner.

a) $\frac{1}{4} = \frac{\blacksquare}{24}$ $\frac{7}{12} = \frac{\blacksquare}{72}$ $\frac{5}{6} = \frac{\blacksquare}{30}$ $\frac{7}{9} = \frac{\blacksquare}{18}$

b) $\frac{2}{3} = \frac{\blacksquare}{36}$ $\frac{3}{7} = \frac{\blacksquare}{21}$ $\frac{7}{16} = \frac{\blacksquare}{64}$ $\frac{4}{15} = \frac{\blacksquare}{90}$

5 Kürze jeweils durch 2 (3, 6).

$\frac{18}{24}$ $\frac{30}{36}$ $\frac{42}{48}$ $\frac{18}{60}$ $\frac{48}{54}$ $\frac{24}{96}$

6 Kürze jeweils so weit wie möglich.

a) $\frac{6}{18}$ $\frac{18}{30}$ $\frac{24}{36}$ $\frac{21}{27}$ $\frac{16}{32}$ $\frac{20}{48}$

b) $\frac{32}{72}$ $\frac{42}{60}$ $\frac{42}{70}$ $\frac{36}{90}$ $\frac{36}{63}$ $\frac{27}{54}$

c) $\frac{36}{45}$ $\frac{60}{96}$ $\frac{16}{48}$ $\frac{39}{65}$ $\frac{72}{84}$ $\frac{35}{91}$

7 Vergleiche die Brüche.

a) $\frac{3}{7} \blacksquare \frac{4}{7}$ b) $\frac{1}{3} \blacksquare \frac{4}{6}$ c) $\frac{2}{3} \blacksquare \frac{5}{6}$ d) $\frac{3}{8} \blacksquare \frac{5}{12}$

e) $\frac{1}{2} \blacksquare \frac{2}{5}$ f) $\frac{2}{3} \blacksquare \frac{4}{9}$ g) $\frac{1}{7} \blacksquare \frac{6}{42}$ h) $\frac{3}{4} \blacksquare \frac{5}{7}$

8 Kleiner, größer oder gleich?

a) $\frac{2}{5} \blacksquare \frac{3}{7}$ b) $\frac{7}{21} \blacksquare \frac{1}{3}$ c) $\frac{5}{12} \blacksquare \frac{2}{6}$ d) $\frac{3}{7} \blacksquare \frac{3}{8}$

e) $\frac{15}{27} \blacksquare \frac{6}{9}$ f) $\frac{4}{11} \blacksquare \frac{9}{33}$ g) $\frac{7}{15} \blacksquare \frac{3}{8}$ h) $\frac{5}{12} \blacksquare \frac{4}{9}$

9 Ordne die Brüche der Größe nach. Beginne mit dem kleinsten.

a) $\frac{7}{32}, \frac{19}{64}, \frac{1}{16}, \frac{47}{128}$ b) $\frac{6}{27}, \frac{1}{3}, \frac{4}{9}, \frac{20}{81}$ c) $\frac{7}{12}, \frac{19}{36}, \frac{5}{8}, \frac{11}{16}$

Brüche

Der **Nenner** eines **Bruches** gibt an, in wie viele gleich große Teile das Ganze eingeteilt wurde.
Der Zähler gibt an, wie viele Teile genommen werden.

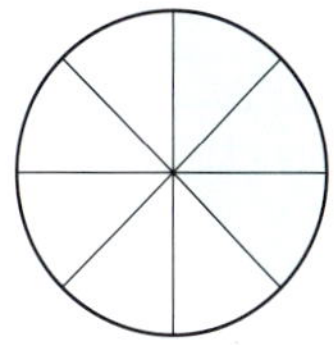

Bruch $\frac{3}{8}$ – Zähler, Bruchstrich, Nenner

Erweitern von Brüchen

$\frac{3}{8} = \frac{3 \cdot 5}{8 \cdot 5} = \frac{15}{40}$

Zähler und Nenner werden mit der gleichen Zahl multipliziert.

Kürzen von Brüchen

$\frac{15}{40} = \frac{15:5}{40:5} = \frac{3}{8}$

Zähler und Nenner werden durch die gleiche Zahl dividiert.

Vergleichen von Brüchen

Brüche mit dem gleichen Nenner heißen **gleichnamige** Brüche. Gleichnamige Brüche werden verglichen, indem man die Zähler miteinander vergleicht.

$\frac{7}{11} < \frac{9}{11}$, denn $7 < 9$

Ungleichnamige Brüche werden verglichen, indem man sie erst durch Erweitern oder Kürzen gleichnamig macht und dann die Zähler vergleicht.

$\frac{2}{3} > \frac{3}{5}$, denn $\frac{2}{3} = \frac{10}{15}$; $\frac{3}{5} = \frac{9}{15}$ und $10 > 9$

WIEDERHOLUNG

Brüche

Gemischte Zahlen

Eine **gemischte Zahl** besteht aus einer **natürlichen Zahl** und einem **echten Bruch.**

$3\frac{4}{9}$

natürliche Zahl echter Bruch

gemischte Zahl

Brüche am Zahlenstrahl

Brüche, die auf dem Zahlenstrahl an der gleichen Stelle liegen, bezeichnen dieselbe Bruchzahl.

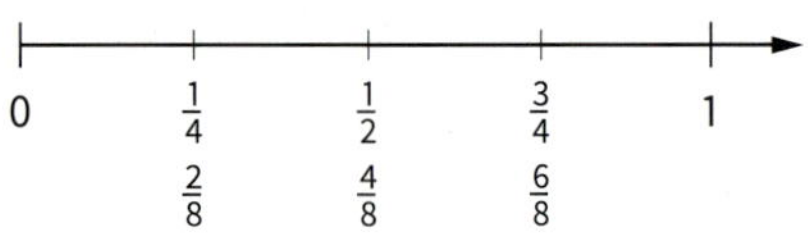

Bruchteile berechnen

$\frac{2}{3}$ von 120 € sind ▒.

120 € $\xrightarrow{:3}$ 40 € $\xrightarrow{\cdot 2}$ 80 €

$\frac{2}{3}$ von 120 € sind 80 €.

Das Ganze bestimmen

$\frac{3}{5}$ von ▒ sind 60 m.

▒ $\xrightarrow{:5}$ ▒ $\xrightarrow{\cdot 3}$ 60 m

Lösen durch Rückwärtsrechnen:

▒ $\xleftarrow{\cdot 5}$ ▒ $\xleftarrow{:3}$ 60 m

100 m $\xleftarrow{\cdot 5}$ 20 m $\xleftarrow{:3}$ 60 m

$\frac{3}{5}$ von 100 m sind 60 m.

10 Schreibe als Bruch.

a) $2\frac{5}{9}$ b) $5\frac{3}{4}$ c) $8\frac{1}{6}$ d) $3\frac{2}{7}$ e) $1\frac{7}{100}$

11 Schreibe als gemischte Zahl.

a) $\frac{11}{3}$ b) $\frac{15}{4}$ c) $\frac{29}{7}$ d) $\frac{35}{9}$ e) $\frac{100}{7}$

12 Gib die markierte Stelle auf dem Zahlenstrahl jeweils als Bruch oder als gemischte Zahl an.

a)

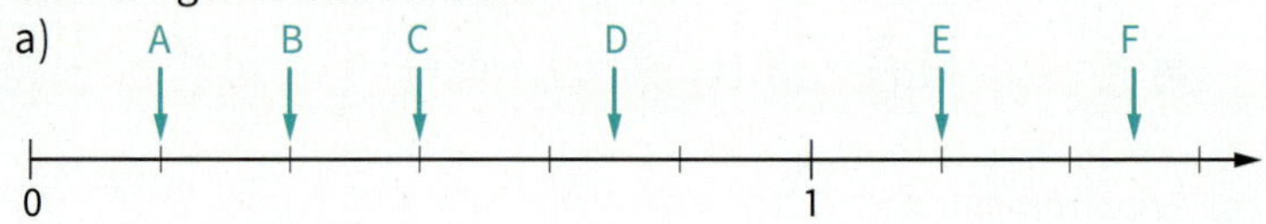

b)

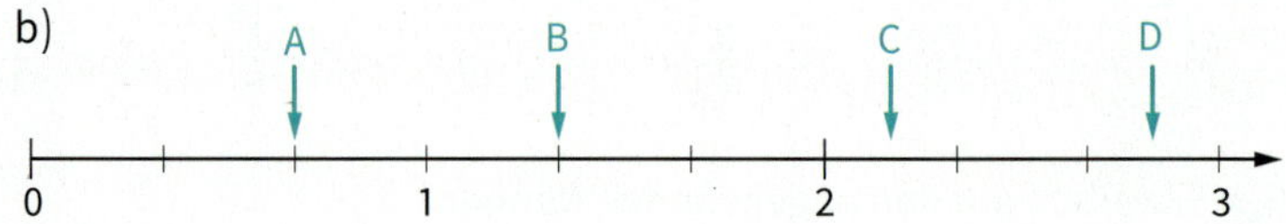

13 Zeichne einen Zahlenstrahl von 0 bis 2 (16 cm lang) und trage die folgenden Brüche ein.

a) $\frac{1}{4}$ b) $\frac{1}{8}$ c) $\frac{3}{4}$ d) $\frac{1}{2}$ e) $\frac{4}{8}$

f) $\frac{8}{8}$ g) $\frac{3}{2}$ h) $\frac{12}{16}$ i) $\frac{7}{4}$ k) $\frac{20}{16}$

14 a) $\frac{2}{7}$ von 112 cm b) $\frac{3}{5}$ von 450 m c) $\frac{1}{4}$ von 240 kg

d) $\frac{3}{8}$ von 48 h e) $\frac{7}{9}$ von 405 km f) $\frac{3}{11}$ von 121 €

g) $\frac{5}{6}$ von 102 € h) $\frac{2}{3}$ von 108 m^2 i) $\frac{5}{12}$ von 132 kg

15 Von 96 Schülerinnen und Schülern des 7. Jahrgangs kommen $\frac{5}{12}$ mit dem Fahrrad zur Schule, $\frac{3}{8}$ benutzen den Bus, der Rest kommt zu Fuß. Bestimme jeweils die Anzahl.

16 Julia erhält monatlich 36 € Taschengeld. Sie gibt zwei Drittel des Betrages für ihr Handy aus. Vom restlichen Taschengeld spart sie drei Viertel.

17 Berechne das Ganze.

a) $\frac{3}{4}$ einer Strecke sind 150 km. b) $\frac{7}{8}$ einer Strecke sind 231 m.

c) $\frac{3}{10}$ eines Betrages sind 360 €. d) $\frac{4}{5}$ eines Betrages sind 512 €.

e) $\frac{5}{7}$ einer Masse sind 105 kg. f) $\frac{11}{12}$ einer Masse sind 154 t.

18 Ollie hat zwei Siebtel aller Elfmeter gehalten. Das waren im letzten Jahr vier gehaltene Elfmeter. Bei wie vielen Elfmetern stand Ollie im letzten Jahr im Tor?

WIEDERHOLUNG

Brüche addieren und subtrahieren

1 Berechne. Kürze das Ergebnis.

a) $\frac{2}{14}+\frac{5}{14}$ b) $\frac{8}{21}+\frac{7}{21}$ c) $\frac{13}{14}-\frac{9}{14}$ d) $\frac{16}{35}-\frac{11}{35}$

e) $\frac{11}{27}+\frac{13}{27}$ f) $\frac{7}{15}+\frac{3}{15}$ g) $\frac{17}{28}-\frac{3}{28}$ h) $\frac{15}{26}-\frac{7}{26}$

2 Mache die Brüche gleichnamig und berechne dann. Kürze, wenn möglich.

a) $\frac{3}{4}+\frac{1}{8}$ b) $\frac{3}{5}+\frac{1}{10}$ c) $\frac{1}{2}-\frac{1}{4}$ d) $\frac{2}{3}-\frac{1}{6}$

e) $\frac{7}{12}+\frac{2}{3}$ f) $\frac{1}{2}+\frac{1}{3}$ g) $\frac{5}{6}-\frac{7}{12}$ h) $\frac{5}{8}-\frac{3}{7}$

i) $\frac{3}{4}+\frac{1}{3}$ k) $\frac{1}{6}+\frac{4}{5}$ l) $\frac{4}{5}-\frac{1}{3}$ m) $\frac{9}{10}-\frac{3}{7}$

3 Suche zuerst einen gemeinsamen Nenner für die drei Brüche und berechne dann. Schreibe, wenn möglich, das Ergebnis als gemischte Zahl.

a) $\frac{1}{2}+\frac{2}{9}+\frac{1}{6}$ b) $\frac{7}{12}+\frac{1}{3}+\frac{4}{5}$ c) $\frac{15}{16}-\frac{3}{8}-\frac{5}{12}$

$\frac{3}{5}+\frac{1}{10}+\frac{3}{4}$ $\frac{11}{20}+\frac{3}{8}+\frac{7}{10}$ $\frac{13}{18}+\frac{2}{9}+\frac{5}{6}$

$\frac{2}{3}+\frac{5}{9}+\frac{5}{6}$ $\frac{5}{6}-\frac{7}{15}-\frac{1}{3}$ $\frac{23}{24}-\frac{5}{9}-\frac{7}{18}$

4 Bestimme jeweils den Platzhalter.

a) $\square+\frac{1}{8}=\frac{11}{24}$ b) $\frac{11}{15}-\square=\frac{1}{3}$ c) $\square+\frac{7}{15}=\frac{31}{45}$

$\frac{2}{3}+\square=\frac{11}{12}$ $\square-\frac{1}{6}=\frac{13}{24}$ $\frac{3}{4}-\square=\frac{1}{6}$

$\square+\frac{2}{5}=\frac{7}{15}$ $\frac{7}{18}-\square=\frac{1}{9}$ $\square-\frac{1}{3}=\frac{13}{21}$

5 Berechne.

a) $4-\frac{2}{7}$ b) $1\frac{5}{8}+\frac{3}{8}$ c) $6\frac{2}{5}-\frac{3}{10}$ d) $11\frac{1}{4}-\frac{5}{8}$

$5-\frac{5}{9}$ $4\frac{7}{9}+\frac{4}{9}$ $8\frac{2}{3}-\frac{2}{7}$ $3\frac{1}{6}-\frac{7}{12}$

$7-\frac{3}{8}$ $6\frac{5}{10}+\frac{7}{10}$ $7\frac{3}{4}-\frac{5}{8}$ $8\frac{2}{5}-\frac{2}{3}$

6 Berechne.

a) $1\frac{1}{2}-0{,}75$ b) $\frac{5}{8}-0{,}25$ c) $2\frac{1}{4}-0{,}8$ d) $\frac{3}{4}-0{,}125$

$\frac{4}{5}+0{,}5$ $\frac{7}{10}+2{,}3$ $\frac{11}{25}+1{,}5$ $3\frac{3}{5}+0{,}25$

7 Landwirt Bruns besitzt insgesamt 72 ha Wiesen, Acker und Wald. $\frac{5}{12}$ seines Besitzes sind Wiesen, $\frac{3}{8}$ sind Ackerfläche.

8 Ein Lastwagen darf insgesamt $7\frac{1}{2}$ t Ladungen transportieren. Er hat bereits $3\frac{1}{4}$ t geladen, $1\frac{1}{5}$ t werden noch zugeladen. Mit wie viel Tonnen darf er höchstens noch beladen werden?

Addition (Subtraktion) gleichnamiger Brüche

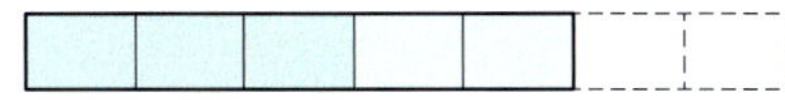

$\frac{3}{7}+\frac{2}{7}=\frac{5}{7}$

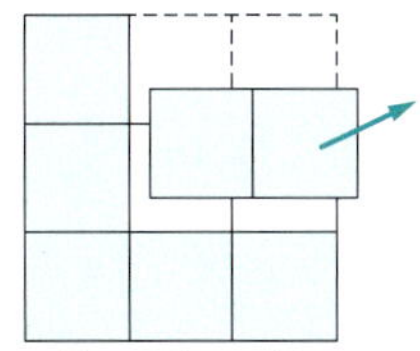

$\frac{7}{9}-\frac{2}{9}=\frac{5}{9}$

Beim Addieren (Subtrahieren) gleichnamiger Brüche werden die Zähler addiert (subtrahiert).
Der Nenner ändert sich nicht.

Addition (Subtraktion) ungleichnamiger Brüche

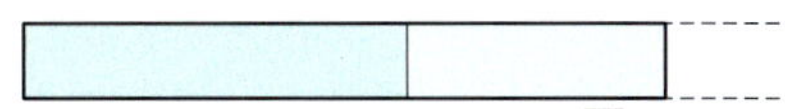

$\frac{1}{2}+\frac{1}{3}=\frac{\square}{\square}$

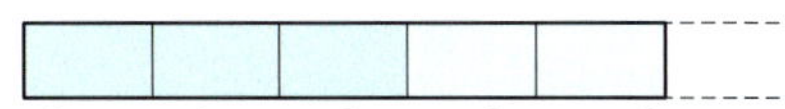

$\frac{1}{2}+\frac{1}{3}=\frac{3}{6}+\frac{2}{6}=\frac{5}{6}$

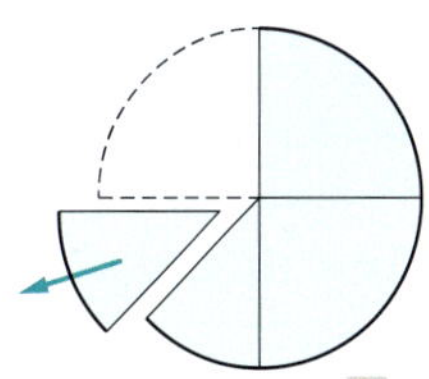

$\frac{3}{4}-\frac{1}{8}=\frac{\square}{\square}$

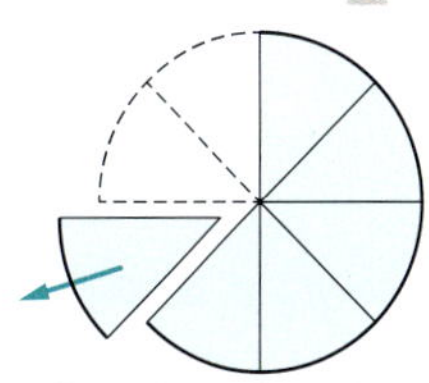

$\frac{3}{4}-\frac{1}{8}=\frac{6}{8}-\frac{1}{8}=\frac{5}{8}$

Ungleichnamige Brüche werden vor dem Addieren (Subtrahieren) so erweitert oder gekürzt, dass sie den gleichen Nenner haben. Danach werden die gleichnamigen Brüche addiert (subtrahiert).

WIEDERHOLUNG

Brüche und Dezimalzahlen

Brüche mit dem Nenner 10, 100, 1 000, … lassen sich als **Dezimalzahlen** schreiben.

$\frac{3}{10} = 0{,}3$ $\quad \frac{17}{100} = 0{,}17$ $\quad \frac{9}{1\,000} = 0{,}009$

$4\frac{7}{100} = 4{,}07$ $\quad 11\frac{123}{1\,000} = 11{,}123$

$0{,}7 = \frac{7}{10}$ $\quad 0{,}39 = \frac{39}{100}$ $\quad 2{,}3 = 2\frac{3}{10}$

$\frac{3}{4} = \frac{75}{100} = 0{,}75$ $\quad \frac{24}{75} = \frac{8}{25} = \frac{32}{100} = 0{,}32$

Einen Bruch kann man in eine Dezimalzahl umwandeln, indem man den Zähler durch den Nenner dividiert. Dabei entsteht eine **abbrechende** oder eine **periodische Dezimalzahl.**

$\frac{11}{40} = 11 : 40 =$ ■

```
11 : 40 = 0,275
110
 80
 300
 280
  200
  200
    0
```

$\frac{11}{40} = 0{,}275$

$\frac{4}{11} = 4 : 11 =$ ■

$4 : 11 = 0{,}3636... = 0{,}\overline{36}$

```
40
33
 70
 66
  40
  33
   70...
```

$\frac{4}{11} = 0{,}\overline{36}$

Der Anteil an einer Gesamtgröße wird häufig als Hundertstelbruch angegeben. Ein Hundertstel einer Gesamtgröße wird **Prozent** genannt.

$\mathbf{\frac{1}{100} = 1\,\%}$

1 Schreibe jeweils als Dezimalzahl.

a) $\frac{19}{100}$ $\quad \frac{7}{100}$ $\quad \frac{573}{1000}$ $\quad \frac{41}{1000}$ $\quad \frac{3}{1000}$

b) $4\frac{3}{10}$ $\quad 2\frac{11}{100}$ $\quad 3\frac{9}{100}$ $\quad 5\frac{111}{1000}$ $\quad 4\frac{17}{1000}$

2 Schreibe jeweils als Bruch oder als gemischte Zahl.

a) 0,9 0,3 0,37 0,59 0,07
b) 0,93 0,17 0,473 0,389 0,087
c) 1,1 2,9 4,7 2,33 7,61
d) 2,03 0,009 3,073 8,07 5,031
e) 0,3189 0,6781 2,4561 0,11233 0,691227

3 Schreibe jeweils als Dezimalzahl.

a) $\frac{23}{50}$ $\quad \frac{11}{20}$ $\quad \frac{17}{20}$ $\quad \frac{9}{25}$ $\quad \frac{21}{25}$

b) $1\frac{7}{50}$ $\quad 3\frac{9}{20}$ $\quad 6\frac{8}{25}$ $\quad 2\frac{49}{50}$ $\quad 4\frac{1}{20}$

c) $\frac{61}{50}$ $\quad \frac{33}{20}$ $\quad \frac{37}{25}$ $\quad \frac{111}{50}$ $\quad \frac{26}{25}$

4 Bestimme die Dezimalzahl jeweils durch eine Division.

a) $\frac{3}{8}$ $\quad \frac{5}{16}$ $\quad \frac{13}{40}$ $\quad \frac{7}{32}$ $\quad \frac{19}{40}$

b) $\frac{31}{40}$ $\quad \frac{13}{16}$ $\quad \frac{27}{125}$ $\quad \frac{120}{125}$ $\quad \frac{25}{40}$

c) $\frac{39}{40}$ $\quad \frac{45}{80}$ $\quad \frac{1}{40}$ $\quad \frac{3}{80}$ $\quad \frac{17}{80}$

d) $\frac{17}{8}$ $\quad \frac{53}{40}$ $\quad \frac{33}{16}$ $\quad \frac{35}{32}$ $\quad \frac{119}{40}$

5 Bestimme die Dezimalzahl jeweils durch eine Division. Du erhältst eine periodische Dezimalzahl.

a) $\frac{1}{6}$ $\quad \frac{5}{11}$ $\quad \frac{17}{30}$ $\quad \frac{71}{90}$ $\quad \frac{43}{60}$

b) $\frac{13}{18}$ $\quad \frac{7}{15}$ $\quad \frac{1}{12}$ $\quad \frac{8}{9}$ $\quad \frac{17}{22}$

c) $\frac{16}{9}$ $\quad \frac{23}{15}$ $\quad \frac{34}{30}$ $\quad \frac{18}{11}$ $\quad \frac{19}{12}$

d) $2\frac{5}{6}$ $\quad 4\frac{3}{11}$ $\quad 1\frac{11}{30}$ $\quad 2\frac{2}{9}$ $\quad 1\frac{17}{18}$

6 Schreibe jeweils als Bruch oder als gemischte Zahl.

a) 1,75 0,4 0,3 2,25 1,3 8,5
b) 0,6 1,2 3,6 0,1 4,5 8,7

7 Ergänze die Tabelle im Heft.

$\frac{2}{5}$	■	■	$\frac{17}{25}$	■	■
$\frac{40}{100}$	$\frac{75}{100}$	■	■	$\frac{20}{100}$	■
40 %	■	35 %	■	■	160 %

WIEDERHOLUNG
Dezimalzahlen

1 Setze < oder > ein.

a) 0,458 ▢ 0,469
0,784 ▢ 0,783
2,6732 ▢ 2,6751
9,7767 ▢ 9,7677

b) 0,67 ▢ 0,6692
0,689 ▢ 0,69
0,4 ▢ 0,412
0,201 ▢ 0,211

c) 3,5672 ▢ 4,5672
1,6782 ▢ 1,6872
12,987 ▢ 12,879
18,008 ▢ 28,008

d) 0,8989 ▢ 0,98
0,333 ▢ $0,\overline{3}$
0,6667 ▢ $0,\overline{6}$
0,017 ▢ 0,0071

2 Ordne der Größe nach. Verwende das <-Zeichen.

a) 0,5 0,56 0,656 0,565 0,65 0,6
b) 1,21 1,212 1,12 2,12 2,121 1,2121
c) 0,778 0,878 0,787 0,887 0,788 0,877
d) 5,4 5,545 5,554 5,45 5,54 5,4545

3 Nenne jeweils drei Zahlen, die zwischen den angegebenen Zahlen liegen.

a) 0,5 und 0,6
0,7 und 0,8
12,4 und 12,5
60,0 und 60,1

b) 0,34 und 0,35
2,13 und 2,14
16,57 und 16,58
121,234 und 121,235

4 Schreibe richtig untereinander und addiere.

a) 7,36 + 3,04 + 2,81
3,45 + 2,49 + 5,62
4,79 + 2,53 + 7,69

b) 2,88 + 3,4 + 0,653
5,721 + 1,39 + 2,5
5,8 + 0,381 + 4,76

c) 14,65 + 1,045 + 12,3
62,53 + 1,789 + 13,8
73,5 + 247,2 + 2,642

d) 0,567 + 0,65 + 0,3
4,751 + 2,7 + 7,5
11,1 + 8,101 + 11,51

e) 12,7 + 14,9 + 21,9 + 33,6 +19,7
7,84 + 0,63 + 1,55 + 0,82 + 9,81
12,83 + 25,02 + 20,05 + 15,82 + 31,11

5 Schreibe richtig untereinander und subtrahiere.

a) 14,8 – 3,2
27,4 – 8,3
56,9 – 15,5

b) 7,43 – 3,18
2,53 – 1,29
4,36 – 3,18

c) 3,4 – 2,14
7,9 – 3,86
10,5 – 5,27

d) 15,24 – 11,37
34, 47 – 26,68
43,33 – 26,77

e) 14,843 – 0,47
12,06 – 8,7
11,009 – 9,4

f) 3,6 – 0,578
12,4 – 3,131
9,1 – 7,599

6 Subtrahiere.

a) 4,5 – 0,342 – 2,1
3,1 – 0,982 – 1,2
4,73 – 2,9 – 0,682

b) 33,087 – 12,7 – 15,09
40,6 – 20,07 – 10,005
12,91 – 4,824 – 5,4

Vergleichen von Dezimalzahlen

0,5699 > 0,5411

0,11782 < 0,11797

Vergleiche die Stellen nach dem Komma von links nach rechts: Die erste Stelle mit verschiedenen Ziffern entscheidet, welche Dezimalzahl größer ist.

Dezimalzahlen darstellen

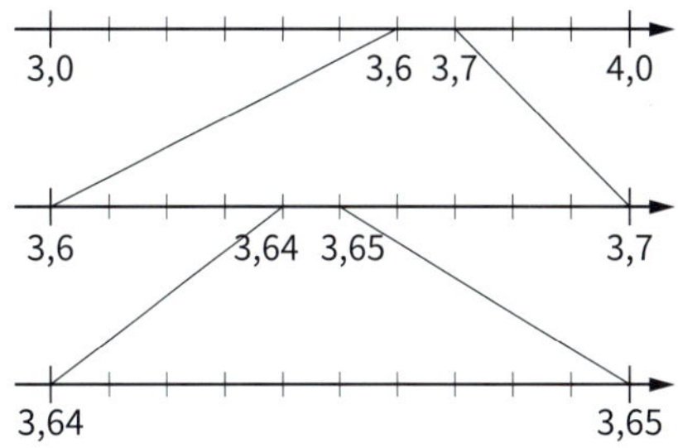

Addition von Dezimalzahlen

Beim schriftlichen Addieren gilt: Komma unter Komma

2,67 + 0,431 + 3,4 = ▢

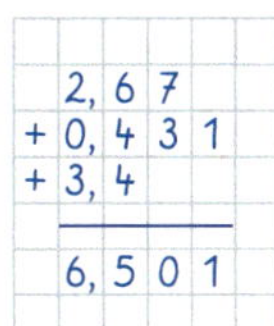

2,67 + 0,431 + 3,4 = 6,501

Subtraktion von Dezimalzahlen

Beim schriftlichen Subtrahieren gilt: Komma unter Komma.

2,7 – 1,483 = ▢

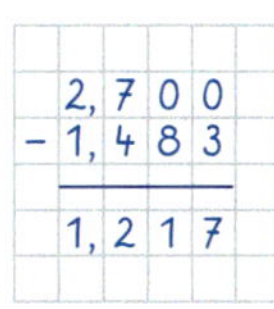

2,7 – 1,483 = 1,217

WIEDERHOLUNG
Dezimalzahlen

Multiplikation von Dezimalzahlen

0,354 · 10 = 3,54

0,354 · 100 = 35,4

0,354 · 1 000 = 354

Beim Multiplizieren gilt:
Das Ergebnis hat so viele Stellen nach dem Komma wie beide Faktoren zusammen.

1 Stelle		1 Stelle
0,4 ·	8 =	3,2

2 Stellen	1 Stelle	3 Stellen
0,12 ·	0,3 =	0,036

```
  2 Stellen   2 Stellen
  4,21 · 0,65
      2526
       2105
     2,7365
     4 Stellen

  3 Stellen   2 Stellen
  0,021 · 0,38
           63
           168
     0,00798
     5 Stellen
```

Division von Dezimalzahlen

92,5 : 10 = 9,25

92,5 : 100 = 0,925

92,5 : 1 000 = 0,0925

Beim Überschreiten des Kommas wird im Ergebnis das Komma gesetzt.

```
0,585 : 13 = 0,045
0
 5
 0
 58
 52
   65
   65
    0
```

7 Berechne im Kopf.

a)	b)	c)
0,23 · 10	3,58 · 100	6,74 · 100
4,88 · 10	0,57 · 100	13,4 · 100
12,65 · 10	2,7431 · 1 000	0,007 · 1 000
0,0831 · 10	0,45 · 1 000	1,3 · 1 000

8 Multipliziere im Kopf.

a)	b)	c)	d)
0,7 · 5	3,5 · 2	0,8 · 12	0,21 · 4
0,3 · 8	2,5 · 3	0,7 · 15	0,11 · 6
0,6 · 9	5,5 · 4	0,9 · 11	0,25 · 4
0,4 · 7	4,5 · 6	0,5 · 13	0,31 · 5

e)	f)	g)
0,4 · 0,3	0,07 · 0,6	0,005 · 0,7
0,5 · 0,9	0,08 · 0,8	0,002 · 0,16
0,8 · 0,7	0,11 · 0,3	0,012 · 0,06
0,6 · 0,5	0,09 · 0,5	0,011 · 0,07

9 Multipliziere schriftlich.

a)	b)	c)	d)
4,3 · 6	3,62 · 7	3,74 · 15	4,21 · 12
7,8 · 4	9,36 · 8	4,71 · 21	8,39 · 23
5,9 · 5	7,06 · 9	6,82 · 16	3,07 · 27

e)	f)	g)	h)
4,5 · 2,3	3,8 · 9,2	0,54 · 7,2	4,7 · 0,52
3,7 · 7,2	2,1 · 8,4	1,6 · 0,73	0,56 · 1,3
2,9 · 5,1	1,7 · 9,3	2,4 · 0,48	0,32 · 1,4

i)	k)	l)
0,34 · 13,5	0,452 · 5,32	2,987 · 0,067
14,7 · 0,26	0,371 · 6,52	0,095 · 0,902
31,5 · 1,5	0,929 · 5,33	3,092 · 0,076

m)	n)
5,4 · 3,8 · 0,14	4,5 · 1,32 · 0,72
0,12 · 0,15 · 2,5	3,41 · 0,42 · 3,05
3,6 · 0,11 · 0,25	7,08 · 2,44 · 0,76

10 Berechne im Kopf.

a)	b)	c)
35,7 : 10	234,76 : 100	26,52 : 1 000
2,78 : 10	65,897 : 100	5,89 : 1 000
24,8 : 10	7,456 : 100	0,7 : 1 000
0,34 : 10	0,893 : 100	0,46 : 1 000

11 Berechne. Achte beim Ergebnis auf das Komma.

a)	b)	c)
18,75 : 3	8,622 : 6	79,838 : 11
33,08 : 4	9,656 : 8	78,852 : 12
36,95 : 5	9,275 : 7	63,495 : 15
25,38 : 6	6,725 : 5	42,159 : 13

d)	e)	f)
0,748 : 4	83,028 : 11	0,0684 : 12
0,372 : 6	102,72 : 12	0,5115 : 15
0,087 : 3	45,374 : 14	0,4056 : 13
0,301 : 7	30,173 : 13	0,0672 : 14

12 Dividiere.

a) 2,268 : 0,7	b) 0,4256 : 0,08	c) 3,4168 : 0,004
4,288 : 0,8	0,5373 : 0,09	2,4787 : 0,007
5,124 : 0,6	0,7842 : 0,06	1,9865 : 0,005
d) 49,2 : 0,12	e) 0,8 : 0,25	f) 550,654 : 0,13
79,2 : 0,11	1,2 : 0,15	81,6585 : 0,11
74,2 : 0,14	8,8 : 0,22	29,2212 : 0,12
g) 7,502 : 3,1	h) 1,1322 : 0,51	i) 0,0901 : 0,017
7,752 : 2,4	0,3584 : 0,32	0,0848 : 0,016
6,372 : 1,8	0,9585 : 0,45	0,0336 : 0,028

Multipliziere beide Dezimalzahlen (Dividend und Divisor) mit 10, 100, 1 000, … , so dass der Divisor eine natürliche Zahl wird.

1,716 : 0,12 = ▒

171,6 : 12 = 14,3
12
 51
 48
  36
  36
   0

1,716 : 0,12 = 14,3

13 Runde auf Zehntel.

a) 0,43	0,75	0,674	0,756	0,89
b) 1,68	3,97	7,849	5,048	3,8934
c) 23,788	32,947	21,891	36,95	39,98
d) $0,0\overline{4}$	$0,0\overline{7}$	$0,00\overline{9}$	2,099	0,999

14 Runde auf Hundertstel.

a) 0,413	0,372	0,619	0,738	0,546
b) 2,777	3,818	4,575	7,895	4,333
c) 24,966	7,9849	4,9151	6,8838	8,9949
d) $0,\overline{4}$	$0,\overline{6}$	$3,\overline{5}$	$4,\overline{49}$	$11,\overline{57}$

15 Runde auf Tausendstel.

a) 0,5346	0,89645	0,97252	0,44454
b) 2,44691	3,90973	0,00045	6,699573
c) 1,99956	0,00449	6,6	0,7

Runden von Dezimalzahlen

Beim Runden einer Dezimalzahl auf eine bestimmte Stelle kommt es nur auf die nachfolgende Stelle an.
Steht dort die Ziffer 0, 1, 2, 3, 4, wird **ab**gerundet.
Steht dort die Ziffer 5, 6, 7, 8, 9, wird **auf**gerundet.

Runden auf Zehntel:
0,328 ≈ 0,3   0,761 ≈ 0,8

Runden auf Hundertstel:
0,3439 ≈ 0,34   0,3462 ≈ 0,35

16 Dividiere. Runde das Ergebnis auf ein Zehntel.

a) 8,534 : 7	b) 23,48 : 6	c) 858,734 : 11
9,671 : 9	25,72 : 8	256,284 : 12
7,825 : 4	43,98 : 9	312,363 : 14

17 Dividiere. Runde das Ergebnis auf Hundertstel.

a) 13,649 : 2,4	b) 0,247 : 0,12	c) 2,3 : 1,9
11,911 : 2,2	0,543 : 0,11	7,4 : 3,2
9,5799 : 1,8	0,244 : 0,15	5,1 : 4,2

3,23653 : 1,4 = ▒

32,3653 : 14 = 2,31 … ≈ 2,3
28
 43
 42
  16 …

3,23653 : 1,4 ≈ 2,3

18 Berechne.

a) 5,6 · 0,8 + 0,52	b) 9,21 · 0,7 + 0,053
3,32 + 7,3 · 1,6	2,73 · 0,6 − 0,238
8,4 · 2,3 − 8,32	1,071 + 5,81 · 0,9
c) (2,34 + 5,71) · 0,4	d) (6,02 + 0,45) · 5,1
(5,67 − 0,82) · 1,5	1,4 · (9,2 − 2,75)
2,5 · (12,7 + 0,63)	(0,671 − 0,34) · 0,7
e) 0,3 · 0,6 + 0,6 · 0,7	f) (2,5 − 1,7) · 0,9 − 0,3
2,1 · 0,5 − 1,6 : 2	5,6 − (4,1 − 0,6) : 0,7

Verbindung der Grundrechenarten

Punktrechnung vor Strichrechnung.

3,5 + 2,1 · 4
= 3,5 + 8,4 = 11,9

Zuerst die Klammern auflösen.

(1,2 + 0,7) · 0,3
= 1,9 · 0,3 = 0,57

WIEDERHOLUNG
Masse und Zeit

Masseeinheiten

1 t = 1 000 kg
1 kg = 1 000 g
1 g = 1 000 mg

Im Alltag ist der Begriff Gewicht an Stelle von Masse gebräuchlich.

1 mg = 0,001 g
1 g = 0,001 kg
1 kg = 0,001 t

16 kg + 560 g + 48 g
= 16 000 g + 560 g + 48 g
= 16 608 g

7,2 t + 850 kg + 2 t
= 7,2 t + 0,85 t + 2 t
= 10,05 t

Zeiteinheiten

Tag (d) Minute (min)
Stunde (h) Sekunde (s)

1 d = 24 h
1 h = 60 min
1 min = 60 s

von 6.40 Uhr bis 9.15 Uhr:
9 h 15 min – 6 h 40 min
= 8 h 75 min – 6 h 40 min
= 2 h 35 min
Dauer: 2 h 35 min

Beginn: 12.08 Uhr
Dauer: 3 h 27 min
Ende: ■
12 h 08 min + 3 h 27 min
= 15 h 35 min
Ende: 15.35 Uhr

Beginn: ■
Dauer: 8 h 25 min
Ende: 17.10 Uhr
17 h 10 min – 8 h 25 min
= 16 h 70 min – 8 h 25 min
= 8 h 45 min
Beginn: 8.45 Uhr

1 Gib in der Einheit an, die in Klammern steht.

a) 12 kg (g); 45 g (mg); 17 t (kg)
b) 23 g (mg); 70 t (kg); 9 kg (g)
c) 6 000 g (kg); 37 000 mg (g); 85 000 kg (t)
d) 2,6 kg (g); 4,5 t (kg); 11,4 g (mg)
e) 9,65 t (kg); 5,05 g (mg); 5,75 kg (g)
f) 0,144 kg (g); 0,0478 t (kg); 0,0025 t (kg)
g) 1 346 g (kg); 7 845 kg (t); 4 570 g (kg)
h) 253 g (kg); 100 kg (t); 460 mg (g)
i) 47 kg (t); 78 g (kg); 9 g (kg)
k) $\frac{1}{2}$ g (mg); $\frac{1}{4}$ t (kg); $\frac{3}{4}$ kg (g)
l) $2\frac{1}{2}$ kg (g); $8\frac{1}{2}$ kg (g); $1\frac{3}{4}$ kg (g)
m) $5\frac{1}{2}$ t (kg); $12\frac{1}{2}$ t (kg); $2\frac{1}{4}$ t (kg)

2 Gib zuerst in der gleichen Einheit an.

a) 13 kg + 780 g + 670 g; 1 550 g + 13 kg + 7 kg; 4 t + 2 500 kg + 680 kg
b) 35 kg – 1 450 g; 8 t – 780 kg; 6 t – 5 750 kg
c) 4,5 kg + 672 g + 4,75 kg; 6,7 t + 3 500 kg + 2,25 t; 450 mg + 8,25 g + 11,7 g
d) 3,5 t – 672 kg; 2,5 kg – 75 g; 8,32 t – 62 kg

3 Gib in der Einheit an, die in Klammern steht.

a) 4 h (min); 7 min (s); 12 min (s)
b) 2 d (h); 10 h (min); 5 d (h)
c) 2 h 45 min (min); 4 h 21 min (min); 1 d 8 h (h)
d) 3 min 17 s (s); 4 min 35 s (s); 7 h 56 min (min)
e) $\frac{3}{4}$ h (min); $\frac{1}{2}$ min (s); $\frac{1}{4}$ d (h)
f) $4\frac{1}{2}$ min (s); $3\frac{1}{2}$ d (h); $1\frac{3}{4}$ h (min)

4 Bestimme die Zeitdauer in Stunden und Minuten.

	a)	b)	c)	d)
von	8.10 Uhr	9.37 Uhr	15.20 Uhr	12.44 Uhr
bis	15.15 Uhr	13.49 Uhr	17.10 Uhr	16.19 Uhr

5 Berechne die fehlenden Angaben.

	a)	b)	c)	d)
Beginn	8.20 Uhr	■	7.05 Uhr	■
Dauer	1 h 20 min	90 min	$3\frac{1}{2}$ h	2 h 15 min
Ende	■	17.45 Uhr	■	20 Uhr

WIEDERHOLUNG
Längen

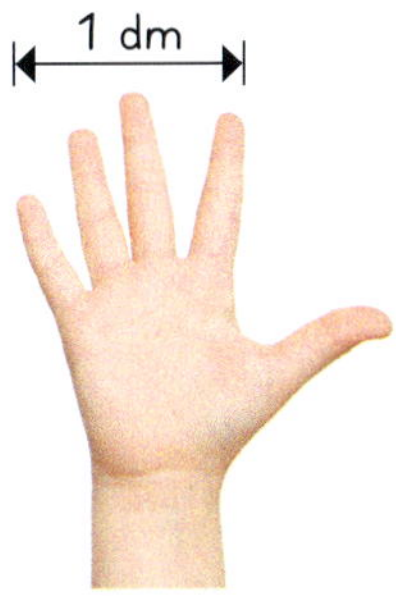

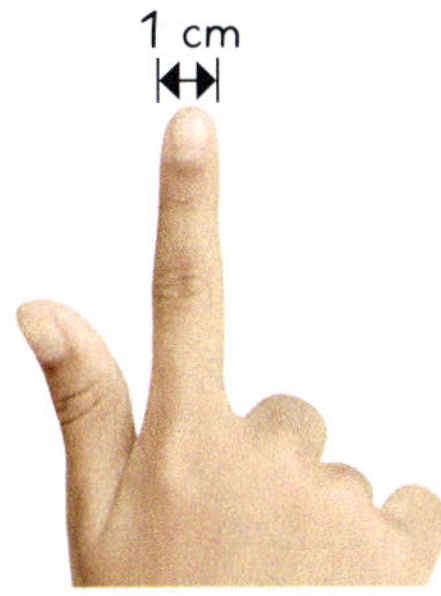

1 a) Schätze in deinem Klassenzimmer jeweils die Längen von drei Gegenständen, die länger als 1 m sind, die zwischen 1 cm und 10 cm lang sind.
Vergleiche anschließend deine Schätzungen mit der tatsächlichen Größe der Gegenstände.
b) Nenne jeweils drei Gegenstände, deren Länge (Breite, Höhe) in Kilometern, in Metern, in Zentimetern oder in Millimetern gemessen wird.

2 Berechne.

a) 4,8 m + 75 cm
11,3 cm + 48 mm
5,4 dm − 27 cm

b) 48 km + 2 335 m + 7,2 km
11,25 m − 380 cm + 9 m
7,7 km + 11,50 m − 0,65 km

3 Gib an, welche Länge in der Wirklichkeit jeweils 1 cm auf der Landkarte darstellt.
a) Wanderkarte im Maßstab 1 : 25 000
b) Fahrradkarte im Maßstab 1 : 50 000
c) Europakarte im Maßstab 1 : 25 000 000

4 Moritz überlegt, wie er in der neuen Wohnung sein Zimmer einrichten kann. Entnimm der Zeichnung die dafür notwendigen Längen und berechne ihre Größe in Wirklichkeit.

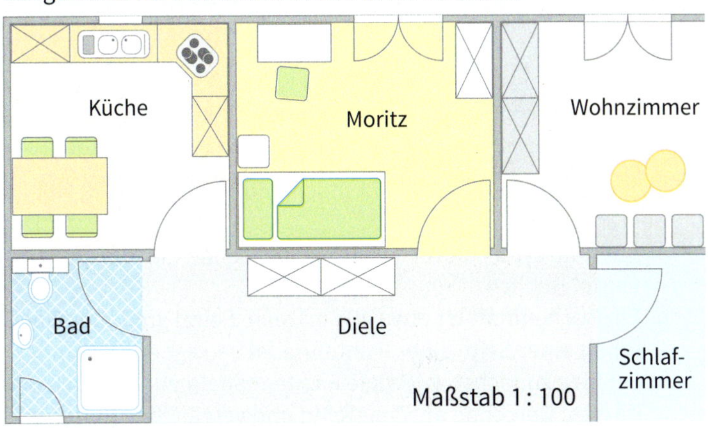

5 Der Äquator (Erdumfang) ist 40 000 km lang. Auf einem Globus ist der Äquator 1 m lang. In welchem Maßstab ist die Länge auf diesem Globus dargestellt?

Längeneinheiten

Längen werden in Kilometern (km), Metern (m), Dezimetern (dm), Zentimetern (cm) und Millimetern (mm) gemessen.

1 km = 1 000 m

1 m = 10 dm
1 dm = 10 cm
1 cm = 10 mm

37 **cm**
Maßzahl **Einheit**
Größe

13,65 km + 485 m = ▢

13 650 m + 485 m = 14 135 m
13,650 km + 0,485 km = 14,135 km

Wandle beim Rechnen die Größen in die gleiche Einheit um.

Maßstab

Auf Bauplänen, Stadtplänen und Landkarten werden Strecken verkleinert abgebildet.
Der Maßstab einer Karte gibt an, wievielmal so groß die Strecken in Wirklichkeit sind.

Der **Maßstab 1 : 1 000** bedeutet:
1 cm in der Karte entspricht 1000 cm in der Wirklichkeit.

1 cm ≙ 1 000 cm

Länge in der Zeichnung	Länge in der Wirklichkeit
3,5 cm = 35 mm	35 mm · 1 000 = 35 000 mm = 35 m

3,5 cm ≙ 35 m

WIEDERHOLUNG

Umfang und Flächeninhalt von Rechteck und Quadrat

Umfang eines Rechtecks

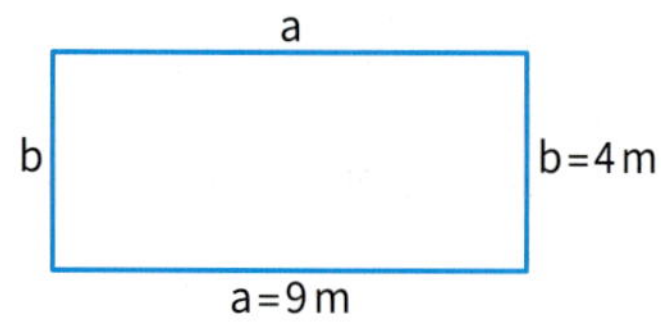

$u = 9\text{ m} + 4\text{ m} + 9\text{ m} + 4\text{ m} = 26\text{ m}$
oder $u = 2 \cdot 9\text{ m} + 2 \cdot 4\text{ m} = 26\text{ m}$
oder $u = 2 \cdot (9\text{ m} + 4\text{ m}) = 26\text{ m}$

$\mathbf{u = a + b + a + b}$
$\mathbf{u = 2 \cdot a + 2 \cdot b}$
$\mathbf{u = 2 \cdot (a + b)}$

Umfang eines Quadrats

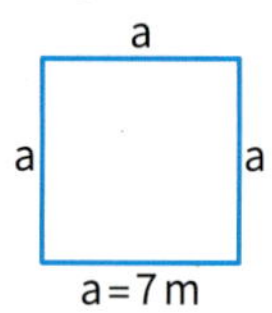

$u = 7\text{ m} + 7\text{ m} + 7\text{ m} + 7\text{ m} = 28\text{ m}$
oder $u = 4 \cdot 7\text{ m} = 28\text{ m}$

$\mathbf{u = a + a + a + a}$
$\mathbf{u = 4 \cdot a}$

Flächeneinheiten

Zum Messen von Flächeninhalten werden Einheitsquadrate mit festgelegten Flächeneinheiten verwendet.

Quadrat mit der Seitenlänge	Flächeninhalt	Name
1 mm	1 mm^2	Quadratmillimeter
1 cm	1 cm^2	Quadratzentimeter
1 dm	1 dm^2	Quadratdezimeter
1 m	1 m^2	Quadratmeter
10 m	1 a	Ar
100 m	1 ha	Hektar
1 km	1 km^2	Quadratkilometer

1 Wie groß ist der Umfang des Rechtecks mit den angegebenen Seitenlängen? Achte auf die Einheiten.

	a)	b)	c)	d)
Seitenlänge a	27 cm	840 mm	2,30 m	0,95 m
Seitenlänge b	12 cm	17 cm	165 cm	11 dm

2 a) Zum Training laufen Spieler zehnmal um das 110 m lange und 80 m breite rechteckige Spielfeld.
b) Wie viele Runden müssen sie für 10,64 km laufen?

3 Berechne den Umfang eines Quadrats mit der Seitenlänge 18 cm (1,30 m).

4 Finde drei weitere Rechtecke mit dem Umfang u = 54 m (60 m). Gib jeweils Länge und Breite des Rechtecks an.

u = 54 m

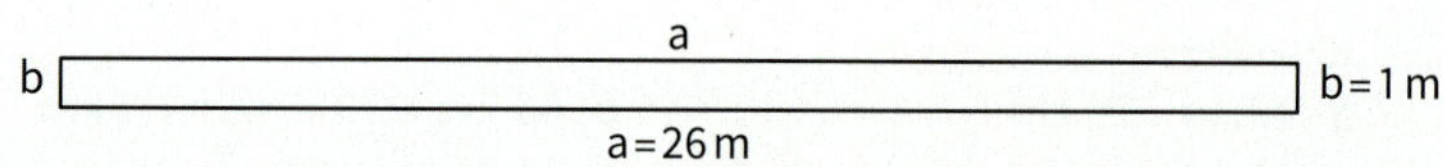

5 Berechne den Umfang der abgebildeten Figur. Beschreibe deinen Lösungsweg.

a)

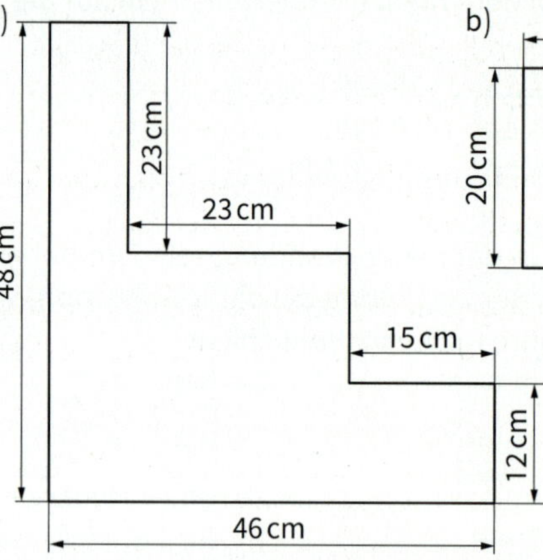

b)

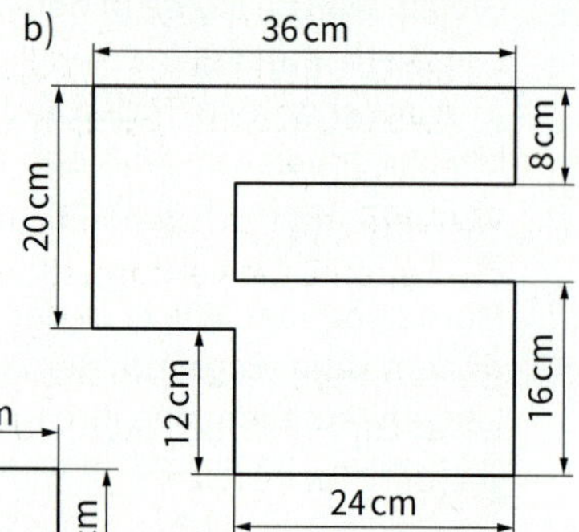

6 Die gesamte Waldfläche in Deutschland ist ungefähr 10 Millionen Hektar groß.
a) Auf rund zwei Fünftel dieser Fläche stehen Fichten, auf einem Viertel Buchen.
b) Ein Buchenblatt ist etwa 20 cm^2 (eine Seite) groß. Der Flächeninhalt einer Seite einer Fichtennadel beträgt etwa 20 mm^2. Schätze zunächst, wie viele Fichtennadeln auf ein Buchenblatt passen. Berechne anschließend und vergleiche mit deiner Schätzung.
c) Eine ausgewachsene Buche hat etwa 200 000 Blätter, eine Fichte etwa 3 000 000 Nadeln.
Welche Fläche könnte man mit den Nadeln einer Fichte bedecken, welche mit den Blättern einer Buche?

WIEDERHOLUNG

Umfang und Flächeninhalt von Rechteck und Quadrat

7 Gib in der Einheit an, die in Klammern steht.

a) 37 a (m^2)
5 ha (a)
11 km^2 (ha)

b) 135 dm^2 (cm^2)
78 cm^2 (mm^2)
9 m^2 (dm^2)

c) 4 300 a (ha)
1 700 dm^2 (m^2)
500 mm^2 (cm^2)

8 Schreibe in der nächstgrößeren Einheit.

a) 753 m^2
1 136 cm^2
178 a

b) 53 dm^2
10 ha
8 mm^2

c) 235,5 a
46,8 ha
9,4 m^2

9 Berechne den Flächeninhalt des Rechtecks mit den angegebenen Seitenlängen. Achte auf die Einheiten.

	a)	b)	c)	d)
Seitenlänge a	35 cm	720 mm	5,20 m	0,87 m
Seitenlänge b	14 cm	21 cm	380 cm	12 dm

10 Gib vier verschiedene Rechtecke mit einem Flächeninhalt von 64 cm^2 (100 m^2) an.

11 a) Berechne den Flächeninhalt eines Quadrats mit der Seitenlänge 12 cm (0,9 dm; 1,50 m).
b) Der Umfang eines Quadrats beträgt 32 m (5,20 m). Berechne seinen Flächeninhalt.
c) Ein Quadrat hat einen Flächeninhalt von 36 cm^2 (169 m^2; 0,49 m^2; 625 m^2). Berechne seinen Umfang.

12 Wie verändert sich der Flächeninhalt eines Quadrats, wenn man die Seitenlänge verdoppelt (verdreifacht, vervierfacht)?

13 Berechne den Flächeninhalt der abgebildeten Figur. Übertrage dafür zunächst die Figur in dein Heft. Beschreibe anschließend deinen Lösungsweg.

a)

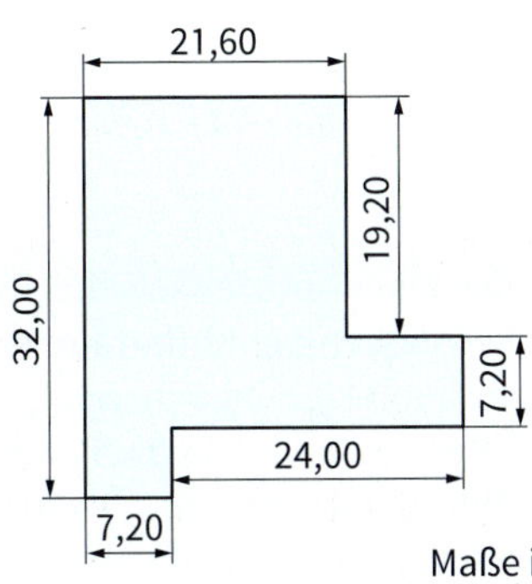

b)

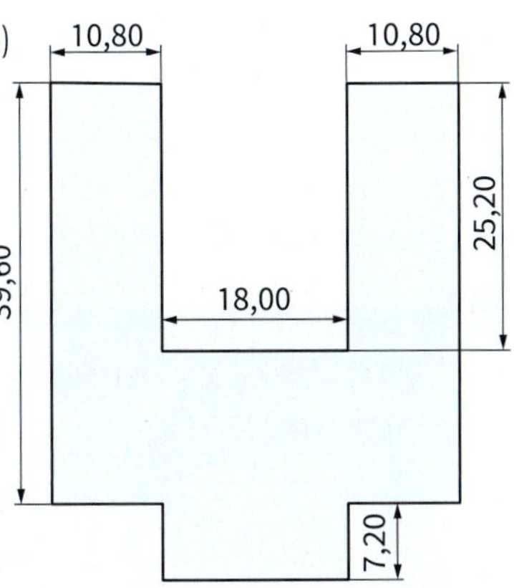

Maße in m

14 Ein Rechteck hat einen Umfang von 48 cm (60 cm, 72 cm). Bestimme die Seitenlängen so, dass der Flächeninhalt so groß wie möglich wird. Was stellst du fest?

Die Umwandlungszahl für Flächeneinheiten ist 100.

1 km^2 = 100 ha
1 ha = 100 a
1 a = 100 m^2
1 m^2 = 100 dm^2
1 dm^2 = 100 cm^2
1 cm^2 = 100 mm^2

4 cm^2 = 400 mm^2 23 m^2 = 2 300 dm^2
3 ha = 300 a 56 km^2 = 5 600 ha

2 300 cm^2 = 23 dm^2 1 700 a = 17 ha
98 000 m^2 = 980 a 4 500 dm^2 = 45 m^2

548 mm^2 = 5,48 cm^2 2 350 m^2 = 23,50 ha
56 dm^2 = 0,56 m^2 7 ha = 0,07 km^2

Flächeninhalt eines Rechtecks

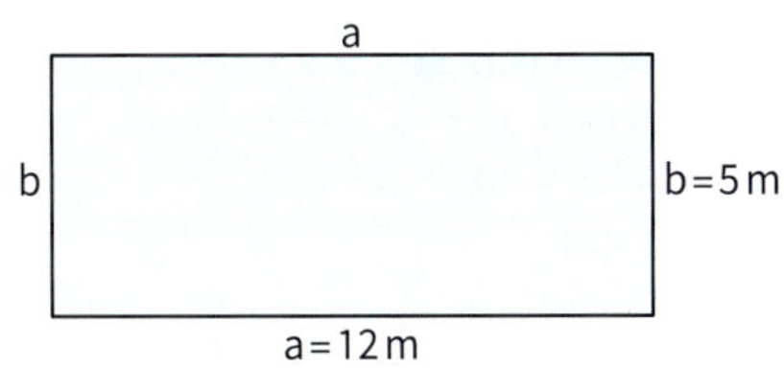

$A = 12 \cdot 5 = 60$
$A = 60\ m^2$
$\mathbf{A = a \cdot b}$

Flächeninhalt eines Quadrats

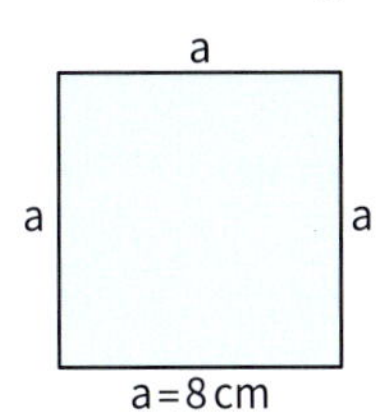

$A = 8 \cdot 8 = 64$
$A = 64\ cm^2$
$\mathbf{A = a \cdot a = a^2}$

WIEDERHOLUNG
Quader und Würfel

Raumeinheiten

Zum Messen von Rauminhalten werden Einheitswürfel verwendet.

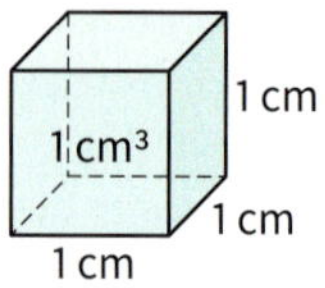

$1\ m^3 = 1\,000\ dm^3$

$1\ dm^3 = 1\,000\ cm^3$

$1\ cm^3 = 1\,000\ mm^3$

$1\ l = 1\ dm^3$ $\quad 1\ l = 1\,000$ ml (Milliliter)

Quader

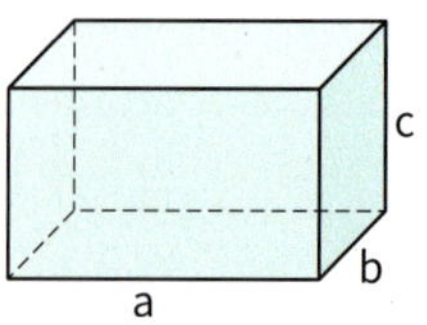

a = 7 cm
b = 3 cm
c = 5 cm

Oberflächeninhalt

$\mathbf{O = 2 \cdot a \cdot b + 2 \cdot a \cdot c + 2 \cdot b \cdot c}$

$O = 2 \cdot 7 \cdot 3 + 2 \cdot 7 \cdot 5 + 2 \cdot 3 \cdot 5$

$O = 42 + 70 + 30 = 142$

$O = 142\ cm^2$

Volumen

$\mathbf{V = a \cdot b \cdot c}$

$V = 7 \cdot 3 \cdot 5 = 105$

$V = 105\ cm^3$

Würfel

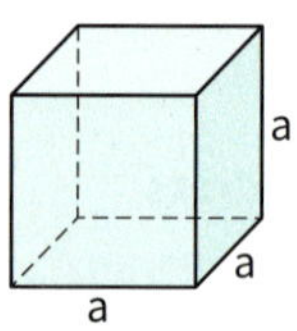

a = 8 cm

Oberflächeninhalt

$\mathbf{O = 6 \cdot a \cdot a}$

$O = 6 \cdot 8 \cdot 8$

$O = 6 \cdot 64 = 384$

$O = 384\ cm^2$

Volumen

$\mathbf{V = a \cdot a \cdot a = a^3}$

$V = 8 \cdot 8 \cdot 8 = 512$

$V = 512\ cm^3$

1 Gib in der Einheit an, die in Klammern steht.

a) $6\ dm^3$ (cm^3)
$11\ cm^3$ (mm^3)
$9\ m^3$ (dm^3)
$12\ dm^3$ (l)

b) $2\ cm^3$ (mm^3)
$13\ m^3$ (cm^3)
$21\ dm^3$ (mm^3)
4 000 ml (l)

c) $12\,000\ cm^3$ (dm^3)
$54\,000\ mm^3$ (cm^3)
$120\,000\ dm^3$ (m^3)
0,5 l (ml)

2 Zeichne ein Netz des abgebildeten Quaders. Berechne seinen Oberflächeninhalt und sein Volumen.

a)
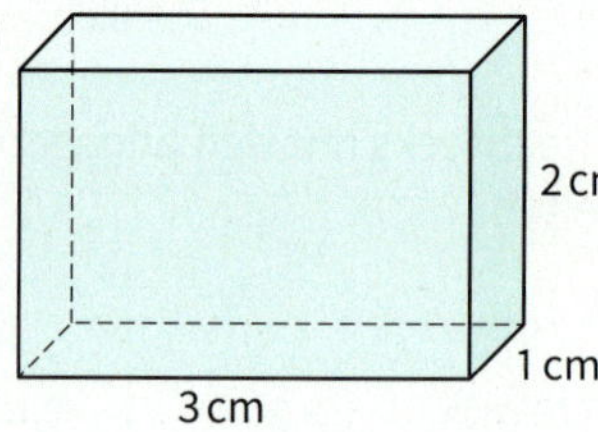

b)
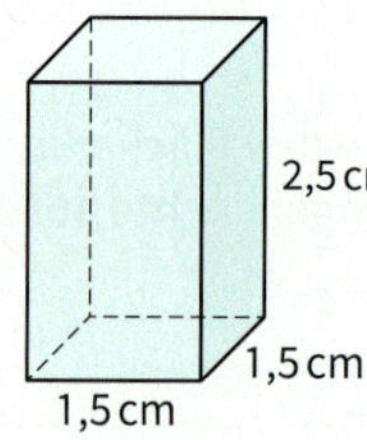

3 Zeichne ein Netz des abgebildeten Würfels. Berechne seinen Oberflächeninhalt und sein Volumen.

a)
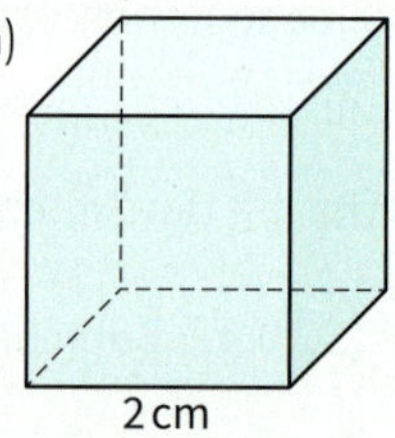

b)
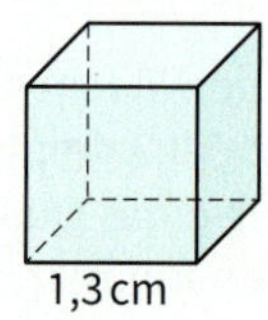

4 a) Eine Verpackung ist 9,5 cm lang, 6,4 cm breit und 16,5 cm hoch. Laut Aufdruck beträgt ihr Fassungsvermögen 1 Liter. Kann das stimmen?
b) Wie viel Quadratzentimeter Karton werden zur Herstellung einer Verpackung mindestens benötigt?

5 a) Ein Würfel hat einen Oberflächeninhalt von $24\ m^2$ ($150\ cm^2$). Gib seine Kantenlänge an.
b) Ein Würfel hat ein Volumen von $27\ m^3$ ($125\ cm^3$). Bestimme seine Kantenlänge.

6 Ein quaderförmiges Schwimmbecken ist 8,50 m lang und 4,80 m breit. Die Wassertiefe soll 1,80 m betragen. Wie viel Liter Wasser müssen eingefüllt werden?

7

Aus einer Autozeitschrift: „Das Vermessen der Kofferräume wird mit kleinen Schaumstoffblöcken (Maße: 2 x 5 x 10 Zentimeter) durchgeführt. Die haben ein Volumen von einem Liter. Die Blöcke werden bis unter die Hutablage im Kofferraum gestapelt. Anschließend werden die Würfel gezählt."

WIEDERHOLUNG
Figuren im Koordinatensystem

1 a) Nenne den Namen der im Koordinatensystem abgebildeten Vierecke. Beschreibe die Eigenschaften der einzelnen Figuren.
b) Gib jeweils die Koordinaten der Eckpunkte an.

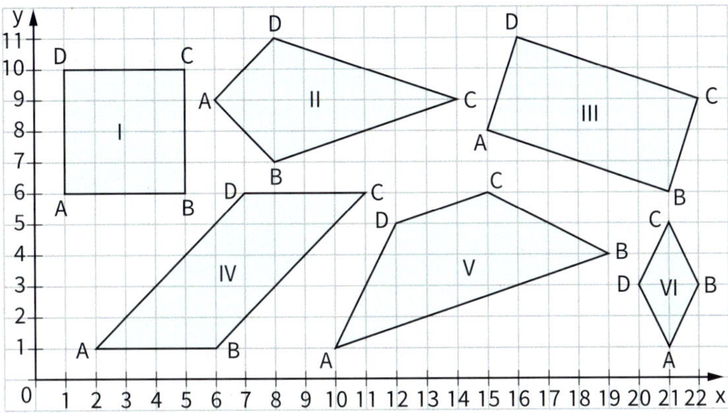

2 Zeichne die Vierecke mit den angegebenen Eckpunkten in ein Koordinatensystem (Einheit 0,5 cm). Welche Figur erhältst du?

Viereck I	Viereck II	Viereck III	Viereck IV
A (3|2)	A (13|0)	A (13|11)	A (1|11)
B (9|4)	B (21|3)	B (17|8)	B (9|13)
C (7|10)	C (21|8)	C (21|11)	C (8|17)
D (1|8)	D (13|5)	D (17|14)	D (0|15)

3 Zeichne in einem Koordinatensystem (Einheit 0,5 cm) durch die beiden angegebenen Punkte jeweils eine Gerade. Überprüfe, welche Geraden zueinander senkrecht sind.

Gerade g	Gerade h	Gerade e	Gerade f
A (3|2) B (1|10)	C (1|4) D (6|9)	E (9|6) F (13|2)	G (6|7) H (14|9)

4 Übertrage die Abbildung in dein Heft. Zeichne durch jeden Punkt die Senkrechte zur Geraden g.

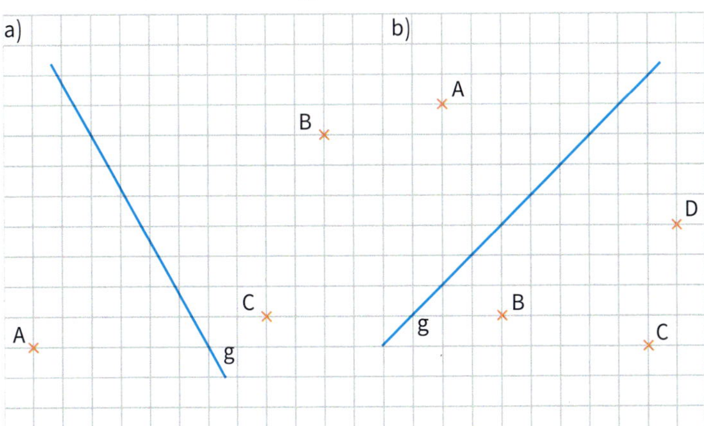

Koordinatensystem

Die waagerechte x-Achse und die senkrechte y-Achse bilden ein Koordinatensystem.

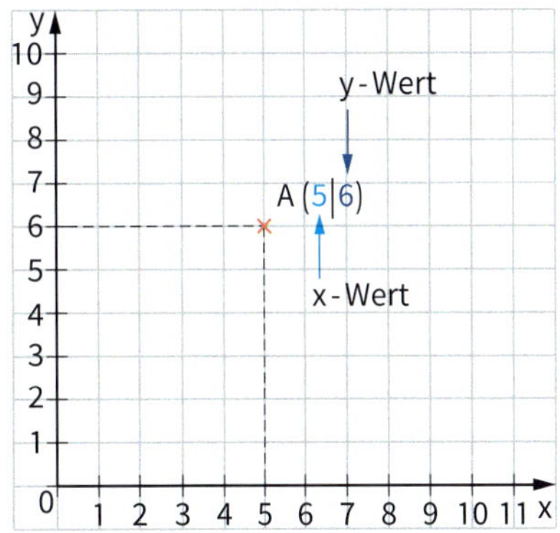

Der Punkt A hat die **Koordinaten 5** und **6:**

A (5 | 6)

Eine **Gerade** hat keinen Anfangspunkt und keinen Endpunkt. Geraden werden mit kleinen Buchstaben (g, h, a, b, …) bezeichnet. Zwei Punkte legen genau eine Gerade fest.

Die Geraden g und h stehen **senkrecht zueinander**, sie bilden **rechte Winkel**.

In einer Zeichnung wird ein rechter Winkel durch das Symbol ⊾ gekennzeichnet.

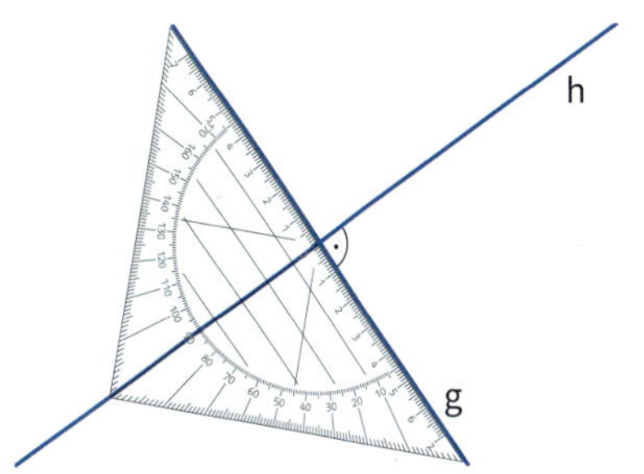

Man schreibt: $g \perp h$
Man sagt: g steht senkrecht zu h

WIEDERHOLUNG
Winkel

Grundbegriffe

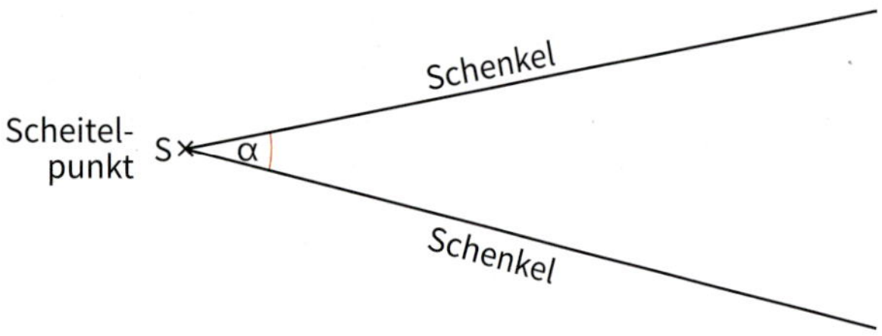

Ein Winkel wird von zwei Schenkeln gebildet, die einen gemeinsamen Anfangspunkt haben. Dieser Punkt heißt Scheitelpunkt des Winkels.

Bezeichnungen für Winkel

… mit griechischen Buchstaben α (alpha), β (beta), γ (gamma), δ (delta), ε (epsilon), φ (phi), …

… durch die Nennung seiner Schenkel:

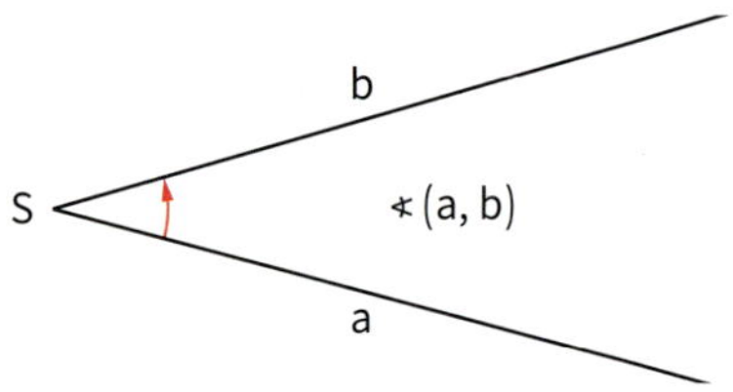

∢(a, b) bezeichnet den Winkel, der bei einer **Linksdrehung** des **Schenkels a** auf **Schenkel b** überstrichen wird.

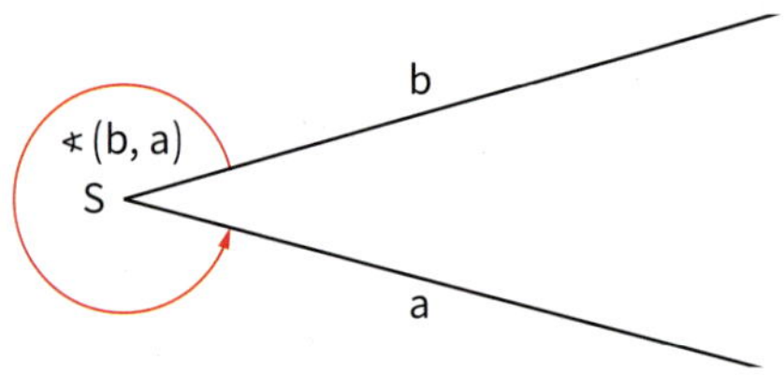

∢(b, a) bezeichnet den Winkel, der bei einer **Linksdrehung** des **Schenkels b** auf **Schenkel a** überstrichen wird.

… durch die Angabe von drei Punkten:

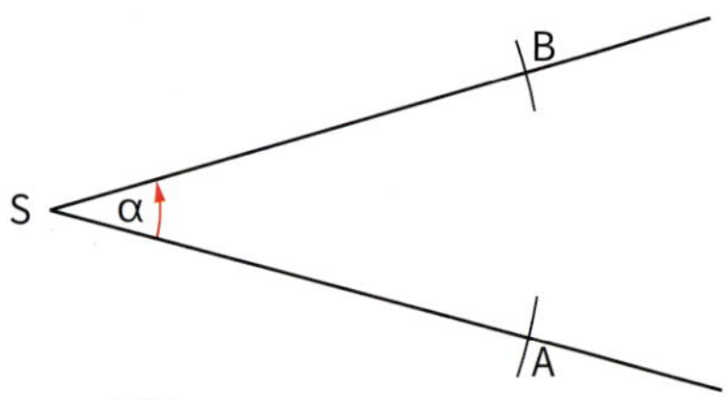

α = ∢ASB

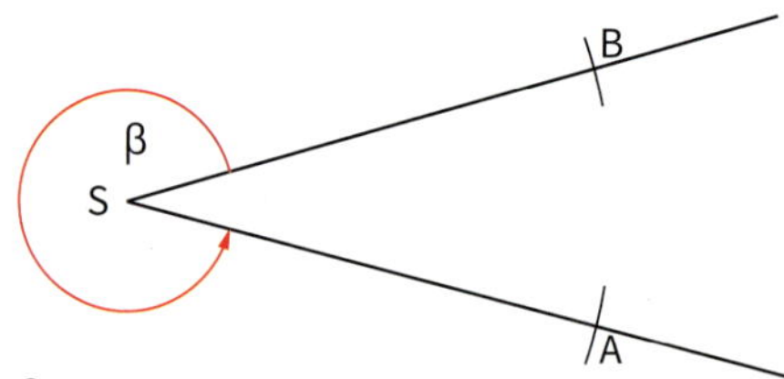

β = ∢BSA

Winkelarten

spitzer Winkel	rechter Winkel	stumpfer Winkel	gestreckter Winkel	überstumpfer Winkel	Voll-Winkel
0° < α < 90°	α = 90°	90° < α < 180°	α = 180°	180° < α < 360°	α = 360°
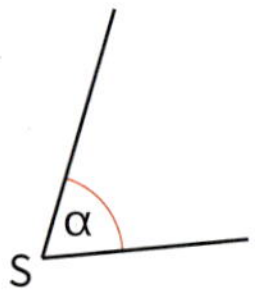	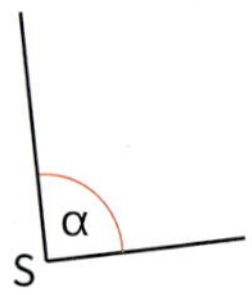	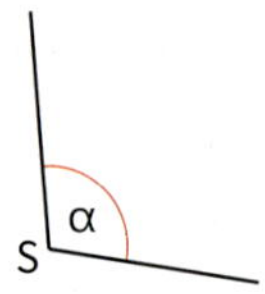	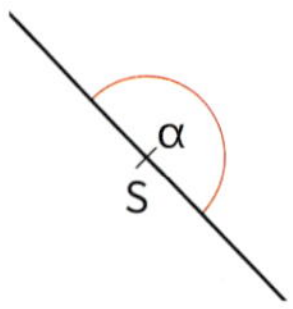	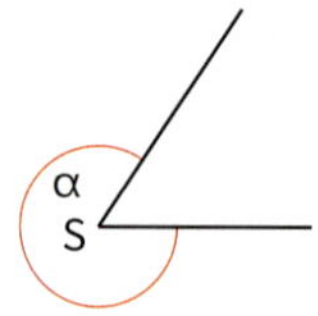	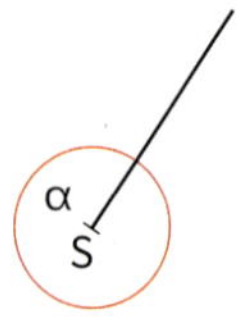

WIEDERHOLUNG
Winkel messen und zeichnen

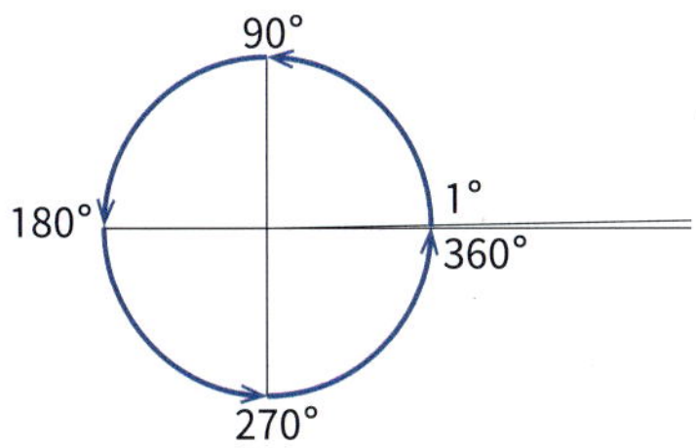

Die Größe eines Winkels wird in der Einheit **Grad** angegeben. 1 Grad (1°) ist der 360. Teil eines Vollwinkels.

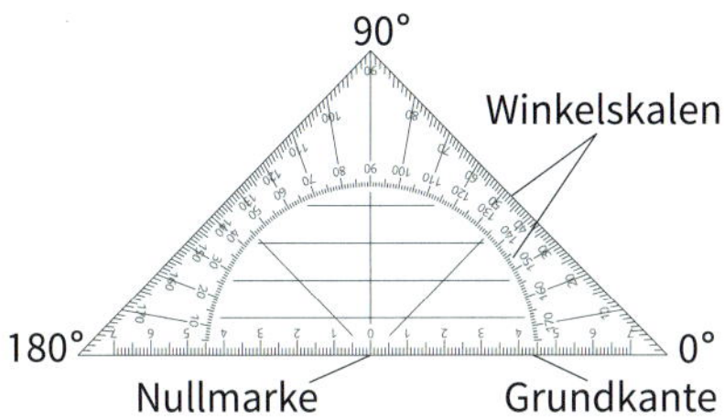

Winkel messen

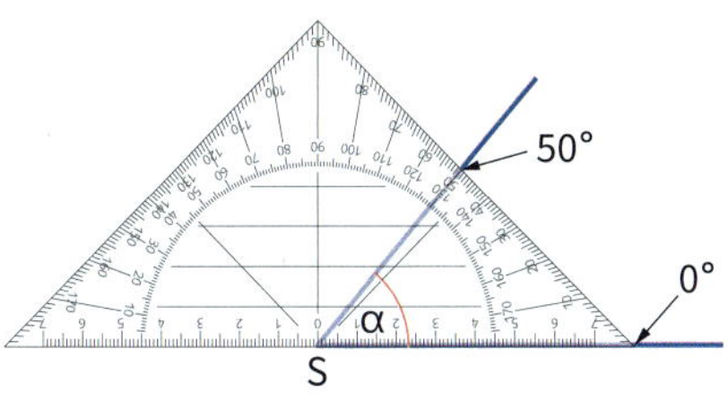

Winkel zeichnen

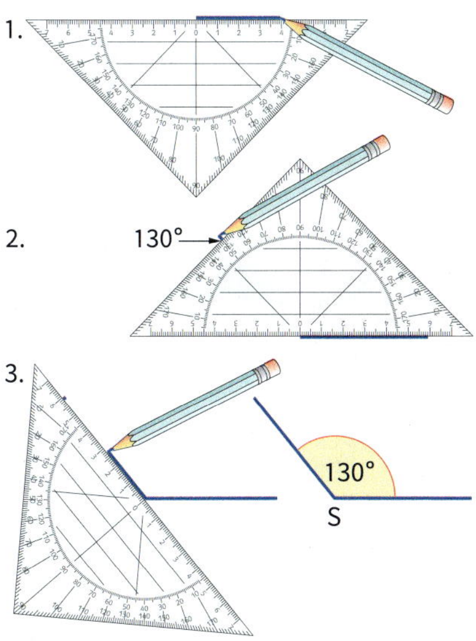

1 a) Bezeichne den markierten Winkel durch die Nennung seiner Schenkel. Schreibe so: α = ∡(a, b)
b) Ergänze die Tabelle im Heft.

Winkel	α	β	
Winkelart	spitzer Winkel		
geschätzte Größe			
gemessene Größe			

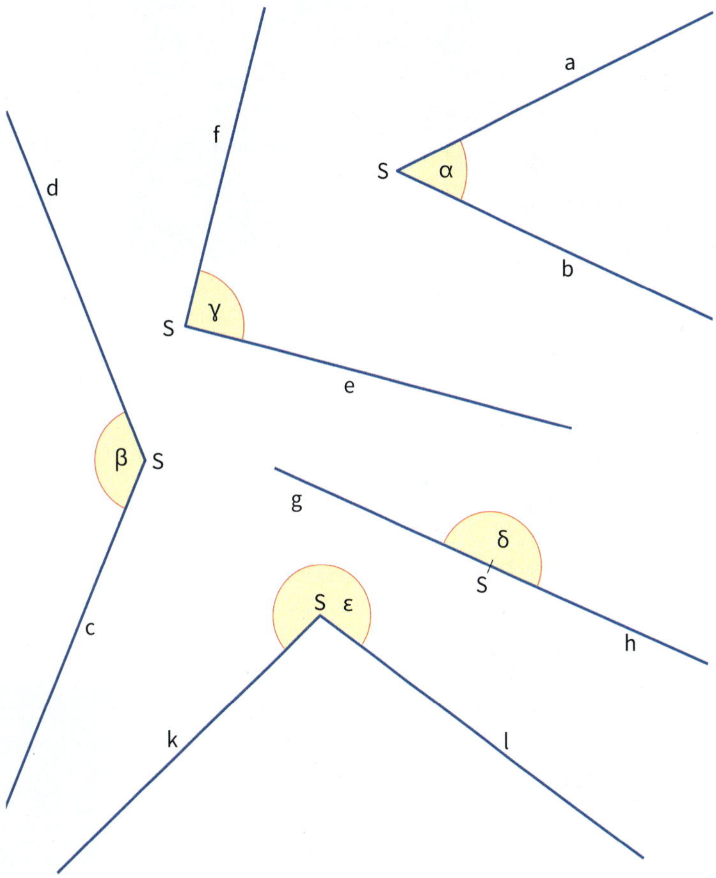

2 Zeichne jeweils einen Winkel der angegebenen Größe. Markiere den Winkel mit einem Winkelbogen.
a) 35° 65° 27° 53° 78° 15° 86° 45° 90°
b) 100° 165° 125° 158° 103° 175° 250° 300°

3 Trage die Punkte S, A und B in ein Koordinatensystem (Einheit 0,5 cm) ein.
Zeichne von S aus jeweils einen Schenkel a durch Punkt A und einen Schenkel b durch Punkt B. Miss die Größe des Winkels ∡(a, b).
a) S(3|12), A(2|1), B(14|11)
b) S(9|2), A(9|14), B(1|10)
c) S(10|3), A(23|5), B(1|10)
d) S(8|13), A(2|6), B(19|9)

Partnerarbeit

Regeln für die Partnerarbeit

1. Jeder liest zunächst die Aufgabenstellung für sich durch und beachtet dabei die vorgegebenen Arbeitsschritte, Hinweise und Hilfen.
2. Jeder entwickelt einen eigenen Lösungsansatz.
3. Vergleicht eure Lösungsansätze und erarbeitet eine gemeinsame Lösung.
4. Bereitet eine Präsentation eures Ergebnisses vor (Folie, Lernplakat, Vortrag mit Stichwortzettel, ...).

Einem Text Informationen entnehmen

1. Lies den Text im Ganzen durch. Schreibe in einem Satz auf, wovon der Text handelt.
2. Lies jeden einzelnen Abschnitt des Textes langsam und konzentriert.
   Schreibe zu jedem Abschnitt eine Überschrift auf.
3. Schreibe die Aussagen des Textes auf, die du für besonders wichtig hältst.
4. Schreibe die Wörter auf, die du nicht kennst. Kläre ihre Bedeutung, indem du das Internet oder ein Lexikon benutzt oder deine Lehrerin oder deinen Lehrer fragst.
5. Berichte einem Mitschüler oder einer Mitschülerin, was du gelesen hast.

Gruppenarbeit

Regeln für die Gruppenarbeit

1. Der Arbeitsplatz wird eingerichtet. Alle Arbeitsmaterialien werden zurechtgelegt.
2. Die Gruppenarbeit beginnt mit einer gemeinsamen Besprechung der Aufgabenstellung.
3. Der Arbeitsablauf wird organisiert. Dabei werden alle an der Arbeit beteiligt.
4. Alle Gruppenmitglieder notieren die wichtigsten Ergebnisse.
5. Der Vortrag der Ergebnisse wird gemeinsam vorbereitet. Alle sind für die Qualität der Arbeit verantwortlich.

Regeln für die Präsentation

1. Beginne nicht sofort, sondern warte ab, bis Ruhe herrscht.
2. Versuche frei zu sprechen und schaue das Publikum an. Benutze einen Notizzettel als Merkhilfe.
3. Stelle wichtige Informationen besonders heraus. Benutze dazu die Tafel, Folien, Plakate.
4. Warte am Ende ab, ob es noch Fragen oder Anmerkungen gibt. Gehe auf Fragen sowie Kritik sachlich und angemessen ein.

Regeln für das Publikum

1. Wenn eine Gruppe ihre Ergebnisse vorträgt, hört das Publikum aufmerksam zu.
2. Jeder überlegt während der Präsentation:
   - Was kann ich bei dieser Präsentation lernen?
   - Welche Fragen habe ich noch?
   - Was hat mir gut gefallen, was könnte noch verbessert werden?
3. Das Publikum nimmt in der Nachbesprechung dazu Stellung. Alle Schülerinnen und Schüler äußern Lob und Kritik konstruktiv.

Ein Lernplakat erstellen

Mögliche Arbeitsschritte

- Überlegt, was auf dem Plakat dargestellt werden soll.
- Erstellt in Partnerarbeit jeweils einen Entwurf auf einem DIN-A4-Blatt.
- Diskutiert die verschiedenen Entwürfe in der Gruppe.
- Verteilt Arbeitsaufträge an die einzelnen Gruppenmitglieder. Jeder Schüler ist für eine Teilaufgabe verantwortlich: Texte, Bilder, Grafiken, …

Es ist sinnvoll das Lernplakat in Gruppenarbeit zu erstellen.
Die Gruppe sollte nicht zu groß sein. Achtet darauf, dass jeder etwas zum Gelingen der Arbeit beiträgt.

Auf einem Lernplakat werden Informationen übersichtlich und anschaulich dargestellt.
Dazu werden Texte, Bilder und Zeichnungen benutzt.
Jedes Plakat besitzt eine Überschrift, die weithin sichtbar ist.
Die Schriftgröße muss immer so gewählt werden, dass die Texte aus einer Entfernung von einem Meter noch lesbar sind.

Der Goldhamster als Haustier

Anschaffungskosten:

Goldhamster	15,00 €
Buch über artgerechte Haltung	9,95 €
Hamsterkäfig	49,90 €
Hamsterkletterburg	12,00 €
Laufrad	15,90 €
Fressnapf	5,29 €
Tränke	3,49 €
Transportbox	7,69 €
Hamsterschmaus (1 kg)	8,80 €
Streu (10 l)	7,39 €
Nagerstein	1,79 €

Monatliche Kosten:

Für Futter und Nistmaterial sollten pro Monat 20 € gerechnet werden.

Artgerechte und abwechslungsreiche Haltung:

Hamster wollen sich putzen, fressen, klettern, laufen und dazwischen immer mal wieder ein Nickerchen einlegen. Sie sollten nicht ununterbrochen herumgetragen und gestreichelt werden.
Unnötiges Wecken während der Schlafzeiten fördert die Aggressivität und verringert die Lebenserwartung.
Hamster sind Einzelgänger.

Tipp:

Hamsterkletterburgen und -häuschen lassen sich auch leicht selber bauen.

Ich-Du-Wir-Aufgaben

Ich: Höre dir die Aufgabenstellung genau an und lies die Aufgabenstellung sorgfältig durch.
Überlege, in welchen Schritten du die Aufgabe lösen kannst.
Notiere, was du dir überlegt hast.

Du: Sprich mit deinem Partner oder deiner Partnerin über die Aufgabe.
Stelle ihm oder ihr deinen Lösungsweg vor.
Höre dir seinen oder ihren Lösungsweg an.
Erarbeitet eine gemeinsame Lösung.

Wir: Informiert eure Klasse in einem kurzen Vortrag über die Aufgabe und euren Lösungsweg.
Aus allen Beiträgen kann dann ein gemeinsames Ergebnis erarbeitet werden.

WIEDERHOLUNG
Problemlösen

Probleme erkunden und erfassen

1. Stelle fest, welche Informationen im Text, im Bild oder Diagramm enthalten sind.
2. Überlege, welche mathematische Fragestellung in diesem Zusammenhang sinnvoll ist.
3. Formuliere eine Aufgabe.
4. Stelle alle Informationen zusammen, die du zur Lösung der Aufgabe brauchst. Wenn nötig, suche weitere Informationen in Lexika, im Internet oder frage deine Lehrerin oder deinen Lehrer.

Die Klasse 7 a besteht aus 13 Mädchen und 14 Jungen. Sie plant zusammen mit den beiden Klassenlehrern eine Klassenfahrt nach Borkum. Dort möchte sie in der größten Jugendherberge Europas viermal übernachten. Die Kosten für eine Übernachtung betragen bei Vollpension pro Person 38 €. Die Fähre kostet pro Person für Hin- und Rückfahrt 42,60 €. Das Busunternehmen verlangt für die Fahrt von Hannover nach Emden am Montagmorgen und für die Rückfahrt am Freitagnachmittag insgesamt 980 €. Für eine Wattwanderung auf Borkum planen die Klassenlehrer 70 € ein.

Du findest im Text alle Informationen, um zum Beispiel die Gesamtkosten der Fahrt zu berechnen.

Anzahl der Schülerinnen und Schüler: 13 + 14
Anzahl der Übernachtungen: 4
Kosten für Vollpension pro Person und Tag: 38 €
Fährkosten pro Person: 42,60 €
Gesamtkosten für die Busfahrten: 980 €
Gesamtkosten für die Wattwanderung: 70 €

Um die Dauer der Fahrt oder die zurückgelegten Kilometer zu berechnen oder um eine Zimmerbelegung festzulegen, benötigst du weitere Angaben.

Schätzen, Messen und Überschlagen

1. Überlege, welche Angaben du für eine Überschlagsrechnung benötigst.
2. Prüfe, ob du alle Angaben den vorhandenen Informationen entnehmen kannst. Wenn nötig, verschaffe dir weitere Angaben, zum Beispiel durch eine Messung oder eine Schätzung.
3. Führe die Überschlagsrechnung durch. Wähle dazu ein geeignetes Rechenverfahren.
4. Überlege, ob das Ergebnis deiner Rechnung sinnvoll ist.

Im Dezember 2020 betrug die Staatsverschuldung in der Bundesrepublik Deutschland rund 2 200 000 000 000 €.
Reicht ein Turm aus 1-Euro-Münzen über diese Summe bis zum Mond?

Messung: Ein Turm aus zehn 1-Euro-Münzen ist 23 mm hoch. Also ist eine Münze 2,3 mm dick.

Lexikon: Die durchschnittliche Entfernung Erde–Mond beträgt 380 000 km.

Überschlagsrechnung:
2 000 000 000 000 · 2 mm
= 4 000 000 000 000 mm
= 4 000 000 000 m
= 4 000 000 km

Antwort: Der Turm wäre mehr als zehnmal höher als die Entfernung Erde–Mond.

Systematisches Probieren

1. Überlege, welche Werte für die gesuchte Größe sinnvoll sind. Stelle, wenn möglich, einen Rechenausdruck (Term) zur Berechnung des vorgegebenen Ergebnisses auf.
2. Setze systematisch die möglichen Werte in deinen Term ein. Überprüfe, ob du das richtige Ergebnis erhältst.
3. Bestimme die gesuchte Größe und überlege, ob das Ergebnis sinnvoll ist.

Leni ist auf der Kirmes zweimal mit dem Autoscooter und mehrmals mit der Raupe gefahren. Sie hat dafür insgesamt 11,50 € ausgegeben. Wie oft ist Leni mit der Raupe gefahren?

Kosten für den Autoscooter: 2 · 2,00 € = 4,00 €
Kosten für die Raupe: ■ · 1,50 €
■ ist dabei ein Platzhalter für die Anzahl der Fahrten mit der Raupe.

Term für die Gesamtkosten:

4,00 € + ■ · 1,50 €

Du setzt für ■ Werte ein und rechnest:

4,00 € + 3 · 1,50 € = 8,50 € falsches Ergebnis
4,00 € + 4 · 1,50 € = 10,00 € falsches Ergebnis
4,00 € + 5 · 1,50 € = 11,50 € **richtiges Ergebnis**

Leni ist fünfmal mit der Raupe gefahren.

Rückwärtsrechnen

1. Wird das Ergebnis einer Rechnung angegeben und nach einer anderen Größe gefragt, überlege, welche Rechenoperationen zum Ergebnis geführt haben.
2 Gehe von dem Ergebnis aus und führe in umgekehrter Reihenfolge die zugehörigen Umkehroperationen durch.
3. Bestimme die gesuchte Größe und überlege, ob das Ergebnis sinnvoll ist.

Paul kauft im Schreibwarengeschäft drei Folienstifte und mehrere DIN-A4-Hefte.
Er bezahlt insgesamt 10,20 €.
Wie viele DIN-A4-Hefte hat Paul gekauft?

Gesamtpreis: 10,20 €
Preis für drei Folienstifte: 3 · 1,60 € = 4,80 €
Preis für die DIN-A4-Hefte: ■ · 0,90
■ ist dabei ein Platzhalter für die Anzahl der DIN-A4-Hefte.

■ · 0,90 + 4,80 = 10,20

■ —(· 0,90)→ □ —(+ 4,80)→ 10,20

6 ←(: 0,90)— 5,40 ←(− 4,80)— 10,20

Paul hat sechs DIN-A4-Hefte gekauft.

LÖSUNGEN
zu den Eingangstests

Zuordnungen Seite 204

1 a) 0,784 b) 34,155 c) 0,2125 d) 0,105

2 a) 3,41 b) 3,69 c) 1,00

3 a) 1 790 m b) 1 334 cm c) 0,750 kg
d) 2 045 kg e) 165 min f) 58 h

4 Es entsteht ein Parallelogramm.

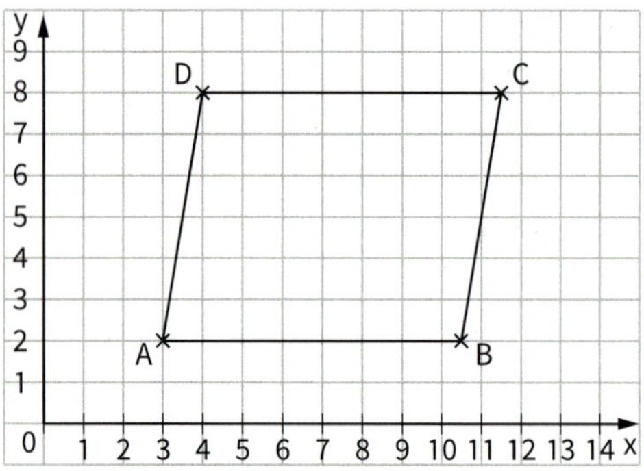

5 10 Hefte kosten 7,70 € inklusive Porto im Online-Shop, also kostet ein Heft 77 Cent. Im Supermarkt kosten 5 Hefte 3,90 €, also kostet ein Heft 78 Cent.

Brüche multiplizieren und dividieren Seite 205

1 a) $\frac{2}{3}$ b) $\frac{2}{3}$ c) $\frac{7}{12}$

2 a) $\frac{15}{25}$ b) $\frac{40}{55}$ c) $\frac{20}{45}$

3 a) $2\frac{5}{7}$ b) 12 c) $16\frac{1}{4}$

4 a) $\frac{9}{2}$ b) $\frac{42}{11}$

5 a) $\frac{3}{7}$ b) $\frac{2}{5}$ c) $\frac{5}{6}$ d) $\frac{7}{12}$ e) $2\frac{7}{12}$

Prozentrechnung Seite 205

1 a) $\frac{41}{100}$ b) $\frac{52}{100}$ c) $\frac{70}{100}$
d) $\frac{90}{100}$ e) $\frac{22}{100}$ f) $\frac{52}{100}$

2 200 Schülerinnen und Schüler kommen zu Fuß, 200 kommen mit dem Rad und 400 mit dem Bus zur Schule.

3 a) 5 € b) 12 cm c) 12 kg d) 14 m^2

4 a) Es gilt: Je mehr Masse Schokolade, desto mehr Masse Kakao. Daher ist die Zuordnung proportional.

b)

Masse Schokolade (g)	Masse Kakao (g)
100	40
200	80
500	200
50	20
25	10

Statistische Erhebungen 206

1 a) 0,1 b) 0,25 c) 0,6 d) 0,16

2 a) 50 % b) 26 % c) 75 % d) 60 %

3 0,003 < 0,02 < 0,2 < 0,23 < 0,3 < 0,32

4 $\alpha = 90°$ $\beta = 30°$ $\gamma = 110°$

Rationale Zahlen Seite 206

1 a) 1,002 < 1,02 < 1,2 < 2,03 < 2,3
b) $0 < \frac{1}{5} < \frac{1}{3} < \frac{1}{2} < \frac{2}{3} < \frac{3}{4}$

2 a) 3,377 b) 32,545 c) 30,5 d) 9,612

3 a) $\frac{15}{4}$ b) $\frac{12}{72} = \frac{1}{6}$ c) $\frac{1}{12}$ d) $\frac{3}{2} = 1\frac{1}{2}$

4

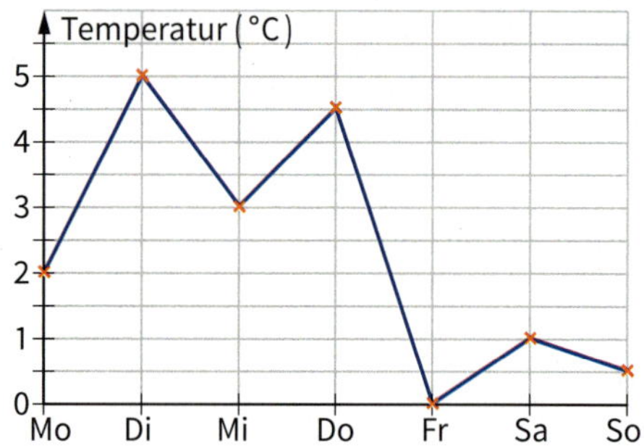

5

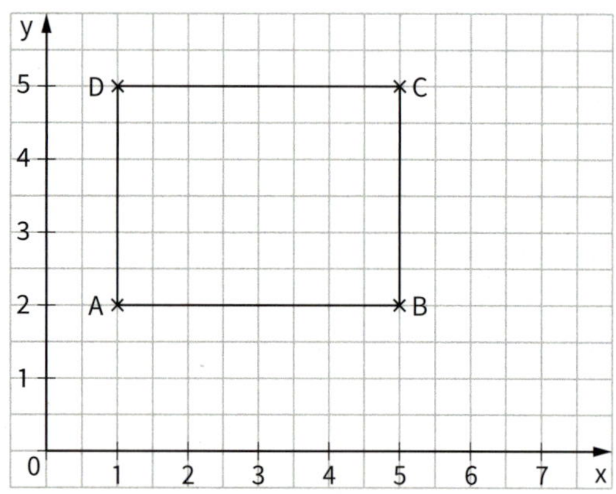

Es entsteht ein Rechteck.

Dreiecke und Winkel Seite 207

1

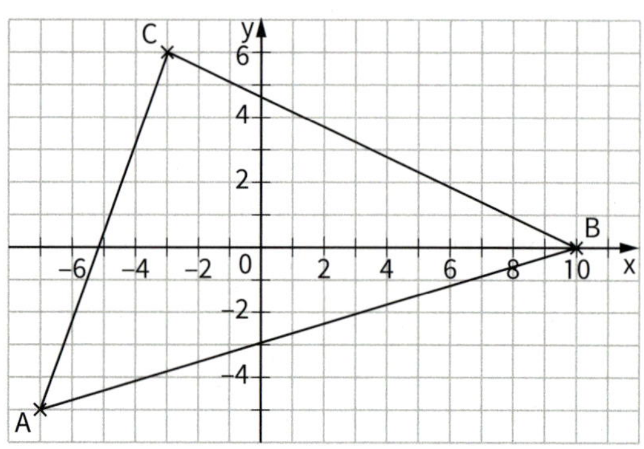

2

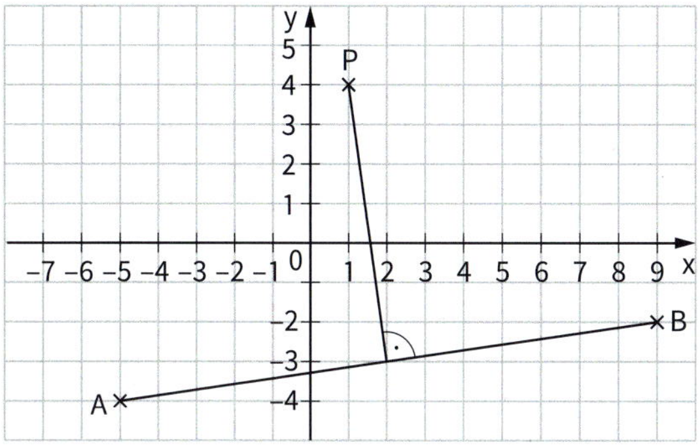

3

	Maßstab	Länge in der Zeichnung	Länge in der Wirklichkeit
a)	1 : 1 000	5 cm	5 000 cm = 50 m
b)	1 : 10 000	9,5 cm	950 m

4 $\alpha = 135°$; $\beta = 35°$

5

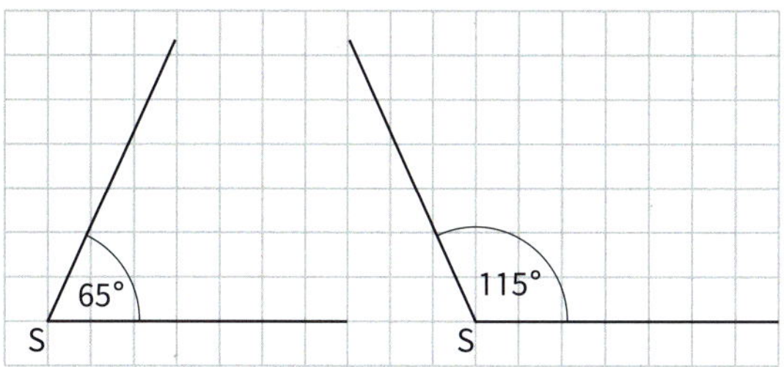

Variablen und Terme Seite 207

1 a) 18; 35 b) 5; 19 c) −11; −15 d) 4; −1

2 a) 17 + 4 = 21 b) 19 − 5 = 14
c) 7 · 11 = 77 d) 39 : 3 = 13

3 a) Paula muss 4,90 € bezahlen.
b) Paula muss dann 7,10 € bezahlen.

4 a) u = 44 cm
b) Z. B.: 20 cm und 5 cm oder 10 cm und 15 cm

LÖSUNGEN
zu den Ausgangstests

zu Seite 36

1

Name	Hobby
Isabel	Gitarre
Isabel	Im Chor singen
Nadine	Klavier
Nico	Malen
Helen	Gitarre spielen
Helen	Malen
Arne	Fußball
Thilo	Handball
Thilo	Briefmarken sammeln
Marco	Schach
Tobias	Schach
Tobias	Briefmarken sammeln

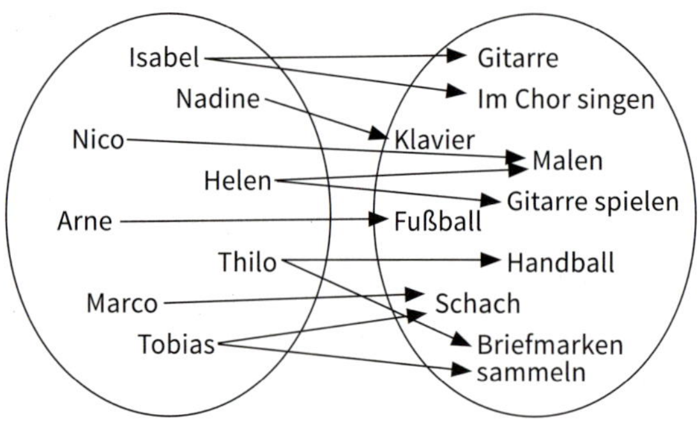

2 a)

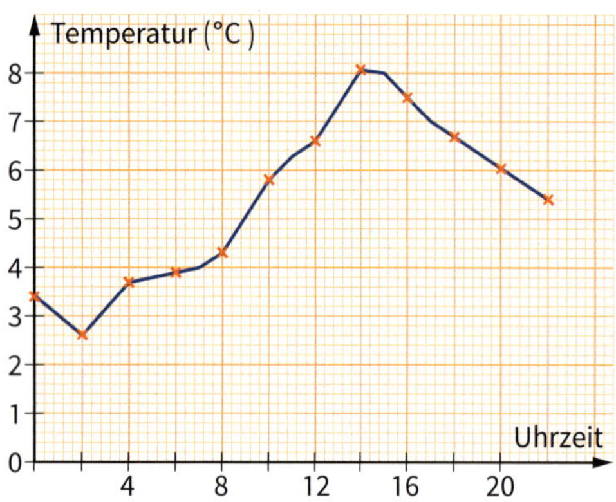

b) Die Temperatur betrug gegen 12.30 Uhr und gegen 17.00 Uhr 7 °C.

3 Sein Verdienst am nächsten Tag beträgt 172 €.

4 a)

Masse (kg)	Preis (€)
3	2,40
15	12
5	4
1,5	1,20

b)

Zeit (min)	Strecke (km)
30	45
90	135
15	22,5
5	7,5

5 a)

Breite (m)	Länge (m)
12	12
48	3
16	9
64	2,25

b)

Anzahl	Länge (m)
30	0,45
90	0,15
15	0,90
5	2,70

6 Wenn nur 24 Personen mitfahren, zahlt jeder 14 €.

7 Es werden nun 11 Arbeitstage benötigt.

zu Seite 37

1 a)

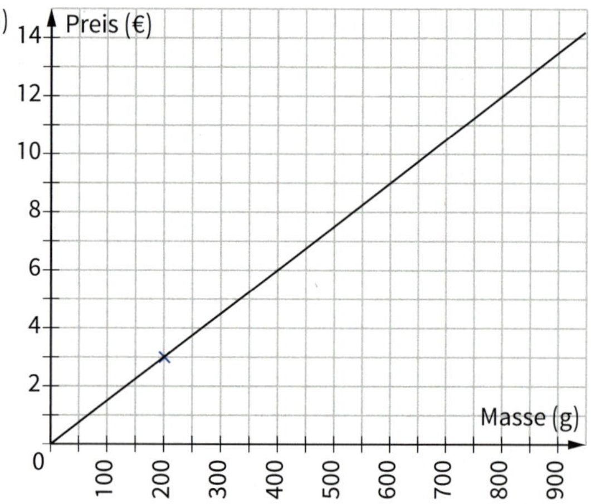

b) 300 g Salami kosten 4,50 €, 500 g Salami kosten 7,50 € und 900 g Salami kosten 13,50 €.

2 Die Entfernung (Luftlinie) beträgt in Wirklichkeit 180 km.

3 a)

Länge (m)	Anzahl der Kabelstücke
2	30
4	15
10	6
12	5
15	4
20	3

b)

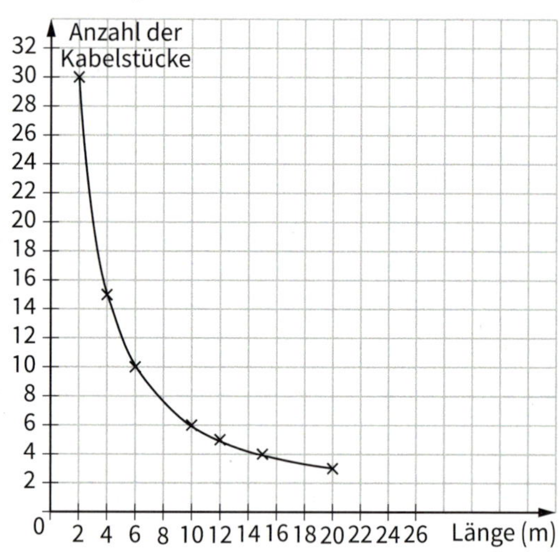

LÖSUNGEN
zu den Ausgangstests

4 In 40 Minuten entstehen Energiekosten in Höhe von 0,24 €, in 45 Minuten in Höhe von 0,27 € und in 2 Stunden in Höhe von 0,72 €.

5 a) Frau Peters braucht 3 h 20 min.
b) Das Auto braucht ca. 1 h 55 min.

6 a) Der Silberbarren hat eine Masse von 1 890 g (997,5 g).
b) k = 10,5; k gibt hier die Dichte von Silber an (die Masse eines Kubikzentimeters in Gramm).
c) $x \longrightarrow 10{,}5 \cdot x$

7 a) Z. B.: 30 cm^3 eines bestimmten Metalls haben eine Masse von 339 g. Welche Masse hat ein Volumen von 150 cm^3 (250 cm^3)?
b) Z. B.: 12 Arbeitskräfte verrichten eine bestimmte Arbeit in 6 Tagen. Wie lange brauchen 9 Arbeitskräfte (8 Arbeitskräfte) für die gleiche Arbeit?

a)

Volumen (cm^3)	Masse (g)
30	339
150	1 695
250	2 825

b)

Anzahl	Zeit (d)
12	6
9	8
8	9

zu Seite 58

1 a) $\frac{12}{13}$ b) $\frac{27}{5} = 5\frac{2}{5}$ c) $\frac{12}{7} = 1\frac{5}{7}$ d) $\frac{20}{3} = 6\frac{2}{3}$

2 a) $\frac{6}{7}$ b) $\frac{4}{3} = 1\frac{1}{3}$ c) $\frac{15}{56}$ d) $\frac{3}{7}$

3 a) $10\frac{4}{5}$ m b) 35 kg c) $6\frac{1}{4}$ €

4 a) $\frac{2}{15}$ b) $\frac{3}{32}$ c) $\frac{45}{56}$ d) $\frac{8}{5} = 1\frac{3}{5}$

5 a) $\frac{15}{22}$ b) $\frac{2}{3}$ c) $\frac{4}{3} = 1\frac{1}{3}$

6 a) $\frac{1}{16}$ b) $\frac{1}{3}$ c) $\frac{4}{9}$

7 Lara kann 30 Gläser mit Saft füllen.

8 42 Schülerinnen und Schüler kommen mit dem Bus, 72 mit dem Fahrrad und 54 zu Fuß zur Schule.

9 Paul hat $\frac{3}{8}$ l Wasser getrunken.

10 In der Klasse sind 12 Jungen und 18 Mädchen.

zu Seite 59

1 a) 10 b) $\frac{1}{16}$ c) $\frac{32}{7} = 4\frac{4}{7}$
d) 22 e) $\frac{1}{3}$ f) $\frac{24}{13} = 1\frac{11}{13}$

2 a) $\frac{1}{9}$ b) 51 c) $\frac{7}{25}$

3 a) $\frac{4}{5}$ b) $\frac{3}{4}$ c) $\frac{9}{10}$

4 a) $\frac{1}{8}$ b) $\frac{2}{5}$

5 a) 18 b) $\frac{44}{27} = 1\frac{17}{27}$ c) $\frac{12}{7} = 1\frac{5}{7}$

6 a) $\frac{35}{18} = 1\frac{17}{18}$ b) $\frac{3}{8}$ c) $\frac{7}{9}$

7 a) $\frac{1}{2}$ b) $\frac{13}{30}$

8 a) $\frac{3}{5}$ b) $\frac{5}{18}$

9 Das Ergebnis ist $13\frac{1}{5}$, d. h. es lassen sich mit der Rolle Klebeband 13 Kartons verpacken.

10 Der eine Erbe erhält 18 900 € und der andere Erbe 25 200 €.

11 $1\frac{1}{5}$ Stunden sind 72 Minuten oder 4320 Sekunden.
Max braucht im Durchschnitt 240 Sekunden pro Runde.

12 Mädchen: $\frac{3}{10} = \frac{21}{70}$; Jungen: $\frac{11}{35} = \frac{22}{70}$
Es nehmen mehr Jungen als Mädchen teil.

zu Seite 90

1

a)	$\frac{9}{10}$	$\frac{90}{100}$	0,9	90 %
b)	$\frac{3}{10}$	$\frac{30}{100}$	0,3	30 %
c)	$\frac{7}{10}$	$\frac{70}{100}$	0,7	70 %
d)	$\frac{9}{20}$	$\frac{45}{100}$	0,45	45 %
e)	$\frac{11}{25}$	$\frac{44}{100}$	0,44	44 %
f)	$\frac{8}{25}$	$\frac{32}{100}$	0,32	32 %
g)	$\frac{7}{20}$	$\frac{35}{100}$	0,35	35 %
h)	$\frac{6}{25}$	$\frac{24}{100}$	0,24	24 %

2 a) Bonbons: 70 %
Nuss-Nougat-Creme: 48 %
Schokoküsse: 45 %
Schokolade: 55 %
Milcheis: 25 %
b) Bonbons, Schokolade, Nuss-Nougat-Creme, Schokoküsse, Milcheis

3 a) 12 kg b) 10 % c) 35 €
d) 25 % e) 60 g f) 57 l

4 a) W = 77 kg
b) p % = 70 %
c) W = 182 m
d) p % = 5 %
e) G = 1 025 g
f) G = 150 €

5 400-g-Glas: 220 g Zucker
250-g-Glas: 137,5 g Zucker
40-g-Portion: 22 g Zucker

6 Das Hotel hat insgesamt 420 Betten.

7 Das sind 52 %.

LÖSUNGEN
zu den Ausgangstests

8 12 % von 195 € sind 23,40 €, daher muss Ben für seinen neuen Computer 171,60 € bezahlen.

zu Seite 91

1 a) 0,6 = 60 % b) 0,55 = 55 % c) 0,16 = 16 %
d) $0,\overline{3} \approx 33,3$ % e) $0,\overline{7} \approx 77,8$ %

2 165 m^2 sind bebaut.

3 Der Urlaubsort ist 840 km entfernt.

4 52 % der Schülerinnen und Schüler haben eine Urkunde erhalten.

5 a) 20 % b) 75 %
c) 10 % d) $66,\overline{6}$ % ≈ 66,7 %

6 a) stimmt ungefähr
b) stimmt genau
c) stimmt ungefähr
d) falsch
e) stimmt ungefähr

7 20 % von 79,50 € sind 15,90 €. Somit kostet der Anorak nur noch 63,60 €.

8 2,5 % von 2 760 € sind 69 €. Somit beträgt ihr neues Gehalt 2 829 €.

9 Vor einem Jahr hatte der Verein 2 450 Mitglieder, heute sind es 2 499 Mitglieder.

10 Der Mengenrabatt beträgt 20 %.

11 a) Der Fernseher kostet nach der zweiten Preissenkung 396 €.
b) Insgesamt ist das Fernsehgerät um 28 % reduziert worden.

12 a) Die Aussage ist wahr. Beispiel: alter Preis: 15 €, erhöhter Preis: 30 €
b) Die Aussage ist falsch. Beispiel: alter Preis: 15 €, erhöhter Preis: 30 €, nochmals erhöhter Preis: 60 € Der neue Preis ist viermal so hoch.
c) Die Aussage ist wahr. Beispiel: alter Preis: 15 €, erhöhter Preis: 30 €, reduzierter Preis: 15 €

zu Seite 114

1 a)

1 𝍸 |
2 ||||
3 𝍸
4 |||
5 𝍸
6 |

Punkte	absolute Häufigkeit	relative Häufigkeit als Dezimalzahl	relative Häufigkeit in Prozent
1	6	0,25	25 %
2	4	$\approx 0,1\overline{6}$	≈ 16,7 %
3	5	≈ 0,208	≈ 20,8 %
4	3	0,125	12,5 %
5	5	≈ 0,208	≈ 20,8 %
6	1	≈ 0,04	≈ 4 %

b)

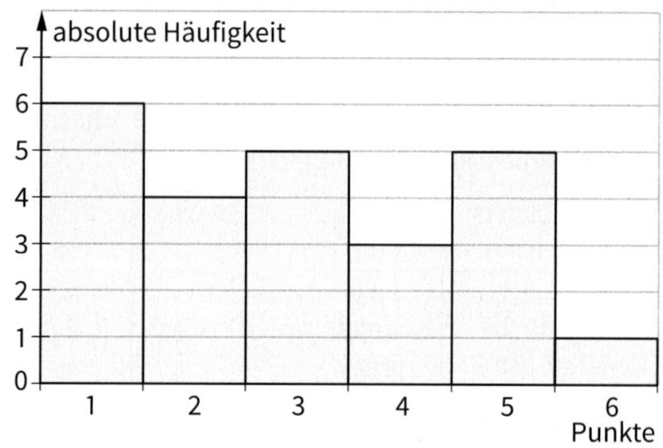

2 Aussage 1: falsch Aussage 2: wahr
Aussage 3: wahr Aussage 4: falsch

3 a) $\bar{x} = 8,01$ m b) $\tilde{x} = 8,54$ m

4 a)/b)

Taschengeld (€)	absolute Häufigkeit	relative Häufigkeit	Länge des Abschnitts im Streifendiagramm
10	10	≈ 0,22	≈ 2,2 cm
12	7	≈ 0,15	≈ 1,5 cm
16	9	≈ 0,20	≈ 2,0 cm
20	12	≈ 0,26	≈ 2,6 cm
25	5	≈ 0,11	≈ 1,1 cm
30	3	≈ 0,07	≈ 0,7 cm

zu Seite 115

1 Gruppe A: $\bar{x} = 4$ $\tilde{x} = 4$
Gruppe B: $\bar{x} = 4,125$ $\tilde{x} = 5$
Der Zentralwert sagt mehr über die Leistungsstärke der Klasse aus als das arithmetische Mittel.

2 a)

Klasse	absolute Häufigkeit
von 270 cm bis unter 300 cm	2
von 300 cm bis unter 330 cm	3
von 330 cm bis unter 360 cm	2
von 360 cm bis unter 390 cm	7
von 390 cm bis unter 420 cm	4
von 420 cm bis unter 450 cm	4
von 450 cm bis unter 480 cm	2

b)

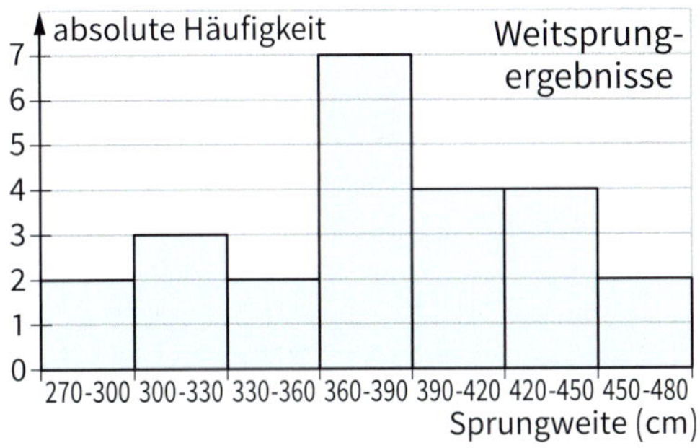

3 a)

Sprunghöhe (m)	absolute Häufigkeit	relative Häufigkeit als Dezimalzahl	relative Häufigkeit in Prozent
1,10	1	≈ 0,04	≈ 4 %
1,15	5	≈ 0,18	≈ 18 %
1,20	3	≈ 0,11	≈ 11 %
1,25	8	≈ 0,29	≈ 29 %
1,30	5	≈ 0,18	≈ 18 %
1,35	3	≈ 0,11	≈ 11 %
1,40	2	≈ 0,07	≈ 7 %
1,45	1	≈ 0,04	≈ 4 %

b) $\bar{x} \approx 1{,}26$ m

4 a) Johana: Minimum: 4:01 min Maximum: 4:20 min
Spannweite: 0:19 min
Gülistan: Minimum: 4:00 min Maximum: 4:25 min
Spannweite: 0:25 min

b) Johana: $\bar{x} = 4{:}10$ min $\tilde{x} \approx 4{:}09{,}5$ min
Gülistan: $\bar{x} \approx 4{:}08{,}9$ min $\tilde{x} = 4{:}07$ min

c) Gülistan sollte antreten. Bei ihren Zeiten ist die Differenz zwischen Maximum und Minimum zwar größer als bei Johana, sie braucht im Durchschnitt aber weniger Zeit für den 1000-Meter-Lauf als Johana.

zu Seite 144

1 −1 °C −4 °C −19 °C −22 °C −13 °C −7 °C

2 a) A = −3,4; B = −1,9; C = −0,5; D = 1; E = 2,6
b) A = −6,2; B = −4,6; C = −2,7; D = −1,3; E = −0,4

3 a) 3 > −4; −7 < −5; 14 > −16; −183 > −307
b) 2,1 < 2,13; −9,5 > −12; −18,3 > −18,37; −7,36 > −15,8

4 a) −124 < −45 < −2 < 3 < 23 b) −1,1 < −1,01 < 0 < 1,1 < 3,2

5 a) 16 −41 14 16 b) 4,8 −10,5 −66,7 12,7

6 a) −153 b) 30 c) −168 d) −360

7 a) 324 b) −480 c) −2 d) 27

8 Frau Kandner hat dann −8 Punkte.

9 −2,60 + 18,60 = 16
Die Spitze der Kirche liegt 16 m über dem Meeresspiegel.

zu Seite 145

1 a) −2,01 < −2,001 < −1,02 < 2,01 < 2,1
b) $-\frac{1}{2} < -\frac{1}{3} < -\frac{1}{5} < \frac{1}{4} < \frac{1}{2}$
c) $-0{,}9 < -\frac{4}{5} < -0{,}5 < 0{,}3 < \frac{3}{4}$

2 a) 1 −8,5 3 b) $-\frac{3}{4}$ $\frac{7}{24}$

3 a) 4,5 −5 −1,1 b) −45 −4 10,5

4 a) 496,91 b) 4,641

5 a) −5 − 1 = −6; 3 + (−14) = −11; −2,2 − 1,2 = −3,4
b) −15 · 4 = −60; 30 · (−0,01) = −0,3; −3,6 : (−1,2) = 3

6 a) Zum Beispiel: −2,5
b) Zum Beispiel: −5
c) Zum Beispiel: 3

7 Frau Simons Kontostand beträgt am Ende des Monats −193,35 €.

8 Die gesuchte Zahl heißt −4.

9 Es ist sinnvoll, da nicht alles mit positiven rationalen Zahlen dargestellt werden kann. Zum Beispiel: Schulden, Temperatur etc.

10 a) −135 b) −8 c) −700 d) 3

LÖSUNGEN
zu den Ausgangstests

zu Seite 178

1 I: spitzwinkliges Dreieck II: stumpfwinkliges Dreieck
III : rechtwinkliges Dreieck IV : spitzwinkliges Dreieck

2 a) Ja, aus diesen Seitenlängen kann ein Dreieck konstruiert werden, weil zwei Seiten zusammen stets länger sind als die dritte Dreiecksseite.
b) Nein, weil zwei Seiten eines Dreiecks zusammen stets länger als die dritte Dreiecksseite sind. Da die beiden kürzesten Seiten zusammen 7 m lang sind, die dritte Seite jedoch 7,50 m lang ist, können die angegebenen Längen nicht die Seitenlängen eines Dreiecks sein.

3 $\gamma = 58°$

4 Der Winkel an der Spitze ist 104° groß.

5 $\gamma = 75°$ $\beta = 180° - 144° = 36°$ $\alpha = 180° - 36° - 75° = 69°$

6 $\alpha_1 = 45°$ $\beta_1 = 135°$ $\gamma_1 = 45°$
$\alpha_2 = 45°$ $\beta_2 = 85°$ $\delta_2 = 45°$ $\varepsilon = 85°$ $\varphi = 50°$
$\alpha_3 = 95°$ $\beta_3 = 85°$ $\gamma_3 = 95°$ $\delta_3 = 85°$

7 Der Schnittpunkt der Höhen liegt außerhalb des Dreiecks ABC und hat die Koordinaten H(6 | 16).

8 a)

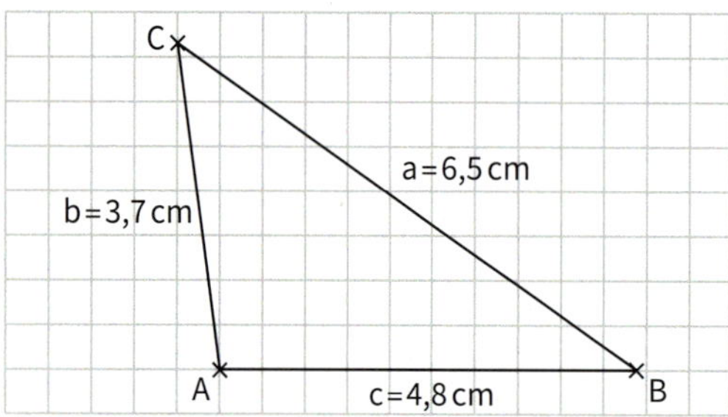

b) Zuerst wird die Strecke $\overline{AB} = c = 4{,}8$ cm gezeichnet. Anschließend wird um A ein Kreis mit dem Radius b = 3,7 cm gezeichnet und dann um B ein Kreis mit dem Radius a = 6,5 cm. Der Schnittpunkt beider Kreise wird C genannt. Zum Schluss wird A mit C und B mit C verbunden.

9

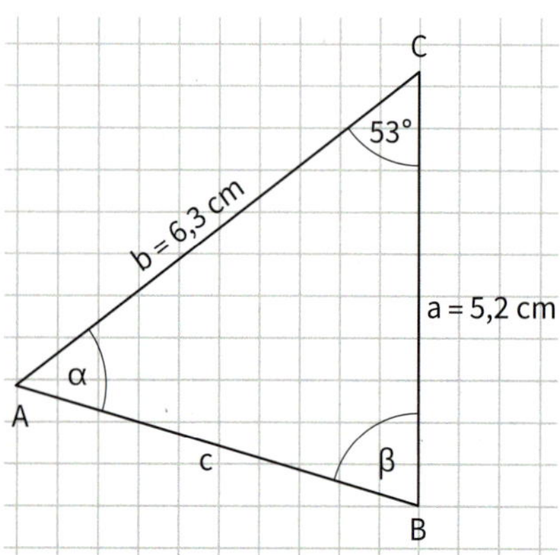

10

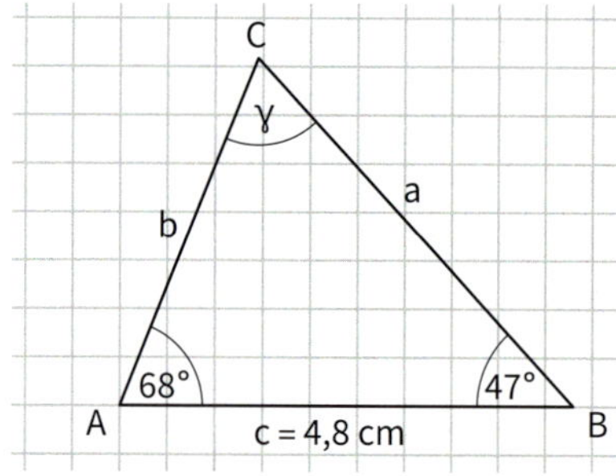

zu Seite 179

1 a) $\alpha = 56°$ $\beta = 180° - 136° = 44°$
$\gamma = 180° - 56° - 44° = 80°$ $\gamma' = 80°$
b) $\alpha = 47°$ $\beta = 73°$
$\gamma = 180° - 47° - 73° = 60°$ $\delta = 180° - 107° = 73°$

2

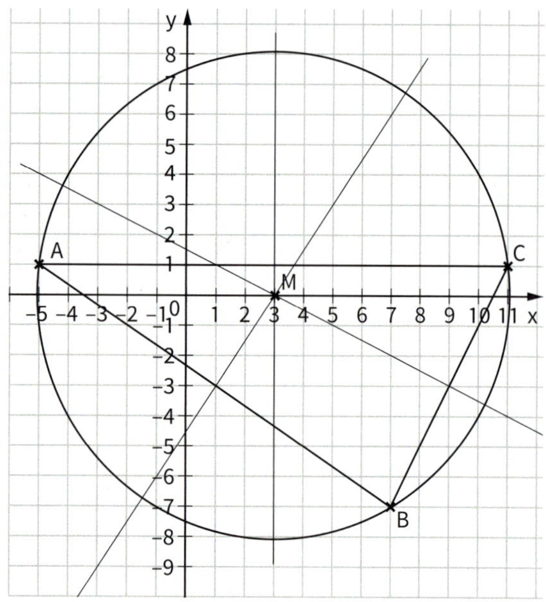

M(3 | 0)

3 a) SSS b) SWS c) WSW d) SsW

4 a)

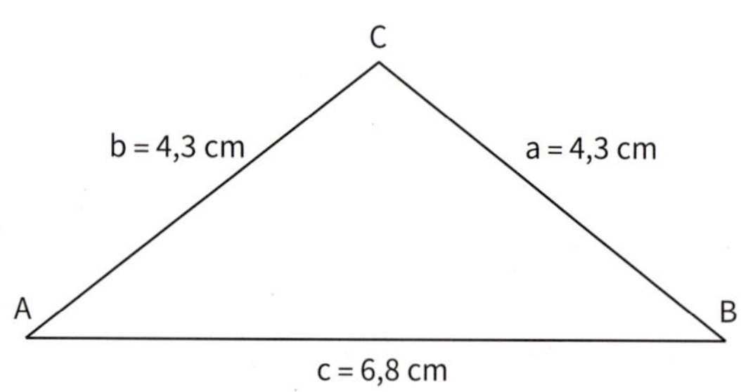

LÖSUNGEN
zu den Ausgangstests

b)

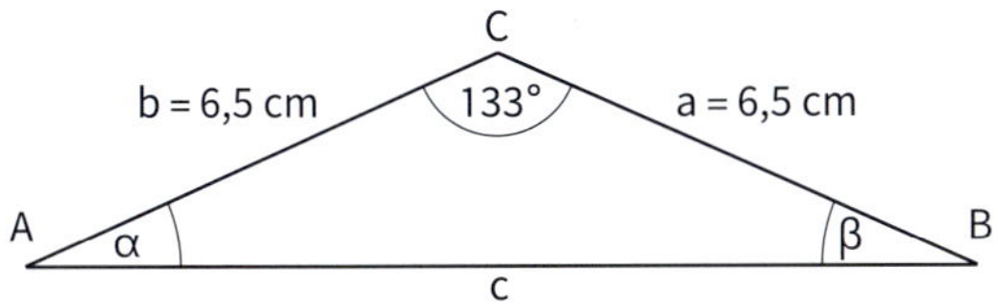

5

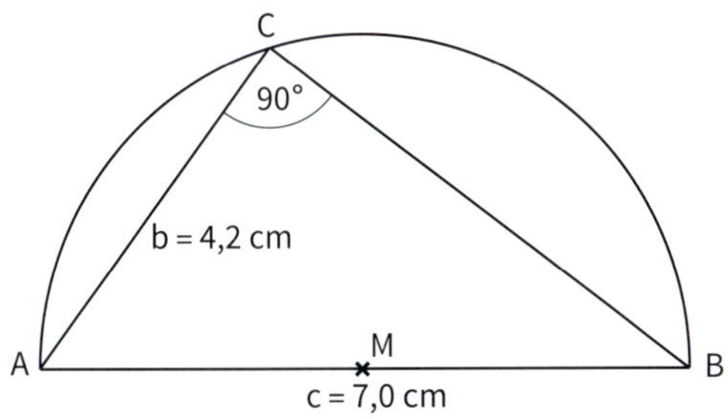

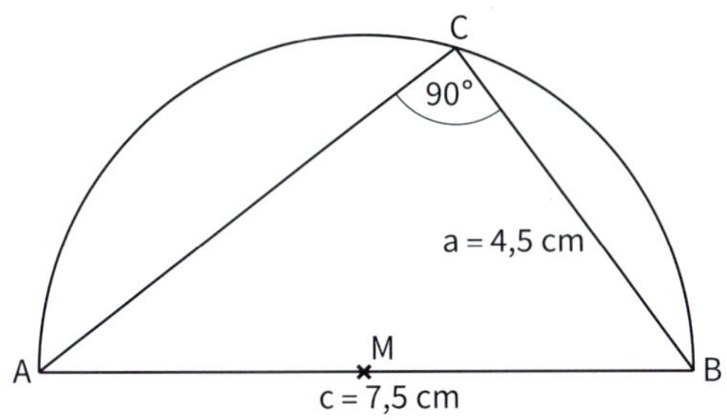

6 a) zwei Lösungsdreiecke, geg. β, b, a, b < a
b) kein Lösungsdreieck, da b + c = a
c) kein Lösungsdreieck, da α + γ = 180°

7

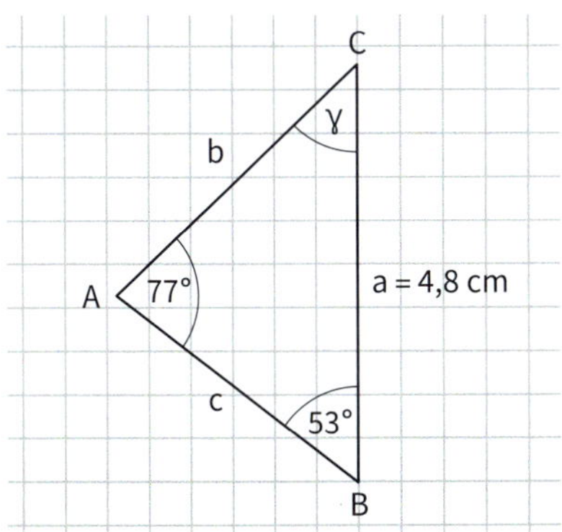

8 Die Länge der Strecke $\overline{BC}$ beträgt 6,5 km.

zu Seite 194

1 a) 64 3 24 b) 120 110 34

2 ① und ④ haben den Wert 72, ② und ⑥ den Wert 100, ③ und ⑦ den Wert 24, ⑤ und ⑧ den Wert 36.

3 A und ③: Wert 17 B und ①: Wert 35 C und ②: Wert 7

4 a) 4 · 2 + 8 = 16 b) (9 + 5) : 7 = 2

5 ① und C ② und D ③ und A ④ und B

6

	a)	b)	c)	d)	e)
x	4 · x	x + 11	50 − x	3 · x + 1	2 x − 4
5	20	16	45	16	6
7	28	18	43	22	10
10	40	21	40	31	16
15	60	26	35	46	26

7 a) 27 a 14 x b) 16 a b 21 u v c) 36 x y 10 a b c

8 a) 13 x; 7 x b) 10 a + 2 b; 11 u + 13 v
c) 8 a + 3; 14 z + 7 d) −5 t + 2 x + 6 y; p + q

9 a) 2 x + 1 b) Figur 20 besteht aus 41 Quadraten.

zu Seite 195

1 a) 29 1 b) 11 6 c) −9 −10 d) −2 1

2 a) 23 + x b) 8 x − 4 x c) x : 2 d) 3 x + 8

3 a) die Summe aus einer Zahl und 9
b) die Differenz aus 10 und einer Zahl
c) das Vierfache einer Zahl

4

	a)	b)	c)	d)	e)
x	7 · x	10 − x	x : 2	5 · x + 3	2 x − 3
4	28	6	2	23	5
10	70	0	5	53	17
20	140	− 10	10	103	37
1	7	9	0,5	8	− 1

5 a) 24 r s 120 u v b) 24 a b c 72 x y z

6 a) 16 x; 15 a b) 14 y − 20; 13 x − 6
c) 13 t + 6; 2 u − 2 v

7 ① Emma hat alle Zahlen addiert ohne darauf zu achten, ob die Summanden gleichartig sind. Zudem hat sie nur die Variable a berücksichtigt und dem Ergebnis hinzugefügt.
② Emma hat alle Zahlen addiert ohne darauf zu achten, ob die Summanden gleichartig sind. Die Variable x hat sie dem Ergebnis hinzugefügt.

8 3 x + 1
Figur 20 besteht aus 61 Rechenkästchen.

9 a) linke Figur: 8 a + 4 rechte Figur: 10 a + 14
b) linke Figur: a = 5 cm rechte Figur: a = 3 cm

LÖSUNGEN
zu den Üben-Seiten

zu Seite 28

1 Der Wasserhahn verliert 1,5 (1; 0,75; 6; 84) Liter.

2 Noah muss 3,00 € bezahlen.

3 Das Becken wird in 150 Minuten geleert.

4 Der Konditor hätte 72 Portionen erhalten.

5 Sie muss 13,60 € bezahlen.

6 Die restlichen Maschinen benötigen 10 Stunden für die Arbeit.

7 Die Zuordnung kann dann proportional sein, wenn die Zahlenpaare quotientengleich sind.
Dies ist bei a) und b) der Fall.
a) k = 1,80 b) k = 1,50
c) und d) sind nicht proportional.

8 Die Zuordnung kann dann antiproportional sein, wenn die Zahlenpaare produktgleich sind.
Dies ist bei a), b), c) und d) der Fall.
a) c = 30 b) c = 630 c) c = 84 d) c = 12

9 a) Zehn ist der größte gemeinsame Teiler von 40 und 30. Dadurch kann Maximilian mit größeren Zwischengrößen rechnen.
b) Es werden 75 (80; 375; 625) Becher benötigt.
c) Der Erlös beträgt 6 (3; 4,80; 10) Euro.

zu Seite 29

10 Man erhält 100 (150; 25; 75; 15) Stücke.

11 Sie braucht 21 Minuten für den Weg zur Schule.

12 Das Schiff verbraucht 116 000 (348 000) Liter.

13 a) Die Arbeiter benötigen 12 Tage.
b) Insgesamt werden 17 Arbeitstage benötigt.

14 a) Niklas hat als Zwischengröße 25 gewählt und damit den größten gemeinsamen Teiler von 125 und 150. Dadurch kann er mit größeren Zahlen arbeiten.
b) Es können 21 (12; 10) Waggons abgestellt werden.

15 a) Sieben Ordner kosten 17,50 €. Wie viel kosten neun Ordner?

Anzahl	Preis (€)
7	17,50
1	2,50
9	22,50

b) Nach fünf Stunden ist ein Swimmingpool mit 120 *l* Wasser gefüllt. Wie viel Liter Wasser sind nach 11 Stunden im Pool?

Zeit (h)	Volumen (*l*)
5	120
1	24
11	264

16 a) Die hergestellte Schokolade wird in 125 Portionen zu je 50 g abgepackt.
Wie viele Portionen erhält man, wenn eine Portion 80 g wiegt?

Masse (g)	Anzahl
50	125
1	6 250
80	ca. 78

b) Für ein Sportwochenende mit mit einem Festpreis müssen 45 Teilnehmer jeweils 154 € bezahlen.
Wie viel Euro müssen die Teilnehmer bezahlen, wenn drei Personen erkranken?

Anzahl	Preis (€)
45	154
1	6 930
42	165

zu Seite 30

17 a) Er kann 360 m^3 (840 m^3) Erde umschaufeln.
b) Es werden 50 Fahrten benötigt.
c) Es müssten 150 Schaufeln gefüllt werden.

18 a) Der Kunde muss 238,80 € bezahlen.
b) Es wurden 11 Stunden gearbeitet.

19 a) Es werden 637,5 m^3 (435 m^3; 780 m^3) benötigt.
b) Die Straße kann 126,4 m (188,8 m; 598,4 m) lang werden.
c) Für eine 180 m lange Straße sind 12 Fuhren notwendig.

20 a) Die Maschinen müssen 12 Stunden in Betrieb sein.
b) Die fünf Maschinen können 150 000 Flaschen füllen.

21 Drei Planierraupen benötigen 14 Arbeitsstunden.

22 a) Er kann 6 ha bearbeiten.
b) Es werden 2,5 Stunden benötigt.
c) Die Arbeitszeit erhöht sich dadurch. Für ein 3,6 ha großes Feld würde nun eine Arbeitszeit von vier Stunden anfallen.

23 a) Sechs Maurer benötigen 50 Arbeitstage.
b) Die Arbeit dauert insgesamt 65 Tage.

zu Seite 31

24 Delfin: 24 s Blauwal: 30 s Barrakuda: 28,8 s

25 a)
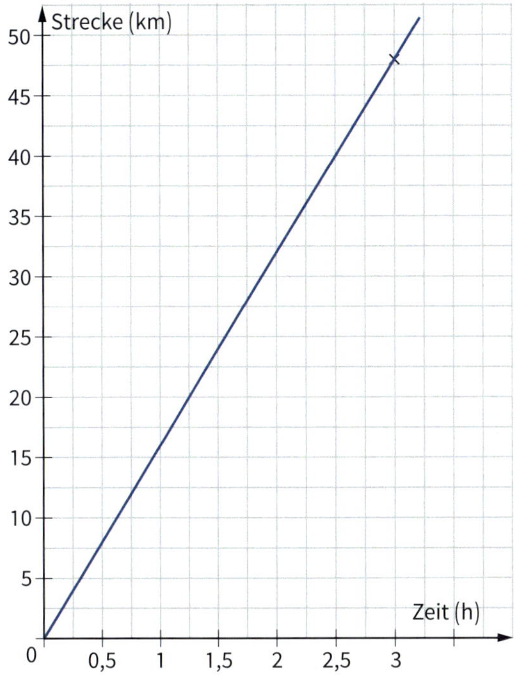

b) Der Radfahrer legt in der Zeit 64 km (24 km; 40 km) zurück.

c) Er benötigt 2 Stunden bzw. 3,5 Stunden für die Strecke.

26 Er legt eine 24 km lange Strecke zurück.

27 Der Pkw benötigt 5 h (7,5 h) für die Strecke.

28 a) Er benötigt für die Strecke 3 h 20 min (2 h; 45 min).

b) Auf einer so langen Strecke müssen genügend Pausen einlegt werden, um zu tanken und sich zu erholen. Daher wird für die Strecke selbst bei gleich bleibender Geschwindigkeit eine längere Zeit benötigt.

29 a) Die Geschwindigkeit beträgt 40 $\frac{km}{h}$.

b)
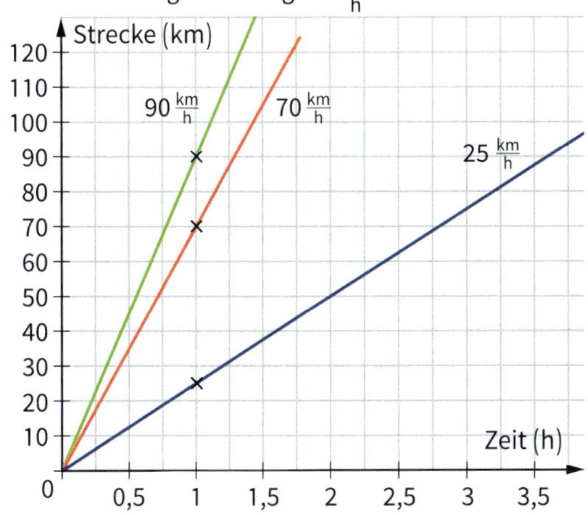

30 a) Das Fahrzeug braucht 9 h (4,5 h; 3,6 h; 3 h; 18 h; 12 h) für die Teststrecke.

b)
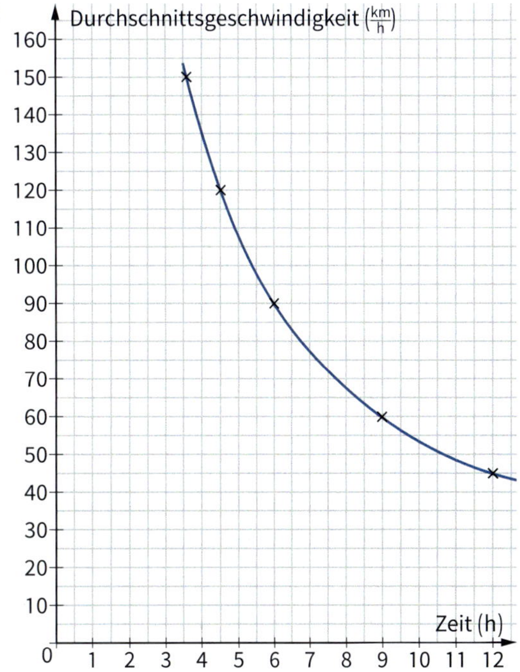

zu Seite 32

1 a) Die Zeit (min) wird der Temperatur (°C) zugeordnet.

b)/c)
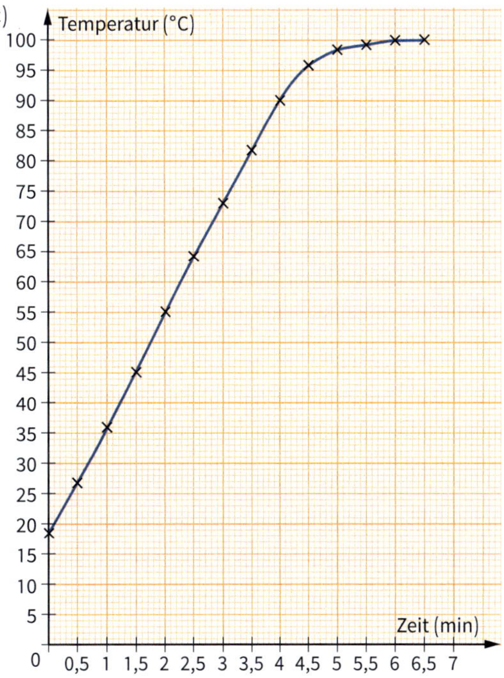

LÖSUNGEN
zu den Üben-Seiten

c) Der Graph verläuft bis zum Punkt (4 | 90) in etwa linear. Ab der 4. Minute steigt die Temperatur langsamer, bis sie bei der 6. Minute 100 °C erreicht. Der Graph verläuft dann parallel zur x-Achse.

d) Ja, in diesem Bereich ist die Zuordnung proportional, da die Zahlenpaare auf einer Geraden liegen. Die Temperatur steigt alle 30 Sekunden um 9 °C.

zu Seite 33

2 a)

Uhrzeit (h)	7	8	9	10	11
Temperatur (°C)	11	12	12	16	20

Uhrzeit (h)	12	13	14	15	16
Temperatur (°C)	21	24	24	24	23

b)

Temperatur (°C)	16	20	24	11	10	23
Uhrzeit (h)	10.00	11.00	13.00 14.00 14.40 15.00 15.30	7.00 7.30 9.05 9.20	9.10	12.50 16.00

c) Die Temperatur stieg mit leichten Schwankungen von 7 Uhr bis 9 Uhr. Dann fiel sie bis 9.10 Uhr und stieg ab da bis 11.15 Uhr. Bis 11.30 Uhr ist sie gefallen und von 12.30 bis 13.30 Uhr wieder gestiegen. Von 13.30 Uhr an ist sie leicht gefallen. Danach hat sie sich bei ca. 24 °C bis 15.55 Uhr stabilisiert und fiel dann auf 23 °C.

3 a)/b)

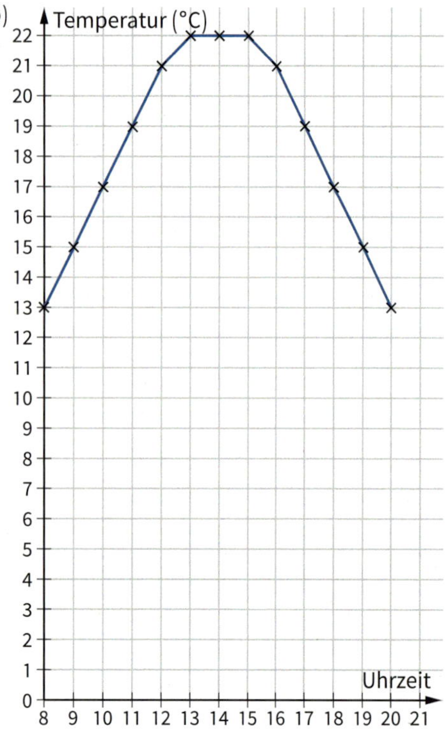

c) Je nachdem, wie die einzelnen Punkte miteinander verbunden wurden, ergeben sich unterschiedliche Werte. Um 9.30 Uhr sollte die Temperatur ca. 16 °C betragen haben, um 11.30 Uhr etwa 20 °C.

d) Es müssen auf jeden Fall zwischen 8 und 9 Uhr sowie zwischen 19 und 20 Uhr 14 °C gewesen sein (16 °C zwischen 9 und 10 Uhr sowie 18 und 19 Uhr; 18 °C zwischen 10 und 11 Uhr sowie 17 und 18 Uhr).

zu Seite 55

1

a)	b)	c)
$\frac{12}{13}$	24	$3\frac{1}{9}$
$4\frac{1}{2}$	$1\frac{1}{2}$	$2\frac{1}{3}$
$1\frac{1}{3}$	$2\frac{2}{3}$	$4\frac{2}{3}$
$5\frac{1}{3}$	$3\frac{1}{3}$	$2\frac{1}{2}$

2

a)	b)	c)
$\frac{3}{35}$	$\frac{10}{21}$	$\frac{7}{24}$
$\frac{2}{3}$	$\frac{3}{10}$	$\frac{16}{39}$
$\frac{1}{2}$	$\frac{4}{15}$	$\frac{2}{3}$
$\frac{3}{8}$	$\frac{4}{15}$	$\frac{1}{4}$

3

a)	b)	c)
$\frac{2}{15}$	$\frac{2}{21}$	$\frac{5}{42}$
$\frac{1}{33}$	$\frac{3}{26}$	$\frac{7}{150}$
$\frac{1}{40}$	$\frac{2}{27}$	$\frac{1}{27}$
$\frac{1}{30}$	$\frac{2}{29}$	$\frac{3}{38}$

4

a)	b)	c)
$1\frac{1}{8}$	$2\frac{11}{12}$	$9\frac{3}{5}$
$\frac{10}{11}$	$\frac{5}{12}$	12
$\frac{4}{9}$	$\frac{3}{4}$	$1\frac{1}{3}$
$1\frac{1}{2}$	$1\frac{1}{3}$	14

5

a)	b)	c)
$\frac{9}{28}$	$\frac{8}{35}$	$3\frac{1}{3}$
$\frac{20}{27}$	$3\frac{7}{11}$	$1\frac{3}{4}$
$\frac{9}{10}$	$\frac{16}{21}$	$1\frac{1}{2}$
$1\frac{3}{5}$	$\frac{11}{14}$	6

6

a)	b)	c)
14	$6\frac{2}{3}$	$\frac{3}{8}$
24	$10\frac{2}{3}$	$\frac{3}{10}$

7 a) $\frac{3}{5}$ km = 600 m b) $\frac{7}{20}$ m = $3\frac{1}{2}$ dm

c) $5\frac{1}{4}$ m² = 525 dm² d) $\frac{1}{8}$ l = $1\frac{1}{4}$ dl

8 a) $2\frac{1}{3}$ b) $\frac{6}{7}$ c) 3
d) $\frac{1}{6}$ e) $\frac{5}{6}$ f) $1\frac{1}{2}$

9 a) $\frac{1}{15}$ b) 2 c) $1\frac{2}{5}$

10 $2\frac{2}{3}\cdot 5 = 20 : 1\frac{1}{2} = 13\frac{1}{3}$ $6\frac{3}{10} : 7 = 4\frac{1}{2} : 5 = \frac{9}{10}$
$1\frac{1}{5}\cdot 2 = 7\frac{1}{5} : 3 = 2\frac{2}{5}$ $2\frac{1}{8}\cdot 2 = 1\frac{5}{12}\cdot 3 = 4\frac{1}{4}$

11 a) $42\frac{1}{2}$ b) $\frac{1}{4}$ c) $4\frac{1}{5}$
$5\frac{1}{2}$ $1\frac{3}{4}$ $\frac{7}{8}$
$1\frac{1}{2}$ $\frac{4}{7}$ $\frac{1}{2}$
$1\frac{1}{4}$ $5\frac{3}{5}$ $6\frac{2}{3}$

zu Seite 56

1 Sie müssen noch 9 km gehen.

2 a) Sie lernt jeden Tag 25 Minuten.
b) Das sind $3\frac{3}{4}$ Stunden bis zur Englischarbeit.

3 Man erhält 40 Stücke.

4 Es sind 18 Baggerschaufeln notwendig.

5 Lena stehen 20 € und Marie 30 € zu.

6 Er ist vier Kilometer vom Ziel entfernt.

7 a) In 1,2 kg Tafelmessing sind 840 g Kupfer und 360 g Zink enthalten.
b) Das Verhältnis lautet 17 : 3.

8 a) Er muss 3 l Benzin hinzugeben.
b) Er erhält insgesamt 3,06 l Gemisch.

zu Seite 79

1

	Bruch	Hundertstelbruch	Dezimalzahl	Prozentsatz
a)	$\frac{1}{20}$	$\frac{5}{100}$	0,05	5 %
b)	$\frac{2}{25}$	$\frac{8}{100}$	0,08	8 %
c)	$\frac{14}{25}$	$\frac{56}{100}$	0,56	56 %
d)	$\frac{6}{25}$	$\frac{24}{100}$	0,24	24 %
e)	$\frac{21}{50}$	$\frac{42}{100}$	0,42	42 %
f)	$\frac{7}{25}$	$\frac{28}{100}$	0,28	28 %
g)	$\frac{37}{50}$	$\frac{74}{100}$	0,74	74 %
h)	$\frac{13}{20}$	$\frac{65}{100}$	0,65	65 %
i)	$\frac{11}{20}$	$\frac{55}{100}$	0,55	55 %
k)	$\frac{18}{30}$	$\frac{60}{100}$	0,6	60 %

2 a) $\frac{18}{100} = 18\,\%$ b) $\frac{65}{100} = 65\,\%$ c) $\frac{9}{100} = 9\,\%$ d) $\frac{40}{100} = 40\,\%$
$\frac{30}{100} = 30\,\%$ $\frac{36}{100} = 36\,\%$ $\frac{9}{100} = 9\,\%$ $\frac{30}{100} = 30\,\%$

3 a) 37,5 % b) 57,5 % c) 45,5 % d) 13,2 %
21,25 % 1,375 % 15,75 % 93,75 %

4 a) 16,67 % b) 11,11 % c) 53,33 % d) 44,44 %
23,33 % 57,14 % 72,73 % 58,33 %

5

	a)	b)	c)
10 %	34 kg	92 m	19 l
25 %	60 kg	31 m	17 l
36 %	45 kg	27 m	54 l

6 a) 900 g; 1 400 g; 325 g b) 190 €; 45 €; 220 €

7 a) 32 %; 60 %; 40 % b) 2 %; 92 %; 3 %

8 a) 10 kg (5 kg; 17 kg; 2,8 kg; 7,6 kg; 0,2 kg; 0,02 kg)
b) 10 % (20 %; 50 %; 30 %; 40 %; 12 %)
c) 200 € (600 €; 5 000 €; 4 €; 30 €; 64 €; 11 €)
d) 10 % (25 %; 5 %; 20 %; 9 %; 2 %)
e) 75 € (37,50 €; 30 €; 45 €; 3 €; 6 €; 7,50 €; 18 €; 300 €)
f) 180 g (144 g; 48 g; 720 g; 900 g; 12 g)

9

	Grundwert G	Prozentsatz p %	Prozentwert W
a)	750 kg	12 %	90 kg
b)	4 900 km	15 %	735 km
c)	250 €	14 %	35 €
d)	380 m	55 %	209 m
e)	160 g	35 %	56 g
f)	950 m	22 %	209 m
g)	120 €	45 %	54 €
h)	1 150 m^2	16 %	184 m^2
i)	475 ha	64 %	304 ha
k)	260 kg	95 %	247 kg
l)	450 *l*	11 %	49,5 *l*

zu Seite 80

10 a) 50 € b) 60 kg c) 3 km d) 0,8 m
16 m^2 45 € 50 € 9 kg
30 g 170 km 8 g 60 l

11 a) falsch; Überschlag: 20 % sind 28 €
b) falsch; Überschlag: 50 % sind 98,50 €
c) richtig; Überschlag: 25 % sind 70 kg
d) falsch; Überschlag: 10 % sind 148 m
e) richtig; Überschlag: 30 % sind 810 km
f) falsch; Überschlag: 1 % sind 16,40 €
g) falsch; Überschlag: 50 % sind 900 m^2
h) richtig; Überschlag: 10 % sind 8 t

LÖSUNGEN
zu den Üben-Seiten

12 a) genau richtig b) ungefähr richtig
c) ungefähr richtig d) ungefähr richtig
e) falsch f) ungefähr richtig
g) genau richtig h) falsch
i) falsch k) falsch

13 a) 340,40 € b) 257,50 € c) 162,40 € d) 864 €

14 a) 167,20 € b) 883,20 € c) 441 € d) 570 €

15 a) 20 % b) 5 % c) 4 % d) 35 %

16 a) 10 % b) 30 % c) 5 % d) 2 %

17 A und 3; B und 1; C und 6; D und 5; E und 4; F und 2

18 960,96 € (420,42 €)

zu Seite 81

1 a) Kohlenhydrate: 40 %; Eiweiß: 8 %; Fett: 1,2 %
b) Kohlenhydrate: 180 g; Eiweiß: 30 g; Fett: 5 g

2 28 560 km^2 der Fläche werden landwirtschaftlich genutzt.

3

Gemüsesorte	Abfall (g)	Rest (g)
Blumenkohl	285	465
Bohnen	15,4	204,6
Möhren	85	415
Paprika	46	154
Zwiebeln	4,4	50,6

4 a) Das Smartphone kostet 150 €.
b) Herr Eggenwirth gibt 60 € dazu.

5 Die Schallgeschwindigkeit beträgt 343,8 $\frac{m}{s}$ bei 20 °C.

6 a) Wasser: 48,75 kg; Fett: 9 kg; Eiweiß: 11,25 kg; Rest: 6 kg
b) –

7 Das Stadion fasst 50 000 Zuschauer.

8 a) Die Wahlbeteiligung lag bei 75 %.
b) Frau Schmidt erhielt 55 % der Stimmen, Frau Scholz 45 %.

9 a) Der Süßwasservorrat ist 35 Millionen km^3 groß.
b) Insgesamt befinden sich 125 Millionen km^3 Wasser auf der Erde.

10 Das Kind ist am Ende des vierten Lebensjahres ca. 106 cm groß.

zu Seite 82

11 a) 60 Punkte b) 3 Punkte zusätzlich

12 a) Bei Jupiter ist das Gerät um 25 % teurer als bei Maxitronic.
b) Sie müsste einen Rabatt von 20 % erhalten.

13 a) um 25 % kürzer b) um 17,65 % länger

14 a) 5,46 dm^3 b) 3 500 dm^3

15 a) 2 200 Blauwale b) 400 %

16 Die Mitgliederanzahl müsste sich um 25 % erhöhen.

17 Die Preiserhöhung beträgt ca. 10 %.

zu Seite 83

1 blaue Jacke: 55,93 €; schwarze Jacke: 41,93 €; Weste: 31,43 €

2 oben links: 20 %; oben rechts: 40 %; unten links: 20 %; unten rechts 38 %

3 T-Shirts: 20 %; Socken: 17 %; Hemden: 25 %

4 roter Pullover: 80 €; blauer Pullover: 58,50 €; Jeans (links): 46 €; Jeans (rechts): 39,80 €

5 Der Trainingsanzug ist nur um 18,4 % reduziert, das T-Shirt unten links um etwa 19,8 %. Die anderen beiden Artikel sind dafür jeweils um etwas mehr als 20 % reduziert worden.

zu Seite 84

1 a) Die Rechnung wurde korrekt erstellt. Der Bruttobetrag setzt sich aus dem Nettobetrag und der dafür zu zahlenden Mehrwertsteuer zusammen.
b) Die Mehrwertsteuer beträgt 143,45 € und damit der Bruttobetrag 898,45 €.

2 gerundete Werte: Äpfel: 1,20 €; Buch: 22,50 €; Rucksack: 86,00 €; Stifte: 3,95 €; Etui: 12,90 €

3 a) Die Rechnung wurde korrekt erstellt.
b) Um den Nettopreis zu berechnen muss der Bruttobetrag durch 1,07 geteilt werden.
c) Die Mehrwertsteuer beträgt ca. 1,96 € und der Nettopreis 27,94 €.
d) Die Mehrwertsteuer für das Jugendbuch beträgt 1,17 € und der Nettopreis 16,73 €.

4 gerundete Werte: Limousine (1,4-l-Motor): 12 521,01 €; Limousine (1,6-l-Motor): 13 277,31 €; Kombi: 15 798,32 €; Cabriolet: 16 050,42 €

5 In der Rechnung vom Installateur sind 673,36 € Mehrwertsteuer enthalten und in der vom Fliesenleger 407,93 €.

LÖSUNGEN
zu den Üben-Seiten

zu Seite 85

1 mehrmals pro Monat: 216 Jugendliche
höchstens einmal pro Monat: 297 Jugendliche
seltener als einmal im Monat: 162 Jugendliche

2 unter 18 Jahre: 13 280 000 Einwohner
18 bis 39 Jahre: 22 410 000 Einwohner
40 bis 64 Jahre: 29 050 000 Einwohner
65 Jahre und älter: 18 260 000 Einwohner

3

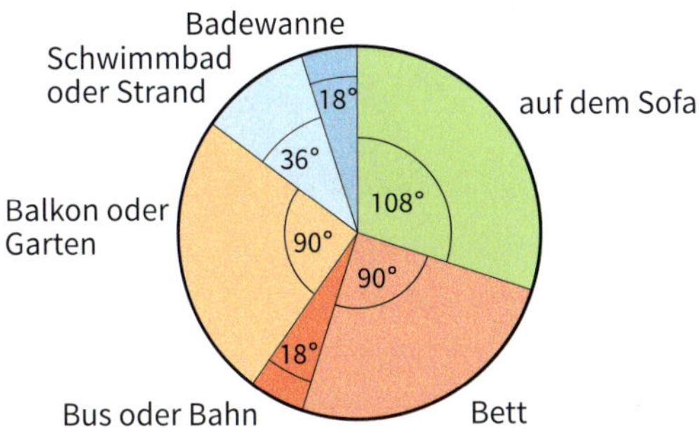

zu Seite 86

4 Note 1: 10 %; Note 2: 30 %; Note 3: 40 %; Note 4: 20 %

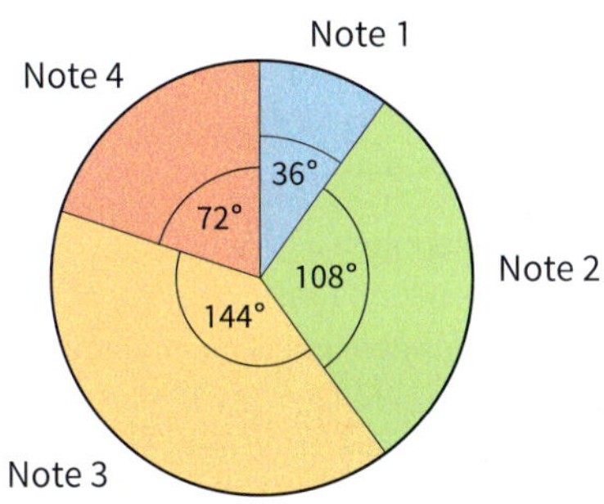

5 7.1 und F; 7.2 und D; 7.3 und E;
7.4 und C; 7.5 und A; 7.6 und B

6 a) orange: 25 %; grün: 37,5 %; gelb: 37,5 %
b) orange: $33,\overline{3}$ %; grün: $33,\overline{3}$ %; gelb: $33,\overline{3}$ %
c) orange: $33,\overline{3}$ %; grün: $16,\overline{7}$ %; gelb: 50 %
d) orange: 12,5 %; grün: 75 %; gelb: 12,5 %

7 Siedlung: 9,3 %; Verkehr: 5,1 %; Landwirtschaft: 50,7 %; Ödland: 1,1 %; Wald/Moor: 31,5 %; Gewässer: 2,3 %

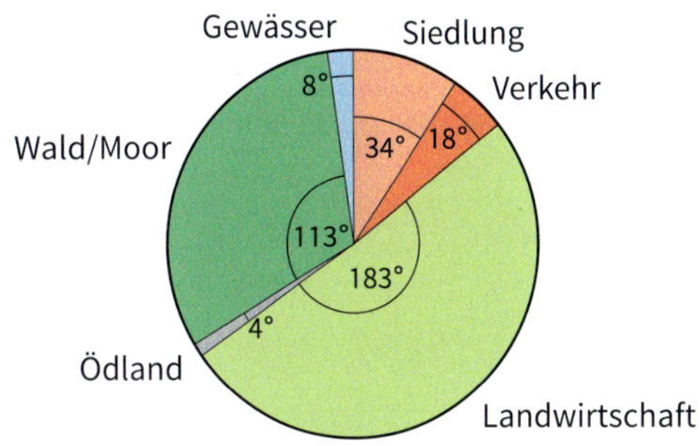

8

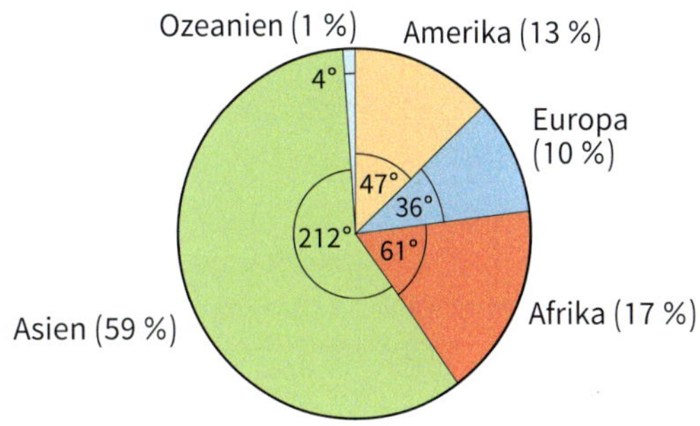

zu Seite 107

1 Es ist sinnvoll die relativen Häufigkeiten miteinander zu vergleichen, weil die Anzahl der Befragten unterschiedlich ist, da 200 Mädchen und 160 Jungen befragt wurden.

	relative Häufigkeit			
	Mädchen		Jungen	
1 (überhaupt nicht)	0,05	5 %	0,2	20 %
2	0,13	13 %	0,25	25 %
3	0,23	23 %	0,275	27,5 %
4	0,29	29 %	0,125	12,5 %
5 (viel)	0,3	30 %	0,15	15 %

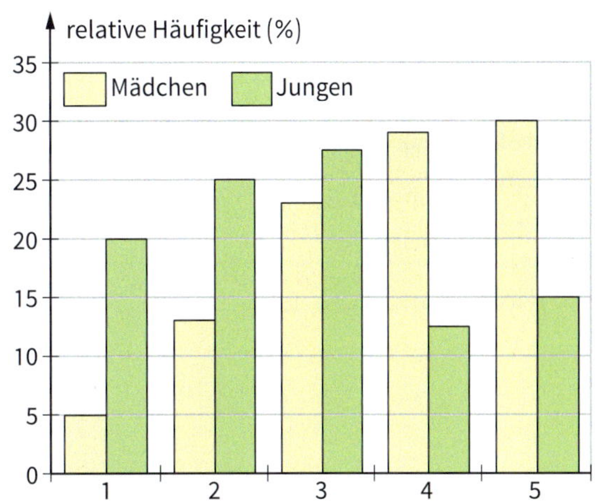

LÖSUNGEN
zu den Üben-Seiten

2 a)

	relative Häufigkeit		Länge des Abschnitts im Streifendiagramm	
	Mädchen	Jungen	Mädchen	Jungen
Musik/ Gruppen	0,3	0,26	3 cm	2,6 cm
Sport	0,1	0,13	1 cm	1,3 cm
Jungen/ Mädchen	0,2	0,17	2 cm	1,7 cm
Schule	0,12	0,09	1,2 cm	0,9 cm
Fern-sehen	0,13	0,2	1,3 cm	2 cm
Videos/ Kino	0,08	0,08	0,8 cm	0,8 cm
ganz andere Dinge	0,07	0,07	0,7 cm	0,7 cm

b) Die relativen Häufigkeiten bei Jungen und Mädchen stimmen im Bereich Videos/Kino sowie im Bereich ganz andere Dinge überein. Das Gesprächsthema Musik/Gruppen steht sowohl bei den Jungen als auch bei den Mädchen an erster Stelle. Auf Platz zwei folgt als Gesprächsthema bei den Jungen Fernsehen, bei den Mädchen hingegen das Thema Jungen/Mädchen.

3 a) Die relative Häufigkeit der Schülerinnen und Schüler, die keines der Freizeitangebote nutzen, beträgt 0,19.

b)

	relative Häufigkeit	
Sportverein	≈ 0,73	≈ 73 %
Jugendclub, Jugendgruppe	≈ 0,49	≈ 49 %
Kino	≈ 0,42	≈ 42 %
Spielplatz, Fußballplatz	≈ 0,34	≈ 34 %
Minirampe, Halfpipe	≈ 0,15	≈ 15 %
Schwimmbad, Eisbahn	≈ 0,25	≈ 25 %
etwas anderes	≈ 0,21	≈ 21 %
keine	≈ 0,19	≈ 19 %

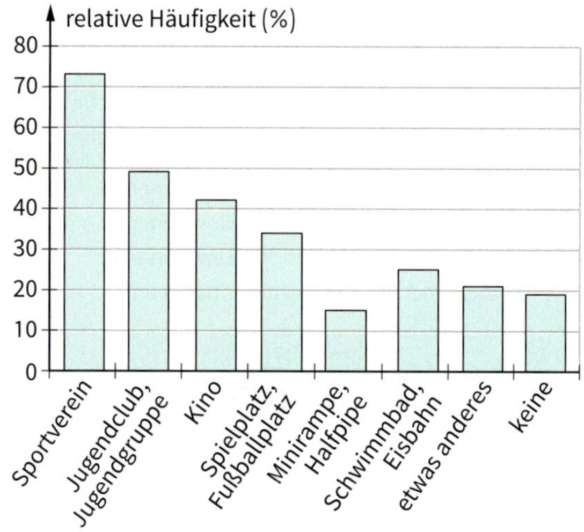

4 a) $\tilde{x} = 21{,}5$ min häufigster Wert: 15 min
b) $\bar{x} = 23{,}5$ min
c) Maximum: 55 min Minimum: 10 min
Spannweite: 45 min

zu Seite 108

5 a) Es wurden 48 Jungen befragt.
b) $\bar{x} = 2{,}5$ h $\tilde{x} = 2{,}5$ h
c) Maximum: 4,5 h Minimum: 0,5 h
Spannweite: 4 h

6 a) 155 Schülerinnen und Schüler müssen sich nicht an den Kosten für ihr Handy beteiligen (62 %).
80 Schülerinnen und Schüler müssen sich zum Teil an den Kosten beteiligen (32 %) und 15 Schülerinnen und Schüler bezahlen die Kosten für ihr Handy allein (6 %).
b) $\bar{x} = 20$ €; $\tilde{x} = 18$ €
c) Maximum: 39 € Minimum: 5 €
Spannweite: 34 €

7 a) häufigster Wert: 1
b) $\bar{x} = 1{,}5$
c)/d)

Anzahl der E-Mail-Adressen	relative Häufigkeit		Länge des Abschnitts im Streifendiagramm
0	≈ 0,11	≈ 11 %	≈ 1,1 cm
1	≈ 0,45	≈ 45 %	≈ 4,5 cm
2	≈ 0,32	≈ 32 %	≈ 3,2 cm
3	≈ 0,11	≈ 11 %	≈ 1,1 cm
4	≈ 0,03	≈ 3 %	≈ 0,3 cm

8

Computerspiele Online	absolute Häufigkeit	Länge des Abschnitts im Streifendiagramm
täglich/mehrmals pro Woche	108	2 cm
einmal pro Woche/ einmal in 14 Tagen	54	1 cm
einmal pro Monat/ seltener	81	1,5 cm
nie	297	5,5 cm

zu Seite 109

9

	relative Häufigkeit		Winkelgröße	
	Mädchen	Jungen	Mädchen	Jungen
Spiele	0,1	0,1	36°	36°
Spaziergänge	0,13	0,09	46,8°	32,4°
Einkaufsbummel	0,24	0,2	86,4°	72°
Fernsehen	0,22	0,255	79,2°	91,8°
Videos ansehen	0,07	0,08	25,2°	28,8°
Computer	0,05	0,04	18°	14,4°
etwas anderes	0,15	0,205	54°	73,8°
gar nichts	0,04	0,03	14,4°	10,8°

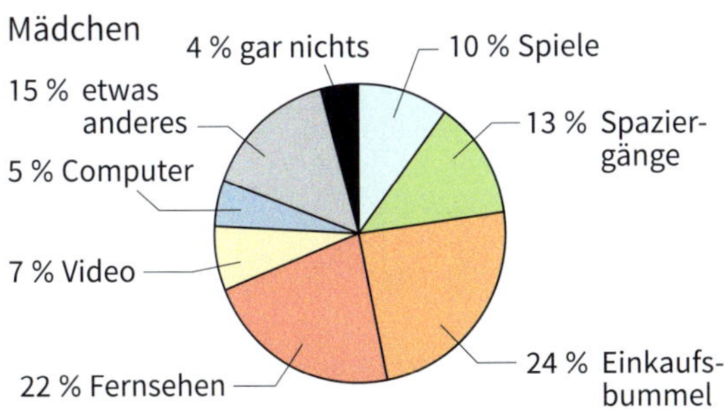

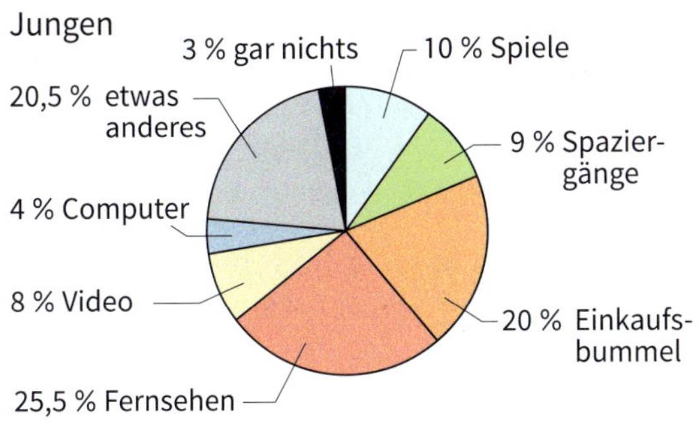

10 a) $\bar{x} = 8$ min $\tilde{x} = 8$ min
b) Maximum: 18 min Minimum: 1 min
Spannweite: 17 min
c)

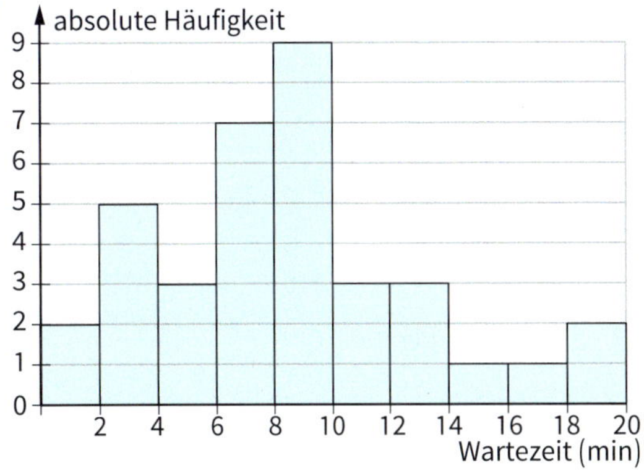

11 a) $\bar{x} = 2{,}5$ $\tilde{x} = 2$
b) Maximum: 7 Minimum: 0
Spannweite: 7

12 a) Geldgeschenke der Mädchen: $\bar{x} = 80{,}25$ € $\tilde{x} = 80$ €
Geldgeschenke der Jungen: $\bar{x} = 79$ € $\tilde{x} = 80$ €
b)

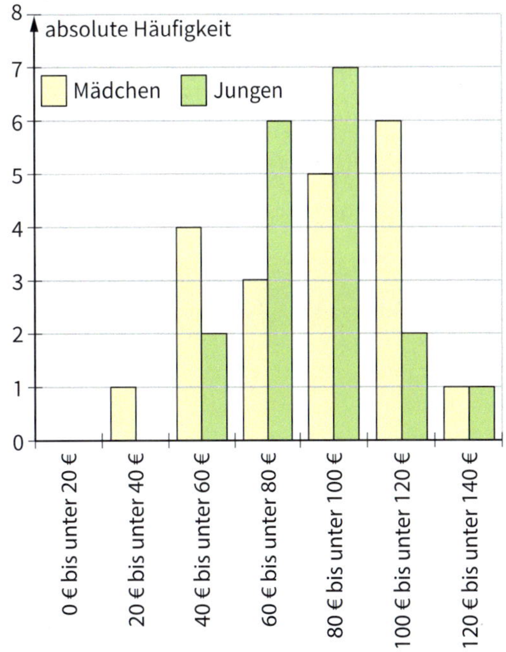

Die Mädchen bekommen durchschnittlich mehr Geld zum Geburtstag geschenkt als die Jungen.

zu Seite 110

1 –

zu Seite 111

1 –

LÖSUNGEN
zu den Üben-Seiten

zu Seite 137

1 Die Spitze liegt 145 m über dem Meeresspiegel.

2 Es ist 374 m tief.

3 a) Am kältesten ist es in Reykjavik, am wärmsten ist es in Las Palmas.
b) Zum Beispiel in Oslo, Warschau, Moskau
c) Der Temperaturunterschied beträgt 27 °C (22 °C; 12 °C).

4 a) – b) – 47 € c) 86 €
d) 19 € e) 270 € f) – 5 033 €

5 a)

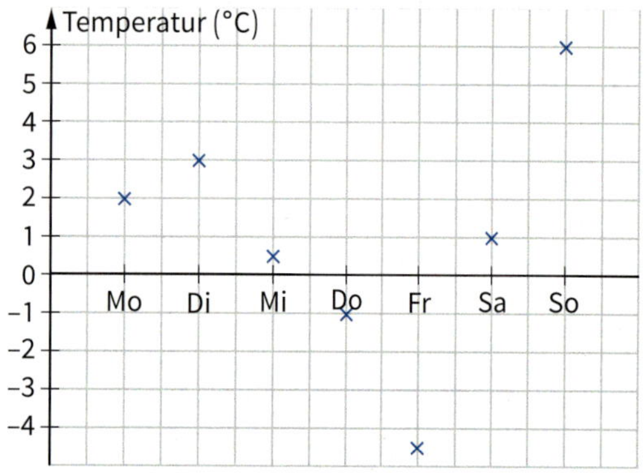

b) Die durchschnittliche Tageshöchsttemperatur beträgt 1 °C.

zu Seite 138

6 a) – 12 °C b) – 2 300 €
c) + 270 € d) – 456 m

7

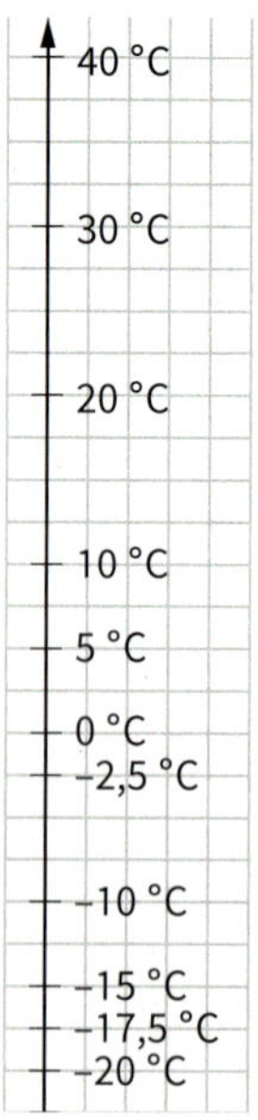

8 A: – 3 B: – 1,2 C: 1,2 D: – 10,6 E: – 8,7 F: – 7,3

9 a) – 40,1 °C b) – 0,2 °C

10

a)	b)	c)	d)
wahr	falsch	wahr	wahr
falsch	wahr	wahr	wahr
falsch	falsch	falsch	wahr

11 a) – 0,349 < – 0,344 < 0,342 < 3,348
b) – 4,799 < – 4,792 < – 4,791 < 4,791
c) – 13,018 < – 13,017 < 13,010 < 13,014
d) $-\frac{1}{2} < \frac{1}{4} < \frac{1}{3}$

12 a) z. B. 0,51; 0,6; 0,8; 0,9; 1,49
b) z. B. – 1,69; – 1,5; – 1,4; – 1,2; – 1,19
c) z. B. 1,71; 1,8; 1,9; 1,94; 1,98
d) z. B. – 6,101; – 6,102; – 6,111; – 6,118; – 6,119

13 A (– 5 | – 5), B (– 3 | – 5), C (– 2 | – 2), D (0 | – 5), E (7 | – 5), F (7 | – 3), G (5 | – 3), H (5 | – 1), I (3 | 1), K (– 3 | 1), L (– 3 | 4), M (– 6 | 4), N (– 6 | 1)

14

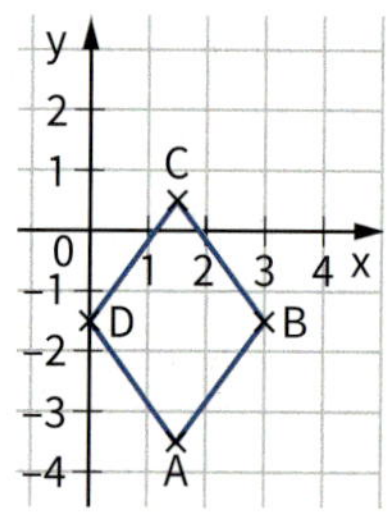

Man erhält eine Raute.

15

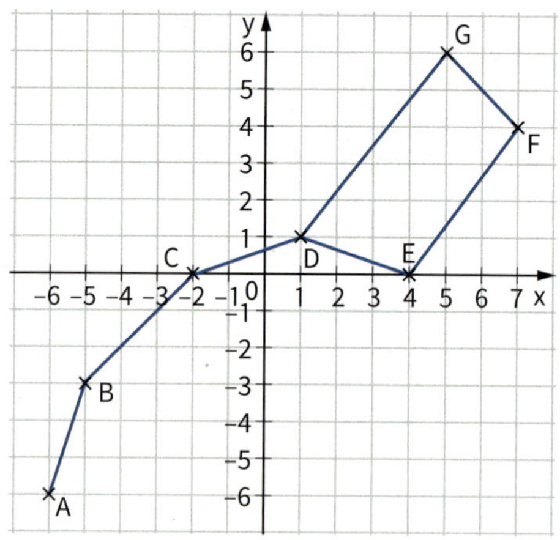

Man erhält den Großen Wagen/Kleinen Wagen.

16 Original:
A (1 | 6), B (0 | 4), C (0,5 | 2,5), D (3 | 3), E (5,5 | 2,5), F (6,5 | 2), G (6,5 | 1), H (4,5 | 0,5), I (3,5 | – 1), K (3,5 | – 2), L (2,5 | – 3), M (0,5 | – 3), N (0 | – 1,75)
Bild:
A′ (– 1 | 6), B′ (0 | 4), C′ (– 0,5 | 2,5), D′ (– 3 | 3), E′ (– 5,5 | 2,5), F′ (– 6,5 | 2), G′ (– 6,5 | 1), H′ (– 4,5 | 0,5), I′ (– 3,5 | – 1), K′ (– 3,5 | – 2), L′ (– 2,5 | – 3), M′ (– 0,5 | – 3), N′ (0 | – 1,75)

LÖSUNGEN
zu den Üben-Seiten

zu Seite 139

17 a) −9; −55; 348; 112 b) 10,7; −18; 1,18; −21,13

18 a)

−	+68	−68	+92	−92
+68	0	136	−24	160
−68	−136	0	−160	24
+92	24	160	0	184
−92	−160	−24	−184	0

b)

−	+2,6	−2,6	0	−10
+2,6	0	5,2	2,6	12,6
−2,6	−5,2	0	−2,6	7,4
0	−2,6	2,6	0	10
−10	−12,6	−7,4	−10	0

19 a) (+)
−2
−2 0
−3 1 −1
−1 −2 3 −4

b) (−)
20
11 −9
7 −4 5
5 −2 2 −3

c) (+)
−5
−7 2
−5 −2 4
−6 1 −3 7

d) (−)
1
−3 −4
−1 2 6
5 6 4 −2

20 a) −25 b) −58 c) −2,05 d) −71

21 a) −2 b) 58 c) −12,83 d) 74,88

22 a) −157; 99; −45; 19 b) −115; 152; 55; −78

23 a) 19; −20; 3,3; 7,3 b) $\frac{1}{2}$; 1; $-\frac{1}{2}$

24 a) −3 − ■ = −4 Lösung: 1
b) −3 − ■ = −2 Lösung: −1
c) (−23 + 48) + ■ = −1 Lösung: −26
d) 10 − (■ + 5) = 7 Lösung: −2

25 a)

0	3	−12
−15	−3	9
6	−9	−6

(−9)

0	−7	−2
−5	−3	−1
−4	1	−6

(−9)

−1	0	−5
−6	−2	2
1	−4	−3

(−6)

6	13	−10	−3	4
12	−6	−4	3	5
−7	−5	2	9	11
−1	1	8	10	−8
0	7	14	−9	−2

(10)

b) −

zu Seite 140

26 Der Kontostand betrug 305 €.

27 a) −147; 532; −630; −261 b) −0,4; 0,3; $-\frac{2}{7}$

28 a) −11; 71; 501; −38 b) −0,12; −1,21; 100; 0,027
c) −0,25; −0,75; 10; 10 d) −1; −0,75; −2,5; 0,05

29 a) −7; −16; 11; 56; −38 b) −1; −22; 51; 0; −57
c) −7; 13; 23; −107; −4,5 d) −8; −18; 13; −62; −5,5

30 a) positiv b) positiv c) positiv d) negativ

31 a) −3; 3; −12; −625 b) 1; −1; −0,1; −14
c) −40; 9,5; −2; −2,5 d) −6; −3; $-\frac{1}{4}$

32 a) 56; −150; −24,5; 17 b) $\frac{1}{5}$; $-\frac{5}{9}$; $-\frac{13}{18}$

33 a) 2,02 °C b) Mittags waren es −5,8 °C.

zu Seite 141

1 a) 51 b) −12 c) −59 d) 46
e) 40 f) 130 g) −240 h) 200

2 a) 1 300; 1 700 b) 300; 30
c) −2 700; 370 d) −157; 30
e) −3 800; −13 000 f) 8; −300

3 a) 432; 1 527 b) 136; −1 296
c) 11 132; −29 745 d) 157,5; −22,5
e) −1 088; −6,2; −110 f) −78; −12,8; −144

4 a) 24,5 b) −34 c) −24
d) −6,5 e) 18,9 f) 3,36

5 a) 630; 260; 470 b) 1 700; 0; −9 800
c) −23,4; −8,5956; 5,3

LÖSUNGEN
zu den Üben-Seiten

6 a) 109,2; −387; 263,31; 17,92
b) −80; −196; −1 098,02; 142

zu Seite 171

1 I $\alpha = 43°$; $\beta = 43°$; $\gamma = 94°$; $43° + 43° + 94° = 180°$
II $\alpha = 66°$; $\beta = 49°$; $\gamma = 65°$; $66° + 49° + 65° = 180°$
III $\alpha = 40°$; $\beta = 95°$; $\gamma = 45°$; $40° + 95° + 45° = 180°$
IV $\alpha = 35°$; $\beta = 111°$; $\gamma = 34°$; $35° + 111° + 34° = 180°$

2

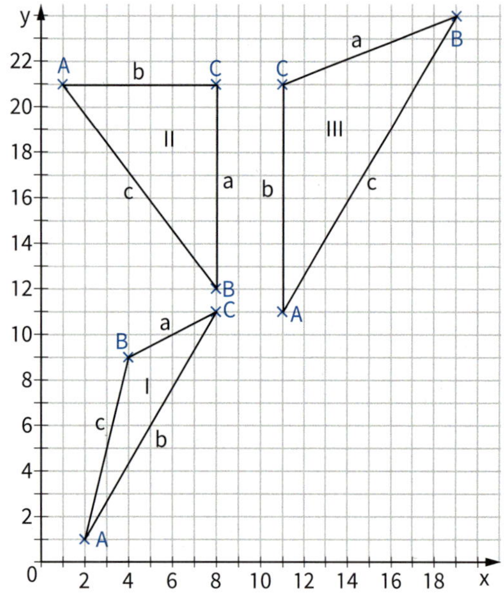

I: a = 2,3 cm; b = 5,9 cm; c = 4,1 cm
$\alpha = 17°$; $\beta = 131°$; $\gamma = 32°$
stumpfwinkliges Dreieck
II: a = 4,5 cm; b = 3,5 cm; c = 5,7 cm
$\alpha = 52°$; $\beta = 38°$; $\gamma = 90°$
rechtwinkliges Dreieck
III: a = 4,3 cm; b = 5,0 cm; c = 7,7 cm
$\alpha = 32°$; $\beta = 38°$; $\gamma = 110°$
stumpfwinkliges Dreieck

3 a) $\gamma = 80°$; spitzwinkliges Dreieck
b) $\alpha = 140°$; stumpfwinkliges Dreieck
c) $\beta = 60°$; stumpfwinkliges Dreieck
d) $\gamma = 67°$; rechtwinkliges Dreieck

4 a) 104° (52°) b) 37° (23°)

5 a) wahr b) wahr c) wahr d) falsch
e) wahr f) wahr g) falsch

6 a) $\alpha = 70°$; $\beta = 60°$; $\gamma = 50°$ b) $\alpha = 110°$; $\beta = 25°$; $\gamma = 45°$

zu Seite 172

7 a) $\gamma = 80°$; $\alpha = 55°$; $\beta = 45°$ b) $\gamma = 65°$; $\alpha = 50°$; $\beta = 65°$

8 Die Gerade g verläuft parallel zu der Seite a, weil die beiden 29°-Winkel Wechselwinkel sind.

9 $\alpha = 120°$

10 Beispiel:

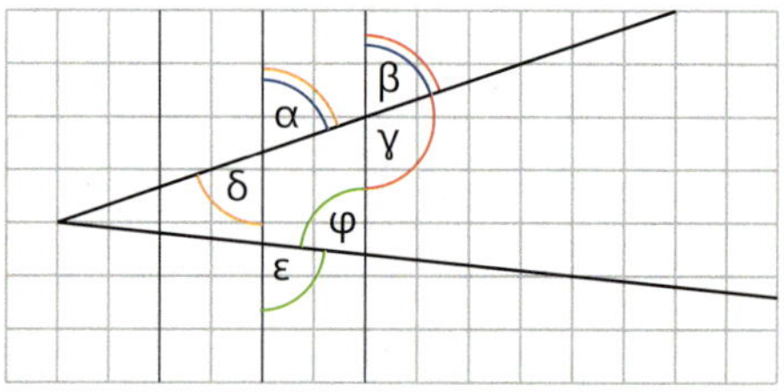

α, β: Stufenwinkel β, γ: Nebenwinkel
ε, φ: Wechselwinkel α, δ: Scheitelwinkel
$\alpha = \beta = \delta = 72°$ $\gamma = 180° - \beta = 108°$
$\varepsilon = \varphi = 84°$
Zwei Winkel müssen gemessen werden, um die Größe der anderen Winkel zu bestimmen, z. B. die Winkel α und ε. Die Größe des Winkels, der von den zwei Geraden gebildet wird, die von den drei parallelen Geraden geschnitten werden, kann mithilfe der Summe der Innenwinkel im Dreieck bestimmt werden: $180° - 72° - 84° = 24°$

11 Antwort C trifft zu, die Basiswinkel sind 36° groß, der Winkel an der Spitze ist 108°, da $36° + 36° + 108° = 180°$.

12 a) Mithilfe der Innenwinkelsumme im Dreieck kann jeweils die Größe der Winkel β, γ und α bestimmt werden: $\beta = (180° - 40°) : 2 = 70°$; $\gamma = (180° - 70°) : 2 = 55°$.
Um die Größe des Winkels α zu bestimmen, benötigt man z. B. noch die Größe des Nebenwinkels von γ:
$\alpha = 180° - 40° - (180° - 55°) = 15°$.
b) Der rechte Winkel und der Winkel α sind Nebenwinkel:
$\alpha = 180° - 90° = 90°$.
In beiden Teildreiecken gibt es einen Winkel γ und einen rechten Winkel, daher muss der Winkel im rechten Teildreieck auch β sein: $\beta = 180° : 3 = 60°$.
$\gamma = 180° - 90° - 60° = 30°$

13 Zwei Seiten sind gleich lang, weshalb es sich um ein gleichschenkliges Dreieck handelt. Dadurch sind die Basiswinkel auch gleich groß, also beide 60°. Die Summe der Innenwinkel eines Dreiecks beträgt 180°, weshalb der dritte Winkel auch 60° groß sein müsste. Dies bedeutet aber, dass es ein gleichseitiges Dreieck sein müsste, was wegen der dritten kürzeren Seite aber nicht sein kann.

LÖSUNGEN
zu den Üben-Seiten

14 I: $62° + 62° + 117° + 117° = 358°$
kein Parallelogramm, da die Innenwinkelsumme nicht $360°$ beträgt
II: $70° + 70° + 110° + 110° = 360°$
Parallelogramm

zu Seite 173

1

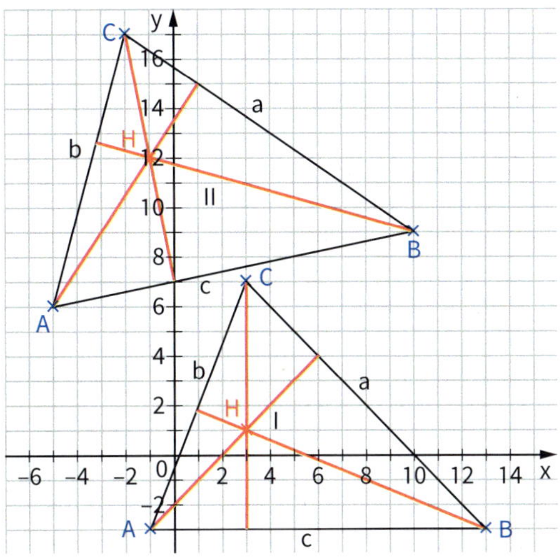

I: H(3 | 1) II: H(−1 | 12)

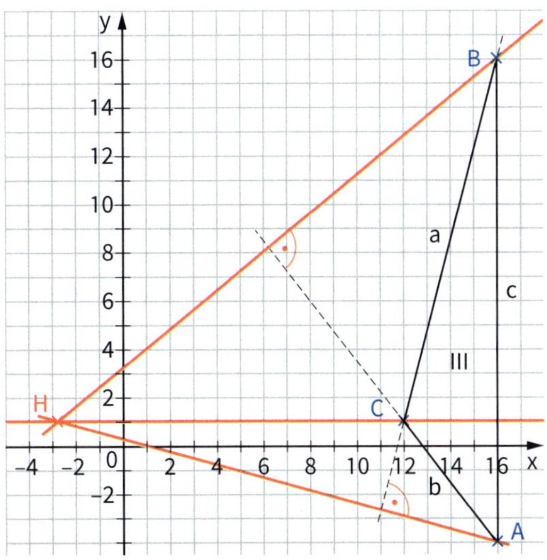

III: H(−2,8 | 1)

2 Der Abstand beträgt ca. 43 m.

3

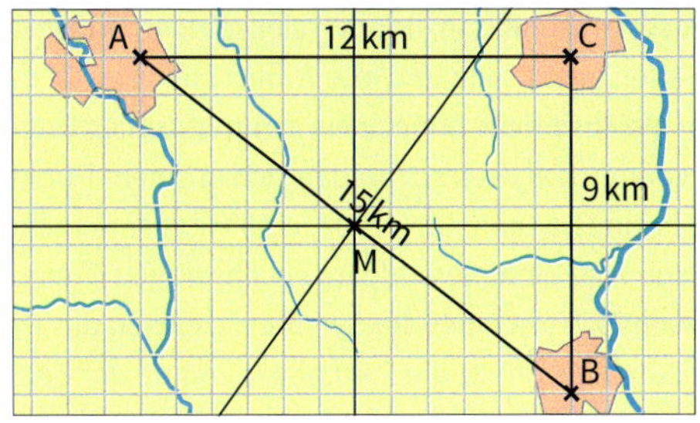

Jeder Punkt ist 7,5 km = 7 500 m vom Standort des Funkmastes entfernt.

4 a)

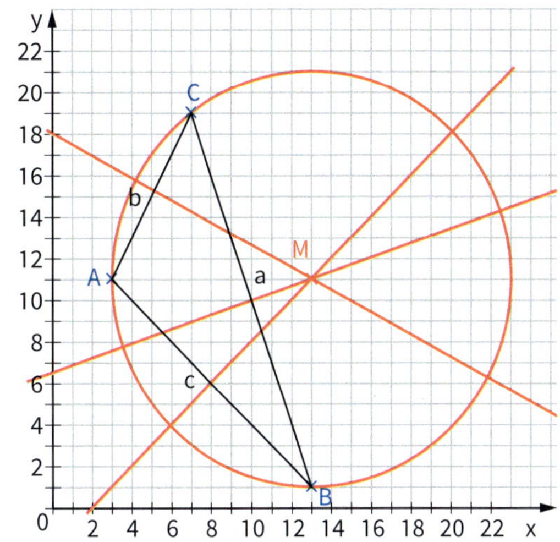

M(13 | 11)

b)

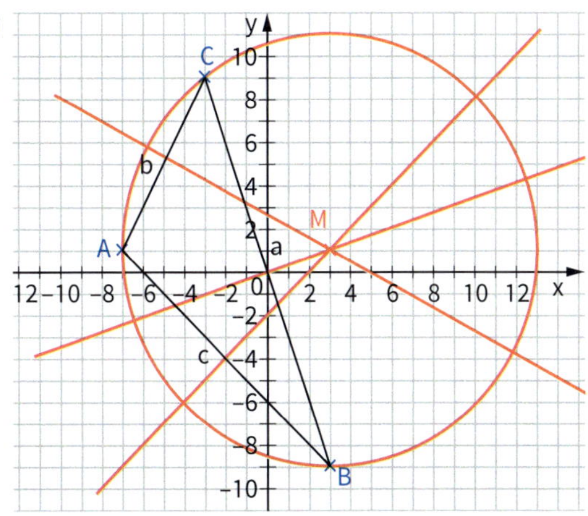

M(3 | 1)

5 Der Durchmesser beträgt im Bild 2,2 cm; das sind in Wirklichkeit 22 m.

6 a) S(1 | −2)
b) S(1 | 1)
c) S(2 | 6)

LÖSUNGEN
zu den Üben-Seiten

7 Die Aussage stimmt. In einem gleichseitigen Dreieck sind alle Seiten gleich lang und alle Winkel gleich groß, daher ist ein gleichseitiges Dreieck ein symmetrisches Dreieck. Die Symmetrieachsen schneiden sich in einem Punkt. Jeweils eine Seitenhalbierende, eine Mittelsenkrechte und eine Winkelhalbierende im gleichseitigen Dreieck sind identisch mit einer der Symmetrieachsen des Dreiecks. Zum Beispiel ist die Seitenhalbierende der Seite c, auch die Mittelsenkrechte der Seite c und die Winkelhalbierende des Winkels γ.

$a = b = c$
$\alpha = \beta = \gamma = 60°$

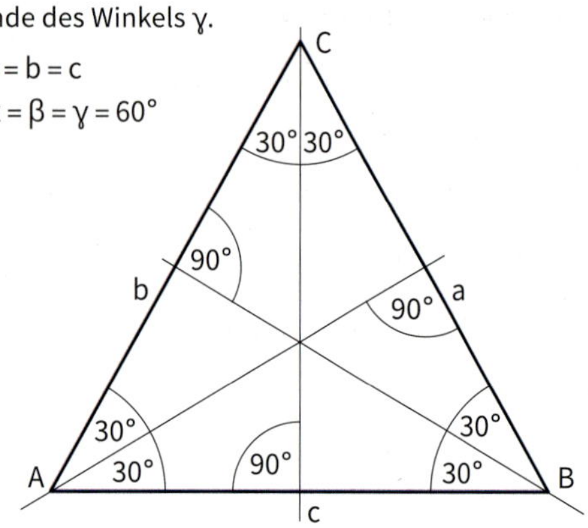

8

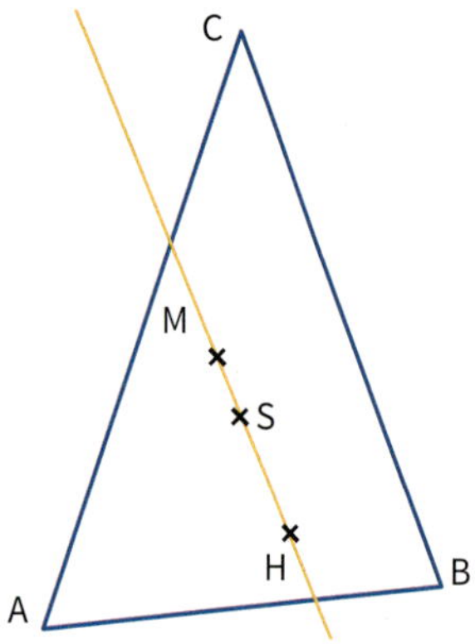

Der Höhenschnittpunkt H, der Umkreismittelpunkt M und der Schwerpunkt S des Dreiecks liegen auf einer Geraden.

zu Seite 174

1 a) SSS; $\alpha = 41°$; $\beta = 108°$; $\gamma = 31°$
b) SSS; $\alpha = 66°$; $\beta = 37°$; $\gamma = 77°$
c) SWS; $c = 8$ cm; $\alpha = 61°$; $\beta = 34°$
d) SWS; $a = 10{,}9$ cm; $\beta = 30°$; $\gamma = 36°$
e) WSW; $\gamma = 30°$; $a = 5{,}8$ cm; $b = 8{,}5$ cm
f) WSW; $b = 7{,}5$ cm; $c = 12$ cm; $\alpha = 37°$
g) SsW; $a = 4{,}6$ cm; $\alpha = 44°$; $\beta = 31°$
h) SsW; $\alpha = 41°$; $\gamma = 84°$; $c = 6{,}1$ cm

2 a) $\gamma = 65°$; $b = 3{,}7$ cm; $c = 5{,}2$ cm
b) $\beta = 30°$; $b = 3{,}2$ cm; $c = 6{,}1$ cm
c) $\beta = 15°$; $a = 7{,}8$ cm; $b = 2{,}4$ cm
d) $\alpha = 105°$; $a = 6{,}8$ cm; $b = 3{,}7$ cm

3 a) ja, mit SSS ($\alpha = 20°$; $\beta = 32°$; $\gamma = 128°$)
b) nein, weil a nicht kleiner ist als $b + c$
c) nein, es sind zwei Dreiecke möglich ($c = 7{,}4$ cm; $\alpha = 55°$; $\gamma = 99°$ und $c = 3{,}7$ cm; $\alpha = 125°$; $\gamma = 29°$)
d) ja, mit SsW ($a = 4{,}1$ cm; $\alpha = 39°$; $\beta = 36°$)
e) nein, da $\alpha + \gamma = 180°$ und $\beta = 0°$ wäre
f) nein, bei drei vorgegebenen Winkeln sind Dreiecke mit unterschiedlichen Seitenlängen möglich

4 a) $c = 5{,}7$ cm; $\alpha = 52°$; $\beta = 38°$
b) $b = 4$ cm; $\alpha = 49°$; $\beta = 41°$
c) $a = 3{,}9$ cm; $c = 6{,}2$ cm; $\beta = 51°$

5 a) $\alpha = \beta = 39°$; $\gamma = 102°$
b) $c = 13$ cm; $\alpha = \beta = 27{,}5°$
c) $c = 2{,}9$ cm; $\alpha = 72°$; $\gamma = 36°$
d) $c = 4{,}1$ cm; $\beta = 70°$; $\gamma = 40°$

6 a) $a = b = c = 5{,}2$ cm; $\alpha = \beta = \gamma = 60°$
b) $a = b = c = 4{,}3$ cm; $\alpha = \beta = \gamma = 60°$
c) $a = b = c = 6{,}5$ cm; $\alpha = \beta = \gamma = 60°$

7 Aussage C trifft zu.

8 In ein gleichschenkliges Dreieck ($a = b$) wird als Hilfslinie die Höhe eingezeichnet, die senkrecht auf der Seite c steht. Aus dem Kongruenzsatz SsW können wir folgern, dass die beiden entstandenen Dreiecke kongruent sind. Damit sind auch die Winkel gleich groß.

9 a) $b = 1{,}8$ cm b) $a = 4{,}3$ cm c) $b = 4{,}9$ cm
d) $a = 7{,}8$ cm e) $a = 5{,}2$ cm; $b = 3{,}6$ cm

zu Seite 175

1 Maßstab 1 : 10 000
Die Länge der Strecke $\overline{BC}$ beträgt ungefähr 290 m.

2 Die Entfernung beträgt ungefähr 530 m.

3 Die Länge des Tunnels beträgt ca. 8 km.

4 Maßstab 1 : 1 000
Die Entfernung beträgt ungefähr 63 m.

zu Seite 176

5 Die Höhe des Gebäudes beträgt ungefähr 60,60 m.

6 Der Fernsehturm ist ungefähr 346,70 m hoch.

7 Der Schornstein ist ungefähr 31,60 m hoch.

8 Das Schiff ist ungefähr 109 m entfernt.

9 Die Entfernung des Hauses zum Flussufer beträgt ungefähr 28 m.

10 Der Fluss ist ungefähr 32 m breit.

11 Die Pyramide ist ca. 141,6 m hoch.

zu Seite 191

1 a) 25; 24; 75 b) 57; 2; 32 c) 31; 23; 22
d) 65; 11; 30 e) 60; 16; 10 f) 25; 31; 35

2 a) $17 + 41 = 58$ b) $22 \cdot 4 = 88$ c) $(17 + 4) \cdot 2 = 42$
d) $(31 - 7) : 8 = 3$ e) $8 \cdot 9 + 7 = 79$ f) $8 \cdot 4 + 4 \cdot 8 = 64$

3 a) BRAUN und ROT b) GELB und LILA

4 a) Summe: 30 Differenz: 3 Produkt: 63
b) Produkt: 210 Differenz: 10 Summe: 75
c) Summe: 35 Summe: 19 Produkt: 54
d) Summe: 28 Differenz: 2 Differenz: 2

5 a) Anzahl der Kiwis x: 0,50 x + 3
b) Anzahl der Monate x: 90 € + 15 €·x
c) Autoskooter-Runden x: 3 € + 3,50 €·x

6 a) $23 + x$ b) $61 - x$ c) $7 \cdot x$
d) $13 \cdot x$ e) $2 \cdot x + 3$ f) $6 \cdot x + 9 \cdot x$

7 a) Die Summe aus 2 und einer Zahl
b) Die Differenz aus einer Zahl und 4
c) Das Produkt aus 5 und einer Zahl oder das Fünffache einer Zahl
d) Das Dreifache einer Zahl wird zu dem Doppelten dieser Zahl addiert

8

	a)	b)	c)	d)	e)
x	$4 \cdot x$	$x + 2$	$x - 5$	$3 \cdot x + 1$	$x : 3$
6	24	8	1	19	2
3	12	5	−2	10	1
12	48	14	7	37	4

		f)	g)	h)	i)
x	y	$x + y$	$x - y$	$x \cdot y$	$2 \cdot x + y$
1	3	4	−2	3	5
9	4	13	5	36	22
10	8	18	2	80	28

zu Seite 192

9 a) $4 \cdot x$ b) $x + 8$ c) $10 - x$
d) $20 - 2 \cdot x$ e) $2 \cdot x - 1$ f) $x \cdot x$ oder x^2
g) $2 \cdot x + 1$ h) $x : 2$ i) $3 \cdot x + 1$

10 a) 22 x; 65 z; 20 u b) 4 a b; 5 r s; 6 q
c) 6 z; 77 t; 16 k d) 6 x y; 28 r s; 12 u v
e) 12 u v w; 18 p q r; 28 a b c

11 a) 9 x; 6 y; 12 x b) 9 a; 14 z; 11 t
c) 15 x; 12 p; 4 r d) 18 x + 13; 5 b + 7; v + 8
e) 24 t + 13; 2 y + 6; 11 x + 1
f) 12 x + 2; 8 y + 15; 6 a + 6 b + 8

12 a) 12 a; −35 x; −33 b
b) 8 y; 60 x; −40 r
c) −9 x; −4 a + 4; −5y − 3
d) 10 x − 3; −11 x − 3; −3 u − 2 v

13 a) 4 x + 40 b) 8 a + 48

14 a) u = 6 x b) u = 3 x + 2 c) u = 5 x + 4 d) 6 x + 2

15 a) Rechteck A: u = 2 x + 22 Rechteck B: u = 14 + 2 x
b) Rechteck A: x = 1 cm Rechteck B: x = 5 cm

16 a) u = 8 a + 4 b
b) Z. B.: a = 1 cm und b = 8 cm oder a = 2 cm und b = 6 cm oder a = 3 cm und b = 4 cm

FORMELN UND GESETZE

Mengen

$M = \{4, 5, 6, 7\}$	Menge aus den Elementen 4, 5, 6 und 7 in aufzählender Form
$\mathbb{N} = \{0, 1, 2, 3, \ldots\}$	Menge der natürlichen Zahlen
$\mathbb{Z} = \{\ldots, -2, -1, 0, 1, 2, \ldots\}$	Menge der ganzen Zahlen
$\mathbb{Q}$	Menge der rationalen Zahlen

Beziehungen zwischen Zahlen

$\approx$	ungefähr gleich		
$a = b$	a gleich b	$a > b$	a größer als b
$a \neq b$	a ungleich b	$a < b$	a kleiner als b

Verknüpfungen von Zahlen

$a + b$	Summe (*lies:* a plus b)	$a \cdot b$	Produkt (*lies:* a mal b)
$a - b$	Differenz (*lies:* a minus b)	$a : b$	Quotient (*lies:* a geteilt durch b)

Rechengesetze

Kommutativgesetz

$3 + 7 = 7 + 3$ $\qquad$ $3 \cdot 7 = 7 \cdot 3$

Assoziativgesetz

$3 + (7 + 5) = (3 + 7) + 5$ $\qquad$ $3 \cdot (7 \cdot 5) = (3 \cdot 7) \cdot 5$

Distributivgesetz

$6 \cdot (8 + 5) = 6 \cdot 8 + 6 \cdot 5$ $\qquad$ $6 \cdot (8 - 5) = 6 \cdot 8 - 6 \cdot 5$

$(20 + 10) : 5 = 20 : 5 + 10 : 5$ $\qquad$ $(20 - 10) : 5 = 20 : 5 - 10 : 5$

Geometrie

A, B, C, …	Punkte
$\overline{AB}$	Strecke mit den Endpunkten A und B
AB	Gerade durch die Punkte A und B
g, h, k, …	Geraden
$g \parallel k$	g ist parallel zu k
$g \perp h$	g ist senkrecht zu h
$P\,(3 \mid 4)$	Punkt im Koordinatensystem mit den Koordinaten 3 (x-Wert) und 4 (y-Wert)
$\alpha, \beta, \gamma, \delta$; $\sphericalangle ASB$; $\sphericalangle (a, b)$	Winkel

REGISTER

REGISTER

Bildquellennachweis

|akg-images GmbH, Berlin: 142.2; IAM/World History Archive 142.1. |Alamy Stock Photo, Abingdon/Oxfordshire: edpics 199.2; Otto, Werner 117.1. |Alamy Stock Photo (RMB), Abingdon/Oxfordshire: agefotostock 71.1; Alexlukin 82.2; Arcaid Images 147.1; Costina, Mircea 7.11; Dorling Kindersley ltd 118.4; imageBROKER 146.1; Juniors Bildarchiv GmbH 228.3; Skorzewiak 147.2. |Axel Springer Auto-Verlag GmbH, Hamburg: © A. Schick-Zech 222.1. |Berliner Verkehrsbetriebe (BVG), Berlin: © Berliner Verkehrsbetriebe (BVG) Fahrgastinformation 2021 200.1. |bpk-Bildagentur, Berlin: 166.1. |CASIO Europe GmbH, Norderstedt: 38.2, 39.1, 39.2, 39.3, 39.4, 39.5, 39.6, 40.1, 41.1, 41.2. |Druwe & Polastri, Cremlingen/Weddel: 10.1, 10.2, 11.1, 14.1, 17.2, 23.1, 38.1, 84.7, 144.1, 204.1, 231.2. |fotolia.com, New York: auremar 73.1; axepe 8.7; baibaz 61.1; bertys30 8.15; evgenia sh 61.3; EvrenKalinbacak 29.3; fefufoto 77.2; flugzeugfan 8.1; flytime 7.10; Hoffmann, Alexander 118.2; Jargstorff, Wolfgang 8.4; kyslynskyy 8.6; Lilifox 8.13; Onkelchen 8.10; PhotographyByMK 30.2; Photos by L 8.8; RbbrDckyBK 7.1; rolandrossner 197.3; RTimages 131.1; Sanders, Gina 8.9; Stihl024 30.3; stockphoto-graf 74.1; svort 4.3; Talya 7.4; Zauberhut 29.1. |Getty Images, München: Bianchetti, Stefano 123.2. |Helga Lade Fotoagenturen GmbH, Frankfurt/M.: Euroluftbild 197.5. |Imago, Berlin: blickwinkel 18.1; Camera 4 203.1. |Interfoto, München: imagebroker/Frohn, Simon 201.1. |iStockphoto.com, Calgary: Alstead, Linda 56.5; artisteer 81.2; Boarding1Now 3.4, 44.3; Burt, Samuel 63.3; Buzuevskaya, Lidiya 83.5; Chhatrala, Aditya 83.13; dageldog 8.12; dima_sidelnikov 85.2; DimitrovoPhtography 23.4, 23.5, 23.6; EricFerguson 23.3; FatCamera 56.2; fotosipsak 85.1; Garsya 84.3; gutang 8.11; Howe, Andrew 6.2; Ilgaz, G. 202.2; JohnnyGreig 10.3; Kalinovsky, Dmitry 30.1; Kondoros, Eva Katalin 85.3; Krasyuk 83.4; Kristoffersson, Jonny 201.2; lena5 83.6; Litviniuk, Aliaksandr 83.3; Maghfiroh, Aulia 6.5; Maksimenko, Kateryna 12.1; MarisaLia 83.7; mawielobob 83.1; monkeybusinessimages 113.1; Morsa Images 85.4; Mosutatsu 84.4; Multiart 61.6; nehopelon 62.3; Nellmac 197.4; Nikada 184.6; NYS444 83.18; ollo 19.1; PeopleImages 226.1; Pogonici 84.5; Polaczyk, Piotr 83.2; rglinsky 15.1; Samohin 63.5; Santje09 63.6; scanrail Titel; soldatov, vladimir 118.3; Stígur Már Karlsson/Heimsmyndir 227.2; sykadelx 6.3; tatniz 83.17; travnikovstudio 85.5; ttatty 37.1; ViktorCap 84.1; Wackerhausen, Jacob 11.2; zoranm 83.15. |Janssen Kahlert Design & Kommunikation GmbH, Hannover: Foto: iStockphoto.com, Calgary/scanrail 84.6. |juniors@wildlife Bildagentur GmbH, Hamburg: Pölzer, W. 31.1. |Lookphotos, München: Werner, Florian 81.1. |mauritius images GmbH, Mittenwald: Dirscherl, Reinhard 31.5; Steve Bloom Images 31.2. |Minkus Images Fotodesignagentur, Isernhagen: 9.1, 32.1, 32.2, 32.3, 32.4. |Naumann, Andrea, Aachen: 1.2, 2.1, 3.2, 17.1, 17.3, 19.2, 28.1, 28.2, 31.3, 36.1, 42.1, 43.1, 43.2, 43.3, 44.1, 44.2, 50.2, 53.1, 53.2, 53.3, 58.1, 58.2, 59.1, 60.1, 63.1, 63.2, 79.1, 84.2, 85.8, 121.1, 122.1, 124.1, 130.1, 130.2, 135.1, 141.1, 145.1, 147.3, 183.1, 183.2, 187.1, 188.2, 208.1, 209.1, 210.1. |OKAPIA KG - Michael Grzimek & Co., Frankfurt/M.: de Oliveira, Paulo 7.9; FLPA/McLean, Phil 7.8; imageBROKER/Nothegger, Adelheid 7.6; imagebroker/Schäfer, Winfried 8.5; Reinhard, Hans 6.4. |PantherMedia GmbH (panthermedia.net), München: gangrenelli 176.4; Reitz-Hofmann, Birgit 63.9; Rukhlenko, Dmitry 16.1; spafra 63.4. |Picture-Alliance GmbH, Frankfurt a.M.: blickwinkel 7.12; dpa 14.2, 202.3; united-archiv 8.2; Westend61 14.3. |Shutterstock.com, New York: 135pixels 73.2; Africa Studio 110.2; Alfaguarilla 16.2; beeboys 4.1; BGStock72 45.2; Bikeworldtravel 72.1; BondRocketImages 219.1; Capable97 81.3; DenPhotos 219.2; Djordjevic, Petar 83.12; Dziurek 70.1; Filimonov, Iakov 70.2, 229.1; Gelazius, Algirdas 33.1; Gelpi 109.1; Guillem, Antonio 229.2; Jenson 52.3; Kalinovsky, Dmitry 108.1, 176.1; Kolbjornsrud, Kjetil 184.2; Kosmider, Patryk 69.1; Lazy_Bear 231.1; LeManna 52.1; LightField Studios 94.1; Lordn 45.1; Mak, Alexander 77.1; mkrberlin 202.1; Monkey Business Images 88.1, 89.3; Motortion Films 101.1; Moving Moment 184.1; Nitr 184.3; OHishiapply 219.3; Photographee.eu 110.4; Rawpixel.com 110.3; RossHelen 184.5; Rudy, George 93.1; Santandreu, Luciano 107.1; Sobolev, Peter 56.4; Stock-Asso 85.7; Suwin 71.3; Syda Productions 1.1, 90.1, 110.1, 226.2; Tavani, Romolo 69.2; Tsvetkov, Nikolai 29.2; YMZK-Photo 123.4. |stock.adobe.com, Dublin: a4stockphotos 61.4; Africa Studio 67.1; airdone 83.16; anankkml 8.14; Apart Foto 68.1; archideaphoto 75.1; ARUTYUNYAN, RUZANNA 83.9; Atlas 83.14; Bilder Prinz 7.7; Blachowicz, Stanislaw 99.1; Blacky 76.1; chachamp 184.4; Cheung, Bob 201.3; clementetinin 191.1; contrastwerkstatt 5.1; Coprid 61.5; creativenature.nl 75.2; denys_kuvaiev 114.1; Dietl, Jeanette 3.1; DNY3D 63.11; e-pyton 89.2; EinBlick 7.3; Everest Adv 63.8; evgenydrablenkov 74.2; evgenyjs1 63.10; freezeframe 83.11; g-konzept.de 82.3; Gorodenkoff 227.3; grafikplusfoto 134.2, 230.1; Grundmann, Sven 88.2; HighwayStarz 228.1, 228.2; Holger 228.4; IB Photography 118.1; JPC-PROD 62.5; Katja 89.1; Kosmider, Patryk 5.2, 196.1; Liaurinko 62.2; Lohmüller, Patrick 137.1; mabofoto@icloud.com 11.3; Magnusson, Roland 63.12; miket 4.2; mmphoto 117.2; MOU, FRANCESCO 83.8; New Africa 62.4; Pixel-Shot 61.2; pluto73 63.7; Prostock-studio 193.1; rh2010 85.6; Rosskothen, Michael 31.4, 82.1; rvlsoft 62.1; Schauer, Marcel 6.1; Schubbel, Carola 8.3; singburi 134.3; Swadzba, Marek R. 7.5; Syda Productions 227.1; Trapp, Benny 7.2; VAKSMANV 83.10; vegefox.com 3.3; WavebreakMediaMicro 229.3; ©yelantsevv 109.2. |TFA Dostmann GmbH & Co KG, Wertheim-Reicholzheim: 118.5. |UX/UI & Illustration, Ulm: 16.3, 20.1, 23.2, 24.1, 24.2, 24.3, 25.1, 25.3, 34.1, 34.2, 40.2, 46.1, 47.1, 48.1, 48.2, 50.1, 52.2, 55.1, 56.1, 56.3, 57.1, 64.1, 65.1, 65.2, 66.1, 68.2, 71.2, 80.1, 86.1, 87.1, 87.2, 91.1, 94.2, 96.1, 104.1, 104.2, 104.3, 119.1, 123.1, 123.3, 126.1, 128.1, 129.1, 132.1, 132.2, 134.1, 140.1, 140.2, 143.1, 143.2, 147.4, 147.5, 148.1, 148.2, 151.1, 151.2, 153.1, 155.1, 155.2, 155.3, 159.1, 159.2, 159.3, 167.1, 175.1, 175.2, 175.3, 175.4, 176.2, 176.3, 176.5, 176.6, 177.1, 179.1, 180.1, 181.1, 181.2, 181.3, 181.4, 182.1, 188.1, 192.1, 199.1. |vario images, Bonn: Heinze, Bernd 197.2; Oed, Hand-Günther 201.4. |Visum Foto GmbH, München: Hanke, Markus 197.1. |Wojczak, Michael, Braunschweig: 25.2. |©Siemens AG, München: 35.1.

Technische Zeichnungen: Technisch-Grafische Abteilung Westermann, Braunschweig

Kopfrechentraining

3,2

3,2 + 6,6 = 9,8
9,8 : 2 = 4,9
4,9 + 3,1 = 8
8 · 0,2 = 1,6
1,6 · 2 = 3,2
3,2 · 10 = 32
32 − 30,8 = 1,2
1,2 · 4 = 4,8

0,7	2,8	1,7
+ 0,5	+ 1,2	+ 1,5
+ 0,8	+ 4,7	+ 0,9
+ 0,22	+ 2,8	+ 2,1
+ 0,18	+ 2,9	+ 6,2
+ 0,7	+ 3,6	+ 7,6
+ 0,6	+ 7,4	+ 0,12
+ 0,8	+ 2,7	+ 1,68
+ 0,5	+ 1,9	+ 3,2

3,2	12	10	18	2
+ 3,6	− 0,9	− 0,2	− 0,3	· 1,1
+ 0,4	− 0,3	− 0,8	− 2,7	· 2
+ 0,7	− 0,4	− 1,2	− 0,6	· 2
+ 1,2	− 1,4	− 0,3	− 3,4	− 5,8
+ 2,4	− 1,6	− 0,4	− 0,7	· 0,2
+ 3,5	− 0,8	− 3,1	− 4,3	+ 0,4
+ 0,82	− 0,3	+ 2,6	− 1,8	· 0,7
+ 0,18	− 2,3	+ 1,4	− 1,1	· 0,5

5	7	0,2	2	2,4
· 1,1	· 0,2	· 2	· 0,4	: 2
− 0,5	· 2	· 2	+ 1,2	: 2
− 4,8	+ 3,2	· 2	· 0,3	: 2
· 3	· 0,5	· 2	· 0,4	+ 3,7
+ 1,4	− 1,8	+ 3,2	+ 0,26	· 1,1
· 0,3	· 4	+ 3,6	· 10	+ 5,6
− 0,5	+ 3,4	: 2	· 1,1	− 8,3
· 6	− 5,2	: 2	+ 3,5	− 0,7